PyTorch深度学习和图神经网络

（卷1）基础知识

李金洪◎著

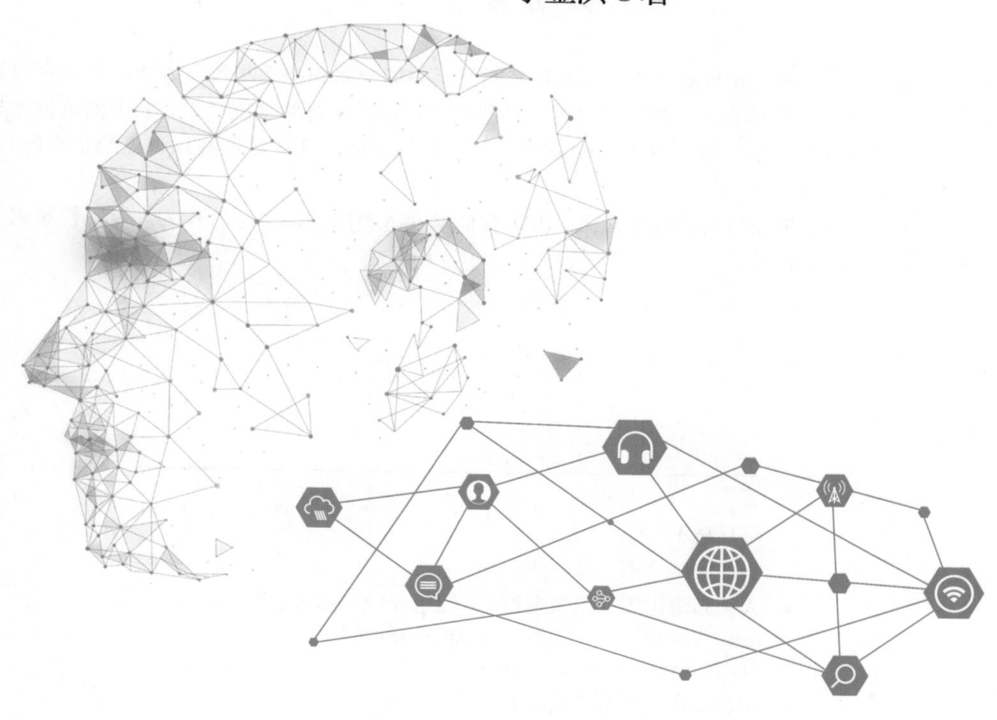

人 民 邮 电 出 版 社

北 京

图书在版编目（CIP）数据

PyTorch深度学习和图神经网络. 卷1，基础知识 / 李金洪著. -- 北京 : 人民邮电出版社，2021.12
ISBN 978-7-115-54983-9

Ⅰ. ①P… Ⅱ. ①李… Ⅲ. ①机器学习 Ⅳ. ①TP181

中国版本图书馆CIP数据核字(2020)第187836号

内容提要

本书从基础知识开始，介绍深度学习与图神经网络相关的一系列技术与实现方法，主要内容包括PyTorch的使用、神经网络的原理、神经网络的基础模型、图神经网络的基础模型。书中侧重讲述与深度学习基础相关的网络模型和算法思想，以及图神经网络的原理，且针对这些知识点给出在PyTorch框架上的实现代码。

本书适合想学习图神经网络的技术人员、人工智能从业人员阅读，也适合作为大专院校相关专业的师生用书和培训班的教材。

◆ 著　　　李金洪
责任编辑　张　涛
责任印制　王　郁　焦志炜

◆ 人民邮电出版社出版发行　　北京市丰台区成寿寺路 11 号
邮编　100164　　电子邮件　315@ptpress.com.cn
网址　https://www.ptpress.com.cn
廊坊市印艺阁数字科技有限公司印刷

◆ 开本：787×1092　1/16
印张：23.25　　　　2021 年 12 月第 1 版
字数：585 千字　　　2024 年 11 月河北第 11 次印刷

定价：129.80 元

读者服务热线：(010)81055410　印装质量热线：(010)81055316
反盗版热线：(010)81055315
广告经营许可证：京东市监广登字 20170147 号

前　言

在深度神经网络技术刚刚兴起的那几年，图像、语音、文本等形式的数据已经可以在深度学习中被很好地应用，并获得了很好的效果，这促使大量的相关应用进入实用阶段，如人脸识别、语音助手和机器翻译等。尽管如此，深度学习一直无法很好地对其他形式的数据（如图数据）进行有效处理。图数据在业界有更多的应用场景，如社交网络场景中，可以找到图数据的应用。图神经网络的出现很好地填补了上述技术空白，实现了图数据与深度学习技术的有效结合。图神经网络是一类基于深度学习处理图域信息的方法。它是图分析方法与深度神经网络的融合，涉及神经网络和图分析的知识。

本书特色

（1）知识系统，逐层递进

本书系统讲解图神经网络的基础原理和相关知识。本书涵盖深度学习与图神经网络有关的技术，从基础的单个神经元开始，到全连接、卷积、循环神经网络（RNN）、注意力，再到非监督训练方面的组合模型，最后从谱域和空间域两个角度介绍图神经网络，并剖析其背后的原理和两种实现方式的内在联系。

（2）内容紧跟技术趋势

本书介绍的知识与近年来发表的图神经网络论文中涉及的技术同步。为了拓宽读者的视野，本书在介绍原理和应用的同时，还附上相关的论文编号。

（3）图文结合，化繁为简

本书在介绍模型结构、技术原理的同时，配有大量插图。这些图将模型中的数据流向可视化，展示模型拟合能力，细化某种技术的内部原理，直观反映模型的内部结构，方便读者简单、方便地理解和掌握相关知识。

（4）理论和实践相结合，便于读者学以致用

本书在编写时采用了两种介绍知识的方式：

- 先介绍基础知识，再对该知识点进行代码实现；
- 直接从实例入手，在实现过程中，对相应知识点进行详解。

为了不使读者阅读时感到枯燥，本书将上述两种方式穿插使用。

在重要的知识点后面，本书用特殊格式的文字给出提示，这些提示是作者多年的经验积累，希望可以帮助读者在学习过程中扫除障碍，消除困惑，抓住重点。

（5）在基础原理之上，注重通用规律

从原理的角度介绍深度学习与图神经网络是本书的一大亮点。本书阐述的原理不是晦涩的数学公式，而是通俗易懂、化繁为简的知识。本书从单个神经元的原理开始，阐述了神经网络的作用；接着从生物视觉的角度介绍了卷积神经网络（用容易理解的语言阐述了卷积分、离散积分、Sobel 算法等的原理）；随后从人类记忆规律的角度解释了 RNN；然后从熵的角度系统地介绍了非监督模型的统一规律和互信息等前沿技术；最后从深度学习的角度介绍了图卷积的实现过程，并将该过程延伸到空间域的图神经网络实现方法，同时沿着空间域的方向进行深入，并结合深度学习中的残差结构、注意力、互信息等基础理论，介绍了更多的图神经网络模型。

（6）站在初学者的角度讲解，内容系统，更易学习

考虑到初学者的知识储备不足，因此，从 PyTorch 框架的安装、使用，到向量、矩阵、张量的基础变换，再到熵论，本书均从零开始系统介绍，力争消除读者学习过程中的跳跃感。只要读者掌握了 Python，就可以阅读本书。

由于编写过程仓促，书中难免存在不足之处，希望广大读者阅读后给予反馈，以便我们对本书进行修订和完善。本书编辑的联系邮箱为 zhangtao@ptpress.com.cn。

注意：程序中的代码语句在正文中的引用字体为正文字体。

作者

资源与支持

配套资源

扫描以下二维码，关注公众号“xiangyuejiqiren”，并在公众号中回复“图 1”可以得到本书源代码（见下图）的下载链接。

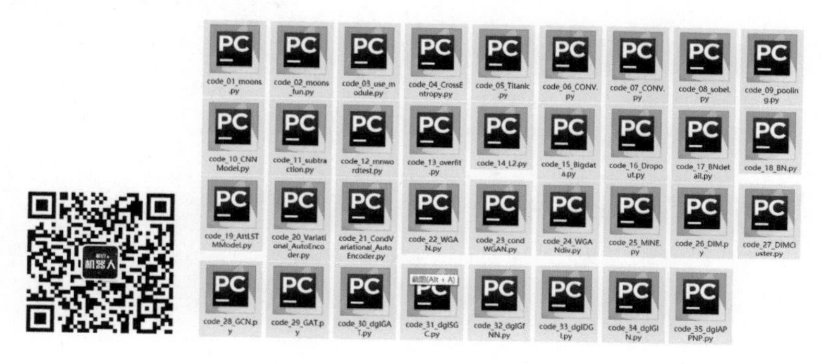

本书由大蛇智能网站提供有关内容的技术支持。在阅读过程中，如有不理解之处，可以到论坛 https://bbs.aianaconda.com 发帖并提问。

提交勘误

作者和编辑尽最大努力来确保书中内容的准确性，但难免会存在疏漏。欢迎您将发现的问题反馈给我们，帮助我们提升图书的质量。

当您发现错误时，请登录异步社区，按书名搜索，进入本书页面，输入勘误信息，单击“提交”按钮即可，如下图所示。本书的作者和编辑会对您提交的勘误进行审核，确认并接受后，您将获赠异步社区的 100 积分。积分可用于在异步社区兑换优惠券、样书或奖品。

详细信息　写书评　提交勘误

页码：　页内位置（行数）：　勘误印次：

字数统计

提交

与我们联系

写作投稿联系邮箱是 zhangtao@ptpress.com.cn。

如果您对本书有任何疑问或建议，请您发邮件给我们，并请在邮件标题中注明本书书名，以便我们更高效地做出反馈。

目 录

第一篇 入门——PyTorch基础

第二篇 基础——神经网络的监督训练与无监督训练

第三篇 提高——图神经网络

第一篇　入门——PyTorch基础

本篇将介绍人工智能与 PyTorch 的基本概念、如何搭建 PyTorch 的开发环境、PyTorch 的基本开发步骤、PyTorch 编程基础，并通过一个识别图中模糊数字的案例，帮助读者巩固 PyTorch 的编程基础知识。

第1章 快速了解人工智能与 PyTorch

本章介绍一下什么是 PyTorch、什么是图神经网络，以及两者之间的关系。另外介绍一下现在都有哪些与 PyTorch 同级的开源框架，以及它们之间都是什么关系，各有什么特点。

1.1 图神经网络与深度学习

提到人工智能（Artificial Intelligence，AI），人们往往会想到深度学习。那么图神经网络又是什么呢？

图神经网络是一类处理图域信息的方法。它是图分析方法与深度神经网络的融合，可以理解为深度学习的延伸，即把图领域的相关技术融入深度学习中，来提升人工智能的效果。若要掌握图神经网络，那么需要从深度学习开始入门。

深度学习不像人工智能那样容易从字面上理解。这是因为，深度学习是从内部机理来阐述的，而人工智能是从其应用的角度来阐述的，即深度学习是实现人工智能的一种方法。

1.1.1 深度神经网络

在人工智能领域，人们起初从简单的神经网络开始研究。该研究的进展中，神经网络模型越来越庞大，结构也越来越复杂，于是人们将其命名为“深度学习”。可以这样理解——深度学习属于后神经网络时代的技术。

深度学习近年来的发展突飞猛进，越来越多的人工智能应用得以实现，其本质为一个可以模拟人脑进行分析学习的神经网络，它模仿人脑的机制来解释数据（例如图像、声音和文本），通过组合低层特征，形成更加抽象的高层特征或属性类别，来拟合我们日常生活中的各种事情。

深度学习被广泛用在与人们生活和工作息息相关的各种领域，如机器翻译、人脸识别、语音识别、信号恢复、商业推荐、金融分析、医疗辅助、智能交通等。

1.1.2 图神经网络

图神经网络 (Graph Neural Networks, GNN) 是一类能够从图结构数据中学习的神经网络。它是机器学习中处理图结构数据（非欧式空间数据）问题的最重要的技术之一。

在人们使用人工智能解决问题的过程中，很多场景下所使用的样本并不是独立的，它们彼此之间是具有关联的，而这个关联一般都会用图来表示。

图是一种数据结构，它对一组对象（节点）及其关系（边）进行建模，形成一种特别的度量空间。这个空间仅仅体现了节点间的关系，它不同于二维、三维之类的空间数据，因此被称为非欧式空间数据。

图神经网络的主要作用就是将图结构的数据利用起来，通过机器学习的方法进行拟合、预测。

神经网络是对单个样本的特征进行拟合，而图神经网络在拟合单个样本特征基础之上，又加入了样本间的关系信息，这不但有较好的可解释性，而且大大提升了模型性能。

1.2 PyTorch是做什么的

PyTorch 是 Facebook 开发的一套深度学习开源框架，于 2017 年初发布，之后迅速成为 AI 研究者广泛使用的框架。PyTorch 灵活、动态的编程环境以及对用户友好的界面使其适用于快速实验。PyTorch 社区也在不断发展和壮大，如今，PyTorch 已经成为 GitHub 上星标数量增长速度最快的开源项目之一。

PyTorch 是当今深度学习领域中最热门的框架之一。在 GitHub 上，PyTorch 目前排名已经与 TensorFlow 相当。它里面有完整的数据流向与处理机制，封装了大量高效可用的算法及神经网络搭建方面的函数。

初学者选择学习 PyTorch 的优势是，在学习道路上不会孤单，会有许多资料可供参考，以及可与很多的爱好者进行交流。更为重要的是，目前，越来越多的发表相关学术论文的研究人员更加倾向于在 PyTorch 上开发自己的示例原型。这些优势可以让读者在获取当今最新技术的过程中节省不少时间。

1.3 PyTorch的特点

PyTorch 是用 C++ 语言开发的，并且通常会使用 Python 语言来驱动应用。利用 C++ 开发可以保证其运行的效率。Python 作为上层应用语言，可以为研究人员节省大量的开发时间。这些是其能够广受欢迎的重要原因。

相对于其他框架，PyTorch 有如下特点。

1. 灵活强大的接口

包括 eager execution 和 graph execution 模式之间无缝转换的混合前端、改进的分布式训练、用于高性能研究的纯 C++ 前端，以及与云平台的深度集成。

2. 丰富的课程资源

Udacity 和 Facebook 已经上线了一门新课程（Introduction to Deep Learning with PyTorch）并推出了 PyTorch 挑战赛（PyTorch Challenge Program），后者为持续 AI 教育提供奖学金。在课程发布后的短短几周内，数万学生积极参与该在线项目。此外，该教育课程促使现实世界的学习者会面（meet-up），使开发者社区变得更有凝聚力，这种 meet-up 在全世界展开。

PyTorch 的相关完整课程可在 Udacity 网站上免费获取，之后开发者可以在更高级的 AI 纳米学位项目中继续学习 PyTorch 。

除在线教育课程之外，fast.AI 等组织还提供软件库，支持开发者使用 PyTorch 构建神经网络。

3. 更多的项目扩展

在开发者社区中，对 PyTorch 开发的典型拓展如下。

- Horovod：分布式训练框架，让开发人员可以轻松地使用单个 GPU 程序，并快速在多个 GPU 上训练。
- PyTorch Geometry：PyTorch 的几何计算机视觉库，提供一组路径和可区分的模块。

- TensorBoardX：一个将 PyTorch 模型记录到 TensorBoard 的模块，允许开发者使用可视化工具训练模型。

此外，Facebook 内部团队还构建并开源了多个 PyTorch 项目，如 Translate（用于训练基于 Facebook 机器翻译系统的序列到序列模型的库）。对于想要快速启动特定领域研究的 AI 开发者来说，PyTorch 项目支持的生态系统使他们能够轻松了解行业前沿研究成果。

4. 支持更多的云平台

为了使 PyTorch 更加易于获取且对用户友好，PyTorch 团队继续深化与云平台和云服务的合作，如 AWS、谷歌云平台、微软 Azure。最近，AWS 上线了 Amazon SageMaker Neo，支持 PyTorch，允许开发者使用 PyTorch 构建机器学习模型、训练模型，然后将它们部署在云端或边缘设备上。通过这种形式的训练，模型性能会提升很多。

开发者可以在谷歌云平台上创建一个新的深度学习虚拟机实例来尝试使用 PyTorch 1.0。具体信息可在谷歌云平台上搜索 pytorch_start_instance 来获取。

此外，微软 Azure 机器学习服务现在也可以广泛使用 PyTorch，它允许数据科学家在 Azure 上无缝训练、管理和部署 PyTorch 模型。通过使用 Azure 服务的 Python SDK，Python 开发者可以利用所需的分布式计算能力，使用 PyTorch 1.0 规模化训练模型，并加速从训练到生产模型的过程。

1.4　PyTorch与TensorFlow各有所长

截至本书出版时，深度学习领域两个非常受欢迎的框架——PyTorch 与 TensorFlow 有着不相上下的市场占有率。初学者应该如何选择？本书为什么选择 PyTorch 呢？

PyTorch 有编程风格好、学术客户群庞大等优势。在 GitHub 上，使用 PyTorch 实现的高质量源码有很多，且有些优秀的论文只提供了 PyTorch 的实现版本。在这种情况下，学习者直接参考 PyTorch 框架实现的学术文章，可以快速吸收前沿知识。

1. PyTorch与TensorFlow的比较

下面通过一组可视化的图表呈现 PyTorch 与 TensorFlow 的关系。

（1）来自 Medium 网站的统计数据

Medium 是发布数据科学文章和教程的热门网站。它在数据科学的教程资源门户网站中具有一定的代表性。

图 1-1 中所示的数据是 2018 年 10 月到 2019 年 3 月之间，Medium 网站所发布的使用 TensorFlow、PyTorch、Keras 和 FastAI

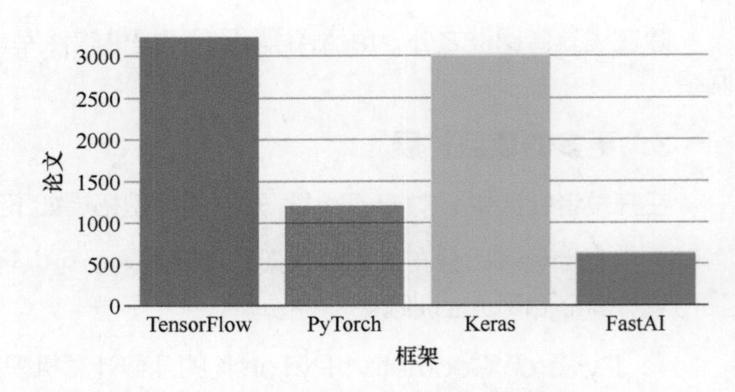

图1-1　来自Medium网站的统计数据

框架的文章数量统计数据。可以看到使用 TensorFlow 和 Keras 的文章数量相似，而使用 PyTorch 的文章相对较少。但是到了 2020 年，这一数据发生了很大变化，使用 PyTorch 的文章数量超过了 TensorFlow。

（2）来自用户搜索兴趣的统计数据

在图 1-2 中，4 条折线从上到下依次代表 TensorFlow、Keras、PyTorch、FastAI 的搜索量。该数据显示的是从 2018 年 3 月到 2019 年 2 月统计的结果。从图 1-2 中可以看出，TensorFlow 的搜索量有所下降，而 PyTorch 的搜索量在增长。

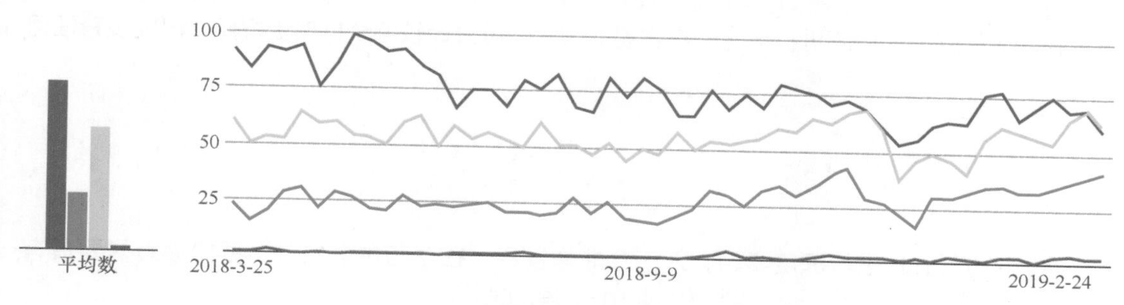

图1-2　来自用户搜索兴趣的统计数据

2. 建议PyTorch与TensorFlow要二者兼顾

作者建议读者二者都要兼顾。TensorFlow 至今仍是主流，PyTorch 更像一股清流，也绝不能忽视。从深度学习资源（Medium 与 arXiv 上框架的统计数据）来看，TensorFlow 更胜一筹。从用户的增长量来看，PyTorch 更有优势。一个占据了现有的优势，另一个具有更好的未来。只有二者一起掌握才可以让自己不会因技术的更新被淘汰。

3. 殊途同归

PyTorch 与 TensorFlow 两个框架在不断的版本迭代中提升性能。二者提升性能的目的是一样的，即用更好的性能、更友好的编程规则带给用户更好的编程体验。

在这个信息开放的时代，二者的源码都是公开的。两个框架也是在自身的演化过程中，互相借鉴，取长补短。如今二者的开发规则变得越来越像。随着 TensorFlow 2.0 的推出，纠结 PyTorch 与 TensorFlow 哪个开发起来更方便，实在是没有必要了。

举例如下。

（1）PyTorch 代码

```
import torch                       #引入PyTorch库
x = torch.Tensor([[2.]])           #定义张量
print(x)                           #显示张量，输出tensor([[2.]])
m = torch.matmul(x,x)              #进行矩阵相乘
print(m)                           #显示结果，输出tensor([[4.]])
```

（2）TensorFlow 的动态图代码（默认 TensorFlow 2.0 以上版本）

```
import tensorflow as tf        #引入TensorFlow库
x = [[2.]]                     #定义二维数组
print(x)                       #显示数组，输出[[2.0]]
m = tf.matmul(x,x)             #进行矩阵相乘
print(m)                       #显示结果，输出tf.Tensor([[4.]], shape=(1, 1), dtype=float32)
```

通过比较上面两个代码片段会发现，从语法上来看，二者类似。当然，聚焦到具体的 API 时，还会有一些命名上的不同。当掌握 PyTorch 和 TensorFlow 两个框架的用法之后，读者会发现在两个框架的代码间进行移植非常容易。因此，再去计较哪个框架更好用，已经没有任何意义。

1.5　如何使用本书学好深度学习

使用 PyTorch 进行深度学习，入门会非常容易。在学习本书之前，要求读者需要具有 Python 基础，并且熟悉 Matplotlib 和 NumPy 库的使用。

读者不用过分担心自己的数学基础较弱、不清楚神经网络原理等问题，因为 PyTorch 已经将这些底层原理及算法封装成高级接口，为用户提供方便且快捷的开发环境。本书重点介绍如何快速使用 PyTorch 的这些接口来实现深度学习的模型。

理论加实践的方式是学习知识的经典模式。本书中会介绍深度学习中各种常用技术特点及使用场景，并配有大量实例，读者只需要全篇通读并跟着实例去做，即可达到熟练掌握 PyTorch 的水平。

本书会先从 PyTorch 的应用开始，逐步介绍神经网络、图神经网络的相关内容，这些内容是必备知识。

第2章

搭建开发环境

本章先从环境的搭建开始，重点介绍 PyTorch 在 GPU 上的搭建方法。本书使用 Python 3.7 开发环境，开发工具为 Anaconda，操作系统为 Windows 10 和 Ubuntu 16.04。

提示　虽然PyTorch支持CPU运行，但是为了能够使读者更顺畅地学习，建议读者在学习本书之前购买一台带有独立显卡（GPU）的计算机。

PyTorch的运行与平台无关，读者可以使用Windows系统、Linux系统或macOS。如果读者对安装过程已经掌握，那么可以跳过本章。

2.1　下载及安装Anaconda

在Anaconda的环境搭建中，重点是版本的选择。下面详细介绍Anaconda的下载及安装方法。

2.1.1　下载Anaconda开发工具

Anaconda官网软件下载页面如图2-1所示，其中有Linux、Windows、macOS的各种版本，读者可以任意选择。

Anaconda installer archive

Filename	Size	Last Modified	MD5
Anaconda3-2020.02-Linux-ppc64le.sh	276.0M	2020-03-11 10:32:32	fef889d3939132d9caf7f56ac9174ff6
Anaconda3-2020.02-Linux-x86_64.sh	521.6M	2020-03-11 10:32:37	17600d1f12b2b047b62763221f29f2bc
Anaconda3-2020.02-MacOSX-x86_64.pkg	442.2M	2020-03-11 10:32:57	d1e7fe5d52e5b3ccb38d9af262688e89
Anaconda3-2020.02-MacOSX-x86_64.sh	430.1M	2020-03-11 10:32:34	f0229959e0bd45dee0c14b20e58ad916
Anaconda3-2020.02-Windows-x86.exe	423.2M	2020-03-11 10:32:58	64ae8d0e5095b9a878d4522db4ce751e
Anaconda3-2020.02-Windows-x86_64.exe	466.3M	2020-03-11 10:32:35	6b02c1c91049d29fc65be68f2443079a
Anaconda2-2019.10-Linux-ppc64le.sh	295.3M	2019-10-15 09:26:13	6b9809bf5d36782bfa1e35b791d983a0
Anaconda2-2019.10-Linux-x86_64.sh	477.4M	2019-10-15 09:26:03	69c64167b8cf3a8fc6b50d12d8476337
Anaconda2-2019.10-MacOSX-x86_64.pkg	635.7M	2019-10-15 09:27:30	67dba3993ee14938fc4acd57cef60e87

图2-1　下载列表（部分）

以Linux 64位下的Python 3.7版本为例，可以选择对应的安装包为Anaconda3-2020.02-Linux-x86_64.sh（见图2-1中的标注）。

提示

本书的内容均是使用Python 3.7版本来实现的。

Python 3.x中每个版本间也会略有区别（例如Python 3.5与Python 3.6），并且没有向下兼容。在与其他的Python软件包整合使用时，一定要按照所要整合软件包的说明文件来找到完全匹配的Python版本，否则会带来不可预料的麻烦。

另外，不同版本的Anaconda默认支持的Python版本是不一样的：支持Python 2版本的Anaconda，统一以“Anaconda2”为开头来命名；支持Python 3的版本Anaconda，统一以“Anaconda3”为开头来命名。在本书写作时，使用的版本为Anaconda3-2020.02，支持Python 3.7版本。

2.1.2　安装Anaconda开发工具

以Ubuntu 16.04版本为例，下载Python 3.7版的Anaconda集成开发工具，可以下载Anaconda3-2020.02-Linux-x86_64.sh安装包，然后在命令行终端通过chmod命令为其增加可执行权限、运行该安装包。输入命令如下：

```
chmod u+x Anaconda3-2020.02-Linux-x86_64.sh
./Anaconda3-2020.02-Linux-x86_64.sh
```

在安装过程中，会有各种交互性提示，有的需要按回车键，有的需要输入“yes”，按照提示操作即可。

> **提示** 如果在安装过程意外中止，导致本机有部分残留文件，影响再次重新安装，那么可以使用如下命令进行覆盖安装：
> ./Anaconda3-2020.02-Linux-x86_64.sh -u

在 Windows 下安装 Anaconda 软件的方法与一般的软件安装相似。右键单击安装包，在弹出的快捷菜单中选择“以管理员身份运行”命令即可。

2.1.3 安装Anaconda开发工具时的注意事项

在安装 Anaconda 的过程中，会询问是否要集成环境变量。这里一定要将环境变量集成到系统中，否则系统将不会识别 Anaconda 中自带的命令。例如，在 Linux 下安装 Anaconda 时，会出现图 2-2 所示的界面。

```
root@iz2ze95rj7zvx8srjiho5nz:/model
installing: scikit-image-0.13.1-py36h14c3975_1 ...
installing: anaconda-client-1.6.9-py36_0 ...
installing: blaze-0.11.3-py36h4e06776_0 ...
installing: jupyter_console-5.2.0-py36he59e554_1 ...
installing: notebook-5.4.0-py36_0 ...
installing: qtconsole-4.3.1-py36h8f73b5b_0 ...
installing: sphinx-1.6.6-py36_0 ...
installing: anaconda-project-0.8.2-py36h44fb852_0 ...
installing: jupyterlab_launcher-0.10.2-py36_0 ...
installing: numpydoc-0.7.0-py36h18f165f_0 ...
installing: widgetsnbextension-3.1.0-py36_0 ...
installing: anaconda-navigator-1.7.0-py36_0 ...
installing: ipywidgets-7.1.1-py36_0 ...
installing: jupyterlab-0.31.5-py36_0 ...
installing: spyder-3.2.6-py36_0 ...
installing: _ipyw_jlab_nb_ext_conf-0.1.0-py36he11e457_0 ...
installing: jupyter-1.0.0-py36_4 ...
installing: anaconda-5.1.0-py36_2 ...
installing: conda-4.4.10-py36_0 ...
installing: conda-build-3.4.1-py36_0 ...
installation finished.
Do you wish the installer to prepend the Anaconda3 install location
to PATH in your /root/.bashrc ? [yes|no]
[no] >>>
```

图2-2 是否集成环境变量的提示界面

在图 2-2 所示的界面中，输入“yes”并按回车键，进行下一步的安装。在安装完成后重新打开一个终端，即可使 Anaconda 中的命令生效。

> **提示** 在 Windows 系统中安装 Anaconda 的过程中，提示界面有个复选框，需要先将其勾选，再进行下一步的安装。

2.2 安装PyTorch

在 PyTorch 的官网中，提供了一个配置安装命令的网页，使得安装变得更加简单，具体做法如下。

2.2.1　打开PyTorch官网

进入 PyTorch 官网。

在进入 PyTorch 官网后，会看到图 2-3 所示的界面。

图2-3　PyTorch官网

2.2.2　配置PyTorch安装命令

单击图 2-3 中的“Get Started”按钮，进入命令配置界面，如图 2-4 所示。

recommended package manager since it installs all dependencies. You can also install previous versions of PyTorch. Note that LibTorch is only available for C++.

PyTorch Build	Stable (1.5)		Preview (Nightly)	
Your OS	Linux	Mac	Windows	
Package	Conda	Pip	LibTorch	Source
Language	Python		C++ / Java	
CUDA	9.2	10.1	10.2	None
Run this Command:	conda install pytorch torchvision cudatoolkit=10.1 -c pytorch			

图2-4　PyTorch命令配置

如图 2-4 所示，该网页会提供多个可视化的选项按钮，用户需要按照自己本机的环境进行选择，即可得到安装命令（如图 2-4 中箭头所指的命令）。

提示　在 Windows 下用 Anaconda 安装 PyTorch 时，如果是 PyTorch 1.0 及之前的版本，那么必须安装到主环境中（不能安装到其他的虚拟环境中），因为 PyTorch 1.0 及之前的版本只能在主环境下使用 GPU 版本。如果是 PyTorch 1.0 之后的版本，那么不会存在这个问题。

2.2.3　使用配置好的命令安装PyTorch

本机环境为 Python 3.7，所选的 CUDA 版本为 10.1。根据图 2-4 所示的页面进行配置后得到如下命令：

```
conda install pytorch torchvision cudatoolkit=10.1 -c pytorch
```

从命令中可以看出，PyTorch 需要安装两个库：pytorch 与 torchvision，其中 pytorch 是主模块，torchvision 是辅助模块。

将该命令复制到命令行中即可进行安装，安装界面如图 2-5 所示。

```
The following NEW packages will be INSTALLED:

  blas               anaconda/pkgs/main/linux-64::blas-1.0-mkl
  cudatoolkit        anaconda/pkgs/main/linux-64::cudatoolkit-10.1.243-h6bb024c_0
  freetype           anaconda/pkgs/main/linux-64::freetype-2.9.1-h8a8886c_1
  intel-openmp       anaconda/pkgs/main/linux-64::intel-openmp-2020.1-217
  jpeg               anaconda/pkgs/main/linux-64::jpeg-9b-h024ee3a_2
  libgfortran-ng     anaconda/pkgs/main/linux-64::libgfortran-ng-7.3.0-hdf63c60_0
  libpng             anaconda/pkgs/main/linux-64::libpng-1.6.37-hbc83047_0
  libtiff            anaconda/pkgs/main/linux-64::libtiff-4.1.0-h2733197_1
  lz4-c              anaconda/pkgs/main/linux-64::lz4-c-1.9.2-he6710b0_0
  mkl                anaconda/pkgs/main/linux-64::mkl-2020.1-217
  mkl-service        anaconda/pkgs/main/linux-64::mkl-service-2.3.0-py37he904b0f_0
  mkl_fft            anaconda/pkgs/main/linux-64::mkl_fft-1.0.15-py37ha843d7b_0
  mkl_random         anaconda/pkgs/main/linux-64::mkl_random-1.1.1-py37h0573a6f_0
  ninja              anaconda/pkgs/main/linux-64::ninja-1.9.0-py37hfd86e86_0
  numpy              anaconda/pkgs/main/linux-64::numpy-1.18.1-py37h4f9e942_0
  numpy-base         anaconda/pkgs/main/linux-64::numpy-base-1.18.1-py37hde5b4d6_1
  olefile            anaconda/pkgs/main/linux-64::olefile-0.46-py37_0
  pillow             anaconda/pkgs/main/linux-64::pillow-7.1.2-py37hb39fc2d_0
  pytorch            pytorch/linux-64::pytorch-1.5.0-py3.7_cuda10.1.243_cudnn7.6.3_0
  six                anaconda/pkgs/main/noarch::six-1.15.0-py_0
  torchvision        pytorch/linux-64::torchvision-0.6.0-py37_cu101
  zstd               anaconda/pkgs/main/linux-64::zstd-1.4.4-h0b5b093_3
```

图2-5　在Linux中安装PyTorch

在图 2-5 中，输入字符"y"，系统便会自动下载 cudatoolkit-10.1.243-h6bb024c_0 安装包，该安装包即为 CUDA 10.1 和 cudnn7.6.3 组合之后的工具包。该工具包可以使 PyTorch 程序在 GPU 上进行模型训练，提高运行速度。

2.2.4　配置PyTorch的镜像源

如果由于网络问题，导致在 Linux 系统中使用 conda 或 pip 命令安装 PyTorch 失败，那么可以添加镜像源。

1. 为conda添加镜像源

可以为 conda 添加镜像源，常用的是清华大学的镜像源，具体做法如下。

```
(pt15) C:\Users\ljh>conda config --show-sources          #查看源
==> C:\Users\ljh\.condarc <==                            #以下是输出的内容
ssl_verify: True
channels:
  - defaults
                                                         #显示当前有一个默认的源
(pt15) C:\Users\ljh>conda config --add channels          #添加清华大学的镜像源
                        https://mirrors.tuna.tsinghua.edu.cn/anaconda/pkgs/free/
(pt15) C:\Users\ljh>conda config --add channels          #添加清华大学的镜像源
                        https://mirrors.tuna.tsinghua.edu.cn/anaconda/pkgs/main/
(pt15) C:\Users\ljh>conda config --add channels          #添加清华大学的镜像源
                        https://mirrors.tuna.tsinghua.edu.cn/anaconda/cloud/conda-forge/
(pt15) C:\Users\ljh>conda config --add channels          #添加清华大学的PyTorch镜像源
                        https://mirrors.tuna.tsinghua.edu.cn/anaconda/cloud/pytorch/
(pt15) C:\Users\ljh>conda config --set show_channel_urls yes
```

在添加完后，可以使用 conda info 命令查看 conda 所有的信息。若要删除镜像源，可以使用如下命令：conda config--remore channels 镜像源地址。

2. 使用conda镜像源安装PyTorch的注意事项

如果要使用 conda 镜像源安装 PyTorch, 那么需要在输入的命令行中去掉“-c pytorch”参数。具体命令如下：

```
conda install pytorch torchvision cudatoolkit=10.1
```

conda 的 -c 参数表示指定下载通道。如果手动指定通道，那么默认会优先从 conda 镜像源下载，如图 2-6 所示。

```
olefile          anaconda/pkgs/main/linux-64::olefile-0.46-py37_0
pillow           anaconda/pkgs/main/linux-64::pillow-7.1.2-py37hb39fc2d_0
pytorch ──────→ anaconda/cloud/pytorch/linux-64::pytorch-1.5.0-py3.7_cuda10.1.243_cudnn7.6.3_0
six              anaconda/pkgs/main/noarch::six-1.15.0-py_0
torchvision ───→ anaconda/cloud/pytorch/linux-64::torchvision-0.6.0-py37_cu101
zstd             anaconda/pkgs/main/linux-64::zstd-1.4.4-h0b5b093_3
```

图2-6　从conda镜像源安装PyTorch

比较图 2-5 和图 2-6 可以看出，图 2-5 中的 pytorch 和 torchvision 是从 pytorch 开头的安装路径下载，而图 2-6 中的 pytorch 和 torchvision 是从 anaconda 开头的安装路径下载。

> **提示**
>
> 在从Anaconda镜像源中安装时，默认的PyTorch版本有可能不是最新版本，此时可以通过指定版本的方式强制安装最新版本，例如：
>
> conda install pytorch=1.5 torchvision=0.6.0 cudatoolkit=10.1
>
> 最新的PyTorch版本号可以从PyTorch的官网上查到。
>
> 另外，PyTorch的版本也要与CUDA的版本对应。PyTorch 1.5版本最高可以支持CUDA 10.2，PyTorch 1.2.0版本最高可以支持CUDA 10.0。
>
> 如果当前系统的安装版本是PyTorch 1.2.0，而在使用安装命令时指定了CUDA为10.1，命令如下：
>
> conda install pytorch torchvision cudatoolkit=10.1
>
> 那么，在该命令执行时，系统将找不到与CUDA 10.1对应的PyTorch 1.2.0版本。这时系统会下载一个CPU版的PyTorch，导致GPU功能不能使用，安装时需要额外小心。

3. 为pip添加镜像源

除使用 conda 命令安装 Python 工具包外，还可以使用 pip 安装 Python 工具包。通过为 pip 添加镜像源也可以缩短使用 pip 安装 Python 工具包的时间。

为 pip 添加镜像源的具体方法如下。

（1）建立 pip 配置文件

在Windows系统下，pip的配置文件为用户目录下的pip文件夹（即C:\Users\xx\pip）；在 Linux 系统下，pip 的配置文件为 ~/.pip/pip.conf。如果本机中没有配置文件，那么需要重新创建。

（2）添加内容

在 Windows 系统下，直接添加即可；在 Linux 系统中，需要修改 index-url 至 tuna 间的内容。如果没有 index-url，那么直接添加，添加的内容如下：

```
[global]
index-url = https://pypi.tuna.tsinghua.edu.cn/simple
```

2.3 熟悉Anaconda 3的开发工具

本书中使用的开发环境是 Anaconda 3。在 Anaconda 3 中，常用的有两个工具：Spyder 和 Jupyter Notebook，它们的位置在“开始”菜单的 Anaconda3（64-bit）目录下，如图 2-7 所示。

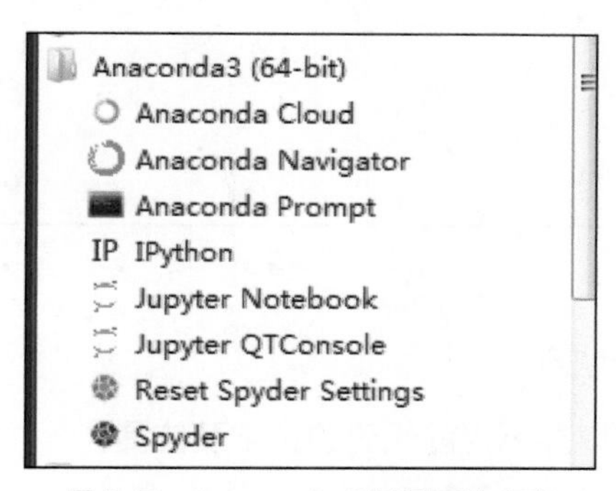

图2-7 Anaconda 3目录下的内容

2.3.1 快速了解Spyder

本书推荐使用 Spyder 作为编译器的原因是它的使用比较方便，从安装到应用都进行了相应的集成，只下载一个安装包即可，省去了搭建环境的时间。另外，Spyder 的功能很强大，基本上可以满足开发者的日常需求。下面通过几个常用的功能来介绍其具体使用细节。

1. 面板介绍

如图 2-8 所示，Spyder 启动后可以分为 6 个区域。

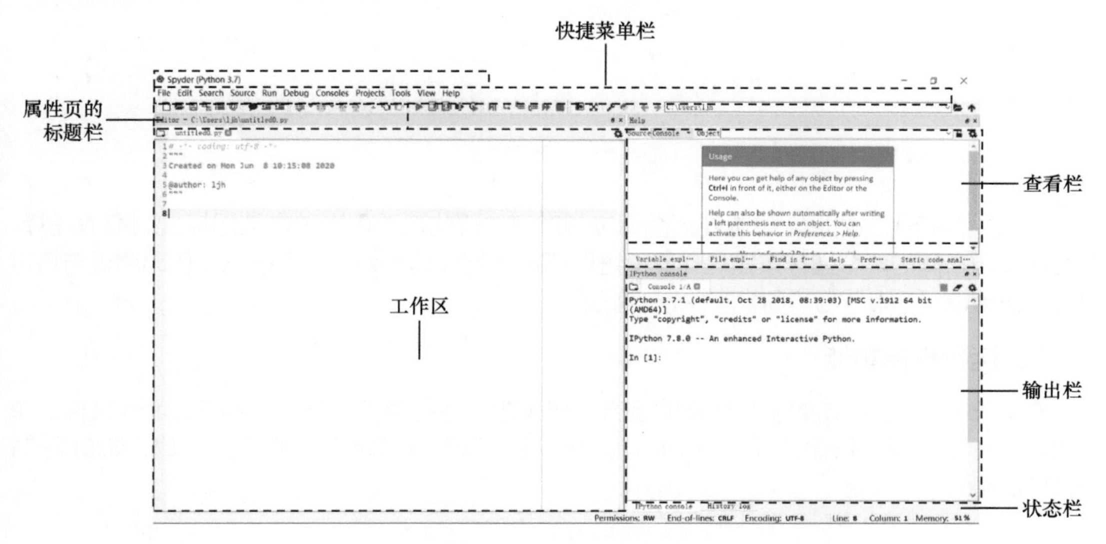

图 2-8 Spyder面板

- 快捷菜单栏：是菜单栏的快捷方式，其上需要放置哪些快捷方式可以通过勾选菜单栏中 View 里面的选项来实现，如图 2-9 所示。

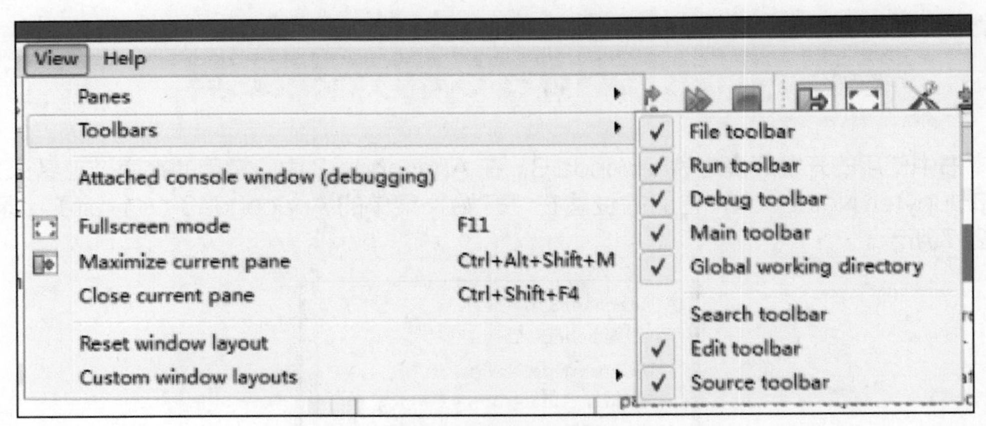

图2-9　快捷方式设置

- 工作区：编写代码的地方。
- 属性页的标题栏：可以显示当前代码的名字及位置。
- 查看栏：可以查看文件，以及文件调试时的对象和变量。
- 输出栏：可以看到程序的输出信息，也可以当作 Shell 终端来输入 Python 语句。
- 状态栏：用来显示当前文件权限、编码，鼠标指针指向的位置，系统内存。

2. 注释功能

注释功能是编写代码时常用的功能，下面介绍一下 Spyder 的批量注释功能。在图 2-9 中，勾选“Edit toolbar”后会看到图 2-10 所示的注释图标按钮。

图2-10　注释图标按钮

当选中几行代码之后，单击注释图标按钮即可注释代码，再次单击该图标按钮取消注释。该图标按钮右侧的两个图标按钮是代码缩进图标按钮与代码不缩进图标按钮。代码缩进与否可以通过快捷键“Tab”与“Shift+Tab”实现。

3. 运行程序功能

在图 2-11 中，单击数字 1 标示的运行图标按钮可运行当前工作区内的 Python 文件。单击数字 2 标示的图标按钮会弹出一个窗口，可以在该窗口中输入启动程序的参数，如图 2-11 中框内的部分。

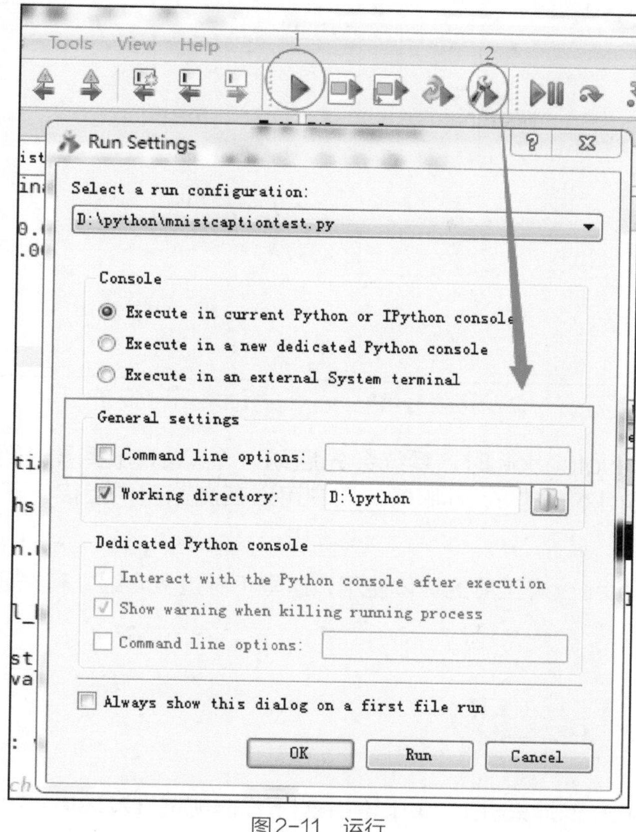

图2-11 运行

4. 调试功能

图 2-11 中运行图标按钮右侧的图标按钮为调试功能的按钮。在 Python 程序运行中，同样可以通过设置断点来调试程序。

5. source 操作

当同时打开多个代码时，若想回到刚才看过的代码的位置，Spyder 中有一个功能可以帮开发者实现。在图 2-9 中，勾选“Source toolbar”后会看到图 2-12 所示的 Source 界面。在图 2-12 所示的界面中，第一个图标按钮为建立书签图标按钮，第二个图标按钮为回退到上一个的代码位置的图标按钮，第三个图标按钮为前进到下一个代码位置的图标按钮。

图2-12 Source界面

以上是 Spyder 的常用操作。当然，Spyder 还有很多功能，这里就不一一介绍了。

2.3.2 快速了解 Jupyter Notebook

在深度学习编程中，有许多代码文件是扩展名为 ipynb 的文件，这类文件是 Jupyter Notebook 类型文件。这类文件既可以当成说明文档，又能作为 Python 运行的代码文件。Anaconda 中也集成了相应的工具。在图 2-7 中，找到 Jupyter Notebook 项，单击此项即可看到图 2-13 所示的界面。

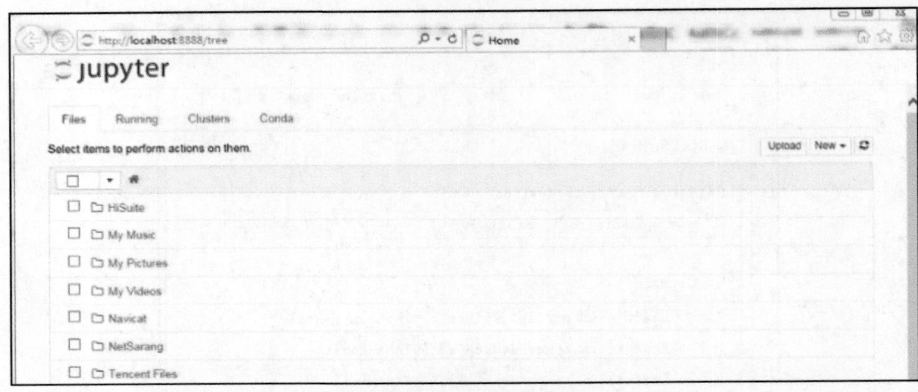

图2-13　Jupyter 界面

在启动 Jupyter Notebook 时，系统会先启动一个 Web 服务器，再启动一个浏览器，然后通过浏览器来访问本机的 Web 服务。用户可以在浏览器中上传、下载或者编写自己的 ipynb 代码文件。

关于 Jupyter Notebook 工具的具体使用，这里不做过多介绍，有兴趣的读者可以在网络上搜索相关教程。

2.4　测试开发环境

在安装好 PyTorch 的计算机上，可以使用如下代码测试开发环境。

```
import torch                                  #引入PyTorch库
print(torch.cuda.is_availabel())              #测试GPU是否生效
```

上述代码执行后，如果输出 True，那么表明开发环境一切正常。

提示　如果返回False，那么有可能是本地的NVIDIA显卡驱动版本相对CUDA的版本较旧，需要对本地NVIDIA显卡的驱动进行更新。

第3章

PyTorch基本开发步骤——用逻辑回归拟合二维数据

本章将通过一个例子，一步一步地实现一个简单的神经网络程序。这个实例可以帮助读者理解模型，并了解 PyTorch 开发的基本步骤。

3.1　实例1：从一组看似混乱的数据中找出规律

深度学习模型是由神经网络组成的，人工智能的能力体现也主要源于神经网络的拟合效果。下面通过一个简单的逻辑回归实例来展示神经网络的拟合效果，使读者能够快速、直观地感受到深度学习的开发过程。

实例描述　假设有这样一组数据集，它包含了两种数据分布，每种数据分布都呈半圆形状。本实例尝试让神经网络学习这些样本数据，并找到其中的规律，即让神经网络本身能够将混合在一起的两组半圆形数据分开。

实现深度学习有下列一般步骤：

准备数据、搭建网络模型、训练模型、使用及评估模型。

在准备数据阶段，把任务的相关数据收集起来，然后建立网络模型，通过一定的迭代训练让网络学习收集来的数据特征形成可用的模型，最后就是使用模型来解决问题。

下面通过一个完整的例子介绍深度学习的实现步骤。为了让读者更好地进行理解，在本例中，将上述的一般步骤扩展为更具体的7个步骤进行实现，具体如下。

3.1.1　准备数据

使用sklearn.datasets库生成半圆形数据集，并将生成的数据可视化。

具体实现过程如下。

- 导入头文件（见下列代码第1～4行）。
- 设置随机数种子，并调用sklearn.datasets的make_moons函数生成两组半圆形数据（见下列代码第6～7行）。
- 将生成的数据在直角坐标系中显示出来（见下列代码第9～15行）。

代码文件：code_01_moons.py

```
01 import sklearn.datasets                                   #数据集
02 import torch
03 import numpy as np
04 import matplotlib.pyplot as plt
05 from code_02_moons_fun import LogicNet, plot_losses predict,plot_decision_boundary
06 np.random.seed(0)                                         #设置随机数种子
07 X, Y = sklearn.datasets.make_moons(200,noise=0.2)         #生成两组半圆形数据
08
09 arg = np.squeeze(np.argwhere(Y==0),axis = 1)              #获取第1组数据索引
10 arg2 = np.squeeze(np.argwhere(Y==1),axis = 1)             #获取第2组数据索引
11 plt.title("moons data")                                   #将数据显示出来
12 plt.scatter(X[arg,0], X[arg,1], s=100,c='b',marker='+',label='data1')
13 plt.scatter(X[arg2,0], X[arg2,1],s=40, c='r',marker='o',label='data2')
14 plt.legend()
15 plt.show()
```

运行上面的代码，会显示图3-1所示的结果。

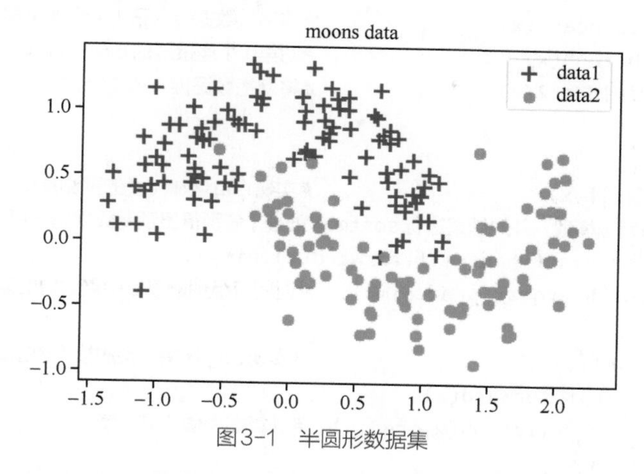

图3-1 半圆形数据集

如图3-1所示，数据分成了两类，一类用十字形状表示，另一类用圆点表示。

提示

如果没有安装sklearn.datasets库，那么，在运行的时候，会报如下错误：

ModuleNotFoundError: No module named 'sklearn'

此时，可以在命令行中输入如下命令安装sklearn.datasets库：

pip install sklearn

3.1.2 定义网络模型

PyTorch支持以类的方式来定义网络模型。定义网络模型类LogicNet，并在其内部实现如下接口。

- 初始化接口：定义该类中的网络层结构。
- 正向接口：将网络层结构按照正向传播的顺序搭建。
- 预测接口：利用搭建好的正向接口，得到模型预测结果。
- 损失值接口：计算模型的预测结果与真实值之间的误差，在反向传播时使用。

具体实现代码如下。

代码文件：code_02_moons_fun.py

```
01 import torch.nn as nn                                    #引入torch网络模型库
02 import torch
03 import numpy as np
04 import matplotlib.pyplot as plt
05 class LogicNet(nn.Module):                               #继承nn.Module类，构建网络模型
06     def __init__(self,inputdim,hiddendim,outputdim):         #初始化网络结构
07         super(LogicNet,self).__init__()
08         self.Linear1 = nn.Linear(inputdim,hiddendim)         #定义全连接层
09         self.Linear2 = nn.Linear(hiddendim,outputdim)        #定义全连接层
10         self.criterion = nn.CrossEntropyLoss()               #定义交叉熵函数
11
```

```
12    def forward(self,x):                        #搭建用两个全连接层组成的网络模型
13        x = self.Linear1(x)                     #将输入数据传入第1个全连接层
14        x = torch.tanh(x)                       #对第1个连接层的结果进行非线性变换
15        x = self.Linear2(x)                     #将网络数据传入第2个链接层
16        return x
17
18    def predict(self,x):                        #实现LogicNet类的预测接口
19        #调用自身网络模型，并对结果进行softmax处理，分别得出预测数据属于每一类的概率
20        pred = torch.softmax(self.forward(x),dim=1)
21        return torch.argmax(pred,dim=1)  #返回每组预测概率中最大值的索引
22
23    def getloss(self,x,y):                      #实现LogicNet类的损失值接口
24        y_pred = self.forward(x)
25        loss = self.criterion(y_pred,y)  #计算损失值的交叉熵
26        return loss
```

上述代码中的第6～10行是LogicNet类的初始化接口。该接口中定义了两个全连接层和一个交叉熵函数。

上述代码中的第12～16行是LogicNet类的正向接口。该接口将初始化的两个全连接层连接起来，其中使用激活函数tanh()进行非线性变换处理，并将最终的输出返回。

上述代码中的第18～21行是LogicNet类的预测接口。该接口对网络的正向结果进行softmax变换，分别得出预测数据属于每一类的概率。

上述代码中的第23～26行是LogicNet类的损失值接口。该接口调用criterion()函数计算预测结果与目标之间误差的交叉熵。

提示 本小节的代码演示了神经网络的基本结构，其中出现了一些与神经网络相关的术语，如全连接层、激活函数等。读者可以先略过这些概念，将重点放在熟悉神经网络的开发步骤上。这些相关术语会在本书第4章进行讲解。

3.1.3 搭建网络模型

只需要将定义好的网络模型类LogicNet进行实例化，即可真正地完成网络模型的搭建。同时，需要定义训练模型所需的优化器。优化器会在训练模型时的反向传播过程中使用。具体代码如下。

代码文件：code_01_moons.py（续1）

```
16 model = LogicNet(inputdim=2,hiddendim=3,outputdim=2)            #实例化模型
17 optimizer = torch.optim.Adam(model.parameters(), lr=0.01)        #定义优化器
```

在实例化模型（代码第16行）时，传入了3个参数，具体说明如下。

- 参数inputdim：输入数据的维度。因为本例中输入的数据是一个具有x和y两个坐标值的数据，所以维度为2。
- 参数hiddendim：隐藏层节点的数量，即LogicNet类中Linear2层所包含的网络节点数量。这个值可以随意定义，节点数量越多，网络的拟合效果越好。但太多数量

的节点也会为网络带来训练困难、泛化性差的问题。

- 参数 outputdim ：模型输出的维度，这个参数具有一定的规律。在分类模型中，模型的最终结果有多少个分类，该参数就设置成多少。

3.1.4 训练模型

神经网络的训练过程是一步步进行的，每一步的详细操作如下。

（1）每次都将数据传入到网络中，通过正向结构得到预测值。

（2）把预测结果与目标间的误差作为损失 [见 code_01_moons.py（续 2）中的第 23 行]。

（3）利用反向求导的链式法则，求出神经网络中每一层的损失 [见 code_01_moons.py（续 2）中的第 26 行]。

（4）根据损失值对其当前网络层的权重参数进行求导，计算出每个参数的修正值，并对该层网络中的参数进行更新 [见 code_01_moons.py（续 2）中的第 27 行]。

具体代码如下。

代码文件：code_01_moons.py（续 2）

```
18 xt = torch.from_numpy(X).type(torch.FloatTensor)  #将NumPy数据转化为张量
19 yt = torch.from_numpy(Y).type(torch.LongTensor)
20 epochs = 1000                                     #定义迭代次数
21 losses = []                                       #定义列表，用于接收每一步的损失值
22 for i in range(epochs):
23     loss = model.getloss(xt,yt)
24     losses.append(loss.item())                    #保存中间状态的损失值
25     optimizer.zero_grad()                         #清空之前的梯度
26     loss.backward()                               #反向传播损失值
27     optimizer.step()                              #更新参数
```

上述代码中的第 18 行和第 19 行将 NumPy 数据转成 PyTorch 支持的张量数据，用于传入模型。

上述代码中的第 22 行使用了一个循环语句对网络进行训练。

3.1.5 可视化训练结果

定义函数 moving_average() 对训练过程中的损失值进行平滑处理，返回损失值的移动平均值，并将处理后的损失值可视化。

1. 定义函数moving_average()与plot_losses()

函数 moving_average()、plot_losses() 的具体实现代码如下。

代码文件：code_02_moons_fun.py（续 1）

```
27 def moving_average(a, w=10):          #定义函数计算移动平均损失值
28     if len(a) < w:
```

```
29          return a[:]
30      return [val if idx < w else sum(a[(idx-w):idx])/w for idx, val in enumerate(a)]
31
32  def plot_losses(losses):
33      avgloss= moving_average(losses) #获得损失值的移动平均值
34      plt.figure(1)
35      plt.subplot(211)
36      plt.plot(range(len(avgloss)), avgloss, 'b--')
37      plt.xlabel('step number')
38      plt.ylabel('Training loss')
39      plt.title('step number vs. Training loss')
40      plt.show()
```

2. 调用函数moving_average()

调用函数 moving_average()，并将结果可视化，具体代码如下。

代码文件：code_01_moons.py（续3）

```
28  plot_losses(losses)
```

代码运行后，可以看到可视化结果如图 3-2 所示。

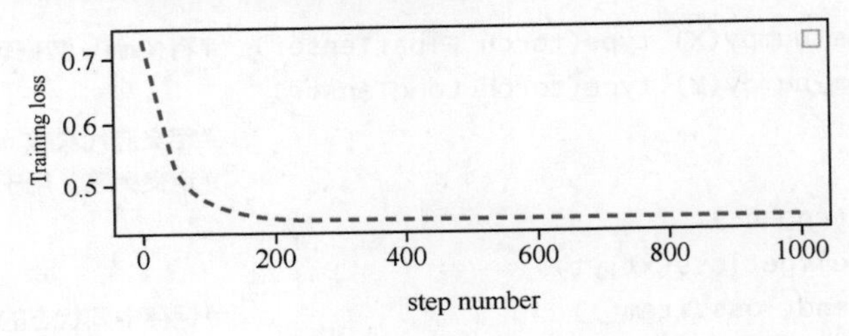

图3-2　可视化结果

3.1.6　使用及评估模型

直接调用网络模型类 LogicNet 的 predict 接口，即可使用模型进行预测。同时，可以使用 sklearn.metrics 的 accuracy_score() 函数对预测结果进行评分。具体代码如下。

代码文件：code_01_moons.py（续4）

```
29  from sklearn.metrics import accuracy_score
30  print(accuracy_score(model.predict(xt),yt))
```

代码运行后，输出如下结果：

```
0.985
```

结果表明模型的准确率为 0.985。

提示　在实际运行时，神经网络节点的初始值是随机的，而训练过程是基于网络节点中的原始值进行调节，因此对每次训练完的模型进行评估都会得到不同的分数。但是，评估值总体会在一个范围之内浮动，不会有太大差异。

3.1.7 可视化模型

由于模型的输入数据是二维数组，因此可以在直角坐标系中进行可视化，即从直角坐标系中进行采样，生成若干个输入数据，并进行批量预测，所得的结果便可以在整个坐标系中直观地体现出来。

1. 定义函数plot_decision_boundary()

函数 plot_decision_boundary() 用于从直角坐标系中进行采样，生成若干个输入数据，并进行批量预测。具体代码如下。

代码文件：code_02_moons_fun.py（续2）

```
41 def predict(x):                                          #封装支持NumPy的预测接口
42     x = torch.from_numpy(x).type(torch.FloatTensor)
43     ans = model.predict(x)
44     return ans.numpy()
45
46 def plot_decision_boundary(pred_func,X,Y):              #在直角坐标系中可视化模型
47     #计算取值范围
48     x_min, x_max = X[:, 0].min() - .5, X[:, 0].max() + .5
49     y_min, y_max = X[:, 1].min() - .5, X[:, 1].max() + .5
50     h = 0.01
51     #在坐标系中采用数据生成网格矩阵，用于输入模型
52     xx,yy=np.meshgrid(np.arange(x_min, x_max, h), np.arange(y_min, y_max, h))
53     #将数据输入并进行预测
54     Z = pred_func(np.c_[xx.ravel(), yy.ravel()])
55     Z = Z.reshape(xx.shape)
56     #将预测的结果可视化
57     plt.contourf(xx, yy, Z, cmap=plt.cm.Spectral)
58     plt.title("Linear predict")
59     arg = np.squeeze(np.argwhere(Y==0),axis = 1)
60     arg2 = np.squeeze(np.argwhere(Y==1),axis = 1)
61     plt.scatter(X[arg,0], X[arg,1], s=100,c='b',marker='+')
62     plt.scatter(X[arg2,0], X[arg2,1],s=40, c='r',marker='o')
63     plt.show()
```

2. 调用函数plot_decision_boundary()

将数据传入函数 plot_decision_boundary()，生成可视化结果。具体代码如下。

代码文件：code_01_moons.py（续5）

```
31 #调用函数，进行模型可视化
32 plot_decision_boundary(lambda x : predict(x) ,xt.numpy(), yt.numpy())
```

代码运行后，可以看到可视化结果，如图3-3所示。

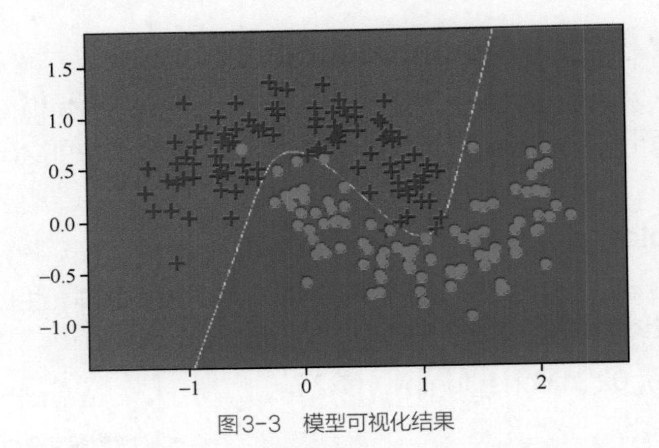

图3-3 模型可视化结果

从图 3-3 中可以看到，模型已经将两个半圆形数据集彻底分开了。

3.2 模型是如何训练出来的

上面例子仅迭代了 1000 次就得到了一个可以拟合两个半圆形数据集的模型。下面具体介绍一下该模型是如何得来的。

3.2.1 模型里的内容及意义

一个标准的模型结构分为输入、中间节点、输出三大部分，而让这 3 个部分连通起来学习规则并可以进行计算，则是框架 PyTorch 所做的事情。

在 PyTorch 中，存在一个“计算图”的概念。PyTorch 将中间节点及节点间的运算关系（ops）定义在自己内部的一个“图”上，每次运行时都会重新构建一个新的计算图。

构建一个完整的图一般需要定义 3 种变量，如图 3-4 所示。

- 输入节点：网络的入口。
- 用于训练的模型参数（也称为学习参数）：连接各个节点的路径。
- 模型中的节点（OP）：最复杂的就是 OP。OP 可以用来代表模型中的中间节点，也可以代表最终的输出节点，它是网络中的真正结构。

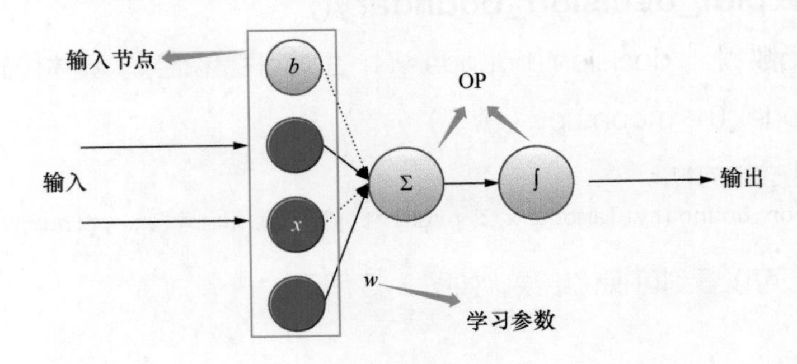

图3-4 模型中的图

如图 3-4 所示，将这 3 种变量放在图中就组成了网络模型。在实际训练中，通过动态的会话将图中的各个节点按照事先定义好的规则运算，每一次的迭代都会对图中的学习参数进行更新调整，通过一定次数的迭代运算之后，最终所形成的计算结构便是所要得到的“模型”。

3.2.2 模型内部数据流向

模型的数据流向分为正向和反向。

1. 正向

正向是指将输入和各个节点定义的运算连在一起，一直运算到输出。它是模型中基本的数据流向。它直观地表现了网络模型的结构，在模型的训练、测试和使用的场景下均会用到。这部分是必须要掌握的。

2. 反向

反向只有在训练场景下才会用到，这里使用了一个称为反向链式求导的方法，即先从正向的最后一个节点开始，计算其与真实值的误差，然后求与误差相关的学习参数方程关于每个参数的导数，得到其梯度修正值，同时反推出上一层的误差，这样就将该层节点的误差按照正向的相反方向传到上一层，并接着去计算上一层的修正值，如此反复下去，进行一步步的转播，直到传到正向的第一个节点。

这部分功能的实现已内置于 PyTorch 中，读者简单理解其原理即可。要把重点放在使用什么方法来计算误差、使用哪些梯度下降的优化方法、如何调节梯度下降中的参数（如学习率）上。

3.3 总结

本章通过一个简单的实例介绍了使用 PyTorch 框架开发模型的过程，可以使读者快速感受到使用 PyTorch 框架开发模型的便捷性。后面的章节将会系统地介绍 PyTorch 框架的使用及其技巧，一步步地引导读者熟练掌握该框架的使用。

第4章

快速上手 PyTorch

本章主要是对PyTorch的基础模块与基本使用方法进行介绍。通过本章的学习，读者能掌握PyTorch的使用方法。

4.1 神经网络中的几个基本数据类型

PyTorch 是一个建立在 Torch 库之上的 Python 包，其内部主要将数据封装成张量（Tensor）来进行运算。

有关张量的介绍，需要从神经网络中的基本类型开始讲起，具体介绍如下。

神经网络中的基本数据类型有标量（Scalar）、向量（Vector）、矩阵（Matrix）和张量（Tensor），示例如图 4-1 所示。

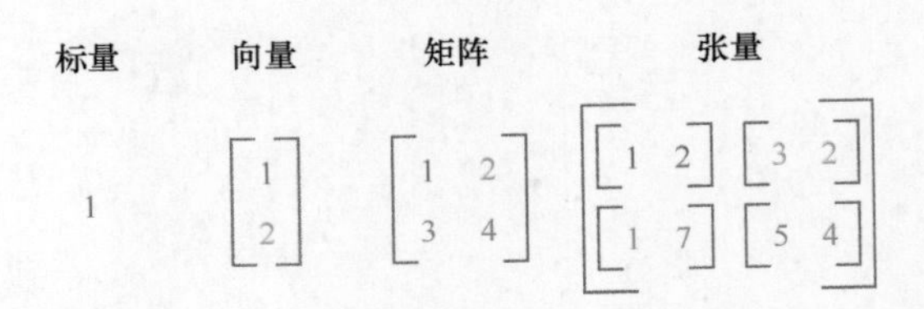

图 4-1 标量、向量、矩阵和张量的示例

它们的层级关系解读如下：

- 标量只是某个具体的数字；
- 向量由多个标量组成；
- 矩阵由多个向量组成；
- 张量由多个矩阵组成。

PyTorch 中的张量就是元素属同一数据类型的多维矩阵。

4.2 张量类的基础

在 PyTorch 中，张量主要起到承载数据及进行计算的作用。张量是通过最底层的 Aten 运算库进行计算的。Aten 库是一个用 C++ 开发的底层运算库，具有非常好的计算性能。

下面介绍张量类的更多细节。

4.2.1 定义张量的方法

在 PyTorch 中定义张量的函数可以分为以下两种。

- 函数 torch.tensor()：相对简单，直接将传入的数值原样转成张量。
- 函数 torch.Tensor()：功能更强大，可以指定数值和形状来定义张量。

1. 函数torch.tensor()介绍

函数 torch.tensor() 只支持一个参数，其功能就是将传入的对象转成张量。该函数不但支持 Python 中的原生类型，而且支持 NumPy 类型。下面举例进行说明。

```
import torch                        #引入PyTorch库
import numpy as np                  #引入NumPy库
a = torch.tensor(5)                 #定义一个张量5
print(a)                            #打印该张量，输出：tensor(5)

anp = np.asarray([4])               #定义一个NumPy数组
a = torch.tensor(anp)               #将NumPy数组转成张量
print(a)                            #打印该张量，输出：tensor([4], dtype=torch.int32)
```

2. 函数torch.Tensor()介绍

通过使用 torch.Tensor() 函数可以直接定义一个张量。在使用此函数定义张量时，可以指定张量的形状，也可以指定张量的内容。下面举例进行说明。

```
import torch              #引入PyTorch库
a = torch.Tensor(2)       #定义一个指定形状的张量
print(a)                  #输出：tensor([1.1210e-43, 4.7265e-01])

b = torch.Tensor(1,2)     #定义一个指定形状的张量
print(b)                  #输出：tensor([[-1.4754e+04,  4.5909e-41]])

c = torch.Tensor([2])     #定义一个指定内容的张量
print(c)                  #输出：tensor([2.])

d = torch.Tensor([1,2])   #定义一个指定内容的张量
print(d)                  #输出：tensor([1., 2.])
```

上面的示例代码解读如下。

- 在定义张量 ***a*** 时，向 torch.Tensor() 函数中传入 2，指定张量的形状，系统便生成一个含有两个数的一维数组。
- 在定义张量 ***b*** 时，向 torch.Tensor() 函数中传入 1 和 2，指定张量的形状，系统便生成一个二维数组。
- 在定义张量 ***c***、***d*** 时，向 torch.Tensor() 函数中传入一个列表，系统直接生成与该列表内容相同的张量。

通过这个例子可以看出，向 torch.Tensor() 中传入数值，可以生成指定形状的张量；向 torch.Tensor() 中传入列表，可以生成指定内容的张量。

提示

在以指定形状的方式调用 torch.Tensor() 函数时，得到的张量是没有初始化的。如果想得到一个随机初始化后的张量，那么可以使用 torch.rand() 函数。例如：

```
x = torch.rand(2,1)     #输出tensor([[0.0446],[0.5492]])
```

torch.rand() 函数可以随机生成元素位于 0～1 间的张量。

3. 张量的判断

PyTorch 中还封装了函数 is_tensor()，用于判断一个对象是否为张量，具体用法如下。

```
import torch                       #引入PyTorch库
a = torch.Tensor(2)                #定义一个指定形状的张量
print(torch.is_tensor(a))          #判断a是否是张量，输出：True
```

4. 获得张量中元素的个数

可以通过 torch.numel() 函数获得张量中元素的个数，具体用法如下。

```
import torch                       #引入PyTorch库
a = torch.Tensor(2)                #定义一个指定形状的张量
print(torch.numel (a))             #获得a中元素的个数，输出：2
```

4.2.2　张量的类型

PyTorch 中的张量包含了多种类型，每种类型的张量有单独的定义函数。

1. 指定张量类型的常用函数

指定张量类型的常用函数见表 4-1。

表4-1　张量类型及其定义函数

张量类型	函数
浮点型	torch.FloatTensor()
整型	torch.IntTensor()
Double型	torch.DoubleTensor()
Long型	torch.LongTensor()
字节型	torch.ByteTensor()
字符型	torch.CharTensor()
Short型	torch.ShortTensor()

2. 张量的默认类型

如果没有特殊要求，那么直接用函数 torch.Tensor() 所定义的张量是 32 位浮点型，与调用 torch.FloatTensor() 函数定义张量的效果是一样的。函数 torch.Tensor() 所定义的张量类型是根据 PyTorch 中的默认类型来生成的。当然，也可以通过修改默认类型来设置 torch.Tensor() 生成的张量类型。示例代码如下：

```
import torch                                  #引入PyTorch库
print(torch.get_default_dtype())              #输出默认类型：torch.float32
print(torch.Tensor([1, 3]).dtype )            #输出torch.Tensor()函数返回的类型：torch.float32
torch.set_default_dtype(torch.float64)        #将默认的类型修改成torch.float64
print(torch.get_default_dtype())              #输出默认类型：torch.float64
print(torch.Tensor([1, 3]).dtype )            #输出torch.Tensor()函数返回的类型：torch.float64
```

3. 默认类型在其他函数中的应用

PyTorch 还提供了一些固定值的张量函数，方便程序员的开发工作。例如：

- 使用 torch.ones() 生成指定形状、元素值均为 1 的张量数组；
- 使用 torch.zeros() 生成指定形状、元素值均为 0 的张量数组；
- 使用 torch.ones_like() 生成与目标张量形状相同、元素值均为 1 的张量数组；
- 使用 torch.zeros_like() 生成与目标张量形状相同、元素值均为 0 的张量数组；
- 使用 torch.randn() 生成指定形状的随机数张量数组；
- 使用 torch.eye() 生成对角矩阵的张量；
- 使用 torch.full() 生成元素值均为 1 的矩阵的张量。

这些函数（还包括 4.5 节所介绍的函数）会根据系统的默认类型来生成张量。

4.2.3 张量的type()方法

PyTorch 将张量以类的形式封装起来，每一个具体类型的张量都有其自身的若干属性。其中 type() 方法是张量的属性之一，该属性可以实现张量的类型转换。例如：

```
import torch                                #引入PyTorch库
a = torch.FloatTensor([4])                  #定义一个浮点型张量
#使用type()方法将其转成int类型
print(a.type(torch.IntTensor))              #输出：tensor([4], dtype=torch.int32)
#使用type()方法定义一个Double类型
print(a.type(torch.DoubleTensor))           #输出：tensor([4.], dtype=torch.float64)
```

数值类的张量还可以直接通过该类特有的属性方法实现更简洁的类型变换。例如，上面代码还可以写成：

```
print(a.int())                              #转为int类型
print(a.double())                           #转为double类型
```

PyTorch 为每个张量封装了强大的属性方法，不但适用于类型转换，而且可用于一些常规的计算函数，如使用mean()进行均值计算，使用sqrt()进行开平方运算等。具体代码如下：

```
print(a.mean())              输出：tensor(4.)
print(a.sqrt())              输出：tensor([2.])
```

另外，可以在编译器中使用系统自带的提示功能找到更多的可用函数，如图 4-2 所示。

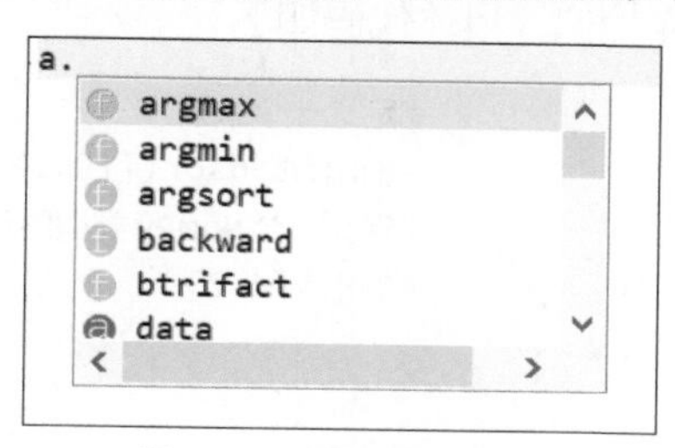

图4-2 张量的函数提示

4.3　张量与NumPy

NumPy 是数据科学中用处最为广泛的 Python 库之一，PyTorch 框架对 NumPy 的支持非常到位。在 PyTorch 中，可以实现张量与 NumPy 类型数据的任意转换。

4.3.1　张量与NumPy类型数据的相互转换

下面通过代码来演示张量与 NumPy 类型数据的相互转换，具体如下：

```
import torch                        #引入PyTorch库
import numpy as np                  #引入NumPy库
a = torch.FloatTensor([4])          #定义一个张量
print(a.numpy())                    #将张量转成NumPy类型的对象，输出：[4.]
anp = np.asarray([4])               #定义一个NumPy类型的对象
#将NumPy类型的对象转成张量
print(torch.from_numpy(anp))        #输出：tensor([4], dtype=torch.int32)
print(torch.tensor (anp))           #另一种方法实现将NumPy类型数据转成张量
```

张量与 NumPy 类型数据的转换是基于零复制技术实现的。在转换过程中，PyTorch 张量与 NumPy 数组对象共享同一内存区域，PyTorch 张量会保留一个指向内部 NumPy 数组的指针，而不是直接复制 NumPy 的值。

4.3.2　张量与NumPy各自的形状获取

张量与 NumPy 的形状获取方式也非常相似，具体代码如下：

```
x = torch.rand(2,1)                 #定义一个张量
print(x.shape)                      #打印张量形状，输出：torch.Size([2, 1])
print(x.size())                     #打印张量大小，输出：torch.Size([2, 1])
anp = np.asarray([4,2])             #定义一个NumPy类型的对象
print(anp.shape, anp.size)          #打印NumPy变量的形状和大小
```

二者也都可以通过 reshape() 属性函数进行变形，接上面代码，具体代码如下：

```
print(x.reshape([1,2]).shape)       #输出：torch.Size([1, 2])
print(anp.reshape([1,2]).shape)     #输出：(1, 2)
```

4.3.3　张量与NumPy各自的切片操作

切片操作包含于 Python 的基础语法，可以使数组取值变得简单。

张量与 NumPy 的切片操作相似，具体代码如下：

```
x = torch.rand(2,1)                 #定义一个张量
print(x[:])                         #输出：tensor([[0.1273],[0.3797]])
anp = np.asarray([4,2])             #定义一个NumPy类型的对象
print(anp[:])                       #输出：[4 2]
```

从上面的代码中可以看出，通过切片操作取值时，二者的语法相似。

提示 张量和NumPy还支持条件类型的切片，例如：

```
print(x[x > 0.5])                    #输出：tensor([0.5795, 0.9994])
print(anp[anp > 3])                  #输出：[4]
```

4.3.4 张量与NumPy类型数据相互转换间的陷阱

4.3.1 节介绍的将 NumPy 类型数据转化成张量的过程只是简单的指针赋值，并不会发生复制现象。然而，这种快捷的方式却会带来安全隐患：由于两个变量共享一块内存，因此，一旦修改了其中某一个变量，势必会影响到另一个变量的值。

其实 PyTorch 考虑到了这一点，当 NumPy 类型数据转成张量后，如果对张量进行修改，那么其内部会触发复制机制，额外开辟一块内存，并将值复制过去，不会影响到原来 NumPy 类型数据的值。

但是在 NumPy 类型数据转成张量后，如果对 NumPy 类型数据进行修改，那么结果就不一样了，因为 NumPy 并没有 PyTorch 这种共享内存的设置。这会导致在对 NumPy 类型数据修改时，“悄悄”使张量的值发生了变化。例如下面的代码：

```
import torch                          #引入PyTorch库
import numpy as np                    #引入NumPy库
nparray = np.array([1,1])             #定义一个NumPy数组
x = torch.from_numpy(nparray)         #将数组转成张量
print(x)                              #显示张量的值，输出tensor([1, 1], dtype=torch.int32)
nparray+=1                            #对NumPy数组进行加1
print(x)                              #再次显示张量的值，输出tensor([2, 2], dtype=torch.int32)
```

上面的代码中没有对张量 x 进行任何操作，但是从两次的输出来看，张量的值确实发生了变化。这种风险会使代码隐藏错误，在开发时一定要当心。

在对 NumPy 类型数据进行变化时，如果不使用替换内存的运算操作，就不会遇到这个问题。例如下面的代码：

```
nparray = np.array([1,1])             #定义一个NumPy数组
x = torch.from_numpy(nparray)         #将数组转成张量
print(x)                              #显示张量的值，输出tensor([1, 1], dtype=torch.int32)
nparray = nparray+1                   #对NumPy数组进行加1
print(x)                              #再次显示张量的值，输出tensor([1, 1], dtype=torch.int32)
```

对于上面代码的写法（nparray = nparray+1），系统会额外复制一份内存将 nparray+1 的结果赋值给 nparray 变量，并没有在 nparray 的原有内存上进行改变，因此张量 x 的值没有受到影响，并不会发生变化。

4.4　在CPU和GPU控制的内存中定义张量

PyTorch 会默认将张量定义在 CPU 所控制的内存之上。如果想要使用 GPU 进行加速运算，那么有两种方法可以实现，具体如下。

4.4.1　将CPU内存中的张量转化到GPU内存中

先在 CPU 上创建张量，再调用该张量的 cuda() 方法进行转化，该方法会将张量重新在 GPU 所管理的内存中创建。具体代码如下：

```
import torch                                #引入PyTorch库
a = torch.FloatTensor([4])                  #定义一个张量
b = a.cuda()
print(b)                                    #输出：tensor([4.], device='cuda:0')
```

如果要将 GPU 上的张量创建到 CPU 上，那么可以使用 cpu() 方法，例如：

```
print(b.cpu())                              #输出：tensor([4.])
```

4.4.2　直接在GPU内存中定义张量

通过调用函数 torch.tensor() 并指定 device 参数为 cuda()，可以直接在 GPU 控制的内存中定义张量。具体代码如下：

```
import torch                                #引入PyTorch库
a = torch.tensor([4],device="cuda")         #定义一个张量
print(a)                                    #输出：tensor([4], device='cuda:0')
```

4.4.3　使用to()方法来指定设备

将前面张量的 cpu() 和 cuda() 两种方法合并到一起，可以通过张量的 to() 方法来实现对设备的任意指定。这种方法也是 PyTorch 中推荐的用法。具体代码如下：

```
import torch                                #引入PyTorch库
a = torch.FloatTensor([4])                  #定义一个张量
print(a)                                    #输出：tensor([4.])
print(a.to("cuda:0"))                       #输出：tensor([4.], device='cuda:0')
```

在计算机中，当有多个 GPU 时，它们的编号是从 0 开始的。代码中的“cuda:0”是指使用计算机的第 1 个 GPU。

4.4.4　使用环境变量CUDA_VISIBLE_DEVICES来指定设备

使用环境变量 CUDA_VISIBLE_DEVICES 来为代码指定所运行的设备，这是 PyTorch 中常见的方式。该方式可以不用对代码中的各个变量依次设置，只需要在运行 Python 程序时统一设置一次环境变量。例如，在命令行中，输入如下启动命令：

```
CUDA_VISIBLE_DEVICES=0 python 自己的代码.py
```

该命令可以指定“自己的代码 .py”在第 1 个 GPU 上运行。

使用 CUDA_VISIBLE_DEVICES 时，还支持基于代码的设置。例如，在代码的最前端加入如下语句：

```
import os
os.environ["CUDA_VISIBLE_DEVICES"] = "0"
```

该语句表示当前代码将在第 1 个 GPU 上运行。

4.5 生成随机值张量

PyTorch 支持各种随机值张量的生成，下面就来一一介绍。

4.5.1 设置随机值种子

所有的随机值都是基于种子参数生成的。使用 torch.initial_seed() 函数可以查看当前系统中的随机值种子，使用 torch.manual_seed() 函数可以设置随机值种子。

具体用法如下：

```
torch.initial_seed()                    #查看随机值种子，输出：1
torch.manual_seed(2)                    #设置随机值种子
torch.initial_seed()                    #查看随机值种子，输出：2
```

4.5.2 按照指定形状生成随机值

函数 torch.randn() 可以根据指定形状生成随机值，具体用法如下：

```
import torch                    #引入PyTorch库
torch.randn(2, 3)               #输出：tensor([[-0.3374, -1.6030]])
```

4.5.3 生成线性空间的随机值

PyTorch 中有两个函数可以生成线性空间的随机值：torch.arange() 与 torch.linspace()。二者的用法略有不同，下面举例说明。

```
import torch                                #引入PyTorch库
print(torch.arange(1,10,step=2))            #在1到10之间，按照步长为2进行取值
                                            #输出：tensor([1, 3, 5, 7, 9])
print(torch.linspace(1,9,steps=5))          #在1到9之间，均匀地取出5个值
                                            #输出：tensor([1., 3., 5., 7., 9.])
```

上面的代码同样是输出了值为 tensor([1, 3, 5, 7, 9]) 的张量数组（这里先忽略类型），但调用 torch.arange() 与 torch.linspace() 函数的方法却截然不同。这里有两个需要注意的点，具体如下。

- 函数 torch.arange()：取值范围只包括起始值，不包括结束值。通过步长来控制取值的数量。

- 函数 torch.linspace()：取值范围既包括起始值又包括结束值。可以直接指定取值的数量。

4.5.4 生成对数空间的随机值

生成对数空间的随机值函数是 torch.logspace()。该函数的用法与 torch.linspace() 函数完全相同。示例代码如下：

```
import torch                           #引入PyTorch库
print(torch.logspace(1,9,steps=5))     #输出:tensor([1.0000e+01, 1.0000e+03, 1.0000e+05,
                                                 1.0000e+07, 1.0000e+09])
```

4.5.5 生成未初始化的矩阵

调用函数 torch.empty() 可以生成未初始化的矩阵，例如：

```
import torch                     #引入PyTorch库
print(torch.empty(1, 2))         #输出:tensor([[6.9518e-310,  0.0000e+00]])
```

4.5.6 更多的随机值生成函数

在 PyTorch 中，还有更多的随机值生成函数。它们根据不同的采样规则进行随机值的生成。具体的采样规则这里不会详细介绍。相关函数如下所示。

- torch.bernoulli()：伯努利分布。
- torch.cauchy()：柯西分布。
- torch.exponential()：指数分布。
- torch.geometric()：几何分布。
- torch.log_normal()：对数正态分布。
- torch.normal()：正态分布。
- torch.random()：均匀分布。
- torch.uniform()：连续均匀分布。

4.6 张量间的数学运算

PyTorch 支持的张量之间的数学运算达到 200 种以上。同时，PyTorch 重载了 Python 中常用的运算符号，使得张量之间的运算与 Python 的基本运算语法一致，例如：

```
import torch                          #引入PyTorch库
a = torch.FloatTensor([4])            #定义一个张量，值是[4]
print(a,a+a)                          #输出:tensor([4.]) tensor([8.])
```

4.6.1 PyTorch的运算函数

上面代码中的“a+a”调用了PyTorch加法函数的重载操作符。还可以直接调用PyTorch的加法函数进行运算。接上面的代码，具体实现如下：

```
b=torch.add(a,a)                    #调用torch.add()进行相加
print(b)                            #输出：tensor([8.])
```

在torch.add()函数中还可以指定输出，具体实现如下：

```
torch.add(a,a,out=b)                #调用torch.add()进行相加，并将结果输出给b
print(b)                            #输出：tensor([8.])
```

在以指定输出的方式调用运算函数时，需要确保输出变量已经定义，不然程序运行时会报错。

4.6.2 PyTorch的自变化运算函数

自变化运算函数是指在变量本身基础上做运算，其结果直接作用在变量自身。接上面的代码，具体实现如下：

```
a.add_(b)                           #实现a+=b
print(a)                            #输出：tensor([12.])
```

上面代码运行后，可以看到a的值发生了变化。

提示 在PyTorch中，所有的自变化运算函数都会带有一个下画线，如x.copy_(y)、x.t_()。

4.7 张量间的数据操作

搭建网络模型过程中用得最多的还是基于张量形式的数据操作，该操作可以将张量中的数据以不同维度的方式进行表现及运算，实现神经网络各层之间的对接。

4.7.1 用torch.reshape()函数实现数据维度变换

函数torch.reshape()在保证张量矩阵数据不变的前提下改变数据的维度，使其转换成指定的形状。在神经网络的上下层连接时，经常会用到函数torch.reshape()。该函数主要用于调节数据的形状，使其与下层网络的输入匹配。

例如，对图片处理用的卷积层一般是基于四维形状（批次、通道、高、宽）的数据进行操作的。而全连接层一般是基于二维形状（批次、特征值）的数据进行操作的。如果要将卷积层的结果交给全连接层进行处理，那么必须对其进行形状变换。

函数torch.reshape()的用法如下：

```
a = torch.tensor([[1,2],[3,4]])     #定义一个二维张量
print(torch.reshape(a,(1,-1)))      #将其转为只有1行数据的张量
                                    #输出：tensor([[1, 2, 3, 4]])
```

在使用函数 torch.reshape() 时，要求指定的形状必须要与原有的输入张量所具有的元素个数一致，不然程序运行时会报错。在指定形状的过程中，可以使用 -1 来代表维度由系统自动计算。

除直接使用 torch.reshape() 函数进行形状变换以外，还可以使用张量的 reshape() 或 view() 方法。例如：

```
print(a.reshape((1,-1)))         #将其转为只有1行数据的张量，输出：tensor([[1, 2, 3, 4]])
print(a.view((1,-1)))            #将其转为只有1行数据的张量，输出：tensor([[1, 2, 3, 4]])
```

可以看到，调用张量的 reshape() 方法与使用 torch.reshape() 函数的效果是一样。

注意

在 PyTorch 中，还可以使用 torch.squeeze() 对某张量进行压缩（在变形过程中，将值为 1 的维度去掉），例如：

```
a = torch.tensor([[1,2],[3,4]])                #定义一个二维张量
torch.squeeze(torch.reshape(a,(1,-1)))        #输出：tensor([1, 2, 3, 4])
```

函数 torch.squeeze() 默认在变形过程中将输入张量中所有值为 1 的维度去掉。如果一个张量中值为 1 的维度有很多，但是又不想全部去掉，那么可以在函数中通过设定 dim 参数，选择去掉某一个维度（dim 参数所指定的维度必须满足值为 1）。

如果要删掉一个不为 1 的维度，那么可以使用 torch.unbind() 函数。

另外，还有一个与 torch.squeeze() 函数功能相反的函数：torch.unsqueeze()。它可以为输入张量增加一个值为 1 的维度。该函数的定义如下：

```
torch.unsqueeze(input, dim, out=None)
```

其中 dim 参数用于指定所要增加维度的位置。dim 的默认值为 1，即在维度索引为 1 的位置增加值为 1 的维度。

4.7.2 实现张量数据的矩阵转置

函数 torch.t() 和 torch.transpose() 都可以实现张量的矩阵转置运算，其中函数 torch.t() 使用起来比较简单。函数 torch.transpose() 功能更为强大，但使用起来较为复杂。具体操作如下：

```
b = torch.tensor([[5,6,7],[2,8,0]])   #定义一个二维张量
torch.t(b)                             #转置矩阵，输出：tensor([[5, 2], [6, 8], [7, 0]])
torch.transpose(b, dim0=1, dim1=0)     #转置矩阵，输出：tensor([[5, 2], [6, 8], [7, 0]])
```

可以看到 torch.transpose() 函数接收两个参数 dim0 与 dim1，分别用于指定原始的维度和转换后的目标维度。上述代码中的“dim0=1, dim1=0”表示：将原有数据的第 1 个维度转换到第 0 个维度上。

另外，还可以使用张量的 permute() 方法实现转置，例如：

```
b.permute(1,0)    #将第0维度与第1维度交换，输出：tensor([[5, 2], [6, 8], [7, 0]])
```

4.7.3 view()方法与contiguous()方法

在早期的 PyTorch 版本中，就有一个 view() 方法，是用来改变张量形状的。在 PyTorch 的后续版本中，这个 view() 方法一直保留了下来。

view() 方法比 reshape() 方法更为底层，也更为不智能。view() 方法只能作用于整块内

存上的张量。

在 PyTorch 中，有些张量（tensor）并不占用一整块内存，而是由不同的数据块组成的，view() 方法无法对这样的张量数据进行变形处理。同样，view() 方法也无法对已经用过 transpose()、permute() 等方法改变形状后的张量进行变形处理。通过张量的 is_contiguous() 方法可以判断张量的内存是否连续。

如果要使用 view() 方法，那么最好是与 contiguous() 方法一起使用。contiguous() 方法可以将张量复制到连续的整块内存中。

示例代码如下：

```
b = torch.tensor([[5,6,7],[2,8,0]])          #定义一个二维张量
print(b.is_contiguous() )                    #判断内存是否连续，输出：True
c = b.transpose(0, 1)                        #对b进行转置
print(c.is_contiguous() )                    #判断内存是否连续，输出： False
print(c.contiguous().is_contiguous())        #判断内存是否连续，输出：True
print( c.contiguous().view(-1))              #改变c的形状，输出：tensor([5, 2, 6, 8, 7, 0])
```

4.7.4 用torch.cat()函数实现数据连接

函数 torch.cat() 可以将两个张量数据沿着指定的维度连接起来，这种数据操作是神经网络中的常见做法。多分支卷积和残差结构乃至注意力机制都会用 torch.cat() 函数进行实现。

函数 torch.cat() 的用法如下：

```
a = torch.tensor([[1,2],[3,4]])          #定义一个二维张量
b = torch.tensor([[5,6],[7,8]])          #定义一个二维张量
print( torch.cat([a,b], dim=0) )         #将张量a、b沿着第0维度连接
                                         #输出： tensor([[1, 2], [3, 4], [5, 6], [7, 8]])
print( torch.cat([a,b], dim=1) )         #将张量a、b沿着第1维度连接
                                         #输出： tensor([[1, 2, 5, 6], [3, 4, 7, 8]])
```

在使用 torch.cat() 函数时，dim 参数主要用于指定连接的维度。在卷积操作中，常常会将不同张量中代表通道的维度进行连接，然后统一处理。

注意 还可以使用 torch.stack() 函数对列表中的多个元素进行合并。该函数的作用与 torch.cat() 非常相似，只不过要求列表中的张量元素维度必须一致，常用于构建输入张量。例如，实现内部注意力机制时构建的K、Q、V输入数据。

4.7.5 用torch.chunk()函数实现数据均匀分割

函数 torch.chunk() 可以将一个多维张量按照指定的维度和拆分数量进行分割。在语义分割等大型网络（如 Mask RCNN 等模型）中，经常会用到它。具体用法如下：

```
a = torch.tensor([[1,2],[3,4]])                #定义一个二维张量
print( torch.chunk(a, chunks=2,dim = 0))       #将张量a沿着第0维度分割成2部分
                                               #输出：(tensor([[1, 2]]), tensor([[3, 4]]))
print( torch.chunk(a, chunks=2,dim = 1))       #将张量a沿着第1维度分割成2部分，
                                               #输出：(tensor([[1], [3]]), tensor([[2], [4]]))
```

在使用 torch.chunk() 函数时，chunks 参数用于指定拆分后的数量；dim 参数用于指定连接的维度。其返回值是一个元组（tuple）类型。

注意　元组（tuple）是Python中的基本数据类型之一，主要特性是不可被修改。

4.7.6　用torch.split()函数实现数据不均匀分割

使用 torch.split() 函数可以实现将数据按照指定规则进行分割。具体做法如下：

```
b = torch.tensor([[5,6,7],[2,8,0]])          #定义一个二维张量
torch.split(b, split_size_or_sections = (1,2),dim =1)  #将张量b沿着第1维度分割成2部分
                                             #输出：(tensor([[5], [2]]), tensor([[6, 7], [8, 0]]))
```

可以看到输出的结果是不均匀的两部分：一个形状是 [2,1]，另一个形状是 [2,2]，这是由参数 split_size_or_sections 决定的。

注意　当split_size_or_sections参数为一个具体的数值时，代表系统将按照指定的元素个数对张量数据进行拆分。在分割过程中，不满足指定个数的剩余数据将被作为分割数据的最后一部分。例如：

```
torch.split(b,split_size_or_sections = 2,dim =1) #将张量b按照每部分2个元素进行拆分
```

由于***b***中1维度里共有3个元素，分割出来2个之后，只剩1个元素，不满足参数split_size_or_sections所指定的元素个数，因此这1个元素将作为剩余数据单独分割出来。

4.7.7　用torch.gather()函数对张量数据进行检索

torch.gather() 函数与 TensorFlow() 中的 gather() 函数意义相近，但用法截然不同。torch.gather() 函数的作用是对张量数据中的值按照指定的索引和顺序进行排列。该函数在与目标检测相关的模型中经常用到（一般用来处理模型结果的输出数据）。具体做法如下：

```
b = torch.tensor([[5,6,7],[2,8,0]])                       #定义一个二维张量
torch.gather(b,dim=1,index= torch.tensor([[1,0],[1,2]]))  #沿着第1维度，按照index的形状
                                                          #进行取值排列。输出：tensor([[6,
                                                          #5], [8, 0]])
torch.gather(b,dim=0,index=torch.tensor([[1,0,0]]))       #沿着第0维度，按照index形状进行取
                                                          #值排列。输出：tensor([[2, 6, 7]])
```

在 torch.gather() 函数中，index 参数必须是张量类型，而且要与输入的维度相同。index 参数中的内容值是输入数据中的索引。

注意　如果要从多维张量中取出整行或整列的数据，那么可以使用torch.index_select()函数。具体用法如下：

```
torch.index_select(b, dim=0, index=torch.tensor(1))  #沿着第0维度，取出第一个元素
                                                     #输出：#tensor([[2, 8, 0]])
```

其中index参数还可以是个一维数组，代表所选取数据的索引值。

4.7.8　按照指定阈值对张量进行过滤

在处理神经网络预测出的分类结果时，常常会需要按照阈值对网络输出的特征数据进行过滤。这种应用可以通过 PyTorch 中的逻辑比较函数（torch.gt()、torch.ge()、torch.lt()、 torch.le())和掩码取值函数(torch.masked_select())实现。具体用法如下:

```
import torch                              #引入PyTorch库
a = torch.tensor([[1,2],[3,4]])           #定义一个二维张量
mask = a.ge(2)                            #找出大于或等于2的数
print(mask)                               #输出掩码,输出:tensor([[0, 1], [1, 1]], dtype=torch.uint8)
torch.masked_select(a, mask)              #按照掩码取值,输出:tensor([2, 3, 4])
```

上面的代码实现了从张量 ***a*** 中找出大于或等于 2 的值的过程。

注意

常用的逻辑比较函数如下。

- torch.gt():大于。
- torch.ge():大于或等于。
- torch.lt():小于。
- torch.le():小于或等于。

4.7.9 找出张量中的非零值索引

使用函数 torch.nonzero() 可以找出张量中非零值的索引。具体用法如下:

```
eye=torch.eye(3)                #生成一个对角矩阵
print(eye)                      #打印对角矩阵,输出:tensor([[1., 0., 0.], [0., 1., 0.], [0., 0., 1.]])
print(torch.nonzero(eye))       #找出对角矩阵中的非零值索引
                                #输出:tensor([[0, 0], [1, 1], [2, 2]])
```

4.7.10 根据条件进行多张量取值

函数 torch.where() 可以根据设置的条件从两个张量中进行取值。具体用法如下:

```
b = torch.tensor([[5,6,7],[2,8,0]])     #定义一个二维张量
c = torch.ones_like(b)                  #生成值为1的矩阵
print(c)                                #打印c,输出:tensor([[1, 1, 1], [1, 1, 1]])
torch.where(b>5,b,c)                    #将b中值大于5的元素取出,值不大于5的元素从c
                                        #中取值。输出:tensor([[1, 6, 7], [1, 8, 1]])
```

4.7.11 根据阈值进行数据截断

根据阈值进行数据截断的功能常用于梯度的计算过程中,为梯度限制一个固定的阈值,来避免训练过程中梯度“爆炸”现象(模型每次训练的调整值都变得很大,导致最终训练过程难以收敛)的发生。

使用函数 torch.clamp() 可以实现根据阈值对数据进行截断的功能。具体用法如下:

```
a = torch.tensor([[[1,2],[3,4]]])       #定义一个二维张量
torch.clamp(a, min=2, max=3)            #按照最小值2、最大值3进行截断
                                        #输出:tensor([[[2, 2], [3, 3]]])
```

4.7.12 获取数据中最大值、最小值的索引

函数 torch.argmax() 用于返回最大值索引,函数 torch.argmin() 用于返回最小值索引。

具体用法如下:

```
a = torch.tensor([[1,2],[3,4]])          #定义一个二维张量
torch.argmax(a,dim = 0)                  #沿第0维度找出最大值索引，输出：tensor([1, 1])
torch.argmin(a,dim = 0)                  #沿第1维度找出最小值索引，输出：tensor([0, 0])
```

其中，函数 torch.argmax() 在处理分类结果时最常使用。该函数常用于统计每个分类数据中的最大值，从而得到模型最终的预测结果。

提示　还可以使用功能更为强大的torch.max()和torch.min()函数，该类函数在输出张量数据中的最大值、最小值的同时，还会输出其对应的索引。例如：

```
a = torch.tensor([[1,2],[3,4]])          #定义一个二维张量
print(torch.max(a,dim = 0))              #沿第0维度找出最大值及索引，输出：(tensor([3,
    #4]), tensor([1, 1])), 其中第一个张量是最大值，第二个张量是索引
print(torch.min(a,dim = 0))              #沿第1维度找出最小值及索引，输出：(tensor([1,
    #2]), tensor([0, 0])) ，其中第一个张量是最小值，第二个张量是索引
```

4.8　Variable类型与自动微分模块

Variable 是 PyTorch 中的另一个变量类型，它是由 Autograd 模块对张量进一步封装实现的。一旦张量（Tensor）被转化成 Variable 对象，便可以实现自动求导的功能。

4.8.1　自动微分模块简介

自动微分模块（Autograd）是构成神经网络训练的必要模块。它主要是在神经网络的反向传播过程中，基于正向计算的结果对当前参数进行微分计算，从而实现网络权重的更新。Autograd 模块与张量相同，也是建立在 ATen 框架上。

Autograd 提供了所有张量操作的自动求微分功能。它的灵活性体现在可以通过代码的运行来决定反向传播的过程，这样就使得每一次的迭代都可以让权重参数向着目标结果进行更新。

4.8.2　Variable对象与张量对象之间的转化

Variable 对象与普通的张量对象之间的转化方法如下:

```
import torch                                 #引入PyTorch库
from torch.autograd import Variable

a = torch.FloatTensor([4])                   #定义一个张量，值是[4]
print(Variable(a))                           #张量转成Variable对象，输出：tensor([4.])
#张量转成支持梯度计算的Variable对象
print(Variable(a,requires_grad=True))        #输出： tensor([4.], requires_grad=True)
print(a.data)                                # Variable对象转成张量，输出：tensor([4.])
```

在使用 Variable 对张量进行转化时，可以使用 requires_grad 参数指定该张量是否需要梯度计算。

提示 在使用requires_grad时，要求该张量的值必须是浮点型。PyTorch中不支持整型进行梯度运算。例如：

```
x = torch.tensor([1], requires_grad=True)      #程序报错，输出："RuntimeError: Only
                                               #Tensors
                                               #of floating point dtype can require
                                               #gradients"
x = torch.tensor([1.], requires_grad=True)     #正确写法
```

4.8.3 用no_grad()与enable_grad()控制梯度计算

Variable 类中的 requires_grad 属性还会受到函数 no_grad()（设置 Variable 对象不需要梯度计算）和 enable_grad()（重新使 Variable 对象的梯度计算属性生效）的影响。具体如下。

- no_grad() 比定义 Variable 对象时的 requires_grad 属性权限更高；
- 当某个需要梯度计算的 Variable 对象被 no_grad() 函数设置为不需要梯度计算后，enable_grad() 可以重新使其恢复具有需要梯度计算的属性。

提示 enable_grad()函数只对具有需要梯度计算属性的Variable对象有效。如果定义Variable对象时，没有设置requires_grad属性为True，那么enable_grad()函数也不能使其具有需要梯度计算的属性。

4.8.4 函数torch.no_grad()介绍

函数 torch.no_grad() 会使其作用区域中的 Variable 对象的 requires_grad 属性失效。具体用法如下。

（1）用函数 torch.no_grad() 配合 with 语句限制 requires_grad 的作用域。

```
import torch                                   #引入PyTorch库
from torch.autograd import Variable

x=torch.ones(2,2,requires_grad=True)           #定义一个需要梯度计算的Variable对象
with torch.no_grad():
    y = x * 2
print(y.requires_grad)                         #输出：False
```

从上面的代码可以看出，即便 Variable 对象在定义时声明了需要计算梯度，在函数 torch.no_grad() 作用域下通过计算生成的 Variable 对象也一样没有需要计算梯度的属性。

提示 torch.ones()函数支持requires_grad参数，该函数可以直接生成Variable对象。同理，torch.tensor()函数也支持requires_grad参数的设置。但是torch.Tensor()函数不支持requires_grad参数。

（2）用函数no_grad()装饰器限制requires_grad的作用域。接上面的代码，具体实现如下：

```
@torch.no_grad()                               #用装饰器的方式修饰函数
def doubler(x):                                #将张量的计算封装到函数中
    return x * 2
z = doubler(x)                                 #调用函数，得到张量
print(z.requires_grad)                         #输出：False
```

上面的代码使用装饰器来限制函数级别的运算梯度属性，这种方法也可以使张量的requires_grad属性失效。

> **提示** 在神经网络模型的开发中，常将搭建网络结构的过程封装起来，例如上面代码的doubler()函数即是如此。有些模型不需要进行训练的情况下，使用装饰器会使开发更便捷。

4.8.5 函数enable_grad()与no_grad()的嵌套

在函数enable_grad()的作用域中，Variable对象的requires_grad属性将变为True。enable_grad()常与函数no_grad()嵌套使用，具体实现如下。

（1）用函数enable_grad()配合with语句限制requires_grad的作用域。

```
import torch                                   #引入PyTorch库
x=torch.ones(2,2,requires_grad=True)           #定义一个需要梯度计算的Variable对象
with torch.no_grad():                          #调用函数no_grad()将需要梯度计算属性失效
    with torch.enable_grad():                  #嵌套函数enable_grad()使需要梯度计算属性生效
        y = x * 2
print(y.requires_grad)                         #输出：True
```

从上面的代码可以看出，在函数no_grad()的with语句内层又用了enable_grad()的with语句，使Variable对象恢复需要计算梯度的属性。于是，在输出y.requires_grad的值时，输出了True。

（2）用函数enable_grad()支持装饰器的方式对函数进行修饰。接上面的代码，具体实现如下：

```
@torch.enable_grad()                           #用装饰器的方式修饰函数
def doubler(x):                                #将张量的计算封装到函数中
    return x * 2
with torch.no_grad():                          #调用函数no_grad()将需要梯度计算属性失效
    z = doubler(x)                             #调用函数，得到Variable对象
print(z.requires_grad)                         #输出：True
```

上面的代码使用装饰器的方式，用函数enable_grad()来修饰Variable对象计算函数。该函数被修饰后将不再受with torch.no_grad()语句的影响。

（3）当enable_grad()函数作用在没有requires_grad属性的Variable对象上时，将会失效（不能使其具有需要计算梯度的属性）。具体实现如下：

```
import torch                                   #引入PyTorch库
x=torch.ones(2,2)                              #定义一个不需要梯度计算的Variable对象
with torch.enable_grad():                      #调用enable_grad()函数
    y = x * 2
print(y.requires_grad)                         #输出：False
```

在上面的代码中，定义Variable对象x时，没有设置requires_grad()属性。于是，即使调用了enable_grad()函数，通过张量x所计算出来的y仍没有需要计算梯度的

属性。

4.8.6 用set_grad_enabled()函数统一管理梯度计算

4.8.3 节 ~ 4.8.5 节介绍了控制梯度计算的基本方法。在实际使用中，用得更多的是调用 set_grad_enabled() 函数对梯度计算进行统一管理。具体代码如下：

```
import torch                                    #引入PyTorch库
x=torch.ones(2,2,requires_grad=True)            #定义一个需要梯度计算的Variable对象
torch.set_grad_enabled(False)                   #统一关闭梯度计算功能
y = x * 2
print(y.requires_grad)                          #输出：False
torch.set_grad_enabled(True)                    #统一打开梯度计算功能
y = x * 2
print(y.requires_grad)                          #输出：True
```

在上面的代码中，通过调用 set_grad_enabled() 函数来进行全局梯度计算功能的控制。在通过变量计算得到 Variable 对象时，该对象会根据当前的梯度计算开关，来决定自己是否需要具有梯度计算属性。

4.8.7 Variable对象的grad_fn属性

在前向传播的计算过程中，每个通过计算得到的 Variable 对象都会有一个 grad_fn 属性。该属性会随着变量的 backward() 方法进行自动的梯度计算。但是，没有经过计算得到的 Variable 对象是没有 grad_fn 属性的，如下所示。

（1）没有经过计算的变量没有 grad_fn 属性。

```
import torch                                    #引入PyTorch库
from torch.autograd import Variable
x=Variable(torch.ones(2,2),requires_grad=True)  #定义一个Variable对象
print(x,x.grad_fn)    #输出：tensor([[1., 1.], [1., 1.]], requires_grad=True) None
```

如上面的代码所示，因为 ***x*** 是通过定义生成的，并不是通过计算生成的，所以 ***x*** 的 grad_fn 属性为 None。

（2）经过计算得到的变量有 grad_fn 属性。接上面的代码，具体实现如下：

```
m = x+2                      #经过计算得到m
print(m.grad_fn)             #输出：<AddBackward0 object at 0x0000026913263D30>
```

该梯度函数是可以调用的，见如下代码：

```
#对x变量求梯度
print(m.grad_fn(x))      #输出：tensor([[1., 1.], [1., 1.]], requires_grad=True)
```

上面的这种情况求出了 ***x*** 的导数为 [[1.,1.],[1.,1.]]。该结果便是 ***x*** 变量关于 ***m*** 的梯度。

（3）对于下面这种情况，所得的变量也没有 grad_fn 属性。接上面的代码，具体实现如下：

```
x2=torch.ones(2,2)                    #定义一个不需要梯度计算的张量
m = x2+2                              #经过计算得到m
print(m.grad_fn)                      #输出：None
```

在上面的代码中，变量 ***m*** 是经过计算得到的。但是，参与计算的 **x2** 是一个不需要梯度计算的变量。因此，***m*** 也是没有 grad_fn 属性。

4.8.8　Variable对象的is_leaf属性

在 4.8.7 节中，在自定义 Variable 对象时，如果将属性 requires_grad 设为 True，那么该 Variable 对象就被称为叶子节点，其 is_leaf 属性为 True。

如果 Variable 对象不是通过自定义生成，而是通过其他张量计算得到，不是叶子节点，那么该 Variable 对象不是叶子节点，其 is_leaf 属性为 False。

具体代码如下：

```
import torch                                  #引入PyTorch库
x=torch.ones(2,2,requires_grad=True)          #定义一个Variable对象
print(x.is_leaf)                              #输出：True
m = x+2                                       #经过计算得到m
print(m.is_leaf)                              #输出：False
```

在上面的代码中，变量 ***x*** 为直接定义的 Variable 对象，其 is_leaf 属性为 True。变量 ***m*** 为通过计算得到的 Variable 对象，其 is_leaf 属性为 False。

PyTorch 会在模型的正向运行过程中记录每个张量的由来，最终在内存中形成一个树形结构。该结构可帮助神经网络在优化参数时进行反向链式求导。叶子节点的属性主要用于反向链式求导过程中，为递归循环提供信号指示。当反向链式求导遇到叶子节点时，终止递归循环。

4.8.9　用backward()方法自动求导

当带有需求梯度计算的张量经过一系列计算最终生成一个标量（具体的一个数）时，便可以使用该标量的 backward() 方法进行自动求导。该方法会自动调用每个需要求导变量的 grad_fn() 函数，并将结果放到该变量的 grad 属性中。例如：

```
import torch                                  #引入PyTorch库
x=torch.ones(2,2,requires_grad=True)          #定义一个Variable对象
m = x+2                                       #通过计算得到m变量
f = m.mean()                                  #通过m的mean()方法，得到一个标量
f.backward()                                  #调用标量f的backward()进行自动求导
print(f,x.grad)          #输出f与x的梯度：tensor(3., grad_fn=<MeanBackward1>)
                                   tensor([[0.2500, 0.2500], [0.2500, 0.2500]])
```

在上面的代码中，标量 *f* 调用 backward() 方法后，便会得到 ***x*** 的梯度 tensor([[0.2500, 0.2500], [0.2500, 0.2500]])。

提示　backward()方法一定要在当前变量内容是标量的情况下使用，否则会报错。

4.8.10 自动求导的作用

PyTorch 正是通过 backward() 方法实现了自动求导的功能，从而在复杂的神经网络计算中，自动将每一层中每个参数的梯度计算出来，实现训练过程中的反向传播。该功能大大简化了开发者的工作。

4.8.11 用detach()方法将Variable对象分离成叶子节点

需要求梯度的 Variable 对象无法被直接转化为 NumPy 对象，例如，下面的代码会报错。

```
from torch.autograd import Variable
x=Variable(torch.ones(2,2),requires_grad=True)
x.numpy()                                    #将Variable对象转成NumPy对象
```

该代码在运行时会报如下错误。

```
RuntimeError: Can't call numpy() on Variable that requires grad. Use var.detach().
numpy() instead.
```

正确的写法是应该使用 Variable 对象的 detach() 方法，将 Variable 从创建它的图中分离之后，再进行 NumPy 对象的转换。例如：

```
x.detach().numpy()
```

该代码会返回一个新的、从当前图中分离的 Variable，并把它作为叶子节点。

被返回的 Variable 和被分离的 Variable 指向同一个张量，并且永远不会需要梯度。

注意 如果被分离的 Variable 对象的 volatile 属性为 True，那么分离出来的 volatile 属性也为 True。

在实际应用中，还可以用 detach() 方法实现对网络中的部分参数求梯度的功能。

例如，有两个网络 A 和 B，想求 B 网络参数的梯度，但是又不想求 A 网络参数的梯度。此时，可以用 detach() 方法来处理。下面列出两种方法的示例代码。

```
# y=A(x), z=B(y) 求B中参数的梯度，不求A中参数的梯度
# 第一种方法
y = A(x)
z = B(y.detach())
z.backward()
# 第二种方法
y = A(x)
y.detach_()
z = B(y)
z.backward()
```

在对抗神经网络中，需要对两个模型进行交替训练，在交替的过程中，需要固定一个模型而训练另一个模型。在这种情况下，可以使用该方法来固定模型。

4.8.12 volatile属性扩展

在 PyTorch 的早期版本中，还可以通过设置 Variable 类的 volatile 属性为 True 的方法来实现停止梯度更新。该方法相当于 requires_grad=Fasle。读者只需要了解这个知识点，并在遇到早期版本代码中的 volatile 属性时，明白其含义。

4.9 定义模型结构的步骤与方法

参考 3.1.2 节的代码，可以将定义神经网络模型分为以下几个步骤：

（1）定义网络模型类，使其继承于 Module 类；

（2）在网络模型类的初始化接口中定义网络层；

（3）在网络模型类的正向传播接口中，将网络层连接起来（并添加激活函数），搭建网络结构。

从上面的步骤可以看出，定义一个神经网络需要用到 Module 类、网络层函数和激活函数。下面就来一一介绍。

4.9.1 代码实现：Module类的使用方法

Module 类是所有网络模型的基类。在 3.1.2 节定义 LogicNet 模型时，也是继承了 Module 类。

1. Module类的add_module()方法

Module 类也可以包含其他 Modules 对象，允许使用树的结构进行嵌入。例如 3.1.2 节定义的模型类 LogicNet，在初始化接口中也可以使用 add_module() 方法进行定义。具体代码如下。

代码文件：code_03_use_module.py（片段）

```
01 …
02 import torch.nn as nn                          #引入torch网络模型库
03
04 class LogicNet(nn.Module):                     #继承nn.Module类，构建网络模型
05     def __init__(self,inputdim,hiddendim,outputdim):     #初始化网络结构
06         super(LogicNet,self).__init__()
07         self.Linear1 = nn.Linear(inputdim,hiddendim)     #定义全连接层
08         self.Linear2 = nn.Linear(hiddendim,outputdim)    #定义全连接层
09         self.add_module("Linear1", nn.Linear(inputdim,hiddendim))
10         self.add_module("Linear2", nn.Linear(hiddendim,outputdim))
11         self.criterion = nn.CrossEntropyLoss()            #定义交叉熵函数
12
13     def forward(self,x):             #搭建用两个全连接层组成的网络模型
14         x = self.Linear1(x)          #将输入数据传入第1层
15 …
```

上述代码的第9行和第10行，使用了 add_module() 方法向模型里添加了两个全连接层。这种写法的效果等价于上述代码中的第7行和第8行所示的用等号直接定义的方法。

提示 在搭建网络模型时，还有更高级的ModuleList()方法，该方法可以将网络层以列表组合起来进行搭建。在9.6.2节的代码中，就是使用了ModuleList()方法进行网络模型的搭建。

2. Module类的children()方法

所有通过Module类定义的网络模型，都可以从其实例化对象中通过children()方法取得各层的信息。实现代码如下。

代码文件: code_03_use_module.py（续1）

```
16 ...
17 model = LogicNet(inputdim=2,hiddendim=3,outputdim=2)              #初始化模型
18 optimizer = torch.optim.Adam(model.parameters(), lr=0.01)      #定义优化器
19
20 for sub_module in model.children():      #调用模型的children()方法获取各层信息
21     print(sub_module)
```

上述代码运行后，输出如下结果:

```
Linear(in_features=2, out_features=3, bias=True)
Linear(in_features=3, out_features=2, bias=True)
CrossEntropyLoss()
```

结果包含3行信息，前两行信息对应于LogicNet类的两层全连接网络结构，第3行信息是模型的交叉熵函数。

3. Module类的named_children()方法

通过Module类定义的网络模型，还可以从其实例化对象中通过named_children()方法取得模型中各层的名字及结构信息。接上面的代码，在第22行处添加如下代码。

代码文件: code_03_use_module.py（续2）

```
22 for name, module in model.named_children():   #调用模型的named_children()方法获取
                                                 #各层信息（包括名字）
23     print(name,"is:",module)
```

上述代码运行后，输出如下结果:

```
Linear1 is: Linear(in_features=2, out_features=3, bias=True)
Linear2 is: Linear(in_features=3, out_features=2, bias=True)
criterion is: CrossEntropyLoss()
```

可以看出调用模型对象的named_children()方法的结果与调用模型对象的children()方法输出的结果相比，多了每层的名字信息。

4. Module类的modules()方法

通过Module类定义的网络模型，还可以从其实例化对象中通过modules()方法取得整个网络的结构信息。接上面的代码，在第24行处添加如下代码。

代码文件：code_03_use_module.py（续 3）

```
24 for module in model.modules():        #调用模型的modules()方法获取整个网络的结构信息
25     print(module)
```

上述代码运行后，输出如下结果：

```
LogicNet(
  (Linear1): Linear(in_features=2, out_features=3, bias=True)
  (Linear2): Linear(in_features=3, out_features=2, bias=True)
  (criterion): CrossEntropyLoss()
)
Linear(in_features=2, out_features=3, bias=True)
Linear(in_features=3, out_features=2, bias=True)
CrossEntropyLoss()
```

可以看出调用模型对象的 modules() 方法的结果比调用模型对象的 children() 方法输出的结果更加丰富。

提示　可以使用 print() 函数直接将模型打印出来，还可以使用模型的 eval() 方法输出模型结构。例如：

```
print(model)
model.eval()
```

这两行代码执行后均会输出如下结果：

```
LogicNet(
  (Linear1): Linear(in_features=2, out_features=3, bias=True)
  (Linear2): Linear(in_features=3, out_features=2, bias=True)
  (criterion): CrossEntropyLoss()
)
```

4.9.2　模型中的参数 Parameters 类

Parameters 是 Variable 的子类，代表模型参数 (module parameter)。它是模型的重要组成部分。

1. 模型与参数的关系

深度学习中的网络模型可以抽象成由一系列参数按照固定的运算规则所组成的公式。模型中的每个参数都是具体的数字（在 PyTorch 中，用 Parameters 类的实例化对象表示），运算规则就是模型的网络结构。

在训练过程中，模型将公式的计算结果与目标值反复比较，并利用二者的差距来对每个参数进行调整。经过多次调整后的参数，可以使公式最终的输出结果高度接近目标值，得到可用的模型。

2. Parameter 参数的属性

通过 Parameters 类实例化的 Parameter 参数本质也是一个变量对象，但却与 Varibale 类型的变量具有不同的属性。

- 在将 Parameter 参数赋值给 Module 的属性时，Parameter 参数会被自动加到 Module 的参数列表中（即会出现在 parameters() 迭代器中）。

- 在将 Varibale 变量赋值给 Module 的属性时，Variable 变量不会被加到 Module 的参数列表中。

如果读者对这部分感到困惑的话，那么可以阅读 4.9.4 节中“3. 用 state_dict() 方法获取模型的全部参数”部分所示的示例代码。

4.9.3 为模型添加参数

在 4.9.1 节所示代码的第 9 行和第 10 行中，向模型中添加网络层时，系统会根据该网络层的定义在模型中创建相应的参数。这些参数就是模型训练过程中所要调整的对象。

除通过定义网络层的方式向模型中添加参数的方式以外，还可以通过直接调用 Module 类的方法向模型中添加参数。具体实现如下。

1. 为模型添加 parameter 参数

```
register_parameter(name, param)
```

向 module 添加 parameter。parameter 可以通过注册时候的 name 获取。

> **提示** *在搭建网络模型时，还有更高级的 ParameterList() 方法，该方法可以将 parameter 参数以列表形式组合起来进行搭建。*

2. 为模型添加状态参数

在神经网络搭建过程中，有时会需要保存一个状态，但是这个状态不能看作模型参数（例如批量正则化中的均值和方差变量）。这时可以使用 register_buffer() 函数为模型添加状态参数。该函数的定义如下：

```
register_buffer(name, tensor)
```

所注册的状态参数不属于模型的参数，但是在模型运行中，又需要保存该值。该状态参数也被称为 buffer。该值可以通过注册时候的 name 获取。示例代码如下：

```
self.register_buffer('running_mean', torch.zeros(num_features))    #保存状态参数
                                                                    #running_mean到模型里
```

4.9.4 从模型中获取参数

Module 类中也提供了获取参数的方法。具体实现如下。

1. 用 parameters() 方法获取模型的 Parameter 参数

通过 Module 类定义的网络模型，可以从其实例化对象中通过 parameters() 方法取得该模型中的 Parameter 参数。在 4.9.1 节所示代码的第 26 行处添加如下代码。

代码文件：code_03_use_module.py（续 4）

```
26  for param in model.parameters():   #调用模型的parameters()方法获取整个网络结构中
                                        #的参数变量
27      print(type(param.data), param.size())
```

上述代码运行后，输出如下结果：

```
<class 'torch.Tensor'> torch.Size([3, 2])
<class 'torch.Tensor'> torch.Size([3])
<class 'torch.Tensor'> torch.Size([2, 3])
<class 'torch.Tensor'> torch.Size([2])
```

结果包含 4 条信息，前两条是 Linear1 层的参数权重，后两条是 Linear2 层的参数权重。

在模型的反向优化中，通常通过模型的 parameters() 方法获取到模型参数，并进行参数的更新。

2. 用named_parameters()方法获取模型中的参数和参数名字

通过 Module 类定义的网络模型，可以从其实例化对象中通过 parameters() 方法取得该模型中的 Parameter 参数。接上文继续添加代码如下。

代码文件：code_03_use_module.py（续 5）

```
28  for param in model.named_parameters ():#调用模型的named_parameters()方法获取整个网
                                            #络结构中的参数变量及变量的名称
29      print(type(param.data), param.size(),name)
```

上述代码运行后，输出如下结果：

```
<class 'torch.Tensor'> torch.Size([3, 2]) Linear1.weight
<class 'torch.Tensor'> torch.Size([3]) Linear1.bias
<class 'torch.Tensor'> torch.Size([2, 3]) Linear2.weight
<class 'torch.Tensor'> torch.Size([2]) Linear2.bias
```

结果输出了 4 条信息，每条信息的最后部分是模型中参数变量的名称。

3. 用state_dict()方法获取模型的全部参数

通过 Module 类的 state_dict() 方法可以获取模型的全部参数，包括模型参数（Parameter）与状态参数（buffer）。

下面将网络层、Variable 变量、Parameter 参数与 buffer 参数一同定义在 ModelPar 类中，查看用 state_dict() 方法取值后的效果。具体代码如下：

```
import torch
from torch.autograd import Variable
import torch.nn as nn

class ModelPar(nn.Module):                                          #定义ModelPar类
    def __init__(self):
```

```
        super(ModelPar, self).__init__()
        self.Line1 = nn.Linear(1, 2)                         #定义全连接层
        self.vari = Variable(torch.rand([1]))                #定义Variable变量
        self.par = nn.Parameter(torch.rand([1]))             #定义Parameter参数
        self.register_buffer("buffer", torch.randn([2,3]))  #定义buffer参数

model = ModelPar()                                           #实例化ModelPar类
for par in model.state_dict():                               #取其内部的全部参数
    print(par,':',model.state_dict()[par])                   #依次打印出来
```

上述代码运行后，输出如下结果：

```
par : tensor([0.0701])
buffer : tensor([[0.6635, 0.9307, 0.4224],
        [1.4274, 0.4996, 0.0608]])
Line1.weight : tensor([[ 0.7248],
        [-0.5080]])
Line1.bias : tensor([-0.9028, -0.5151])
```

从输出结果中可以看出，state_dict() 方法可以将模型中的 Parameter 和 buffer 参数取出，但不能将 Variable 变量取出。

4. 为模型中的参数指定名称，并查看权重

在深层网络模型中，如果想查看某一层的权重，那么可以通过为其指定名称的方式对该层权重进行快速提取。具体做法如下：

```
import torch
import torch.nn as nn
from collections import OrderedDict     #定义一个网络

model = nn.Sequential(OrderedDict([     #为每个网络层指定名称
    ('conv1', nn.Conv2d(1,20,5)),
    ('relu1', nn.ReLU()),
    ('conv2', nn.Conv2d(20,64,5)),
    ('relu2', nn.ReLU())]))
print(model)                            # 打印网络的结构
```

上述代码运行后，输出如下内容：

```
Sequential(
  (conv1): Conv2d(1, 20, kernel_size=(5, 5), stride=(1, 1))
  (relu1): ReLU()
  (conv2): Conv2d(20, 64, kernel_size=(5, 5), stride=(1, 1))
  (relu2): ReLU()
)
```

从输出结果中可以看出，在 Sequential 结构中的每个网络层部分都已经有了名称。接下来可以根据网络层的名称来直接提取对应的权重。具体代码如下：

```
params=model.state_dict()
print(params['conv1.weight'])                    #打印conv1的weight
print(params['conv1.bias'])                      #打印conv1的bias
```

4.9.5 保存与载入模型

调用 torch.save() 函数可以将模型保存。该函数常与模型的 state_dict() 方法联合使用。加载模型使用的是 torch.load() 函数，该函数与模型的 load_state_dict() 方法联合使用。

1. 保存模型

在 4.9.4 节中“3. 用 state_dict() 方法获取模型的全部参数”部分的示例代码最后，添加如下代码即可实现保存模型的功能。

```
torch.save(model.state_dict(), './model.pth')
```

该命令执行之后，会在本地目录下生成一个文件 model.pth。该文件就是保存好的模型文件。

2. 载入模型

接上面“1. 保存模型”部分的代码，可以使用如下代码，将保存好的模型文件载入模型 model 中。具体代码如下：

```
model.load_state_dict(torch.load( './ model.pth'))
```

该代码执行后，model 中的值将与 model.pth 文件中的值保持同步。读者可以用 model 模型的 state_dict() 方法将其打印出来并进行验证。

3. 将模型载入指定硬件设备中

在使用 torch.load() 函数时，还可以通过 map_location 参数指定硬件设备。这时模型会被载入指定硬件设备中，例如：

```
model.load_state_dict(torch.load( './ model.pth',map_location={'cuda:1':'cuda:0'}))
```

该代码实现了将模型同时载入 GPU1 和 GPU0 设备中。

> **提示**　使用 torch.load() 函数一次性将模型载入指定硬件设备中的这种操作不是很常用。它可以被拆分成两步：
> （1）将模型载入内存；
> （2）使用模型的 to() 方法，将模型复制到指定的设备。
> 这种细粒度的分步载入模型方法更利于调试。

4. 多卡并行计算环境下对模型的保存与载入

在 PyTorch 中，多卡并行计算环境下，模型的内存结构与正常情况下的内存结构是不同的，开发时需要注意这个细节，具体实现可参考 6.6.2 节。

4.9.6 模型结构中的钩子函数

通过向模型结构中添加钩子函数，可以实现对模型的细粒度控制，具体方法如下。

1. 模型正向结构中的钩子

模型中正向结构中的钩子函数定义如下：

```
register_forward_hook(hook)
```

在 module 上注册一个 forward_hook。 在每次调用 forward() 方法计算输出的时候，这个 hook() 就会被调用。hook() 函数的定义如下：

```
hook(module, input, output)
```

hook() 函数不能修改 input 和 output 的值。这个函数返回一个句柄（handle）。调用 handle 的 remove() 方法，可以将 hook 从 module 中移除。

具体的使用实例如下。

```
import torch
from torch import nn
import torch.functional as F
from torch.autograd import Variable

def for_hook(module, input, output):                #定义钩子函数
    print("模型:",module)
    for val in input:
        print("输入:",val)
    for out_val in output:
        print("输出:", out_val)

class Model(nn.Module):                              #定义模型
    def __init__(self):
        super(Model, self).__init__()
    def forward(self, x):
        return x+1

model = Model()                                      #实例化模型
x = Variable(torch.FloatTensor([1]), requires_grad=True)
handle = model.register_forward_hook(for_hook)       #注册钩子
print("模型结果: ",model(x))                          #运行模型
```

上述运行代码后，输出如下结果：

```
模型: Model()
输入: tensor([1.], requires_grad=True)
输出: tensor(2., grad_fn=<SelectBackward>)
模型结果: tensor([2.], grad_fn=<AddBackward0>)
```

输出结果的前 3 行是钩子函数中的内容。将钩子删除，再次运行模型，实现代码如下：

```
handle.remove()
print("模型结果：",model(x))                                    #删除钩子后，再次运行模型
```

上述代码运行后，输出如下结果：

```
模型结果：tensor([2.], grad_fn=<AddBackward0>)
```

从结果中可以看出，程序没有输出钩子函数中的内容。

2. 模型反向结构中的钩子

模型反向结构中的钩子函数定义如下：

```
register_backward_hook(hook)
```

在 module 上注册一个 backward_hook。每次计算 module 的 input 的梯度的时候，这个 hook 会被调用。hook() 函数的定义如下：

```
hook(module, grad_input, grad_output)
```

如果 module 有多个输入或输出的话，那么 grad_input 和 grad_output 将会是个元组。hook() 不修改它的参数，但是它可以选择性地返回关于输入的梯度，这个返回的梯度在后续的计算中会替代 grad_input。

与正向结构中的钩子函数一样，反向结构中的钩子函数也会返回一个句柄。调用 handle 的 remove() 方法，可以将 hook 从 module 中移除。

4.10 模型的网络层

4.9 节介绍过，模型由参数和网络结构组成，其中网络结构还可以被拆分成一个个独立的网络层。

PyTorch 提供了一系列比较常用的网络层 API，可供用户进行网络模型的搭建。同时，也支持自定义网络层，用户可以使用自定义网络层搭建自己特有的网络结构。

常见的网络层有全连接层、卷积层、池化层和循环层等，例如 3.1.2 节所示代码的第 8 行和第 9 行，就是构建了两个全连接层。

模型的网络层是其拟合能力的核心。不同应用场景下的模型，其网络层结构是不同的。与网络层相关的知识会在第 7 章中进行系统讲解。

第5章

神经网络的基本原理与实现

本章将介绍神经网络的原理。通过本章的学习，读者可以在了解原理的基础上，有能力使用神经网络解决一个具体的问题。

5.1 了解深度学习中的神经网络与神经元

深度学习是指用深层神经网络实现机器学习。

神经网络（Neural Network，NN）又称人工神经网络（Artificial Neural Network，ANN），是一种模仿生物神经网络（动物的中枢神经系统，特别是大脑）的结构和功能的数学模型或计算模型，用于对函数进行估计或近似。

神经网络是由许多最基本的神经元组成的。因为单个神经元是神经网络的基础，所以要了解深度学习，需要从单个神经元开始。

5.1.1 了解单个神经元

生物界的神经网络由无数个神经元组成。计算机界的神经网络模型也效仿了这一结构，将生物神经元抽象成数学模型。

1. 生物界中的神经元结构

在生物界中，大脑就是一个碳基计算机，处理各种信息和计算，最外面的皮层是其中的中央处理单元。它在大脑中最为高级，也是大脑演化中出现最晚的部分。在皮层中，分布着一个个神经元。神经元结构，如图5-1所示。

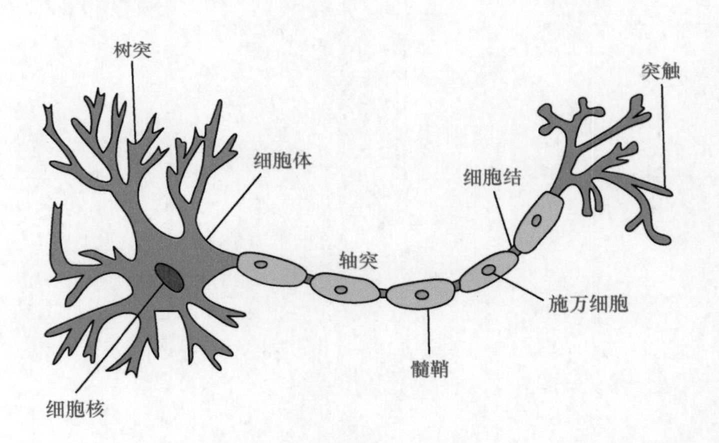

图5-1 神经元结构

每个神经元具有多个树突，树突的电学特性决定了神经元的输入和输出，是大脑各种复杂功能的基础。树突主要用来接受传入信息，而轴突只有一条，轴突尾端有许多轴突末梢可以给其他多个神经元传递信息。轴突末梢与其他神经元的树突连接，从而传递信号。这个连接的结构在生物学上称为“突触”。

2. 计算机界中的神经元结构

计算机界中的神经元数学模型如图5-2所示。

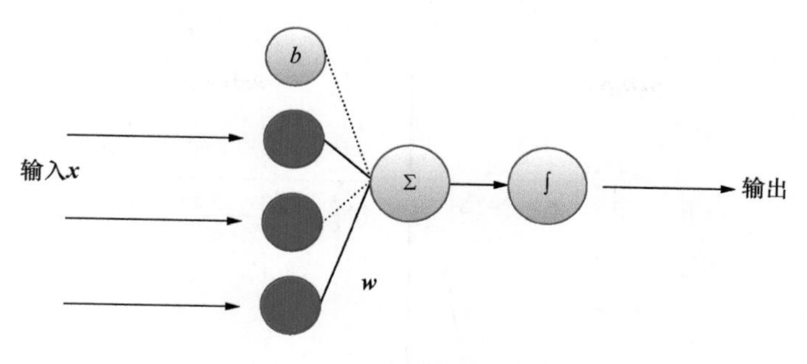

图5-2 神经元数学模型

图 5-2 用计算公式表示如式（5-1）:

$$z=\text{activate}\left(\sum_{i=1}^{n} w_i x_i + b\right)=\text{activate}\left(\boldsymbol{w}\cdot\boldsymbol{x}+b\right) \tag{5-1}$$

在式（5-1）中，各项的含义如下:

- z 为输出的结果;
- activate 为激活函数;
- n 为输入节点个数;
- $\sum_{i=1}^{n}$表示从某序列中，从 i=1 开始，一直取值到第 n 个，并对所取出的值进行求和计算;
- x_i 为输入节点;
- $\boldsymbol{x}$ 为输入节点所组成的矩阵;
- w_i 为权重;
- $\boldsymbol{w}$ 为权重所组成的矩阵;
- b 为偏置值;
- · 为点积运算。

$\boldsymbol{w}$ 和 b 可以理解为两个常量。$\boldsymbol{w}$ 和 b 的值是由神经网络模型通过训练得到的。

下面通过两个例子理解一下该模型的含义。

（1）以只含有一个节点的神经元为例，假设 $\boldsymbol{w}$ 只包含一个值 3，b 的值是 2，激活函数（activate）为 $f(x)=x$（相当于没有对输入值做任何的变换）。其公式可以写成:

$$z=3x+2 \tag{5-2}$$

该神经元相当于一条直线（z=3x+2）的几何意义，如图 5-3 所示。

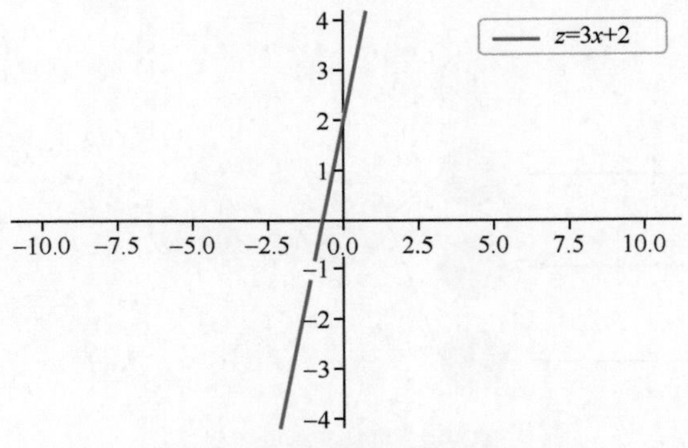

图5-3　一个神经元的几何意义

这样的神经元可以将输入的 x 按照直线上所对应的 z 值进行输出。

（2）以含有两个输入节点的神经元为例，假设输入节点的名称为 x_1、x_2，对应的 $\boldsymbol{w}$ 为 3 和 2 组成的矩阵，b 的值为 1，激活函数（activate）为 $f(x)$=0 或 1（如果 x 小于 0，那么返回 1，否则返回 0）。

其公式可以写成：

$$z = \text{activate}\left(\begin{bmatrix} x_1 \\ x_2 \end{bmatrix} [3\ \ 2]+1\right) \tag{5-3}$$

在式（5-3）中，该神经元的结构如图 5-4 所示。

图 5-4 中神经元结构的几何意义如图 5-5 所示。

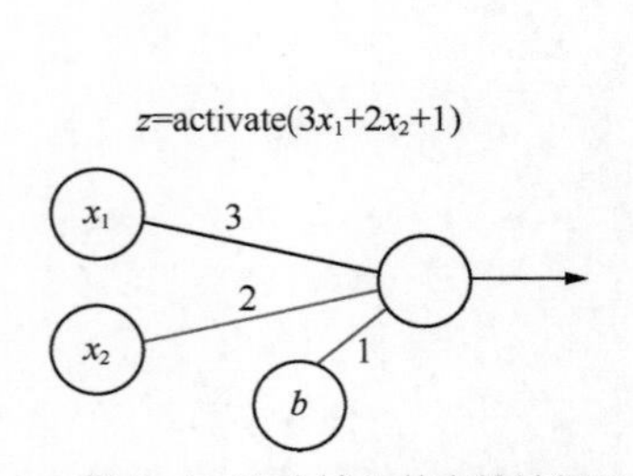

图 5-4　两个输入节点的神经元

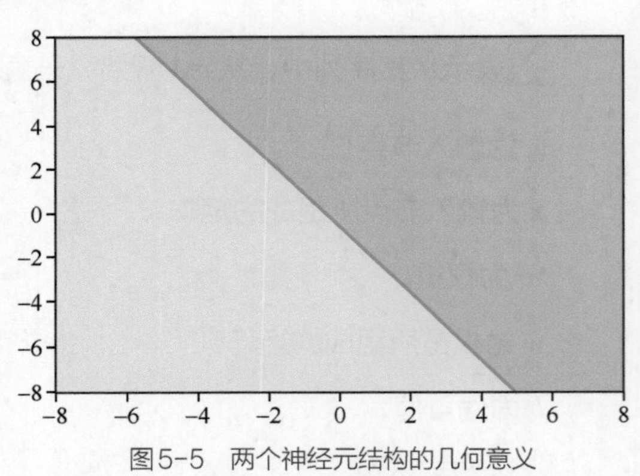

图5-5　两个神经元结构的几何意义

在图 5-5 中，横坐标代表 x_1，纵坐标代表 x_2，黄色和红色（实际运行中可看到）区域之间的线即是神经元所表达的含义。该神经元用一条直线将一个平面分开，其意义为：将黄色区域内的任意坐标输入神经元得到的值为 1；将红色区域内的任意坐标输入神经元得到的值为 0。

5.1.2　生物神经元与计算机神经元模型的结构相似性

计算机神经元模型是一个包含输入、输出与计算功能的模型。输入可以类比为神经元的树突，而输出可以类比为神经元的轴突，计算则可以类比为细胞核。

图 5-4 是一个简单的计算机神经元模型，包含 2 个输入、1 个输出。输入与输出之间的

连线称为连接。每个连接上有一个权重。

连接是神经元中最重要的概念之一。

一个神经网络的训练算法的目的就是让权重的值调整到最佳，以使得整个网络的预测效果最好。

5.1.3　生物神经元与计算机神经元模型的工作流程相似性

生物神经元与计算机神经元模型的工作流程也非常相似，具体表述如下。

（1）大脑神经细胞是靠生物电来传递信号的，可以理解成经过模型里的具体数值。

（2）神经细胞之间的连接有强弱之分，生物电传递的信号通过不同强弱的连接时，会产生不同的变化。这就好比权重 $\boldsymbol{w}$，因为每个输入节点都会与相关连接的 w_i 相乘，也就实现对信号的放大和缩小处理。

（3）这里唯独看不到的就是中间的神经元，我们将所有输入的信号 x_i 乘以 w_i 之后加在一起，再添加个额外的偏置值 b，然后选择一个模拟神经元处理的函数来实现整个过程的仿真。这个函数称为激活函数。

当把 $\boldsymbol{w}$ 和 b 赋予合适的值时，再配合合适的激活函数，计算机模型便会产生很好的拟合效果。而在实际应用中，权重的值会通过训练模型的方式得到。

提示　在人类的脑神经元中，有一种钙介导的树突状动作电位，这种电位以树突为单位，钙为介质，可以呈现更加复杂的状态，而并不是只有0、1两种状态。它相当于几个简单的多层神经元。

5.1.4　神经网络的形成

在生物界中，神经元细胞彼此之间的连接程度不同，代表了生物个体对外界不同信号的关注程度。

计算机神经元也采用了相同的形成原理，只不过是通过数学模型的方式计算实现。这一过程称为训练模型。目前，最常用的方式之一是用反向传播（Back Propagation，BP）算法将模型的误差作为刺激的信号，沿着神经元处理信号的反方向逐层传播，并更新当前层中节点的权重（$\boldsymbol{w}$）。

5.2　深度学习中的基础神经网络模型

在深度学习中，较为常用的基础神经网络模型有 3 个。

- 全连接神经网络：基本的神经网络，常用来处理与数值相关的任务。
- 卷积神经网络：常用来处理与计算机视觉相关的任务。
- 循环神经网络：常用来处理与序列相关的任务。

一个具体的模型就是由多个这种基础的神经网络层搭建而成的。

随着人工智能的发展，越来越多的高精度模型被设计出来，这些模型有个共同的特点：层数越来越多。这种由很多层组成的模型称为深层神经网络。

5.3 什么是全连接神经网络

全连接神经网络是指将神经元按照层进行组合，相邻层之间的节点互相连接，如图 5-6 所示。它是基本的神经网络。

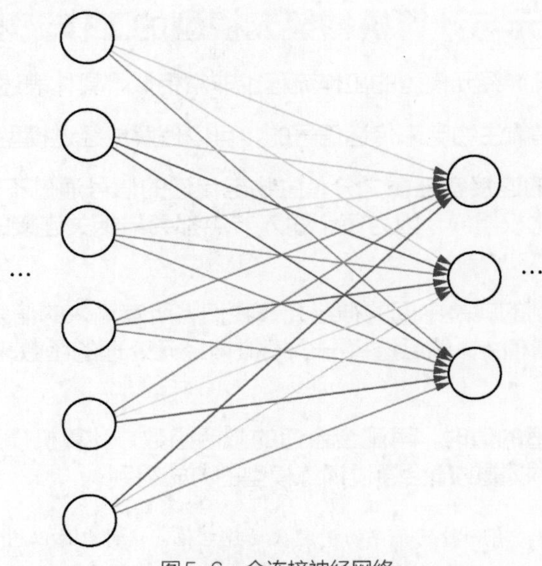

图5-6 全连接神经网络

5.3.1 全连接神经网络的结构

将结构如图 5-4 所示的 3 个神经元按照如图 5-7 所示的结构组合起来，便构成了一个简单的全连接神经网络。其中神经元 1、神经元 2 构成隐藏层，神经元 3 构成输出层。

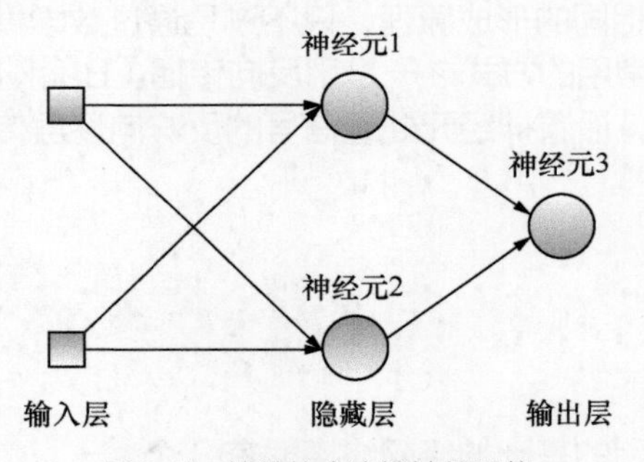

图5-7 简单的全连接神经网络

5.3.2 实例2：分析全连接神经网络中每个神经元的作用

下面通过一个实例来分析全连接神经网络中每个神经元的作用。

实例描述 针对图 5-7 所示的结构，我们为各个节点的权重赋值，来观察每个节点在网络中的作用。

实现的具体步骤如下。

1. 为神经元各节点的权重赋值

为图 5-7 中的 3 个神经元分别赋上指定的权重值，如图 5-8 所示。

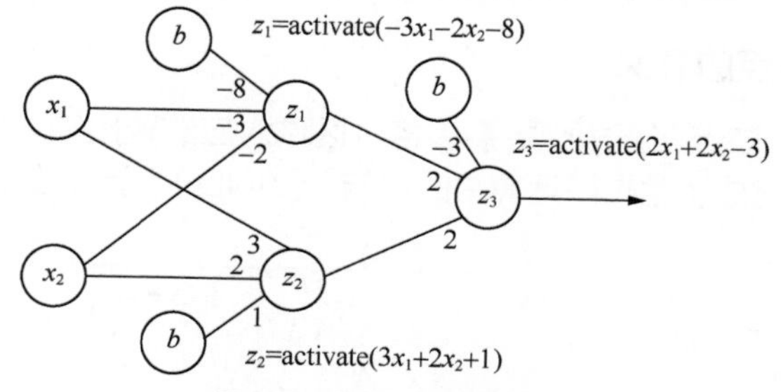

图5-8 带有权重的神经元

如图 5-8 所示，3 个神经元分别是 z_1、z_2、z_3，分别对应式（5-4）～式（5-6)。

$$z_1 = \text{activate}\left(\begin{bmatrix} x_1 \\ x_2 \end{bmatrix} [-3\ \ -2] - 8\right) \tag{5-4}$$

$$z_2 = \text{activate}\left(\begin{bmatrix} x_1 \\ x_2 \end{bmatrix} [3\ \ 2] + 1\right) \tag{5-5}$$

$$z_3 = \text{activate}\left(\begin{bmatrix} x_1 \\ x_2 \end{bmatrix} [2\ \ 2] - 3\right) \tag{5-6}$$

其中 z_2 所对应的公式在式（5-3）中也介绍过，其所代表的几何意义是将平面直角坐标系分成大于 0 和小于 0 两个部分，如图 5-5 所示。

2. 整个神经网络的几何意义

为节点 z_1 和 z_2 各设置一个根据符号取值的激活函数：y=0 或 1（如果 x 小于 0，那么返回 1；否则返回 0）。z_2 所代表的几何意义与图 5-5 中所描述的一致，同理可以理解 z_1 节点的意义。z_1 和 z_2 两个节点都把平面直角坐标系上的点分成了两部分。z_3 则可以理解成是对 z_1 和 z_2 两个节点输出结果的二次计算。

为节点 z_3 也设置一个根据符号取值的激活函数：y=0 或 1（如果 x 小于 0，那么返回 0，否则返回 1）。图 5-8 中 z_1、z_2 和 z_3 节点作用在一起所形成的几何意义如图 5-9 所示。

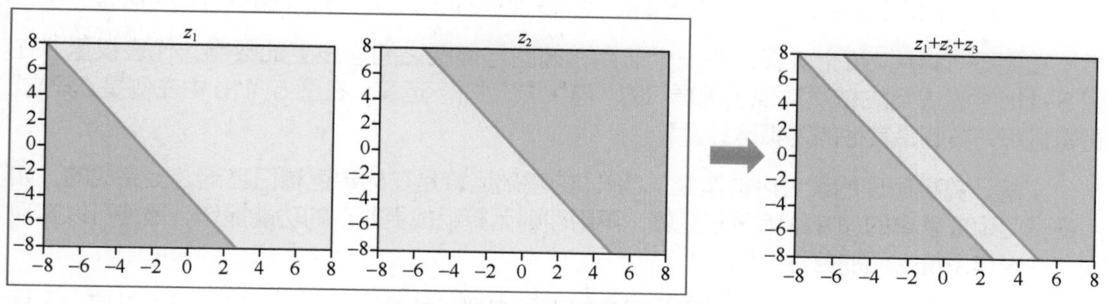

图5-9 全连接神经网络的几何意义

在图 5-9 中，最右侧是全连接神经网络的几何意义。它会将平面直角坐标系分成 3 个区域，这 3 个区域的点被分成了两类（中间区域是一类，其他区域是另一类）。

在复杂的全连接神经网络中，随着输入节点的增多，神经网络的几何意义便由二维的平面空间上升至多维空间中对点进行分类的问题。而通过增加隐藏层节点和层数的方法，也使模型能够在二维的平面空间中划分区域并分类的能力升级到可以在多维空间中实现。

3. 隐藏层神经节点的意义

将图 5-8 中 z_1 和 z_2 节点在直角坐标系中各个区域对应的输出输入到图 5-8 的 z_3 节点中，可以看到 z_3 节点其实是完成了逻辑门运算中的“与”（AND）运算，如图 5-10 所示。

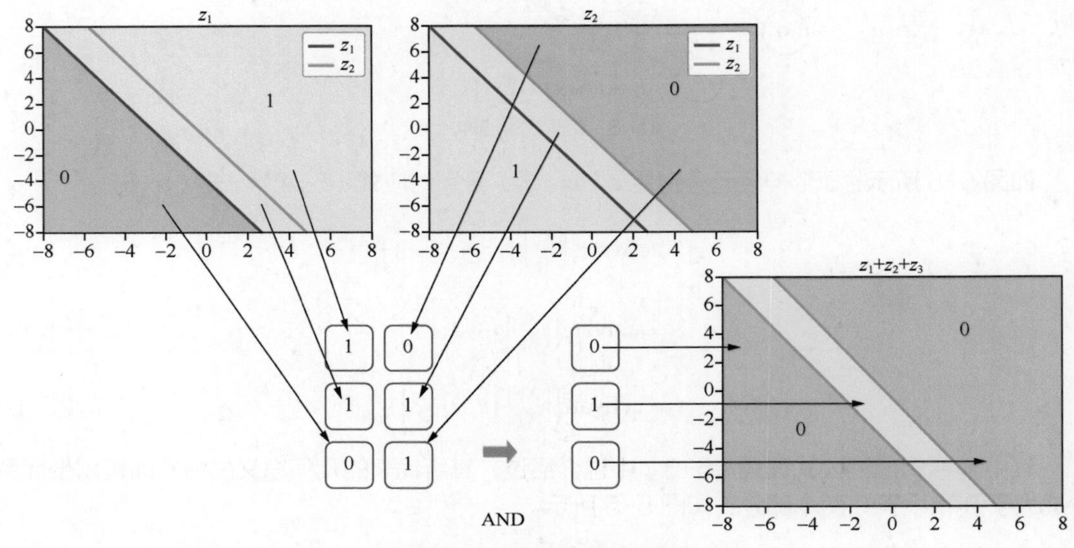

图5-10　z_3 节点的“与”运算

从图 5-10 中可以看出，第二层的 z_3 节点充当了对前层（z_1、z_2 节点）网络输出信号再计算的作用。它可以实现一定的逻辑推理功能。

5.3.3　全连接神经网络的拟合原理

如果对神经元这种模型结构进行权重人工设置，那么可以搭建出更多的逻辑门运算。例如，图 5-11 中为神经元实现的“与”“或”“非”逻辑门运算等。

通过对基础逻辑门组合，还可以搭建出更复杂的逻辑门运算，例如图 5-11b 所示。

在图 5-11 中，每个椭圆代表一个节点，椭圆与椭圆之间连线上的数字，代表权重。在图 5-11a 中从左到右依次实现了逻辑门的“与”“或”“非”运算；在图 5-11b 中左侧是“异或”逻辑运算，右侧是其他的逻辑运算。

了解计算机原理的读者可能清楚，CPU 的基础运算是在构建逻辑门基础之上完成的，如用逻辑门组成基本的加减乘除四则运算，再用四则运算组成更复杂的功能操作，最终可以实现现在的操作系统上面的各种应用。

神经网络的结构和功能，使其天生具有编程和实现各种高级功能的能力，只不过这个编程不需要人脑通过学习算法来拟合现实，而是使用模型学习的方式，直接从现实的表象来将其优化成需要的结构。

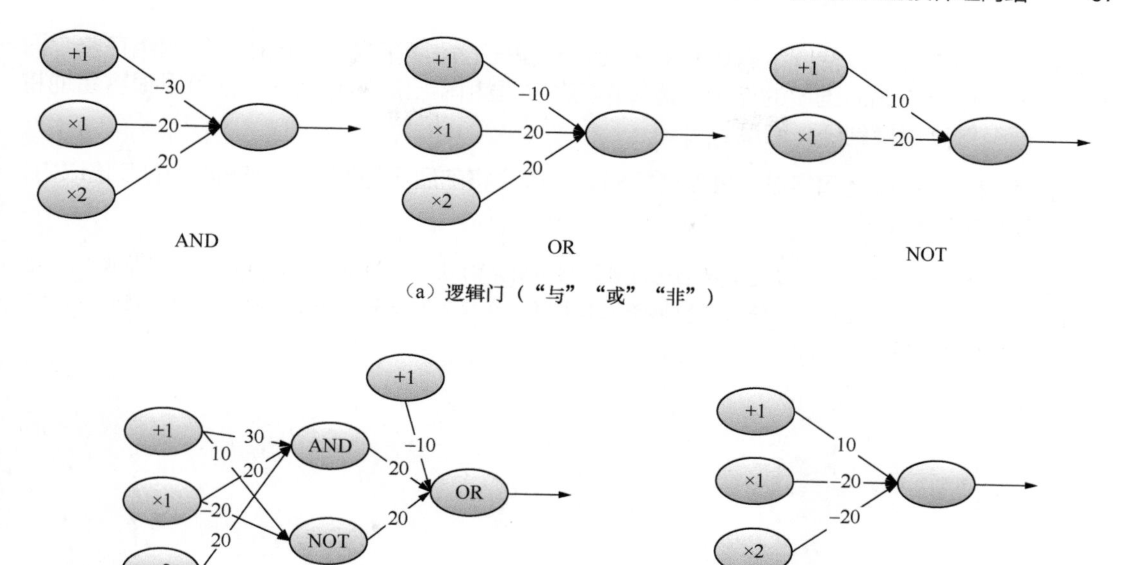

（b）利用“与”“或”“非”门搭建出“异或”和其他逻辑

图5-11 逻辑门

提示 本书第3章的例子中就使用了全连接神经网络结构。全连接神经网络的本质是将低维数据向高维数据映射，通过增加数据所在的维度空间，来使数据变得线性可分。该模型理论上可以对任何数据进行分类，但缺点是会需要更多的参数进行训练。一旦参数过多，训练过程较难收敛。

5.3.4 全连接神经网络的设计思想

在实际应用中，全连接神经网络的输入节点、隐藏层的节点数、隐藏层的数量都会比图 5-7 中的多。

在全连接神经网络中，输入节点是根据外部的特征数据来确定的。隐藏层的节点数、隐藏层的数量是可以设计的，但二者会相互影响，必须要掌握各自的特点，具体说明如下。

- 隐藏层的节点数决定了模型的拟合能力。从理论上讲，如果在单个隐藏层中设置足够多的节点，可以对世界上各种维度的数据进行任意规则的分类。但过多的节点在带来拟合能力的同时，又会使模型的泛化能力下降，使模型无法适应具有同样分布规则的其他数据。
- 隐藏层的数量决定了模型的泛化能力，层数越多，模型的推理能力越强，但是随着推理能力的提升，会对拟合能力产生影响。

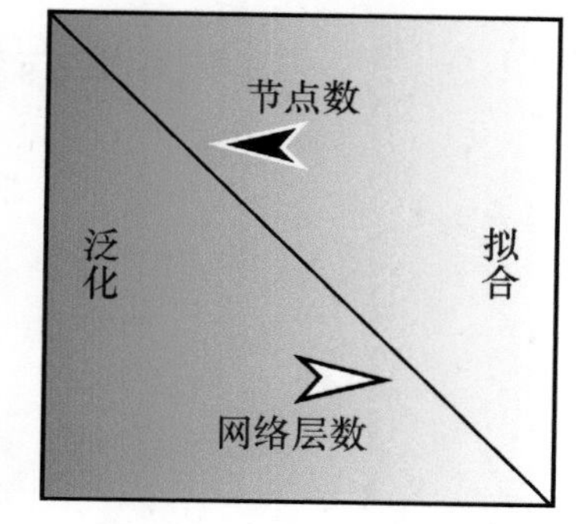

图5-12 隐藏层的节点数与隐藏层的数量的关系

调节隐藏层的节点数与隐藏层的数量对模型的影响如图 5-12 所示。

谷歌公司设计的推荐算法模型——wide_deep 模型（一个由深度和广度组成的全连接神经网络模型），就是根据隐藏层的节点数与隐藏层的数量设计出来的。

在深度学习中，全连接神经网络常常被放在整个深层网络结构的最后部分，以使网络有更好的表现。从编程的角度来看，全连接神经网络在整个深层网络搭建中具有调节维度的作用，通过指定输入层和输出层的节点数，就可以很容易地将特征从原有维度变换到任一维度。

在使用全连接神经网络进行维度变换时，一般会将前后层的维度控制在彼此的5倍以内，这样的模型更容易训练。

注意　这里介绍一个技巧。在搭建多层全连接神经网络时，对隐藏层的节点数设计，本着将维度先扩大再缩小的方式来进行，会使模型的拟合效果更好。在胶囊网络的代码中，有关特征重建部分，就是利用这个思路实现的。

5.4　激活函数——加入非线性因素，弥补线性模型缺陷

激活函数可以理解为一个特殊的网络层。它的主要作用是通过加入非线性因素，弥补线性模型表达能力不足的缺陷，在整个神经网络里起到至关重要的作用。

因为神经网络的数学基础是处处可微分的函数，所以选取的激活函数要能保证数据输入与输出也是可微分的。

在神经网络中，常用的激活函数有Sigmoid、tanh、ReLU等，下面一一介绍。

5.4.1　Sigmoid函数

Sigmoid是非常常见的激活函数，下面具体介绍一下。

1. 函数介绍

（1）Sigmoid是常用的非线性激活函数，它的数学形式为：

$$f(x)=\frac{1}{1+\mathrm{e}^{-x}} \tag{5-7}$$

Sigmoid函数曲线如图5-13所示，它的x可以是负无穷到正无穷之间的值，但是对应的$f(x)$的值却只有0到1之间的值，因此，输出的值都会落在0和1之间。也就是说，它能够把输入的连续实数值“压缩”到0和1之间。

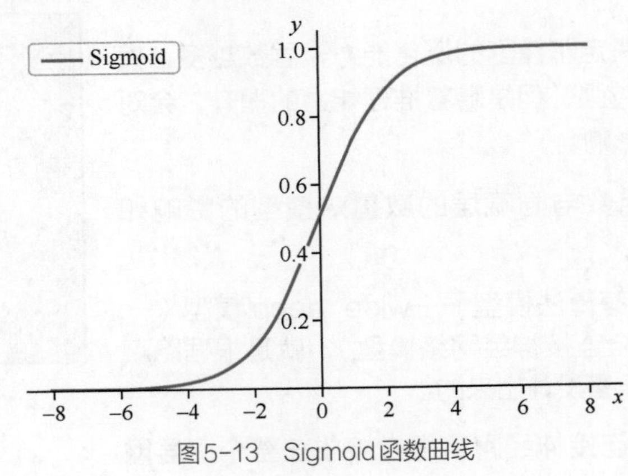

图5-13　Sigmoid函数曲线

从图像上看，随着 x 趋近正无穷和负无穷，$f(x)$ 的值分别越来越接近 1 或 0。这种情况称为饱和。处于饱和态的激活函数意味着，x=100 和 x=1000 得出的结果几乎相同，这样的特性转换相当于将 1000 等于 100 的 10 倍这个信息给丢失了。

因此，为了能有效地使用 Sigmoid 函数，从图上看，x 的取值极限也只能是 -6 到 6 之间（x 在大于 6 且小于 -6 时对应的 y 值几乎无变化）。而 x 在 -3 到 3 之间应该会有比较好的效果（x 在大于 -3 且小于 3 时对应的 y 值相对变化较大）。

（2）LogSigmoid 即对 Sigmoid 函数的输出值再取对数，它的数学形式为：

$$\text{LogSigmoid}(x) = \log(\text{Sigmoid}(x)) \tag{5-8}$$

该激活函数常用来与 NLLLoss 损失函数（见 5.7.4 节）一起使用，用在神经网络反向传播过程中的计算交叉熵环节。其曲线如图 5-14 所示。

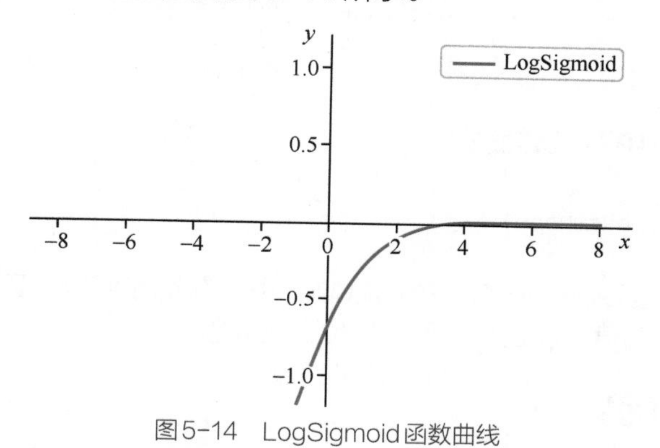

图5-14 LogSigmoid 函数曲线

2. 在PyTorch中对应的函数

在 PyTorch 中，关于 Sigmoid 的各种实现，有如下函数。

- torch.nn.Sigmoid()：激活函数 Sigmoid 的具体实现。
- torch.nn.LogSigmoid()：激活函数 LogSigmoid 的具体实现。

示例代码如下：

```
import torch
input = torch.autograd.Variable(torch.randn(2))      #定义两个随机数
print(input)                                         #输出：tensor([-0.7305, -1.3090])
print(nn.Sigmoid()(input))                           #输出：tensor([0.3251, 0.2127])
print(nn.LogSigmoid()(input))                        #输出：tensor([-1.1236, -1.5481])
```

5.4.2 tanh函数

tanh 可以是 Sigmoid 的值域升级版，将函数输出值的取值范围由 Sigmoid 的 0 到 1 升级为 -1 到 1。但是 tanh 不能完全替代 Sigmoid，在某些输出需要大于 0 的情况下，Sigmoid 还是要用的。

1. 函数介绍

tanh 也是常用的非线性的激活函数，它的数学形式为：

$$\tanh(x) = 2\text{Sigmoid}(2x) - 1 \tag{5-9}$$

其曲线如图 5-15 所示，它的 x 取值范围也是负无穷到正无穷，对应的 y 变为从 1 到 -1，相对于 Sigmoid 函数，有更广的值域。

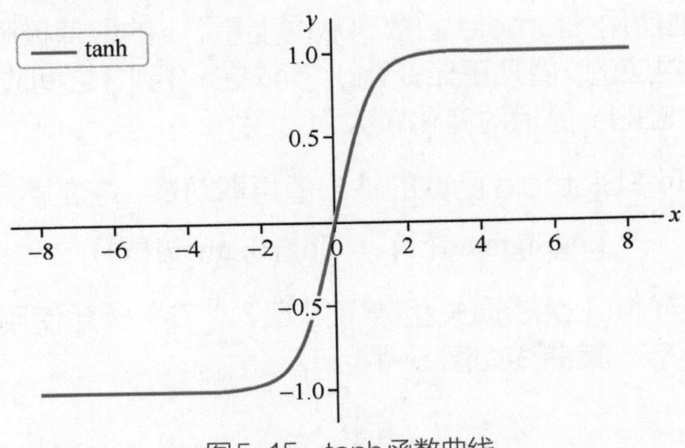

图5-15　tanh函数曲线

2. 在PyTorch中对应的函数

```
torch.nn.tanh(input, out=None)
```

显而易见，tanh 与 Sigmoid 有一样的缺陷，也存在饱和问题，因此，在使用 tanh 时，也要注意，输入值的绝对值不能过大，不然模型无法训练。

5.4.3 ReLU函数

ReLU 是深度学习在图像处理任务中使用最为广泛的激活函数之一。

1. 函数介绍

ReLU 函数的数学形式为：

$$f(x) = \max(0, x) \tag{5-10}$$

如果 x 大于 0，那么函数的返回值为 x 本身，否则函数的返回值为 0。具体的函数曲线如图 5-16 所示。它的应用广泛性是与它的优势分不开的，这种重视正向信号、忽略负向信号的特性，与我们人类神经元细胞对信号的反应极其相似。

因此，在神经网络中使用 ReLU 可以取得很好的拟合效果。另外，由于其运算简单，因此大大提升了机器的运行效率，这也是它的一个很大的优点。

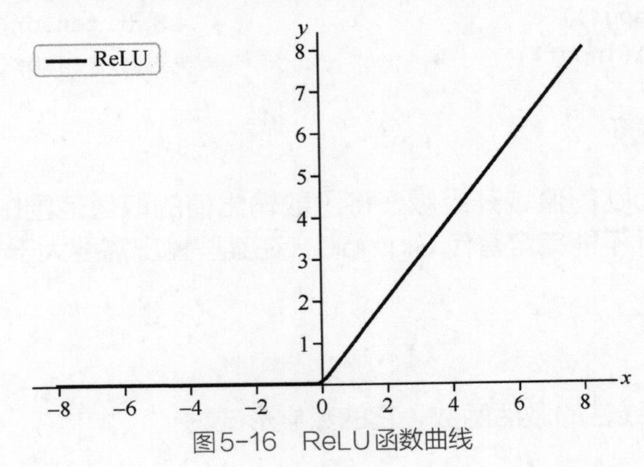

图5-16　ReLU函数曲线

与 ReLU 类似的还有 Softplus 函数，如图 5-17 所示。

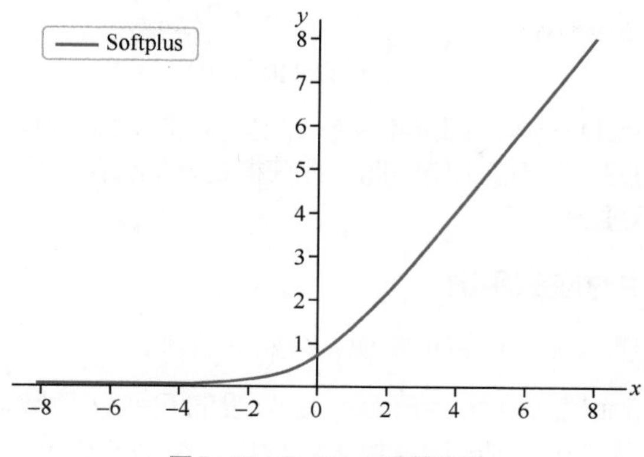

图5-17 Softplus函数曲线

相对于 ReLU 函数，Softplus 函数曲线会更加平滑，但是计算量会很大，而且对小于 0 的值保留得相对更多一点。Softplus 函数的数学形式为

$$f(x)=\frac{1}{\beta}\ln(1+e^{\beta x}) \tag{5-11}$$

虽然 ReLU 在信号响应上有很多优势，但这仅仅体现在正向传播方面，由于对负值的全部舍去，很容易使模型输出全零，从而无法再进行训练。例如，在随机初始化时，假如权重中的某个值是负的，则其对应的正值输入就全部被屏蔽了（变成了 0 值），而该权重所对应的负值输入值被激活了（变成了正值），这显然不是我们想要的结果。于是，基于 ReLU 又演化出来了一些变种函数，现举例如下。

（1）ReLU6：将 ReLU 的最大值控制在 6，该激活函数可以有效地防止在训练过程中的梯度“爆炸”现象。其数学形式为：

$$f(x)=\min(\max(0,x),6) \tag{5-12}$$

（2）LeakyReLU：在 ReLU 基础上保留一部分负值，在 x 为负时将其乘以 0.01，即 LeakyReLU 对负信号不是一味地拒绝，而是将其缩小。其数学形式为：

$$f(x)=\begin{cases}x & (x\geqslant 0)\\ 0.01x & (x<0)\end{cases} \tag{5-13}$$

再进一步将这个 0.01 换为可调参数，于是有：当 $x<0$ 时，将其乘以 negative_slope，且 negative_slope 小于或等于 1。其数学形式为：

$$f(x)=\begin{cases}x & (x\geqslant 0)\\ \text{negative\_slope}\times x & (x<0)\end{cases} \Leftrightarrow f(x)=\max(x,\text{negative\_slope}\times x) \tag{5-14}$$

得到 LeakyReLU 的公式 max(x,negative_slope × x)。

（3）PReLU：与 LeakyReLU 的公式类似，唯一不同的地方是，PReLU 中的参数是通过自学习得来的。其数学公式为：

$$f(x)=\max(x,ax) \tag{5-15}$$

其中，a 是一个通过自学习得到的参数。

（4）ELU：当 $x<0$ 时，进行了更复杂的变换：

$$f(x)=\begin{cases}x & (x\geqslant 0)\\ a(\mathrm{e}^x-1) & (x<0)\end{cases} \tag{5-16}$$

ELU 激活函数与 ReLU 一样，都是不带参数的，但是 ELU 的收敛速度比 ReLU 更快。在使用 ELU 时，不使用批处理能够比使用批处理获得更好的效果，ELU 不使用批处理的效果比 ReLU 加批处理的效果要好。

2. 在PyTorch中对应的函数

在 PyTorch 中，关于 ReLU 的各种实现，有如下函数。

- torch.nn.ReLU(input, inplace=False) 是一般的 ReLU 函数，即 max(input, 0)。如果参数 inplace 为 True 则会改变输入的数据，否则不会改变原输入，只会产生新的输出。
- torch.nn.ReLU6(input, inplace=False) 是激活函数 ReLU6 的实现。如果参数 inplace 为 True 则将会改变输入的数据，否则不会改变原输入，只会产生新的输出。
- torch.nn.LeakyReLU(input, negative_slope=0.01, inplace=False) 是激活函数 LeakyReLU 的实现。如果参数 inplace 为 True 则将会改变输入的数据，否则不会改变原输入，只会产生新的输出。
- torch.nn.PReLU(num_parameters=1, init=0.25) 是激活函数 PReLU 的实现。其中参数 num_parameters 代表可学习参数的个数，init 代表可学习参数的初始值。
- torch.nn.ELU(alpha=1.0, inplace=False) 是激活函数 ELU 的实现。

注意

在使用 ReLU 搭建模型时，设置参数 inplace 为 True 还是 False 只与内存的使用有关。如果参数 inplace 为 True，那么会减少内存的开销，但要注意的是，这时的输入值已经被改变了。如果认为 inplace 增加了开发过程的复杂性，那么可以将 ReLU 的调用方式写成：

```
x= torch.nn.ReLU(x)
```

这种写法直接将函数 torch.nn.ReLU() 的返回值赋给一个新的 x 变量，而不再去关心原有的输入 x。即使 torch.nn.ReLU() 函数对输入的 x 做了修改，也不会影响程序的其他部分。

在 PyTorch 中，Softplus 的定义如下：

```
torch.nn.Softplus(beta=1, threshold=20)
```

其中 beta 为式（5-11）中的 β 参数。参数 threshold 为激活函数输出的最大阈值。

5.4.4 激活函数的多种形式

在 PyTorch 中，每个激活函数都有两种形式：类形式和函数形式。

- 类形式在 torch.nn 模块中定义。在使用时，需要先对其实例化才能应用。
- 函数形式在 torch.nn.functional 模块中定义。在使用时，可以直接以函数调用的方式进行。

以激活函数 tanh 为例，以下写法都是正确的。

（1）以类形式使用

在模型类的 init() 方法中，定义激活函数：

```
self.tanh = torch.nn.tanh()        #对tanh类进行实例化
```

接着便可以在模型类的 forward() 方法中，添加激活函数的应用：

```
output = self.tanh (input)         #应用tanh类的实例化对象
```

（2）以类形式直接应用

还可以将（1）中的操作统一在模型类的 forward() 方法中完成，例如：

```
output = torch.nn.tanh()(input)
```

（3）以函数形式使用

在模型类的 forward() 方法中，直接调用激活函数的方式，例如：

```
output = torch.nn.functional.tanh(input)
```

在以函数的形式使用激活函数时，该激活函数不会驻留在模型类的内存里，会与其他的 PyTorch 库函数一样，在全局内存中被调用。

注意 torch.nn.functional 中激活函数的命名都是小写形式。

5.4.5 扩展1：更好的激活函数（Swish与Mish）

好的激活函数可以对特征数据的激活更加精准，能够提高模型的精度。目前，业界公认的好的激活函数为 Swish 与 Mish。在保持结构不变的基础上，直接将模型中的其他激活函数换成 Swish 或 Mish 激活函数，都会使模型的精度有所提高。二者的曲线图如图 5-18 所示。

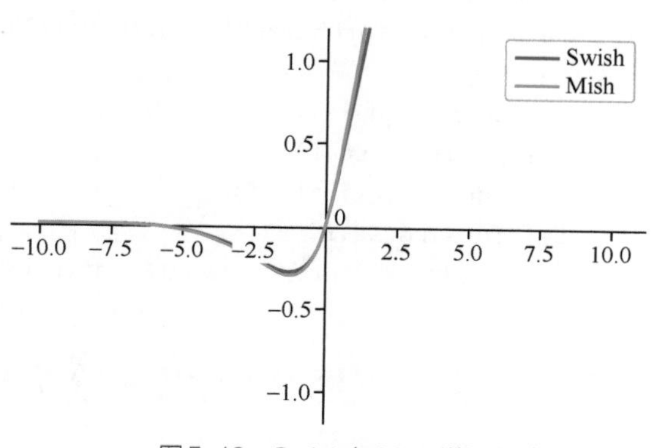

图5-18 Swish与Mish激活函数

从图 5-18 中可以看出，二者的曲线非常相似。在大量实验中，发现 Mish 比 Swish 更胜一筹。

1. Swish激活函数

Swish 是谷歌公司发现的一个效果更优于 ReLU 的激活函数。在测试中，保持所有的模型参数不变，只是把原来模型中的 ReLU 激活函数修改为 Swish 激活函数，模型的准确率均有提升。其公式为：

$$f(x) = x\text{Sigmoid}(\beta x) \tag{5-17}$$

其中 β 为 x 的缩放参数，一般情况取默认值 1 即可。在使用了批量归一化算法（见 7.8.9 节）的情况下，还需要对 x 的缩放值 β 进行调节。

在实际应用中，β 参数可以是常数，由手动设置，也可以是可训练的参数，由神经网络自己学习。

2. Mish激活函数

Mish 激活函数从 Swish 中获得“灵感”，也使用输入变量与其非线性变化后的激活值相乘。其中，将非线性变化部分的缩放参数 β 用 Softplus 激活函数来代替，使其无须输入任何标量（缩放参数）就可以更改网络参数，其公式为：

$$f(x) = x\tanh(\text{Softplus}(x)) \tag{5-18}$$

将 Softplus 的公式代入，式（5-18）也可以写成：

$$f(x) = x\tanh\left(\ln\left(1+\mathrm{e}^{x}\right)\right) \tag{5-19}$$

相比于 Swish，Mish 激活函数没有了参数，使用起来更加方便。

3. 代码封装与使用

在 PyTorch 的低版本中，没有单独的 Swish 和 Mish 函数。可以手动封装。实现代码如下。

```
import torch
import torch.nn.functional as F

def swish(x,beta=1):                                    #Swish激活函数
    return x * torch.nn.Sigmoid()(x*beta)
def mish(x):                                            #Mish激活函数
    return x *( torch.tanh(F.softplus(x)))

class Mish(nn.Module):                                  #Mish激活函数（类方式实现）
    def __init__(self):
        super().__init__()
    def forward(self, x):
        return x *( torch.tanh(F.softplus(x)))
```

5.4.6　扩展 2：更适合 NLP 任务的激活函数（GELU）

GELU（全称为 Gaussian Error Linear Unit）激活函数的中文名是高斯误差线性单元。该激活函数与随机正则化有关，可以起到自适应 Dropout 的效果。该激活函数在自然语言处理（Natural Language Processing，NLP）领域被广泛应用。例如，在 BERT、RoBERTa、ALBERT 等目前业内顶尖的 NLP 模型中，均使用了这种激活函数。另外，在 OpenAI 的无监督预训练模型 GPT-2 中，研究人员在所有编码器模块中都使用了 GELU 激活函数。

提示 Dropout是一种防止模型过拟合的技术。

1. GELU的原理与实现

Dropout和ReLU的操作机制是将“不重要”的激活信息归为零，重要的信息保持不变。这种做法可以理解为对神经网络的激活值乘以一个激活参数1或0。

GELU激活函数是将激活参数1或0的取值概率与神经网络的激活值结合起来，使得神经网络具有确定性决策，即神经网络的激活值越小，其所乘的激活参数为1的概率越小。这种做法不但保留了概率性，而且保留了对输入的依赖性。

GELU激活函数的计算过程可以描述成：对于每一个输入 x，都乘以一个二项式分布 $\Phi(x)$，则公式可以写成：

$$\mathrm{GELU}(x)=x\Phi(x) \tag{5-20}$$

因为式（5-20）中的二项式分布函数是难以直接计算的，所以研究者通过另外的方法来逼近这样的激活函数，具体的表达式可以写成：

$$\mathrm{GELU}(x)=0.5x\left(1+\tanh\left[\sqrt{2/\pi}\left(x+0.044715x^3\right)\right]\right) \tag{5-21}$$

式（5-21）转化成代码可以写成如下：

```
def gelu(x):                              # GPT-2模型中GELU的实现
return 0.5*x*(1+tanh(np.sqrt(2/np.pi)*(x+0.044715*pow(x, 3))))
```

2. GELU与Swish、Mish之间的关系

如果将式（5-20）中的 $\Phi(x)$ 替换成式（5-17）中的Sigmoid(βx)，那么GELU就变成了Swish激活函数。

由此可见，Swish激活函数属于GELU的一个特例，它用Sigmoid(βx)完成了二项式分布函数 $\Phi(x)$ 的实现。同理，Mish激活函数也属于GELU的一个特例，它用tanh(Softplus(x))完成了二项式分布函数 $\Phi(x)$ 的实现。GELU的曲线与Swish和Mish的曲线极其相似，如图5-19所示。

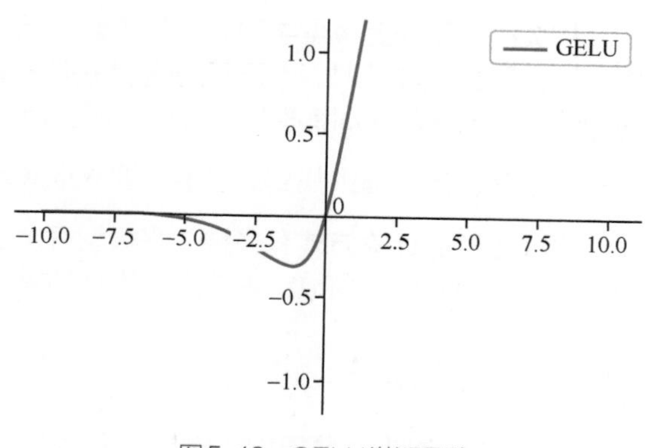

图5-19 GELU激活函数

5.5 激活函数总结

在神经网络中，运算特征不断进行循环计算，因此，在每次循环过程中，每个神经元的值也是在不断变化的，特征间的差距会在循环过程中被不断地放大，当输入数据本身差别较大时，用tanh会好一些；当输入数据本身差别不大时，用Sigmoid效果就会更好一些。

而后来出现的 ReLU 激活函数，主要优势是能够生成稀疏性更好的特征数据，即将数据转化为只有最大数值，其他都为 0 的特征。这种变换可以更好地突出输入特征，用大多数元素为 0 的稀疏矩阵来实现。

Swish 激活函数和 Mish 激活函数是在 ReLU 基础上进一步优化产生的，在深层神经网络中效果更加明显。通过实验表明，其中 Mish 激活函数会比 Swish 激活函数还要好一些。

5.6　训练模型的步骤与方法

参考 3.1.4 节的代码，可以将训练模型分为以下几个步骤：

（1）将样本数据输入模型算出正向的结果；

（2）计算模型结果与样本的目标标签之间的差值（也称为损失值，即 loss）；

（3）根据损失值，使用链式反向求导的方法，依次计算模型中每个参数（即权重）的梯度；

（4）使用优化器中的策略对模型中的参数进行更新。

这里主要涉及两部分内容，即计算损失部分与优化器部分，下面将会详细介绍。

5.7　神经网络模块（nn）中的损失函数

损失函数是决定模型学习质量的关键。无论什么样的网络结构，如果使用的损失函数不正确，那么最终将难以训练出正确的模型。损失函数主要是用来计算“输出值”与“目标值”之间的误差。该误差在训练模型过程中，配合反向传播使用。

为了在反向传播中找到最小值，要求损失函数必须是可导的。

损失函数的计算方式有多种，在模型开发过程中，会根据不同的网络结构、不同的拟合任务去构造不同的损失函数。本节先介绍几种常见的损失函数，具体如下。

5.7.1　L1 损失函数

L1 损失函数先计算模型的输出 y' 和目标 y 之间差的绝对值，再将绝对值结果进行平均值计算。其数学公式为：

$$\operatorname{loss}(y', y) = \operatorname{mean}(|y' - y|) \tag{5-22}$$

L1 损失函数是以类的形式封装的。也就是说，需要对其先进行实例化再使用，具体代码如下：

```
import torch
loss = torch.nn.L1Loss ()(pre,label)
```

上述代码中的 pre 代表式（5-22）中的 y'，label 代表式（5-22）中的 y。

在对 L1 损失函数类进行实例化时，还可以传入参数 size_average。如果 size_average 为 False，那么不进行均值计算。

5.7.2 均值平方差（MSE）损失函数

均值平方差（Mean Squared Error，MSE），也称“均方误差”，在神经网络中主要是表达预测值与真实值之间的差异，在数理统计中，均方误差是指参数估计值与参数真值之差的平方的期望值。

1. 公式介绍

MSE 的数学定义如下，主要是对每一个真实值与预测值相减后的平方取平均值：

$$\mathrm{MSE}=\frac{1}{n}\sum_{t=1}^{n}\left(\mathrm{observed}_t-\mathrm{predicted}_t\right)^2 \tag{5-23}$$

MSE 的值越小，表明模型越好。类似的损失算法还有均方根误差（Root MSE, RMSE; 将 MSE 开平方）、平均绝对值误差（Mean Absolute Deviation, MAD; 对一个真实值与预测值相减后的绝对值取平均值）等。

注意 在神经网络计算时，预测值要与真实值控制在同样的数据分布内。假设将预测值输入 Sigmoid 激活函数后得到取值范围规定在 0 到 1 之间，那么真实值也应归一化至 0 到 1 之间。这样在进行损失函数计算时才会有较好的效果。

2. 代码实现

MSE 损失函数是以类的形式封装的。也就是说，需要对其先进行实例化再使用，具体代码如下：

```
import torch
loss = torch.nn.MSELoss ()(pre,label)
```

在上述代码中，pre 代表模型输出的预测值，label 代表输入样本对应的标签。

在对 MSELoss 类进行实例化时，还可以传入参数 size_average。如果 size_average 为 False，那么不进行均值计算。

5.7.3 交叉熵损失（CrossEntropyLoss）函数

交叉熵（cross entropy）也是损失函数的一种，可以用来计算学习模型分布与训练分布之间的差异。它一般用在分类问题上，表达的意思为预测输入样本属于某一类的概率。

有关交叉熵的理论，可参考 8.1.4 节。

1. 公式介绍

交叉熵的数学定义如下，y 代表真实值分类（0 或 1），a 代表预测值：

$$c = -\frac{1}{n}\sum_{x}[x\ln a + (1-x)\ln(1-a)] \tag{5-24}$$

交叉熵值越小代表预测结果越准。

注意　这里用于计算的 a 也是通过分布统一化处理的（或者是经过 Sigmoid 函数激活的），取值范围为 0~1。如果真实值和预测值都是 1，那么前面一项 $y\ln(a)$ 就是 $1\times\ln(1)$，即 0。同时，后一项 $(1-y)\ln(1-a)$ 也就是 $0\times\ln(0)$，约定该值等于 0。

2. 代码实现

CrossEntropyLoss 损失函数是以类的形式封装的。也就是说，需要对其先进行实例化再使用，具体代码如下：

```
import torch
loss = torch.nn.CrossEntropyLoss ()(pre,label)
```

在上述代码中，pre 代表模型输出的预测值，label 代表输入样本对应的标签。

在对 CrossEntropyLoss 类进行实例化时，还可以传入参数 size_average。如果 size_average 为 False，那么不进行均值计算。

3. 加权交叉熵

加权交叉熵是指在交叉熵的基础上将式（5-24）中括号中的第一项乘以系数（加权），以增加或减少正样本在计算交叉熵时的损失值。

在训练一个多类分类器时，如果训练样本很不均衡的话，那么可以通过加权交叉熵有效地控制训练模型分类的平衡性。

具体做法如下：

```
import torch
loss = torch.nn.CrossEntropyLoss (weight)(pre,label)
```

其中，参数 weight 是一个一维张量，该张量中含有 n（即分类数）个元素，即为每个类分配不同的权重比例。

5.7.4　其他的损失函数

PyTorch 中还封装了其他的损失函数。这些损失函数不如本书中介绍的几种常用，但作为知识扩展，建议了解一下。

- SmoothL1Loss：平滑版的 L1 损失函数。此损失函数对于异常点的敏感性不如 MSELoss。在某些情况下（如 Fast R-CNN 模型中），它可以防止梯度“爆炸”。这个损失函数也称为 Huber loss。
- NLLLoss：负对数似然损失函数，在分类任务中经常使用。
- NLLLoss2d：计算图片的负对数似然损失函数，即对每个像素计算 NLLLoss。
- KLDivLoss：计算 KL 散度损失函数（KL 散度的详细介绍可参考 8.1.5 节）。

- BCELoss：计算真实标签与预测值之间的二进制交叉熵。
- BCEWithLogitsLoss：带有 Sigmoid 激活函数层的 BCELoss，即计算 target 与 Sigmoid(output) 之间的二进制交叉熵。
- MarginRankingLoss：按照一个特定的方法计算损失。计算给定输入 $\boldsymbol{x}_1$、$\boldsymbol{x}_2$（一维张量）和对应的标签 $\boldsymbol{y}$（一维张量，取值为 -1 或 1) 之间的损失值。如果 $\boldsymbol{y}$=1，那么第一个输入的值应该大于第二个输入的值；如果 $\boldsymbol{y}$=-1，则相反。
- HingeEmbeddingLoss：用来测量两个输入是否相似，使用 L1 距离。计算给定一个输入 $\boldsymbol{x}$（二维张量）和对应的标签 $\boldsymbol{y}$（一维张量，取值为 -1 或 1) 之间的损失值。
- MultiLabelMarginLoss：计算多标签分类的基于间隔的损失函数 (hinge loss)。计算给定一个输入 $\boldsymbol{x}$（二维张量）和对应的标签 $\boldsymbol{y}$（二维张量）之间的损失值。其中，$\boldsymbol{y}$ 表示最小批次中样本类别的索引。
- SoftMarginLoss：用来优化二分类的逻辑损失。计算给定一个输入 $\boldsymbol{x}$（二维张量）和对应的标签 y（一维张量，取值为 -1 或 1) 之间的损失值。
- MultiLabelSoftMarginLoss：基于输入 $\boldsymbol{x}$(二维张量）和目标 $\boldsymbol{y}$(二维张量）的最大交叉熵，优化多标签分类（one-versus-all）的损失。
- CosineEmbeddingLoss：使用余弦距离测量两个输入是否相似，一般用于学习非线性 embedding 或者半监督学习。
- MultiMarginLoss：用来计算多分类任务的 hinge loss。输入是 $\boldsymbol{x}$(二维张量）和 $\boldsymbol{y}$(一维张量）。其中 $\boldsymbol{y}$ 代表类别的索引。

5.7.5 总结：损失算法的选取

用输入标签数据的类型来选取损失函数：如果输入是无界的实数值，那么损失函数使用平方差；如果输入标签是位矢量（分类标识），那么使用交叉熵会更适合。

本节只是列出一些常用的损失函数，在一些特殊任务中，还会根据样本和任务的特性，来使用相应的损失函数。

提示 本节中所介绍的损失函数在代码实现部分是以类的方式进行举例的。除此之外，这些损失函数还可以用函数的方式进行调用。在 torch.nn.functional 模块中，可以找到对应的定义。

5.8 Softmax算法——处理分类问题

Softmax 算法本质上也是一种激活函数。考虑到该算法在分类任务中的重要性，这里将其单独进行讲解。本节将介绍 Softmax 为什么能用作分类，以及如何使用 Softmax 来分类。

5.8.1 什么是Softmax

从Softmax这个名称就可以了解到，如果判断输入属于某一个类的概率大于属于其他类的概率，那么这个类对应的值就逼近于1，其他类的值就逼近于0。该算法主要应用于多分类问题，而且要求分类值是互斥的，即一个值只能属于其中的一个类。与Sigmoid之类的激活函数不同的是，一般的激活函数只能分两类，因此，可以将Softmax理解成是Sigmoid类的激活函数的扩展。其公式如下：

$$\text{Softmax} = \exp(\text{logits}) / \text{reduce\_sum}(\exp(\text{logits}), \text{dim}) \tag{5-25}$$

把所有值用e的n次方计算出来，求和后计算每个值占的比率，保证总和为1。一般可以认为通过Softmax计算出来的就是概率。

这里的exp(logits)指的就是e^{logits}。

注意 如果多分类任务中的每个类彼此之间不是互斥关系，则可以使用多个二分类来组成。

5.8.2 Softmax原理

Softmax原理可以通过图5-20来解释。图5-20描述了一个简单的Softmax网络模型，输入x_1、x_2要准备生成y_1、y_2、y_3三个类（$\boldsymbol{w}$为权重，$\boldsymbol{b}$为偏置）。

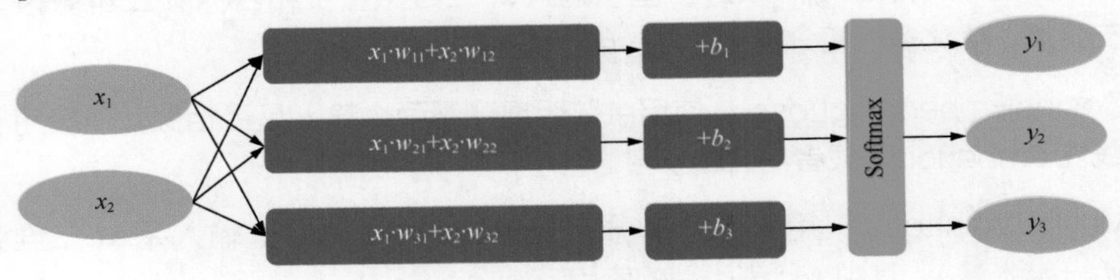

图5-20 Softmax模型

对于属于y_1类的概率，可以转化成输入x_1满足某个条件的概率与x_2满足某个条件的概率的乘积。

在网络模型中，我们把等式两边都进行ln运算。这样，进行ln运算后属于y_1类的概率就可以转化成：ln运算后的x_1满足某个条件的概率加上ln运算后的x_2满足某个条件的概率。这样$y_1=x_1w_{11}+x_2w_{12}$等于ln运算后的y_1的概率了。这也是Softmax公式中要计算一次e的logits次方的原因。

注意 等式两边进行ln运算是神经网络中常用的技巧，主要用来将概率的乘法转变成加法，即$\ln(xy)=\ln x+\ln y$。在后续计算中，再将其转为e的x次方，还原成原来的值。

了解e的指数意义后，使用Softmax就变得简单了。

举例：某个样本经过神经网络所生成的值为y_1、y_2、y_3，其中y_1为5、y_2为3、y_3为2。那么，对应的结果就为y_1=5/10=0.5、y_2=3/10、y_3=2/10，于是取值最大的y_1为最终的分类。

5.8.3 常用的Softmax接口

在PyTorch中，Softmax接口是以类的形式提供的，表5-1中列出了常用的Softmax接口。

表5-1 常用的Softmax接口

Softmax接口	描 述
torch.nn.Softmax(dim)	计算Softmax，参数dim代表计算的维度
torch nn.Softmax2d()	对每个图片进行Softmax处理
torch.nn.LogSoftmax(logits, name=None)	对Softmax取对数，常与NLLLoss联合使用，实现交叉熵损失的计算

5.8.4 实例3：Softmax与交叉熵的应用

交叉熵在深度学习领域是比较常见的术语，由于其常用性，因此下面通过示例对其进行讲解。

示例描述　在下面一段代码中，假设有一个标签labels和一个网络输出值logits。模拟神经网络中计算损失的过程，对其进行交叉熵的计算。

这里使用两种方法进行交叉熵计算：

- 使用 LogSoftmax 和 NLLLoss 的方法计算交叉熵；
- 使用 CrossEntropyLoss 方法计算交叉熵。

具体代码如下。

代码文件：code_04_CrossEntropy.py

```
01 import torch
02 #定义模拟数据
03 logits = torch.autograd.Variable(torch.tensor([[2,  0.5,6], [0.1,0,  3]]))
04 labels = torch.autograd.Variable(torch.LongTensor([2,1]))
05 print(logits)
06 print(labels)
07 #计算Softmax
08 print('Softmax:',torch.nn.Softmax(dim=1)(logits))
09 #计算LogSoftmax
10 logsoftmax = torch.nn.LogSoftmax(dim=1)(logits)
11 print('logSoftmax:',logsoftmax)
12 #计算NLLLoss
13 output = torch.nn.NLLLoss()(logsoftmax, labels)
14 print('NLLLoss:',output)
15 #计算CrossEntropyLoss
16 print ('CrossEntropyLoss:', torch.nn.CrossEntropyLoss()(logits, labels) )
```

上述代码的第 3 行和第 4 行定义了模拟数据 logits 与 labels，解读如下。

- logits：神经网络的计算结果。一共有两个数据，每个数据的结果中包括 3 个数值，代表 3 种分类的结果。
- labels：神经网络计算结果对应的标签。一共有两个数值，每个数值代表对应数据的所属分类。

上述代码运行后，输出如下结果：

```
tensor([[2.0000, 0.5000, 6.0000],
        [0.1000, 0.0000, 3.0000]])
tensor([2, 1])
Softmax: tensor([[0.0179, 0.0040, 0.9781],
        [0.0498, 0.0451, 0.9051]])
logSoftmax: tensor([[-4.0222, -5.5222, -0.0222],
        [-2.9997, -3.0997, -0.0997]])
NLLLoss: tensor(1.5609)
CrossEntropyLoss: tensor(1.5609)
```

从输出结果的最后两行可以看出，使用 LogSoftmax 和 NLLLoss 的方法与直接使用 CrossEntropyLoss 所计算的损失值是一样的。

5.8.5 总结：更好地认识 Softmax

本节只是介绍了 Softmax 的一些应用，对于零基础的读者，理解起来会有些困难。如果感觉难于理解，那么可以先跳过本节。在阅读完第 6 章的相关实例后，读者可以再来复习本节的知识，到时会有更深的认识。

提示 这里还有一个小技巧，在搭建网络模型时，需要用 Softmax 将目标分成几类，就在最后一层放几个节点。

5.9 优化器模块

在有了正向结构和损失函数后，就可通过优化函数来优化学习参数了，这个过程也是在反向传播中完成的。这个优化函数称为优化器，在 PyTorch 中被统一封装到优化器模块中。其内部原理是通过梯度下降的方法对模型中的参数进行优化。

5.9.1 了解反向传播与 BP 算法

反向传播的意义是告诉模型我们需要将权重调整多少。在刚开始没有得到合适的权重时，正向传播生成的结果与实际的标签有误差，反向传播就是要把这个误差传递给权重，让权重做适当的调整来达到一个合适的输出。最终的目的是让正向传播的输出结果与标签间的误差最小，这就是反向传播的核心思想。

BP（error Back ProPagation）算法又称"误差反向传播算法"。它是反向传播过程中的常用方法。

正向传播的模型是清晰的，于是很容易得出一个由权重组成的关于输出的表达式。接着，可以得出一个描述损失值的表达式（将输出值与标签直接相减，或进行平方差等运算）。

为了让这个损失值最小化，我们运用数学知识，选择一个损失值的表达式并使这个表达式有最小值，接着，通过对其求导的方式，找到最小值时刻的函数切线斜率（也就是梯度），从而让权重的值沿着这个梯度来调整。

5.9.2 优化器与梯度下降

在实际训练过程中，很难一次将神经网络中的权重参数调整到位，一般需要通过多次迭代将其修正，直到模型的输出值与实际标签值的误差小于某个阈值为止。

优化器是基于 BP 算法的一套优化策略。其主要的作用是通过算法帮助模型在训练过程中更快、更好地将参数调整到位。

在优化器策略中，基础的算法是梯度下降法。

梯度下降法是一个最优化算法，通常也称为最速下降法。它常在机器学习和人工智能中用来递归地逼近最小偏差模型。它使用梯度下降的方向（也就是用负梯度方向）为搜索方向，并沿着梯度下降的方向求解极小值。

在训练过程中，每次正向传播后都会得到输出值与真实值的损失值。这个损失值越小，代表模型越好。梯度下降的算法在这里发挥作用，帮助我们找到最小的那个损失值，从而可以使我们反推出对应的学习参数权重，达到优化模型的目的。

5.9.3 优化器的类别

原始的优化器主要使用 3 种梯度下降的方法：批量梯度下降、随机梯度下降和小批量梯度下降。

- 批量梯度下降（batch gradient descent）：遍历全部数据集计算一次损失函数，然后计算函数对各个参数的梯度，更新梯度。这种方法每更新一次参数都要把数据集里的所有样本检查一遍，计算开销大，计算速度慢，不支持在线学习。
- 随机梯度下降（stochastic gradient descent）：每检查一个数据就计算一下损失函数，然后求梯度更新参数。这个方法计算速度比较快，但是收敛性能不太好，结果可能在最优点附近摆动，却无法取到最优点。两次参数的更新也有可能互相抵消，使目标函数振荡得比较剧烈。
- 小批量梯度下降：为了弥补上述两种方法的不足而采用的一种折中手段。这种方法把数据分为若干批，按批来更新参数，这样，一批中的一组数据共同决定了本次梯度的方向，梯度下降的过程就不容易“跑偏”，减少了随机性。另外，因为批的样本数与整个数据集相比小了很多，计算量也不是很大。

随着梯度下降领域的深度研究，又出现了更多功能强大的优化器，它们在性能和精度方面表现得越来越好，当然，实现过程也变得越来越复杂。目前主流的优化器有 RMSProp、AdaGrad、Adam、SGD 等，它们有各自的特点及适应的场景。

5.9.4 优化器的使用方法

在 PyTorch 中，程序员可以使用 torch.optim 构建一个优化器（optimizer）对象。该对象能够保持当前参数状态并基于计算得到的梯度进行参数更新。

优化器模块封装了神经网络在反向传播中的一系列优化策略。这些优化策略可以使模型在训练过程中更快、更好地进行收敛。构建一个 Adam 优化器对象的具体代码如下：

```
optimizer = torch.optim.Adam(model.parameters(), lr=learning_rate)
```

其中，Adam() 是优化器方法。该方法的参数较多，其中常用的参数有如下两个。

- 待优化权重参数：一般是固定写法。调用模型的 parameters() 方法，将返回值传入即可。
- 优化时的学习率 lr：用来控制优化器在工作时对参数的调节幅度。优化器在工作时，会先算出梯度（根据损失值对某个参数求偏导），再沿着该梯度（这里可以把斜率当作梯度）的方向，算出一段距离（该距离由学习率控制），将该差值作为变化值更新到原有参数上。学习率越大，模型的收敛速度越快，但是模型的训练效果容易出现较大的振荡。学习率越小，模型的振荡幅度越小，但是收敛越慢。

提示　为了让读者尽快上手，这里并没有将优化器的用法完全展开。

整个过程中的求导和反向传播操作都是在优化器里自动完成的。

5.9.5　查看优化器的参数结构

PyTorch 中的每个优化器类都会有 param_groups 属性。该属性记录着每个待优化权重的配置参数。属性 param_groups 是一个列表对象，该列表对象中的元素与待优化权重一一对应，以字典对象的形式存放着待优化权重的配置参数。

可以使用如下语句查看字典对象中的配置参数名称：

```
list(optimizer.param_groups[0].keys())
```

该代码取出了属性 param_groups 中的第一个待优化权重的配置参数。运行后，系统会输出该配置参数中的参数名称，例如：

```
['params', 'lr', 'betas', 'eps', 'weight_decay', 'amsgrad']
```

Adam 优化器会为每个待优化权重分配这样的参数，部分参数的意义如下。

- params：优化器要作用的权重参数。
- lr：学习率。
- weight_decay：权重参数的衰减率。
- amsgrad：是否使用二阶冲量的方式。

上面这几个参数是 Adam 优化器具有的。不同的优化器有不同的参数。

提示　权重参数的衰减率 weight_decay 是指模型在训练过程中使用 L2 正则化的衰减参数。L2 正则是一种防止模型过拟合的方法。

这些参数可以在初始化时为其赋值，也可以在初始化之后，通过字典中的 key（参数名称）

为其赋值。

5.9.6 常用的优化器——Adam

PyTorch 中封装了很多优化器的实现，其中以 Adam 优化器最为常用（一般推荐使用的学习率为 3e-4）。

这里只需要读者了解 Adam 的基本用法。更多的优化器可以参考 PyTorch 官方的帮助文档。

5.9.7 更好的优化器——Ranger

Ranger 优化器在 2019 年出现之后广受好评，经过测试发现，该优化器无论从性能还是精度上，均有很好的表现。

1. Ranger 优化器介绍

Ranger 优化器是在 RAdam 与 Lookahead 优化器基础上进行融合而得来的。

- RAdam：带有整流器的 Adam，能够利用方差的潜在散度动态地打开或关闭自适应学习率。
- Lookahead：通过迭代更新两组权重的方法，提前观察另一个优化器生成的序列，以选择搜索方向。

Ranger 优化器将 RAdam 与 Lookahead 优化器组合到一起，并兼顾了二者的优点。

有关 Ranger 的更多内容可参考论文“Calibrating the Adaptive Learning Rate to Improve Convergence of ADAM ”（arXiv 编号：1908.00700,2019）。

2. Ranger 优化器实现

PyTorch 没有封装 Ranger 优化器。由于 Ranger 实现起来比较复杂，因此本书提供了一套实现好的 Ranger 优化器（在随书的配套资源中），读者可以直接使用。

5.9.8 如何选取优化器

选取优化器没有特定的标准，需要根据具体的任务，多次尝试选择不同的优化器，选择使得评估函数最小的那个优化器。

根据经验，RMSProp、AdaGrad、Adam、SGD 是比较通用的优化器，其中前 3 个优化器适合自动收敛，而最后一个优化器常用于手动精调模型。

在自动收敛方面，一般以 Adam 优化器最为常用。综合来看，它在收敛速度、模型所训练出来的精度方面，效果相对更好一些，而且对于学习率设置的要求相对比较宽松，更容易使用。

在手动精调模型方面，常常通过手动修改学习率来进行模型的二次调优。为了训练出更好的模型，一般会先使用 Adam 优化器训练模型，在模型无法进一步收敛后，再使用 SGD 优化器，通过手动调节学习率的方式，进一步提升模型性能。

如果要进一步提升性能，那么可以尝试使用 AMSGrad、Adamax 或 Ranger 优化器。其中：

- AMSGrad 在 Adam 优化器基础上使用了二阶冲量，在计算机视觉模型上表现更为出色；
- Adamax 在带有词向量的自然语言处理模型中表现得更好；
- Ranger 优化器在上述几款优化器之后出现，综合性能的表现使其更加适合各种模型。该优化器精度高、收敛快，而且使用方便（不需要手动调参）。

以上几种优化器可以作为提升模型性能时的参考项。在实际训练中，还要通过测试比较来选出更合适的优化器。

5.10　退化学习率——在训练的速度与精度之间找到平衡

5.9.5 节中的优化器参数 lr 表示学习率，代表模型在反向优化中沿着梯度方向调节的步长大小。这个参数用来控制模型在优化过程中调节权重的幅度。

在训练模型中，这个参数常被手动调节，用于对模型精度的提升。设置学习率的大小，是在精度和速度之间找到一个平衡：

- 如果学习率的值比较大，那么训练速度会提升，但结果的精度不够；
- 如果学习率的值比较小，那么训练结果的精度提升，但训练会耗费太多的时间。

注意　通过增大批次处理样本的数量也可以起到退化学习率的效果。但是，这种方法要求训练时的最小批次要与实际应用中的最小批次一致。一旦满足训练时的最小批次与实际应用中的最小批次一致的条件，建议优先选择增大批次处理样本数量的方法，因为这会减少一些开发量和训练中的计算量。

5.10.1　设置学习率的方法——退化学习率

退化学习率又称为学习率衰减，它的本意是希望在训练过程中能够将大学习率和小学习率各自的优点都发挥出来，即在训练刚开始时，使用大的学习率加快速度，训练到一定程度后使用小的学习率来提高精度。

例如，对于第 3 章的实例，稍加修改，便可以让学习率随着训练步数的增加而变小，实现退化学习率的效果。

修改 3.1.4 节所示代码的第 21 行～第 27 行，具体如下。

代码文件：code_01_moons.py（示例片段 1）

```
21 losses = []                                   #定义列表，用于接收每一步的损失值
22 lr_list = []                                  #定义列表，用于接收每一步的学习率
23 for i in range(epochs):
24     loss = model.getloss(xt,yt)
25     losses.append(loss.item())                #保存中间状态的损失值
26     optimizer.zero_grad()                     #清空之前的梯度
27     loss.backward()                           #反向传播损失值
28     optimizer.step()                          #更新参数
29     if i %50 ==0:
30         for p in optimizer.param_groups:      #将学习率乘以0.99
31             p['lr'] *= 0.99
32     lr_list.append(optimizer.state_dict()['param_groups'][0]['lr'])
33
34 plt.plot(range(epochs),lr_list,color = 'r')   #输出学习率的可视化结果
35 plt.show()
```

上述代码的第 29 行～第 32 行实现退化学习率的功能，即实现了每训练 50 步，就将学习率乘以 0.99（将学习率变小）的功能，从而达到退化学习率的效果。

上述代码运行后，可以看到学习率的变化曲线，如图 5-21 所示。

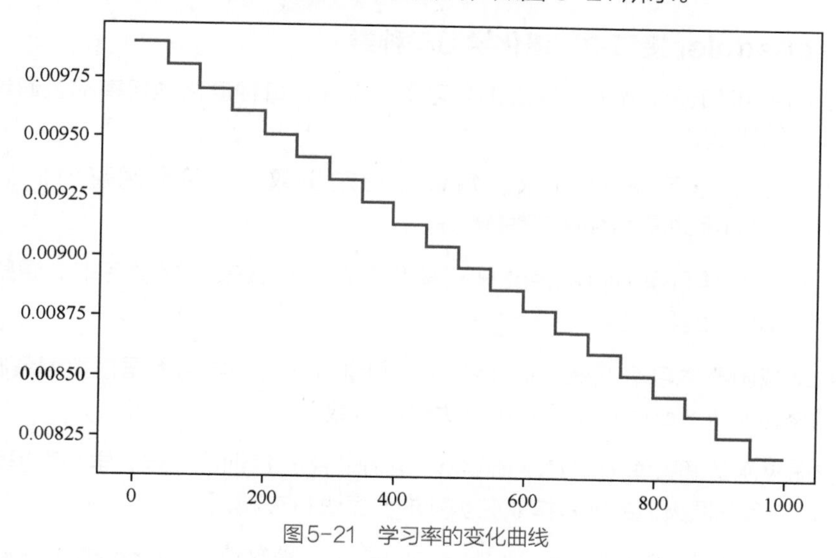

图5-21 学习率的变化曲线

5.10.2 退化学习率接口（lr_scheduler）

在 PyTorch 的优化器的 optim 模块中，将退化学习率的多种实现方法封装到 lr_scheduler 接口中，使用起来会非常方便。

1. 使用lr_scheduler接口实现退化学习率

例如，5.10.1 节所示的退化学习率的方法可以写成如下形式。

代码文件：code_01_moons.py（示例片段2）

```
21 losses = []                                          #定义列表，用于接收每一步的损失值
22 lr_list = []                                         #定义列表，用于接收每一步的学习率
23 scheduler = torch.optim.lr_scheduler.StepLR(optimizer,
24             step_size=50,gamma = 0.99)               #设置退化学习率：每50步乘以0.99
25 for i in range(epochs):
26     loss = model.getloss(xt,yt)
27     losses.append(loss.item())                       #保存中间状态的损失值
28     optimizer.zero_grad()                            #清空之前的梯度
29     loss.backward()                                  #反向传播损失值
30     optimizer.step()                                 #更新参数
31     scheduler.step()                                 #调用退化学习率对象
32     lr_list.append(optimizer.state_dict()['param_groups'][0]['lr'])
33 plt.plot(range(epochs),lr_list,color = 'r')          #输出学习率的可视化结果
34 plt.show()
```

上述代码的第23行和第24行使用lr_scheduler接口的StepLR类实例化了一个退化学习率对象。该对象会在第31行被调用。通过StepLR类实例化的设置即可实现令学习率每50步乘以0.99的退化效果。上述代码运行后，可以看到如图5-21所示的学习率的变化曲线。

2. lr_scheduler接口中的退化学习率种类

lr_scheduler接口还支持了多种退化学习率的实现，每种退化学习率都是通过一个类来实现的，具体介绍如下。

- 等间隔调整学习率StepLR：每训练指定步数，学习率调整为lr=lr×gamma（gamma为手动设置的退化率参数）。
- 多间隔调整学习率MultiStepLR：按照指定的步数来调整学习率。调整方式也是lr=lr×gamma。
- 指数衰减调整学习率ExponentialLR：每训练一步，学习率呈指数型衰减，即学习率调整为lr=lr×$gamma^{step}$（step为训练步数）。
- 余弦退火函数调整学习率CosineAnnealingLR：每训练一步，学习率呈余弦函数型衰减。（余弦退火指的就是按照弦函数的曲线进行衰减。）
- 根据指标调整学习率ReduceLROnPlateau：当某指标（loss或accuracy）在最近几次训练中均没有变化（下降或升高超过给定阈值）时，调整学习率。
- 自定义调整学习率LambdaLR：为不同参数组设定不同学习率调整策略。

其中，LambdaLR最为灵活，可以根据需求指定任何策略的学习率变化。它在fine-tune（微调模型的一种方法）中特别有用，不但可以为不同层设置不同的学习率，而且可以为不同层设置不同的学习率调整策略。

5.10.3　使用lr_scheduler接口实现多种退化学习率

MultiStepLR在论文中较多使用，因为它的使用相对简单并且可控。ReduceLROnPlateau

自动化程度高、参数多。本小节主要对这两种退化学习率的使用进行演示。

1. 使用lr_scheduler接口实现MultiStepLR

MultiStepLR 的使用方式与 5.10.2 节 中“1. 使用 lr_scheduler 接口实现退化学习率”的 StepLR 使用方式非常相似，唯一不同的地方就是实例化退化学习率对象的部分，即将 5.10.2 节所示代码的第 23 行和第 24 行改成实例化 MultiStepLR 类，具体代码如下。

代码文件：code_01_moons.py（示例片段 3）

```
21 losses = []                                            #定义列表，用于接收每一步的损失值
22 lr_list = []                                           #定义列表，用于接收每一步的学习率
23 scheduler = torch.optim.lr_scheduler.MultiStepLR(optimizer,
24              milestones=[200,700,800],gamma = 0.9)
25 for i in range(epochs):
26     loss = model.getloss(xt,yt)
27     losses.append(loss.item())                         #保存中间状态的损失值
28     optimizer.zero_grad()                              #清空之前的梯度
29     loss.backward()                                    #反向传播损失值
30     optimizer.step()                                   #更新参数
31     scheduler.step()                                   #调用退化学习率对象
32     lr_list.append(optimizer.state_dict()['param_groups'][0]['lr'])
33 plt.plot(range(epochs),lr_list,color = 'r')            #输出退化学习率的可视化结果
34 plt.show()
```

上述代码的第 23 行和第 24 行使用 lr_scheduler 接口的 MultiStepLR 类实例化了一个退化学习率对象。在实例化过程中，向参数 milestones 中传入了列表 [200,700,800]，该列表代表模型训练到 200、700、800 步时，对学习率进行退化操作。

上述代码运行后，可以看到相应的学习率的变化曲线，如图 5-22 所示。

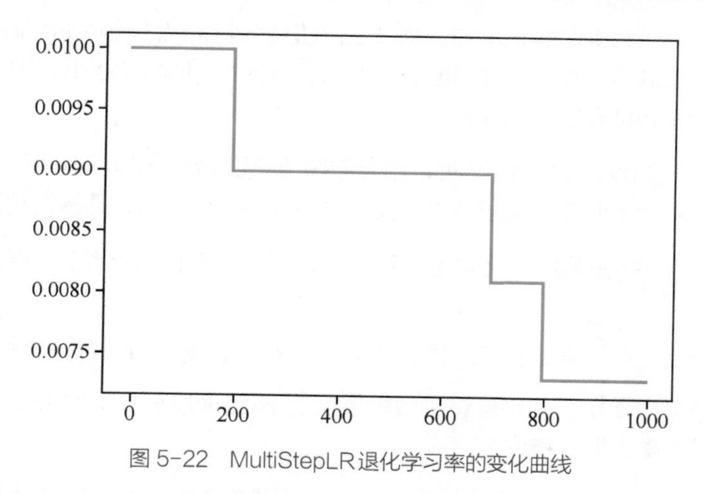

图 5-22　MultiStepLR 退化学习率的变化曲线

2. 使用lr_scheduler接口实现ReduceLROnPlateau

ReduceLROnPlateau 的参数较多，自动化程度较高。在实例化之后，还要在使用时传入当前的模型指标，所需要的模型指标可以参考如下代码。

代码文件：code_01_moons.py（示例片段4）

```
21 losses = []                                              #定义列表，用于接收每一步的损失值
22 lr_list = []                                             #定义列表，用于接收每一步的学习率
23 scheduler = torch.optim.lr_scheduler.ReduceLROnPlateau(optimizer,
24                         mode='min',          #要监控模型的最大值（max）还是最小值（min）
25                         factor=0.5,          #退化学习率参数gamma
26                         patience=5,          #不再减小（或增加）的累计次数
27                         verbose=True,        #触发规则时是否打印信息
28                         threshold=0.0001,    #监控值触发规则的阈值
29                         threshold_mode='abs',  #计算触发规则的方法
30                         cooldown=0,          #触发规则后的停止监控步数，避免lr下降过快
31                         min_lr=0,            #允许的最小退化学习率
32                         eps=1e-08)           #当退化学习率的调整幅度小于该值时，停止调整
33 for i in range(epochs):
34     loss = model.getloss(xt,yt)
35     losses.append(loss.item())                            #保存中间状态的损失值
36     scheduler.step(loss.item())                           #调用退化学习率对象
37     optimizer.zero_grad()                                 #清空之前的梯度
38     loss.backward()                                       #反向传播损失值
39     optimizer.step()                                      #更新参数
40
41     lr_list.append(optimizer.state_dict()['param_groups'][0]['lr'])
42 plt.plot(range(epochs),lr_list,color = 'r')              #输出退化学习率的可视化结果
43 plt.show()
```

上述代码的第23行～第32行使用lr_scheduler接口的ReduceLROnPlateau类实例化了一个退化学习率对象。在实例化过程中，所使用的参数已经有详细的代码注释。其中参数threshold_mode有两种取值，具体如下。

- rel：在参数mode为max时，如果监控值超过best(1+threshold)，则触发规则；在参数mode为min时，如果监控值低于best(1-threshold)，则触发规则（best为训练过程中的历史最好值）。
- abs：在参数mode为max时，如果监控值超过best+threshold，则触发规则；在参数mode为min时，如果监控值低于best-threshold，则触发规则。

上述代码的第36行在调用退化学习率对象时，需要向其传入被监控的值，否则代码会运行出错。

上述代码运行后，可以看到相应的退化学习率的变化曲线，如图5-23所示。

从图5-23中可以看出，使用经过参数配置后的ReduceLROnPlateau可以让模型在训练后期用更小的学习率去提升精度。

提示　由于本例中使用退化学习率的网络模型过于简单，每次模型的初始值权重也不同，因此会导致不同机器上运行的效果不同。读者在自己机器上同步运行时，如果发现与图5-23所示的曲线不同，那么属于正常现象。

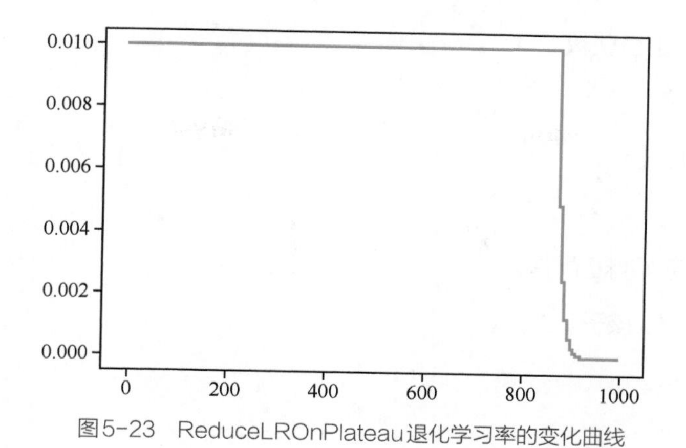

图5-23 ReduceLROnPlateau退化学习率的变化曲线

5.11 实例4：预测泰坦尼克号船上的生存乘客

下面通过一个实例来巩固一下所学过的内容，也就是用全连接神经网络来对数值任务进行拟合。

案例描述 搭建多层全连接神经网络，通过对泰坦尼克号船上乘客的数据进行拟合，预测乘客是否能够在灾难中生存下来。

几个简单的全连接神经网络组合在一起，就能够实现强大的预测效果，具体步骤如下。

5.11.1 载入样本

在随书配套的 Excel 文件“titanic3.csv”中记录着泰坦尼克号船上乘客的数据。使用 Pandas 库将其载入，并进行解析。具体代码如下。

代码文件：code_05_ Titanic.py

```
01 import numpy as np                                    #引入基础模块
02 import torch
03 import torch.nn as nn
04 import torch.nn.functional as F
05 import os
06 from scipy import stats
07 import pandas as pd
08 titanic_data = pd.read_csv("titanic3.csv")           #载入样本
09 print(titanic_data.columns )                          #显示列名
```

上述代码运行后，输出结果如下：

```
Index(['pclass', 'survived', 'name', 'sex', 'age', 'sibsp', 'parch', 'ticket',
'fare', 'cabin', 'embarked', 'boat', 'body', 'home.dest'], dtype='object')
```

上述结果中显示了泰坦尼克号船上乘客的数据属性名称。每个英文名称对应的中文意义如下。

- pclass：乘客舱位等级。

- survived：是否获救。
- name：姓名。
- sex：性别。
- age：年龄。
- sibsp：兄弟姐妹 / 配偶。
- parch：父母 / 孩子。
- ticket：票号。
- fare：票价。
- cabin：船舱号码。
- embarked：登船港（C= 瑟堡、Q= 昆士顿、S= 南安普敦）。
- boat：救生艇。
- body：身份号码。
- home.dest：家庭地址。

5.11.2 样本的特征分析——离散数据与连续数据

样本的数据特征主要可以分为两类：离散数据特征和连续数据特征。

1. 离散数据特征

离散数据特征类似于分类任务中的标签数据（如男人和女人）所表现出来的特征，即数据之间彼此没有连续性。具有该特征的数据称为离散数据。

在对离散数据做特征变换时，常常将其转化为 one-hot 编码或词向量，具体分为两类。

- 具有固定类别的样本（如性别）：处理起来比较容易，可以直接按照总的类别数进行变换。
- 没有固定类别的样本（如名字）：可以通过 hash 算法或类似的散列算法对其处理，然后通过词向量技术进行转化。

2. 连续数据特征

连续数据特征类似于回归任务中的标签数据（如年龄）所表现出来的特征，即数据之间彼此具有连续性。具有该特征的数据称为连续数据。

在对连续数据做特征变换时，常对其做对数运算或归一化处理，使其具有统一的值域。

3. 连续数据与离散数据的相互转化

在实际应用中，需要根据数据的特性选择合适的转化方式，有时还需要实现连续数据与离散数据间的互相转化。

例如，在对一个值域跨度很大（如 0.1 ~ 10000）的特征属性进行数据预处理时，可以有以下 3 种方法。

（1）将其按照最大值、最小值进行归一化处理。

（2）对其使用对数运算。

（3）按照其分布情况将其分为几类，做离散化处理。

具体选择哪种方法还要看数据的分布情况。假设数据中有 90% 的样本在 0.1 ~ 1 范围内，只有 10% 的样本在 1000 ~ 10000 范围内，那么使用第一种和第二种方法显然不合理，因为这两种方法只会将 90% 的样本与 10% 的样本分开，并不能很好地体现出这 90% 的样本的内部分布情况。

而使用第三种方法，可以按照样本在不同区间的分布数量对样本进行分类，让样本内部的分布特征更好地表达出来。

5.11.3 处理样本中的离散数据和 Nan 值

本例中的样本的离散数据处理比较简单，具体操作如下：

（1）将离散数据转成 one-hot 编码；

（2）对数据中的 Nan 值进行过滤填充；

（3）剔除无用的数据列。

1. 将离散数据转成 one-hot 编码

使用 pandas 库中的 get_dummies() 函数可以将离散数据转成 one-hot 编码。具体代码如下。

代码文件：code_05_ Titanic.py（续 1）

```
10 #用哑变量将指定字段转成one-hot
11 titanic_data = pd.concat([titanic_data,
12             pd.get_dummies(titanic_data['sex']),
13             pd.get_dummies(titanic_data['embarked'],prefix="embark"),
14             pd.get_dummies(titanic_data['pclass'],prefix="class")], axis=1)
15
16 print(titanic_data.columns )                      #输出列名
17 print(titanic_data['sex'])                        #输出sex列的值
18 print(titanic_data['female'])                     #输出female列的值
```

上述代码的第 11 行 ~ 第 14 行是调用 get_dummies() 函数分别对 sex、embarked、pclass 列进行 one-hot 编码的转换，并将转换成 one-hot 编码后所生成的新列放到原有的数据后面。

get_dummies() 函数会根据指定列中的离散值重新生成新的列，新列中的数据用 0、1 来表示是否具有该列的属性。

通过运行上述代码的第 16 行，可以看到输出的列名比 5.11.1 节输出的列名多，如下所示。

```
Index(['pclass', 'survived', 'name', 'sex', 'age', 'sibsp', 'parch', 'ticket', 'fare', 'cabin', 'embarked', 'boat', 'body', 'home.dest', 'female', 'male', 'embark_C', 'embark_Q', 'embark_S', 'class_1', 'class_2', 'class_3'], dtype='object')
```

在输出的结果中，female 列之后都是 one-hot 转码后生成的新列，其中 female 为 sex 列中的离散值。通过上述代码的第 17 行的运行结果，可以看到其内容。

在上述代码的第 17 行运行后，输出如下结果：

```
0       female
1         male
2       female
3         male
4       female

1304    female
1305    female
1306      male
1307      male
1308      male
```

与其对应的是上述代码的第 18 行的运行结果，具体如下：

```
0       1
1       0
2       1
3       0
4       1

1304    1
1305    1
1306    0
1307    0
1308    0
```

从结果中可以看出，在 sex 列中，值为 female 的行，在 female 列中值为 1，这便是 get_dummies() 函数作用的结果。

2. 对Nan值进行过滤填充

样本中并不是每个属性都有数据的。没有数据的部分在 Pandas 库中会被解析成 Nan 值。因为模型无法对无效值 Nan 进行处理，所以需要对 Nan 值进行过滤并填充。

在本例中，只对两个连续属性的数据列进行 Nan 值处理，即 age 和 fare 属性。具体代码如下。

代码文件：code_05_ Titanic.py（续 2）

```
19  #处理Nan值
20  titanic_data["age"]                                                          =
    titanic_data["age"].fillna(titanic_data["age"].mean())
21  titanic_data["fare"]                                                         =
    titanic_data["fare"].fillna(titanic_data["fare"].mean())  #乘客票价
```

在上面的代码中，调用了 fillna() 函数对 Nan 值进行过滤，并用该数据列中的平均值进行填充。

3. 剔除无用的数据列

根据人们的经验，将与是否获救因素无关的部分数据列剔除。具体代码如下。

代码文件：code_05_ Titanic.py（续 3）

```
22 #删除去无用的数据列
23 titanic_data = titanic_data.drop(['name','ticket','cabin','boat','body','home.dest',
   'sex','embarked',' pclass'], axis=1)
24 print(titanic_data.columns )
```

通过分析，乘客的名字、票号、船舱号码等信息与其是否能够在灾难中生存下来的因素关系不大，故将这些信息删除。

同时，再将已经被 one-hot 转码的原属性列（如 sex、embarked）删除。

运行上述代码的第 24 行，输出模型真正需要处理的数据列。在该段代码运行后，输出如下内容：

```
    Index(['survived', 'age', 'sibsp', 'parch', 'fare', 'female', 'male', 'embark_C',
'embark_Q', 'embark_S', 'class_1', 'class_2', 'class_3'], dtype='object')
```

5.11.4 分离样本和标签并制作成数据集

将 survived 列从数据列中单独提取出来作为标签。将数据列中剩下的数据作为输入样本。

将样本和标签按照 30% 和 70% 比例分成测试数据集和训练数据集。具体代码如下。

代码文件：code_05_ Titanic.py（续 4）

```
25 #分离样本和标签
26 labels = titanic_data["survived"].to_numpy()
27
28 titanic_data = titanic_data.drop(['survived'], axis=1)
29 data = titanic_data.to_numpy()
30
31 #样本的属性名称
32 feature_names = list(titanic_data.columns)
33
34 #将样本分为训练和测试两部分
35 np.random.seed(10)          #设置种子，保证每次运行所分的样本一致
36 train_indices=np.random.choice(len(labels),int(0.7*len(labels)), replace=False)
37 test_indices = list(set(range(len(labels))) - set(train_indices))
38 train_features = data[train_indices]
39 train_labels = labels[train_indices]
40 test_features = data[test_indices]
41 test_labels = labels[test_indices]
42 len(test_labels)          #393
```

在上述代码运行后，输出如下内容：

```
393
```

输出结果393表明测试数据共有393条。

5.11.5　定义Mish激活函数与多层全连接网络

定义一个带有3层全连接网络的类，每个网络层使用Mish作为激活函数。该网络模型使用交叉熵的损失的计算方法。具体代码如下。

代码文件：code_05_Titanic.py（续5）

```
43 class Mish(nn.Module):          #Mish激活函数
44     def __init__(self):
45         super().__init__()
46     def forward(self,x):
47         x = x * (torch.tanh(F.softplus(x)))
48         return x
49
50 torch.manual_seed(0)   #设置随机种子
51
52 class ThreelinearModel(nn.Module):
53     def __init__(self):
54         super().__init__()
55         self.linear1 = nn.Linear(12, 12)
56         self.mish1 = Mish()
57         self.linear2 = nn.Linear(12, 8)
58         self.mish2 = Mish()
59         self.linear3 = nn.Linear(8, 2)
60         self.softmax = nn.Softmax(dim=1)
61         self.criterion = nn.CrossEntropyLoss() #定义交叉熵函数
62
63     def forward(self, x): #定义一个全连接网络
64         lin1_out = self.linear1(x)
65         out1 = self.mish1(lin1_out)
66         out2 = self.mish2(self.linear2(out1))
67         return self.softmax(self.linear3(out2))
68
69     def getloss(self,x,y): #实现类的损失值计算接口
70         y_pred = self.forward(x)
71         loss = self.criterion(y_pred,y)      #计算损失值的交叉熵
72         return loss
```

上述代码的第50行的作用是手动设置随机种子，该代码会使每次运行的程序中的权重张量使用同样的初始值，保证每次的运行结果都一致。

注意　本例中有两个随机值（上述代码的第50行和5.11.4节所示代码的第35行），都是随机设置种子才可以保证每次运行的结果一致。

5.11.6 训练模型并输出结果

编写代码，实现完整的训练过程，并输出训练结果，具体代码如下：

代码文件：code_05_ Titanic.py（续 6）

```
73 if __name__ == '__main__':
74     net = ThreelinearModel()         #实例化模型对象
75     num_epochs = 200                 #设置训练次数
76     optimizer = torch.optim.Adam(net.parameters(), lr=0.04) #定义优化器
77
78     #将输入的样本标签转为张量
79     input_tensor = torch.from_numpy(train_features).type(torch.FloatTensor)
80
81     label_tensor = torch.from_numpy(train_labels)
82     losses = []                      #定义列表，用于接收每一步的损失值
83     for epoch in range(num_epochs):
84         loss = net.getloss(input_tensor,label_tensor)
85         losses.append(loss.item())
86         optimizer.zero_grad()        #清空之前的梯度
87         loss.backward()              #反向传播损失值
88         optimizer.step()             #更新参数
89         if epoch % 20 == 0:
90             print ('Epoch {}/{} => Loss: {:.2f}'.format(epoch+1, num_epochs,
91 loss.item()))
92     os.makedirs('models', exist_ok=True) #创建文件夹
93     torch.save(net.state_dict(), 'models/titanic_model.pt') #保存模型
94
95     from code_02_moons_fun import plot_losses
96     plot_losses(losses)              #显示可视化结果
97
98     #输出训练结果
99     out_probs = net(input_tensor).detach().numpy()
100    out_classes = np.argmax(out_probs, axis=1)
101    print("Train Accuracy:",
102                  sum(out_classes == train_labels) / len(train_labels))
103
104    #测试模型
105    test_input_tensor = torch.from_numpy(test_features).type(
106                                                        torch.FloatTensor)
107    out_probs = net(test_input_tensor).detach().numpy()
108    out_classes = np.argmax(out_probs, axis=1)
109    print("Test Accuracy:",
110              sum(out_classes == test_labels) / len(test_labels))
```

代码运行后，输出模型的训练可视化结果如图 5-24 所示。输出的数值结果如下：

```
Epoch 1/200 => Loss: 0.72
Epoch 21/200 => Loss: 0.55
Epoch 41/200 => Loss: 0.50
Epoch 61/200 => Loss: 0.49
Epoch 81/200 => Loss: 0.48
Epoch 101/200 => Loss: 0.48
Epoch 121/200 => Loss: 0.48
Epoch 141/200 => Loss: 0.49
Epoch 161/200 => Loss: 0.48
Epoch 181/200 => Loss: 0.48
```

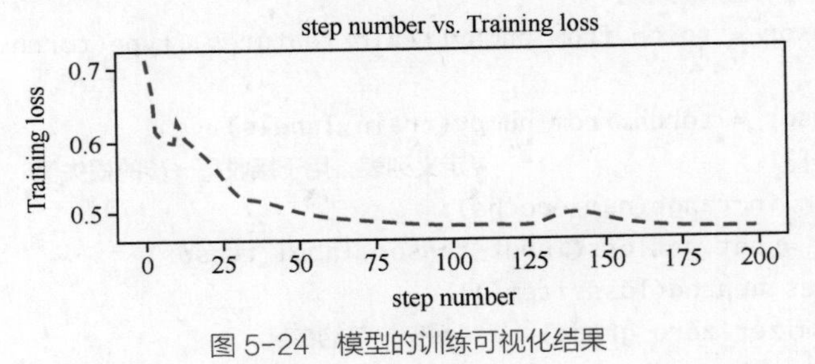

图 5-24　模型的训练可视化结果

同时也输出模型的准确率：

```
Train Accuracy: 0.834061135371179
Test Accuracy: 0.8015267175572519
```

第二篇　基础——神经网络的监督训练与无监督训练

本篇先从一个基础的卷积神经网络例子开始学习，接着从监督训练（监督学习）和无监督训练（无监督学习）两个角度介绍多种神经网络，包括卷积神经网络、循环神经网络、带有注意力机制的神经网络、自编码网络、对抗神经网络。这些神经网络是深度学习模型中的重要组成部分，也是图神经网络中的基础知识。

第 6 章

实例 5：识别黑白图中的服装图案

本章将使用 PyTorch 训练一个能够识别黑白图中服装图案的机器学习模型。实例中所用的图片来源于一个开源的训练数据集——Fashion-MNIST。

实例描述　从Fashion-MNIST数据集中选择一张图，这张图上有一个服装图案，让机器模拟人眼来区分这个服装图案到底是什么。

通过本实例的学习，读者可以初步掌握使用PyTorch进行快速开发的模式，以及使用神经网络进行图像识别的简单方法。

6.1 熟悉样本：了解Fashion-MNIST数据集

Fashion-MNIST数据集常常被用作测试网络模型。一般来讲，如果在Fashion-MNIST数据集上实现效果不好的模型，那么在其他数据集中也可能不会有好的效果。

6.1.1 Fashion-MNIST的起源

Fashion-MNIST数据集是MNIST数据集的一个直接替代品。MNIST是一个入门级的计算机视觉数据集，是在Fashion-MNIST数据集出现之前，人们经常使用的实验数据集。MNIST数据集包含了大量的手写数字。

由于MNIST数据集太过简单，因此很多算法在这个数据集上测试的性能已经达到99.6%。但是，同样的算法应用在真实图片上进行测试，性能却相差很大，于是出现了相对复杂的Fashion-MNIST数据集。在Fashion-MNIST数据集上训练好的模型，会更接近真实图片的处理效果。

6.1.2 Fashion-MNIST的结构

Fashion-MNIST的单张图片大小、训练集个数、测试集个数及类别数与MNIST完全相同，只不过采用了更为复杂的图片内容，使得做基础实验的模型与真实环境下的模型更贴近。

Fashion-MNIST的单个样本为28像素×28像素的灰度图片，其中训练集60000张图片、测试集10000张图片。样本图片内容为上衣、裤子、鞋子等，一共分为10类，如图6-1所示（每个类别占3行）。

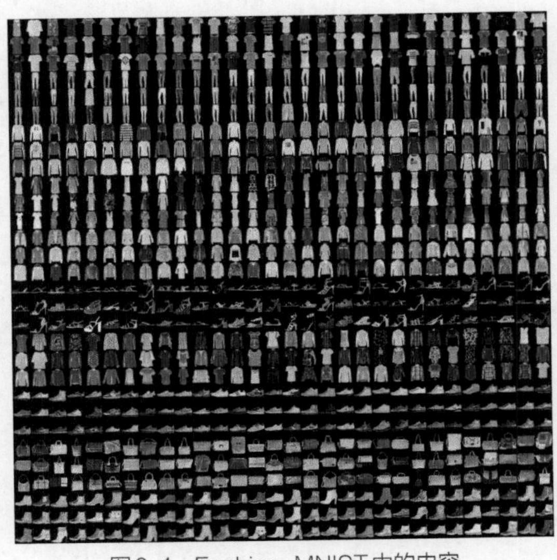

图6-1　Fashion-MNIST中的内容

其所分类的标签仍然是 0 ~ 9，标签所代表的具体服装分类如图 6-2 所示。

标签	描述
0	T-shirt/top（T恤/上衣）
1	Trouser（裤子）
2	Pullover（套衫）
3	Dress（裙子）
4	Coat（外套）
5	Sandal（凉鞋）
6	Shirt（衬衫）
7	Sneaker（运动鞋）
8	Bag（包）
9	Ankle boot（踝靴）

图6-2 Fashion-MNIST中的标签

6.1.3 手动下载Fashion-MNIST数据集

Fashion-MNIST 数据集可在 Github 上搜索“fashion-mnist”关键词查找下载。

读者也可以在随书配套的资源文件里找到。打开 Fashion-MNIST 下载页面，可以看到图 6-3 所示的下载链接。

Name	Content	Examples	Size	Link	MD5 Checksum
train-images-idx3-ubyte.gz	training set images	60,000	26 MB	Download	8d4fb7e6c68d591d4c3dfef9ec88bf0d
train-labels-idx1-ubyte.gz	training set labels	60,000	29 KB	Download	25c81989df183df01b3e8a0aad5dffbe
t10k-images-idx3-ubyte.gz	test set images	10,000	4.3 MB	Download	bef4ecab320f06d8554ea6380940ec79
t10k-labels-idx1-ubyte.gz	test set labels	10,000	5.1 KB	Download	bb300cfdad3c16e7a12a480ee83cd310

图6-3 Fashion-MNIST数据集下载链接

将数据集下载后，不需要解压，直接把它放到代码的同级目录下面即可。

6.1.4 代码实现：自动下载Fashion-MNIST数据集

PyTorch 提供了一个 torchvision 库，可以直接对 Fashion-MNIST 数据集进行下载，只需要指定好数据集路径，不需要修改任何其他代码，具体如下。

代码文件：code_06_CNNFashionMNIST.py

```
01 import torchvision
02 import torchvision.transforms as tranforms
03 data_dir = './fashion_mnist/'                          #设置数据集路径
04 tranform = tranforms.Compose([tranforms.ToTensor()])
05 train_dataset = torchvision.datasets.FashionMNIST(data_dir, train=True,
06                                          transform=tranform,download=True)
```

上述代码的第 5 行调用 torchvision 的 datasets.FashionMNIST() 方法进行数据集下载。同时，指定了 download 参数为 True，表明要从网络下载数据集。

在上述代码运行后，系统开始下载 Fashion-MNIST 数据集。

系统会在代码的同级目录中生成 fashion_mnist 文件夹。该文件夹中的内容就是已经下载好的 Fashion-MNIST 数据集。

> **注意** 上述代码的第 4 行用到了 torchvision 库中的 tranforms.ToTensor 类，该类是 PyTorch 图片处理的常用类，可以自动将图片转为 PyTorch 支持的形状（[通道,高,宽]），同时也将图片的数值归一化成 0～1 的小数。

6.1.5　代码实现：读取及显示 Fashion-MNIST 中的数据

编写代码，将数据集中的图片显示出来，具体代码如下。

代码文件：code_06_CNNFashionMNIST.py（续 1）

```
07 print("训练数据集条数",len(train_dataset))
08 val_dataset  = torchvision.datasets.FashionMNIST(root=data_dir,
09                                          train=False, transform=tranform)
10 print("测试数据集条数",len(val_dataset))
11 import pylab
12 im = train_dataset[0][0].numpy()
13 im = im.reshape(-1,28)
14 pylab.imshow(im)
15 pylab.show()
16 print("该图片的标签为：",train_dataset[0][1])
```

上述代码运行后输出如下信息（图像信息见图 6-4）：

```
训练数据集条数 60000
测试数据集条数 10000
```

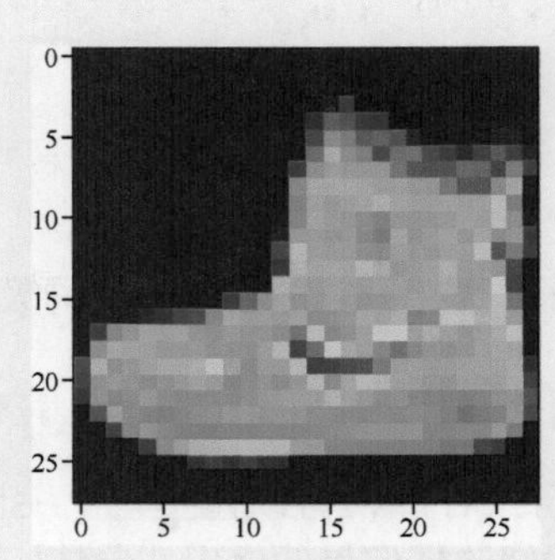

图6-4　Fashion-MNIST 中的一张图片

```
该图片的标签为：9
```

输出信息的前两行是数据集中训练数据和测试数据的条数。图 6-4 所示的内容是数据集中的图片。输出信息的最后一行，显示了图 6-4 所对应的标签为 9。在图 6-2 中可以查到，标签 9 代表的分类是踝靴。

Fashion-MNIST 数据集中的图片大小是 28 像素 ×28 像素。每一幅图就是 1 行 784（28×28）列的数据，括号中的每一个值代表一个像素。像素的具体解读如下。

- 如果是黑白的图片，那么图案中黑色的地方数值为 0；在有图案的地方，数据为 0 ~ 255 的数字，代表其颜色的深度。
- 如果是彩色的图片，那么一个像素会有 3 个值来表示其 RGB（红、绿、蓝）值。

6.2 制作批次数据集

在模型训练过程中，一般会将数据以批次的形式传入模型，进行训练。这就需要对原始的数据集进行二次封装，使其可以以批次的方式读取。

6.2.1 数据集封装类 DataLoader

使用 torch.utils.data.DataLoader 类构建带有批次的数据集。

1. DataLoader 的定义

DataLoader 类的功能非常强大，伴随的参数也比较复杂，具体定义如下：

```
    class DataLoader(dataset, batch_size=1, shuffle=False, sampler=None,
num_workers=0, collate_fn=<function default_collate>, pin_memory=False, drop_last=
False, timeout=0, worker_init_fn=None, multiprocessing_context=None )
```

相关参数解读如下。

- dataset：待加载的数据集。
- batch_size：每批次数据加载的样本数量，默认是 1。
- shuffle：是否要把样本的顺序打乱。该参数默认值是 False，表示不打乱样本的顺序。
- sampler：接收一个采样器对象，用于按照指定的样本提取策略从数据集中提取样本。如果指定，那么忽略 shuffle 参数。
- num_workers：设置加载数据的额外进程数量。该参数默认值是 0，表示不额外启动进程来加载数据，直接使用主进程对数据进行加载。
- collate_fn：接收一个自定义函数。当该参数不为 None 时，系统会在从数据集中取出数据之后，将数据传入 collate_fn 中，由 collate_fn 参数所指向的函数对数据进行二次加工。该参数常用于在不同场景（测试和训练场景）下对同一数据集的数据提取。
- pin_memory：内存寄存，默认值为 False。该参数表示在数据返回前，是否将数据复制到 CUDA 内存中。

- drop_last：是否丢弃最后数据。该参数默认值是 False，表示不丢弃。在样本总数不能被 batch_size 整除的情况下，如果该值为 True，那么丢弃最后一个满足一个批次数量的数据；如果该值为 False，那么将最后不足一个批次数量的数据返回。
- timeout：读取数据的超时时间，默认值为 0。当超过设置时间还没读到数据时，系统就会报错。
- worker_init_fn：每个子进程的初始化函数，在加载数据之前运行。
- multiprocessing_context：用于多进程处理的配置参数。

2. 采样器的种类

DataLoader 类是一个非常强大的数据集处理类。它几乎可以覆盖任何数据集的使用场景。它在 PyTorch 程序中也经常使用。与 DataLoader 类配套的还有采样器 Sampler 类，该类又派生了多个采样器子类，同时也支持自定义采样器类的创建。其中内置的采样器有如下几种。

- SequentialSampler：按照原有的样本顺序进行采样。
- RandomSampler：按照随机顺序进行采样，可以设置是否重复采样。
- SubsetRandomSampler：按照指定的集合或索引列表进行随机顺序采样。
- WeightedRandomSampler：按照指定的概率进行随机顺序采样。
- BatchSampler：按照指定的批次索引进行采样。

具体的用法可以参考 PyTorch 的源码文件：

```
Anaconda3\Lib\site-packages\torch\utils\data\sampler.py
```

6.2.2　代码实现：按批次封装Fashion-MNIST数据集

编写代码，引入 torch 库，并实例化 torch.utils.data.DataLoader 类，即可得到带有批次的数据集。具体代码如下。

代码文件：code_06_CNNFashionMNIST.py（续 2）

```
17 import torch                                                    #导入torch库
18 batch_size = 10                                                 #设置批次大小
19 train_loader = torch.utils.data.DataLoader(train_dataset,
20                          batch_size=batch_size, shuffle=True)   #生成批次数据集
21 test_loader = torch.utils.data.DataLoader(val_dataset,
22                          batch_size=batch_size, shuffle=False)
```

上述代码的第 19 行～第 22 行，分别生成了两个带批次的数据集 train_loader 与 test_loader。对它们的说明如下：

- train_loader 用于训练，参数 shuffle 为 True 时表明需要将样本的输入顺序打乱；

- test_loader 用于测试，参数 shuffle 为 False 时表明不需要将样本的输入顺序打乱。

6.2.3 代码实现：读取批次数据集

为了更直观地了解批次数据集，这里通过编写代码的方式，将批次数据集中的内容读取并显示出来。具体代码如下。

代码文件：code_06_CNNFashionMNIST.py（续 3）

```
23 from matplotlib import pyplot as plt                    #导入pyplot库，用于绘图
24 import numpy as np                                      #导入numpy库
25 
26 def imshow(img):                                        #定义显示图片的函数
27     print("图片形状：",np.shape(img))
28     img = img / 2 +.5
29     npimg = img.numpy()
30     plt.axis('off')
31     plt.imshow(np.transpose(npimg, (1, 2, 0)))
32 
33 classes = ('T-shirt', 'Trouser', 'Pullover', 'Dress', 'Coat', 'Sandal', 'Shirt',
'Sneaker', 'Bag', 'Ankle_Boot')                             #定义类别名称
34 sample = iter(train_loader)                                 #将数据集转化成迭代器
35 images, labels = sample.next()                              #从迭代器中取出一批次样本
36 print('样本形状：',np.shape(images))                        #打印样本的形状
37 print('样本标签：',labels)
38 imshow(torchvision.utils.make_grid(images,nrow=batch_size))       #数据可视化
39 print(','.join('%5s' % classes[labels[j]] for j in range(len(images))))
```

上述代码的第 38 行调用了 torchvision.utils.make_grid() 函数，将批次图片的内容组合到一起生成一个图片，并用于显示。该函数的参数 nrow 用于设置在生成的图片中每行包括样本的数量。这里将 nrow 设为 batch_size，表示在合成的图片中，将一批次（10 个）数据显示在一行。

上述代码运行后，输出如下结果：

```
样本形状：torch.Size([10, 1, 28, 28])
样本标签：tensor([7, 3, 3, 1, 4, 1, 8, 8, 9, 9])
图片形状：torch.Size([3, 32, 302])
Sneaker,Dress,Dress,Trouser,Coat,Trouser,Bag,Bag,Ankle_Boot,Ankle_Boot
```

输出结果一共有 4 行，具体说明如下。

- 第 1 行是数据集 train_loader 对象中的样本的形状。该形状一共由 4 个维度组成，其中第 1 维的 10 代表该批次中一共有 10 条数据，第 2 维的 1 代表该数据图像是 1 通道的灰度图。
- 第 2 行是样本的标签。

- 第 3 行是即将要可视化的图片形状，该形状中第 1 个维度 3 表明图片是 3 通道。这说明在合成过程中，图片已经由原始的 1 通道数据变成了 3 通道数据。该图片是 torchvision.utils.make_grid() 函数生成的（见上述代码的第 38 行）。该函数的作用是，将批次中的 10 个样本数据合成为一幅图，并用于显示。
- 第 4 行是样本标签所代表的具体类别。

代码同时也生成了样本可视化的结果，如图 6-5 所示。

图 6-5　批次数据结果

6.3　构建并训练模型

在批次数据集构建完成之后，便可以构建模型了。其整个步骤与第 3 章的实例类似，只不过这里使用了更高级的神经网络——卷积神经网络。

> **注意**　本实例的内容侧重于将第 3 章和第 4 章的内容结合起来进行实际应用。读者在跟学实例时，重点学习相关函数在整个模型搭建中的应用方式。对于卷积神经网络，可以先有个概念，因为在第 7 章中将更系统地讲解卷积神经网络以及其他典型的基础网络。

6.3.1　代码实现：定义模型类

定义模型类 myConNet，其结构为两个卷积层结合 3 个全连接层。myConNet 模型结构如图 6-6 所示。

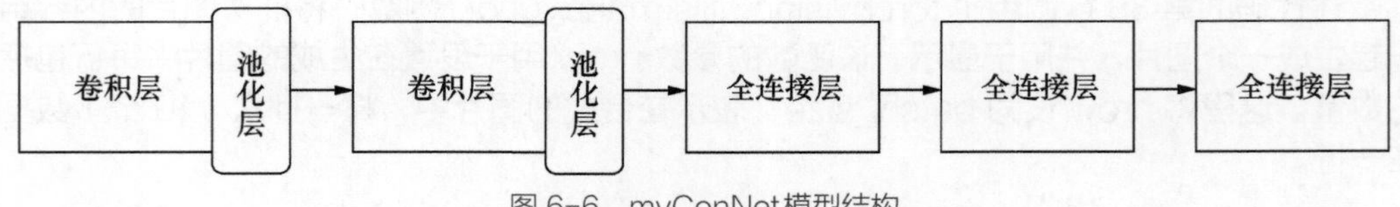

图 6-6　myConNet模型结构

具体代码如下。

代码文件：code_06_CNNFashionMNIST.py（续 4）

```
40 class myConNet(torch.nn.Module):
41     def __init__(self):
42         super(myConNet, self).__init__()
43         #定义卷积层
44         self.conv1=torch.nn.Conv2d(in_channels=1,out_channels=6, kernel_size=5)
45         self.conv2=torch.nn.Conv2d(in_channels=6,out_channels=12, kernel_size=5)
46         #定义全连接层
47         self.fc1 = torch.nn.Linear(in_features=12*4*4, out_features=120)
48         self.fc2 = torch.nn.Linear(in_features=120, out_features=60)
```

```
49            self.out = torch.nn.Linear(in_features=60, out_features=10)
50        def forward(self, t):                          #搭建正向结构
51            #第一层卷积和池化处理
52            t = self.conv1(t)
53            t = F.relu(t)
54            t = F.max_pool2d(t, kernel_size=2, stride=2)
55            #第二层卷积和池化处理
56            t = self.conv2(t)
57            t = F.relu(t)
58            t = F.max_pool2d(t, kernel_size=2, stride=2)
59            #搭建全连接网络，第一层全连接
60            t = t.reshape(-1, 12 * 4 * 4)          #将卷积结果由四维变为二维
61            t = self.fc1(t)
62            t = F.relu(t)
63            #第二层全连接
64            t = self.fc2(t)
65            t = F.relu(t)
66            #第三层全连接
67            t = self.out(t)
68            return t
69  if __name__ == '__main__':
70        network = myConNet()
71        #指定设备
72        device = torch.device("cuda:0" if torch.cuda.is_available() else "cpu")
73        print(device)
74        network.to(device)                                  #将模型对象转储在GPU设备上
75        print(network)                                      #打印网络
```

上述代码的第 60 行使用了 reshape() 函数对卷积层的结果进行维度转化，将其变为二维数据之后，输入全连接网络中进行处理。

上述代码的第 70 行生成了自定义模型 myConNet 类的实例化对象。

上述代码的第 75 行将 myConNet 模型的结构打印出来。

上述代码运行后，输出如下内容：

```
cuda:0
myConNet(
  (conv1): Conv2d(1, 6, kernel_size=(5, 5), stride=(1, 1))
  (conv2): Conv2d(6, 12, kernel_size=(5, 5), stride=(1, 1))
  (fc1): Linear(in_features=192, out_features=120, bias=True)
  (fc2): Linear(in_features=120, out_features=60, bias=True)
  (out): Linear(in_features=60, out_features=10, bias=True)
)
```

上述输出结果的第 1 行是 GPU 的设备名称。第 1 行之后是模型的网络结构，结构中没有体现出来图 6-6 中的池化层，这是因为池化层是以函数的方式，在自定义模型 myConNet 类的 forward() 方法中实现的。

注意　自定义模型myConNet类的最后一层，输出的维度是10，这个值是固定的，必须要与模型所要预测的分类个数一致。

6.3.2　代码实现：定义损失的计算方法及优化器

由于Fashion-MNIST数据集有10种分类，属于多分类问题，因此，在处理多分类问题任务中，经典的损失值计算方法是使用交叉熵损失的计算方法。

在反向传播过程中使用Adam优化器。具体代码如下。

代码文件：code_06_CNNFashionMNIST.py（续5）

```
76  criterion = torch.nn.CrossEntropyLoss()  #实例化损失函数类
77  optimizer = torch.optim.Adam(network.parameters(), lr=.01)
```

上述代码的第77行，在定义优化器时，传入的学习率为0.01。

6.3.3　代码实现：训练模型

启动循环进行训练，具体代码如下。

代码文件：code_06_CNNFashionMNIST.py（续6）

```
78  for epoch in range(2): #训练模型，数据集迭代两次
79      running_loss = 0.0
80      for i, data in enumerate(train_loader, 0): #循环取出批次数据
81          inputs, labels = data
82          inputs, labels = inputs.to(device), labels.to(device)
83          optimizer.zero_grad()        #清空之前的梯度
84          outputs = network(inputs)
85          loss = criterion(outputs, labels)    #计算损失
86          loss.backward()  #反向传播
87          optimizer.step() #更新参数
88
89          running_loss += loss.item()
90          if i % 1000 == 999:
91              print('[%d, %5d] loss: %.3f' %
92                  (epoch + 1, i + 1, running_loss / 2000))
93              running_loss = 0.0
94
95  print('Finished Training')
```

在上述代码的第80行中，使用了enumerate()函数对循环计数，该函数的第二个参数是计数的起始值，这里使用了0，表明循环是从0开始计数的。

在上述代码的第90行～第92行中，实现了训练模型过程的显示功能。

上述代码运行后，输出如下内容：

```
[1,  1000] loss: 0.734
[1,  2000] loss: 0.303
…
[2,  5000] loss: 0.255
[2,  6000] loss: 0.266
Finished Training
```

输出的结果是训练过程中模型的平均 loss 值。可以看到，模型在训练过程中损失值从 0.734 下降到 0.266。

6.3.4 代码实现：保存模型

可以使用 torch.save() 函数将训练好的模型保存，具体代码如下。

代码文件: code_06_CNNFashionMNIST.py（续 7）

```
96      torch.save(network.state_dict(), './CNNFashionMNIST.pth') #保存模型
```

在上述代码运行之后，会看到本地目录下生成一个名为 CNNFashionMNIST.pth 文件。该文件便是保存好的模型文件。

6.4 加载模型，并用其进行预测

加载模型，并将测试数据输入到模型中，进行分类预测。具体代码如下。

代码文件: code_06_CNNFashionMNIST.py（续 8）

```
97      network.load_state_dict(torch.load( './CNNFashionMNIST.pth'))   #加载模型
98      dataiter = iter(test_loader)                                    #获取测试数据
99      images, labels = dataiter.next()
100     inputs, labels = images.to(device), labels.to(device)
101
102     imshow(torchvision.utils.make_grid(images,nrow=batch_size))
103     print('真实标签：',
104         ' '.join('%5s' % classes[labels[j]] for j in range(len(images))))
105     outputs = network(inputs)                                       #调用模型进行预测
106     _, predicted = torch.max(outputs, 1)                            #计算分类结果
107
108     print('预测结果：', ' '.join('%5s' % classes[predicted[j]]
109                                   for j in range(len(images))))
```

上述代码的第 102 行从测试数据集中取出一批次数据，传入 imshow() 函数中进行显示。该代码运行后，输出的样本如图 6-7 所示。

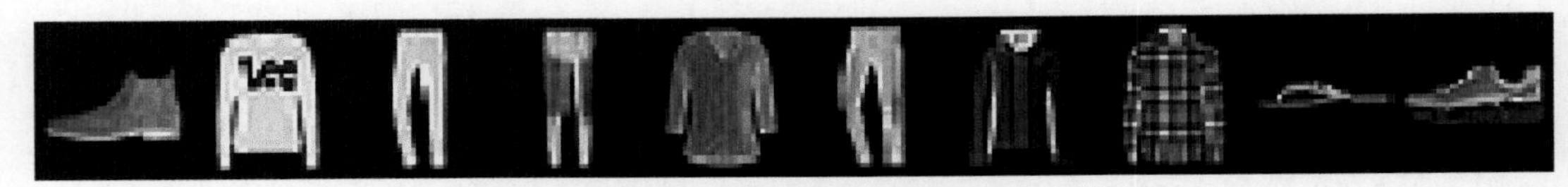

图 6-7　测试数据集中的样本可视化

在上述代码的第 105 行中，调用模型对象 network 对输入样本进行预测，得到预测结果 outputs。

在上述代码的第 106 行中，对预测结果 outputs 沿着第 1 维度找出最大值及其索引。该索引就是最终的分类结果。

在上述代码的第 108 行中，根据预测的索引显示出对应的类名。

上述代码运行后，输出如下内容：

```
图片形状：torch.Size([3, 32, 302])
真实标签：Ankle_Boot Pullover Trouser Trouser Shirt Trouser  Coat Shirt Sandal Sneaker
预测结果：Ankle_Boot Pullover Trouser Trouser T-shirt Trouser  Coat  Coat Sandal Sneaker
```

在上述结果的第 2 行中，输出了图 6-7 中样本对应的真实标签；第 3 行输出了图 6-7 中样本对应的预测结果。通过对真实标签和预测结果的比较，可以更直观地体会到模型的识别能力。

6.5　评估模型

虽然 6.4 节的代码可以非常友好地展示出模型的识别能力，但是要对模型能力进行一个精确的评估，则需要对每一个类别的精度进行量化计算。下面就通过代码来实现计算模型的分类精度。具体代码如下。

代码文件：code_06_CNNFashionMNIST.py（续 9）

```
110     #测试模型
111     class_correct = list(0. for i in range(10))      #定义列表，收集每个类的正确个数
112     class_total = list(0. for i in range(10))        #定义列表，收集每个类的总个数
113     with torch.no_grad():
114         for data in test_loader:                     #遍历测试数据集
115             images, labels = data
116             inputs, labels = images.to(device), labels.to(device)
117             outputs = network(inputs)                #将每批次的数据输入模型
118             _, predicted = torch.max(outputs, 1)     #计算预测结果
119             predicted = predicted.to(device)
120             c = (predicted == labels).squeeze()      #统计正确个数
121             for i in range(10):                      #遍历所有的类别
122                 label = labels[i]
123                 class_correct[label] += c[i].item() #如果该类预测正确，那么加1
124                 class_total[label] += 1              #根据标签中的类别，计算类的总数
125
```

```
126     sumacc = 0
127     for i in range(10):                                   #输出每个类的预测结果
128         Accuracy = 100 * class_correct[i] / class_total[i]
129         print('Accuracy of %5s : %2d %%' % (classes[i], Accuracy ))
130         sumacc =sumacc+Accuracy
131     print('Accuracy of all : %2d %%' % ( sumacc/10 ))#输出最终的准确率
```

上面代码执行后，会显示如下信息：

```
Accuracy of T-shirt : 74 %
Accuracy of Trouser : 97 %
Accuracy of Pullover : 63 %
Accuracy of Dress : 78 %
Accuracy of  Coat : 68 %
Accuracy of Sandal : 94 %
Accuracy of Shirt : 49 %
Accuracy of Sneaker : 90 %
Accuracy of   Bag : 96 %
Accuracy of Ankle_Boot : 95 %
Accuracy of all : 80 %
```

从结果中可以看出模型对于每个分类的预测准确率。

输出结果的最后一行是对全部分类进行统计，以及得到的准确率。

注意

（1）模型的测试结果只是一个模型能力的参考值，它并不能完全反映模型的真实情况。这取决于训练样本和测试样本的分布情况，也取决于模型本身的拟合质量。关于拟合质量问题，将在7.8节详细介绍。

（2）读者在计算机上运行代码时，得到的值可能和本书中的值不一样，甚至每次运行时，得到的值也不一样，这是因为每次初始的权重w是随机的。由于初始权重不同，而且每次训练的批次数据也不同，因此最终生成的模型也不会完全相同。但如果核心算法一致，那么会保证最终的结果不会有太大的偏差。

6.6 扩展：多显卡并行训练

PyTorch 不像 TensorFlow 可以自动加载本机的多块显卡进行训练。在 PyTorch 中，必须通过调用 nn 下面的 DataParallel 模块才可以实现多块显卡并行训练。

6.6.1 代码实现：多显卡训练

DataParallel 模块主要作用于 torch.nn.Module 的派生类。只要将指定的类传入 DataParallel 模块，就可以实现多显卡的并行运行。

在 6.3.1 节所示代码的第 75 行后面，添加如下代码即可实现相关功能。

代码文件: code_06_CNNFashionMNIST.py（续10）

```
132     #训练模型
133     device_count = torch.cuda.device_count()        #获得本机GPU显卡个数
134     print( "cuda.device_count",device_count )
135     device_ids = list(range(device_count))          #生成显卡索引列表
136     network = nn.DataParallel(network, device_ids=device_ids)
```

上述代码的第136行调用了nn.DataParallel()函数对网络模型进行封装。该函数的第二个参数用来指定并行运行的GPU。如果不填写device_ids这个参数，那么系统会默认并行运行所有的GPU。

该代码运行后，可以通过在命令行里输入nvidia-smi命令查看显卡的运行情况，如图6-8所示。

在图6-8中可以看到用红色区域（实际环境中可看到）标注的方块，从上到下分别是GPU的运算与内存占用情况。本例的结果说明两块显卡都已经参与了训练。

在运行时，其多显卡并行训练的步骤如下。

（1）系统每次迭代都会将模型参数和输入数据分配给指定的GPU。待模型运行完后，会把结果以列表的形式返回。

（2）主GPU负责对拼接好的返回结果计算loss。

（3）根据loss对现有模型参数进行优化。

（4）重复第（1）~（3）步，进行下一次迭代训练。

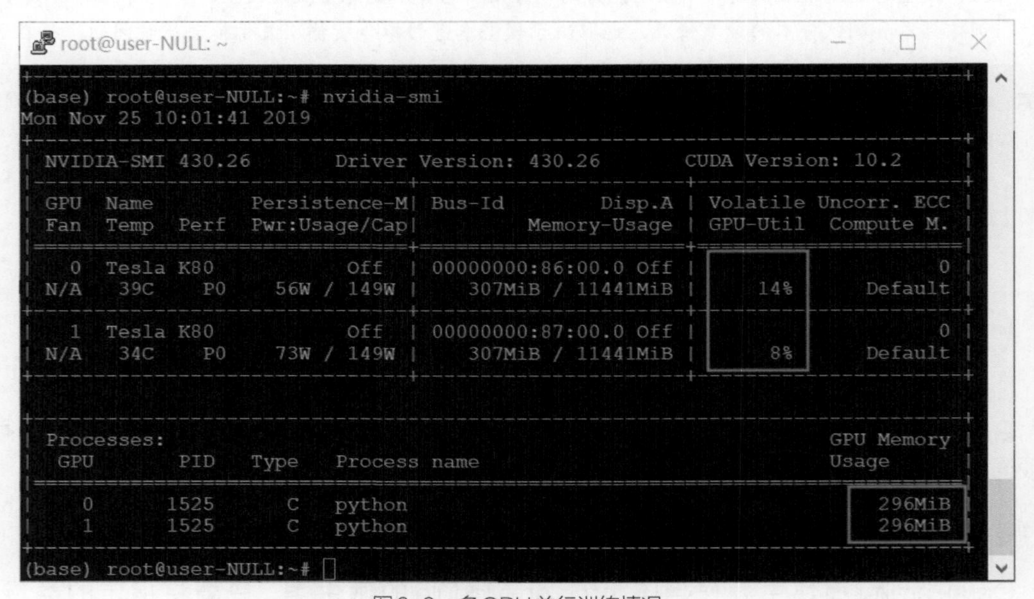

图6-8 多GPU并行训练情况

当然，也可以将本例中的计算loss部分放到myConNet类的forward()方法中进行，使其与计算结果一起返回。这样的话，loss计算部分也可以实现并行处理。

注意 （1）在有些模型中，如果loss的计算很消耗资源，那么建议将其放在模型类的forward()方法中一起运算。这样可以避免GPU占用的显存过大，其他GPU占用显存过小的情况。

（2）在多GPU并行训练的情况下，当模型类的forward()方法返回值是具体数字（如loss值）时，最终会得到一个列表，列表的元素是每个GPU的运行结果。如果是求loss，那么需要再对其进行一次平均值计算。

（3）优化器的处理不需要并行计算。因为在训练过程中，每次迭代的时候，系统都会将模型参数同步地覆盖一遍其他GPU，所以只对主GPU的模型参数进行更新即可。

6.6.2 多显卡训练过程中，保存与读取模型文件的注意事项

模型在被 nn.DataParallel 函数包装后，会多一个 module 成员变量，这会使得模型中所有的参数名称前都有一个 module。例如，在 6.3.4 节所示代码的第 96 行后面，添加如下代码：

```
print(network.state_dict().keys())
```

在运行后，可以看到参数的详细名称：

```
    odict_keys(['module.conv1.weight','module.conv1.bias','module.conv2.weight',
'module.conv2.bias', 'module.fc1.weight', 'module.fc1.bias', 'module.fc2.weight',
'module.fc2.bias', 'module.out.weight', 'module.out.bias'])
```

6.3.4 节所示代码的第 96 行，是通过 network.state_dict() 将模型中的参数放到模型文件里进行保存的，即把“module.*xxx*”这种模式的参数名称保存起来。带有“module.*xxx*”模式的参数名称的模型文件，无法被不使用并行处理的模型所加载。

例如，在 6.3.4 节所示代码的第 96 行后面，添加如下代码：

```
network2 = myConNet()
network2.load_state_dict(torch.load( './CNNFashionMNIST.pth'))     #加载模型
```

上述程序运行后，会报如下错误：

```
RuntimeError: Error(s) in loading state_dict for myConNet:
      Missing key(s) in state_dict: "conv1.weight", "conv1.bias", "conv2.weight", "conv2.
bias", "fc1.weight", "fc1.bias", "fc2.weight", "fc2.bias", "out.weight", "out.bias".
      Unexpected key(s) in state_dict: "module.conv1.weight", "module.conv1.bias",
"module.conv2.weight", "module.conv2.bias", "module.fc1.weight", "module.fc1.bias",
"module.fc2.weight", "module.fc2.bias", "module.out.weight", "module.out.bias".
```

该错误表明无法识别“module.*xxx*”这种模式的参数名称。

因此，正确的保存模型方法为如下形式：

```
torch.save(network.module.state_dict(), './CNNFashionMNIST.pth')
```

在这样保存的模型文件中，参数名称就会没有“module”前缀。通过如下代码可以看到所保存的参数名称：

```
print(network.module.state_dict().keys())
```

上述代码运行后，输出如下结果：

```
odict_keys(['conv1.weight', 'conv1.bias', 'conv2.weight', 'conv2.bias', 'fc1.weight', 'fc1.bias',
'fc2.weight', 'fc2.bias', 'out.weight', 'out.bias'])
```

在支持并行运算的模型中，通过 module.state_dict() 方法保存的模型才可以被正常加载。

6.6.3　在切换设备环境时，保存与读取模型文件的注意事项

如果使用多个 GPU 中的单卡训练，或是在 GPU 和 CPU 设备上切换使用模型，则最好在保存模型时，将模型上的参数以 CPU 的方式进行存储。例如：

```
model.cpu().state_dict()              #单卡模式
model.module.cpu().state_dict()       #多卡模式
```

否则在载入模型时，很可能会遇到错误，如图 6-9 所示。

```
  File "D:\ProgramData\Anaconda3\envs\pt13\lib\site-packages
\torch\serialization.py", line 131, in _cuda_deserialize
    device = validate_cuda_device(location)

  File "D:\ProgramData\Anaconda3\envs\pt13\lib\site-packages
\torch\serialization.py", line 125, in validate_cuda_device
    device, torch.cuda.device_count()))

RuntimeError: Attempting to deserialize object on CUDA
device 1 but torch.cuda.device_count() is 1. Please use
torch.load with map_location to map your storages to an
existing device.
```

图6-9　加载模型错误

图 6-9 中的错误解释如下。

在保存模型过程中，如果以 GPU 方式保存模型上的参数，则在模型文件里还会记录该参数所属的 GPU 号。

在加载这种模型文件时，系统默认根据记录中的 GPU 号来恢复权重。如果外界的环境发生变化（如在 CPU 上加载 GPU 方式保存的模型文件），则系统无法找到对应的硬件设备，所以就会报错。

当然，在加载模型时，也可以指派权重到对应的硬件上，例如：

（1）将 GPU1 的权重加载到 GPU0 上，代码如下。

```
torch.load('model.pth', map_location={'cuda:1':'cuda:0'})
```

（2）将 GPU 的权重加载到 CPU 上，代码如下。

```
torch.load('model.pth', map_location=lambda storage, loc: storage)
```

6.6.4　处理显存残留问题

在使用 GPU 训练模型时，在模型占用显存较大的场景下，有可能会出现显存残留的问

题，即程序已经退出，但程序所占用的显存并没有被系统释放，如图 6-10 所示。

```
(base) root@user-NULL:/home1/test/gait/v2# nvidia-smi
Thu Nov 28 09:38:04 2019
+-----------------------------------------------------------------------------+
| NVIDIA-SMI 430.26       Driver Version: 430.26       CUDA Version: 10.2     |
|-------------------------------+----------------------+----------------------+
| GPU  Name        Persistence-M| Bus-Id        Disp.A | Volatile Uncorr. ECC |
| Fan  Temp  Perf  Pwr:Usage/Cap|         Memory-Usage | GPU-Util  Compute M. |
|===============================+======================+======================|
|   0  Tesla K80           Off  | 00000000:86:00.0 Off |                    0 |
| N/A   38C    P0    56W / 149W |      0MiB / 11441MiB |      0%      Default |
+-------------------------------+----------------------+----------------------+
|   1  Tesla K80           Off  | 00000000:87:00.0 Off |                    0 |
| N/A   33C    P0    74W / 149W |      0MiB / 11441MiB |     84%      Default |
+-------------------------------+----------------------+----------------------+

+-----------------------------------------------------------------------------+
| Processes:                                                       GPU Memory |
|  GPU       PID   Type   Process name                             Usage      |
|=============================================================================|
|  No running processes found                                                 |
+-----------------------------------------------------------------------------+
```

图6-10　显存残留

根据图 6-10 中的标注框显示，显存占用量是 84%，但是在进程列表中并没有任何进程，这表明已经销毁的进程所占的显存在系统中存在残留。

这种现象与驱动模式的设置相关。执行如下命令即可解决这个问题：

```
nvidia-smi -pm 1
```

该命令的作用是将驱动模式设置为常驻内存。

提示

这里推荐一个查看显存与进程对应关系的工具：gpustat。

该工具基于nvidia-smi实现，并结合watch命令，实现动态实时地监控GPU使用情况。

使用如下命令即可安装：

```
pip install gpustat
```

在使用gpustat时，输入如下命令即可实现动态监控GPU：

```
watch --color -n1 gpustat -cpu
```

第 7 章

监督学习中的神经网络

监督学习是指在训练模型的过程中，使用样本和样本对应的标签一起对模型进行训练，使模型学习到样本特征与标签的对应关系。第 6 章实例中的模型就是通过监督学习方式训练而成。

使用监督学习的方式训练模型，虽然对样本的需求量较大，而且在制作样本标签时也需要投入大量的人力，但是相对于无监督学习的方式，模型更容易实现，效果也更为直观。

7.1　从视觉的角度理解卷积神经网络

本书第 6 章的例子中使用了卷积神经网络结构。卷积神经网络是计算机视觉领域使用最多的神经网络之一。它的工作过程与生物界大脑中处理视觉信号的过程很相似。

7.1.1　生物视觉系统原理

在生物界，大脑处理视觉信号的过程是从眼睛开始，由视网膜把光信号转换成电信号传递到大脑中。大脑通过不同等级的视觉脑区逐步地完成图像解释，如图 7-1 所示。

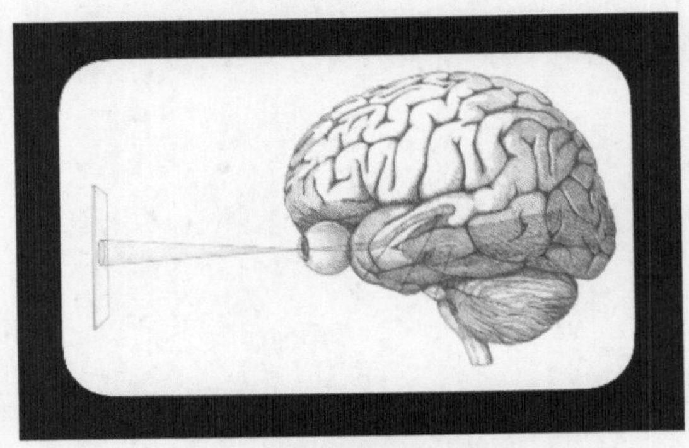

图 7-1　大脑的视觉处理

从外表来看，生物界中的大脑可以轻易地识别出一幅图像中的某一具体物体。但其内部却是使用分级处理的方式逐步完成的。大脑中的分级处理机制：将图像从基础像素到局部信息，再到整体信息，如图 7-2 所示。

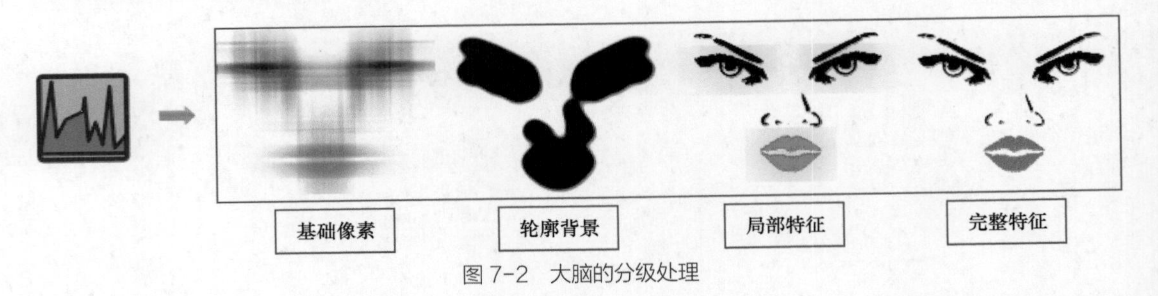

图 7-2　大脑的分级处理

图 7-2 简化模拟了大脑在处理图像时所进行的分级处理过程。大脑在对图像的分级处理时，将图片由低级特征到高级特征进行逐级计算，逐级累积。

7.1.2　微积分

微积分是微分和积分的总称，微分就是无限细分，积分就是无限求和。大脑在处理视觉时，本身就是一个先微分再积分的过程。

7.1.3　离散微分与离散积分

在微积分中，无限细分的条件是，被细分的对象必须是连续的。例如，一条直线就可以被无限细分，而由若干个点组成的虚线就无法连续细分，如图 7-3 所示。

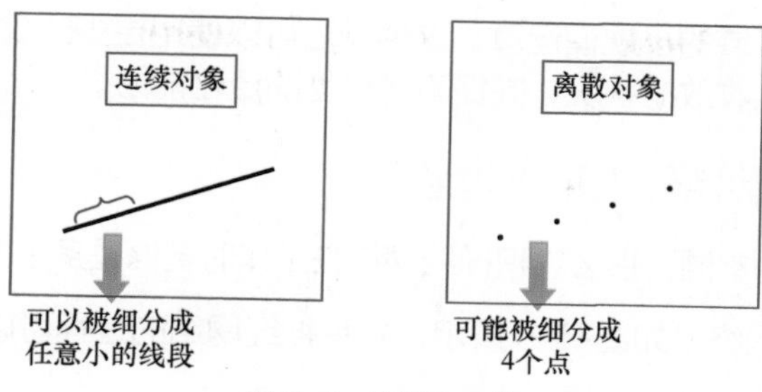

图 7-3 连续和离散

图 7-3 中左侧可以被无限细分的线段是连续对象，右侧不可以被无限细分的对象是离散对象。

将离散对象进行细分的过程称为离散微分，例如将图 7-3 中右侧的虚线段细分成 4 个点的过程。

图 7-3 中左侧的线段可以理解为是对连续细分的线段进行积分的结果，即把所有任意小的线段合起来；图 7-3 中右侧的虚线段也可以理解为是 4 个点的积分结果，即把 4 个点组合到一起。像这种对离散微分结果进行的积分操作，就是离散积分。

7.1.4 视觉神经网络中的离散积分

在计算机视觉中，会将图片数字化成矩阵数据进行处理。一般地，矩阵中每一个值是 0 ~ 255 的整数，用来代表图片中的一个像素点，如图 7-4 所示。

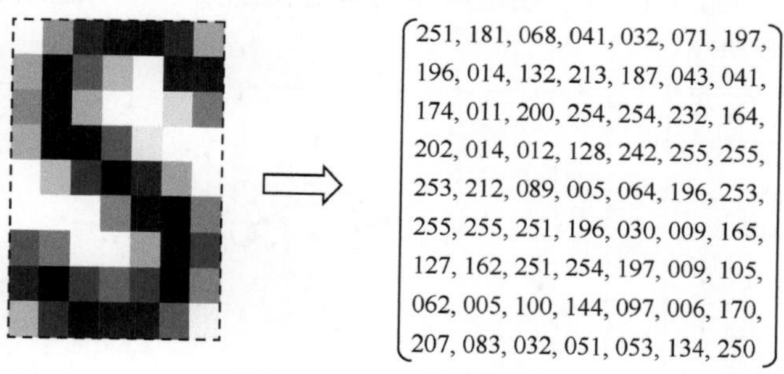

图 7-4 图片的数字化形式

图 7-3 中右侧的虚线与图 7-4 中的内容都是离散对象。在计算机中，对图片的处理过程也可以理解成离散微积分的过程。其工作模式与人脑类似：

（1）利用卷积操作对图片的局部信息进行处理，生成低级特征；

（2）对低级特征进行多次卷积操作，生成中级特征、高级特征；

（3）将多个局部信息的高级特征组合到一起，生成最终的解释结果。

这种由卷积操作组成的神经网络称为卷积神经网络。

7.2 卷积神经网络的结构

卷积神经网络是计算机视觉领域使用最多的神经网络之一。它使用了比全连接网络更少的权重，对数据进行基于区域的小规模运算。这种做法可以使用更少的权重完成分类任务。同时也改善了训练过程中较难收敛的状况，并提高了模型的泛化能力。

7.2.1　卷积神经网络的工作过程

如果以全连接网络为参照，那么卷积神经网络在工作时更像是多个全连接片段的组合。

假设有一个全连接网络，如图 7-5 所示。卷积神经网络的过程可以分为如下几步。

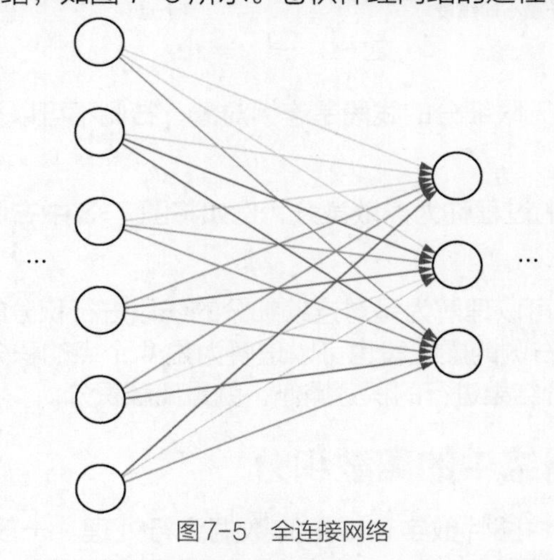

图7-5　全连接网络

（1）从图 7-5 左边的 6 个节点中拿出前 3 个与右边的第一个神经元相连，即完成了卷积的第一步，如图 7-6a 所示。

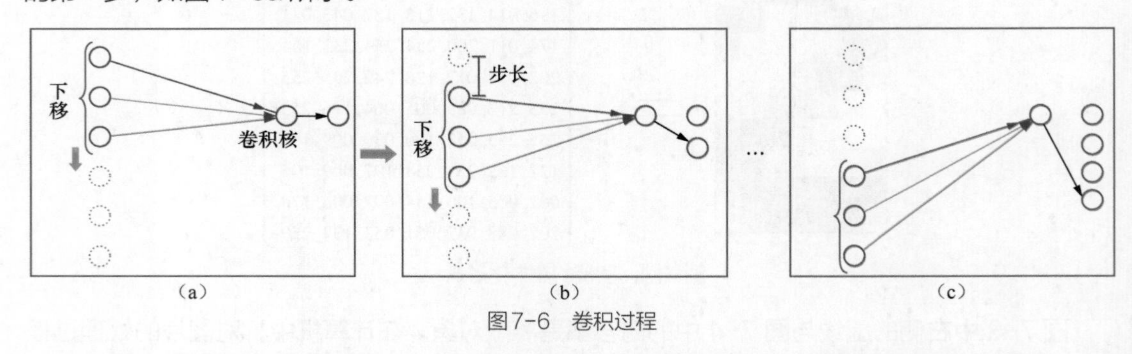

图7-6　卷积过程

在图 7-6a 中，右侧的神经元称为卷积核（也称滤波器）。该卷积核有 3 个输入节点，1 个输出节点。这个经过卷积操作所输出的节点常称为特征图（feature map）。

（2）将图 7-5 左边的第 2~4 个节点作为输入，再次传入卷积核进行计算，所输出卷积结果中的第二个值，如图 7-6b 所示。其中输入由第 1~3 个节点变成了第 2~4 个节点，整体向下移动了 1 个节点，这个距离就称为步长。

（3）按照第（2）步操作进行循环，每次向下移动一个节点，并将新的输入传入卷积核计算出一个输出。

（4）当第（3）步的循环操作移动到最后 3 个节点之后，停止循环。在整个过程中所输出的结果便是卷积神经网络的输出，如图 7-6c 所示。

上述整个过程就称为卷积操作。带有卷积操作的网络称为卷积神经网络。

7.2.2 卷积神经网络与全连接网络的区别

比较图 7-6c 的结果与图 7-5 中全连接的输出结果，可以看出有如下不同。

- 卷积网络输出的每个节点都是原数据中局部区域节点经过神经元计算后得到的结果。
- 全连接网络输出的每个节点都是原数据中全部节点经过神经元计算后得到的结果。

由此可见，卷积神经网络所输出的结果中含有的局部信息更为明显。由于卷积的这一特性，卷积神经网络在计算机视觉领域被广泛应用。

7.2.3 了解1D卷积、2D卷积和3D卷积

7.2.1 节介绍的卷积过程是在一维数据上进行的，这种卷积称为一维卷积（1D 卷积）。如果将图 7-6a 的左侧节点变为二维的平面数据，并且沿着二维平面的两个方向来改变节点的输入，那么该卷积操作就变成了二维卷积（2D 卷积），如图 7-7 所示。

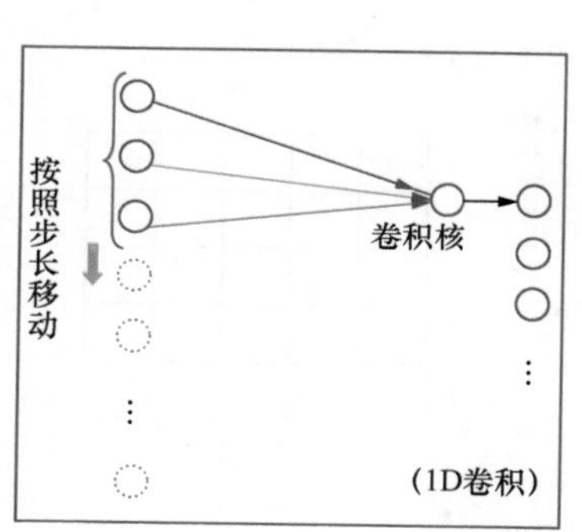

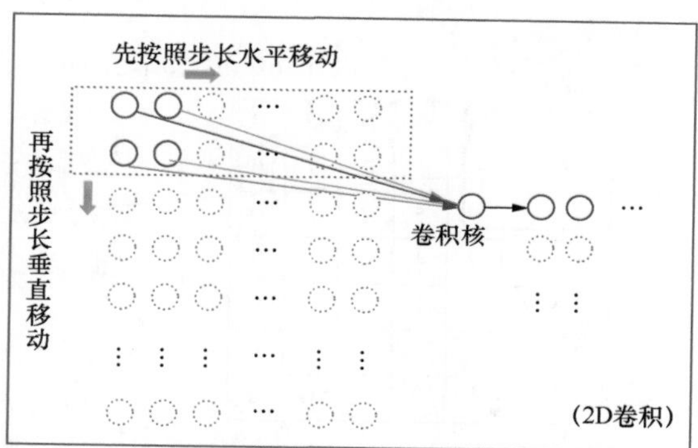

图7-7 1D卷积和2D卷积

在 2D 卷积基础上再加一个维度，便是三维卷积（3D 卷积）。

在实际应用中，1D 卷积常用来处理文本或特征数值类数据，2D 卷积常用来处理平面图片类数据，3D 卷积常用来处理立体图像或视频类数据。

7.2.4 实例分析：Sobel算子的原理

Sobel 算子是卷积操作中的一个典型例子。它用一个手动配置好权重的卷积核对图片进行卷积操作，从而实现图片的边缘检测，生成一幅只含有轮廓的图片，效果如图 7-8 所示。

图7-8 Sobel算子示例

1. Sobel算子结构

Sobel 算子包含了两套权重方案，分别可以实现沿着图片的水平和垂直方向的边缘检测。这两套权重的配置如图 7-9 所示。

图7-9　Sobel算子结构

2. Sobel算子的计算过程

以 Sobel 算子在水平方向的权重为例，其计算过程如图 7-10 所示。

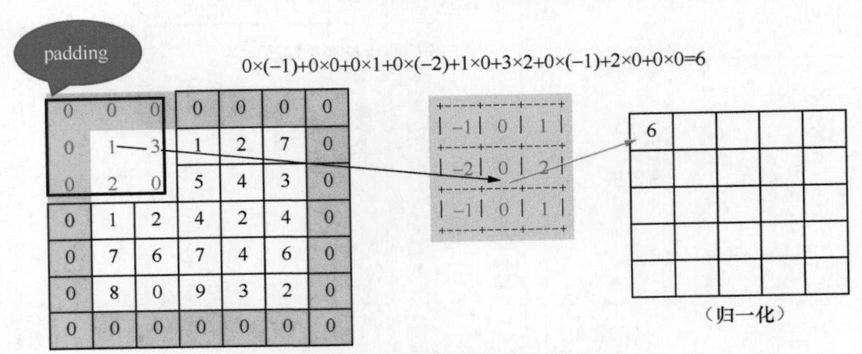

图7-10　Sobel算子计算过程

图 7-10 左边的 5×5 浅色矩阵可以理解为图 7-8 中的原始图片。图 7-10 中间的 3×3 矩阵便是 Sobel 算子。图 7-10 右边的 5×5 矩阵可以理解为图 7-8 右侧的轮廓图片。整个计算过程的描述如下。

（1）在原始图片的外面补了一圈 0，这个过程称为 padding（填充操作），目的是生成同样大小的矩阵。

（2）将补 0 后矩阵中，左上角的 3×3 矩阵中的每个元素分别与 Sobel 算子矩阵中对应位置上的元素相乘，然后相加，所得到的值作为最右边的第一个元素。

（3）把图 7-10 中左上角的 3×3 矩阵向右移动一个格，这可以理解为步长为 1。

（4）将矩阵中的每个元素分别与中间的 3×3 矩阵对应位置上的元素相乘，然后再将相乘的结果加在一起，算出的值填到图 7-10 右侧矩阵的第二个元素里。

（5）一直重复这个操作将右边的值都填满。完成整个计算过程。

注意　新生成的图片里面的每个像素值并不能保证在0～256。对于在区间外的像素点，会导致灰度图无法显示，因此还需要做一次归一化，然后每个元素都乘上256，将所有的值映射到0～256这个区间。

归一化算法：$x = (x-\text{Min})/(\text{Max}-\text{Min})$。

其中，Max与Min为整体数据里的最大值和最小值，x是当前要转换的像素值。归一化可以使每个x都在[0,1]区间内。

3. Sobel算子的原理

为什么图片经过 Sobel 算子的卷积操作就能生成带有轮廓的图片呢？其本质还是卷积的操作特性——卷积操作可以计算出更多的局部信息。

Sobel 算子正是借助卷积操作的特性，通过巧妙的权重设计来从图片的局部区域进行计算，将像素值变化的特征进行强化，从而生成了轮廓图片。

图 7-11 对 Sobel 算子中的第一行权重进行分析，可以看到值为 (−1, 0, 1) 的卷积核进行 1D 卷积时，本质上是计算相隔像素之间的差值。

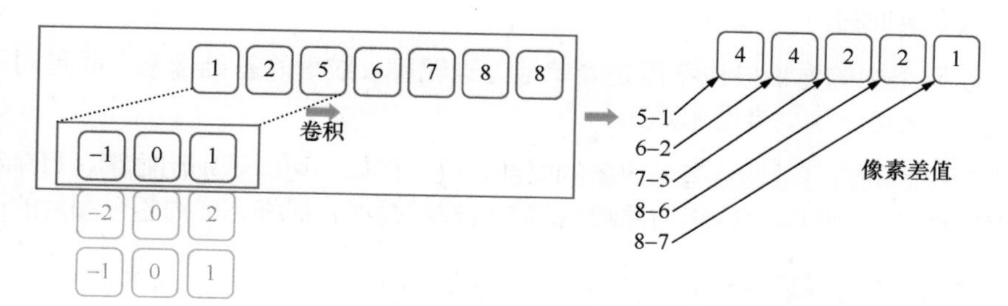

图7-11　Sobel原理

图片经过 Sobel 算子卷积后的数据本质上是该图片中相隔像素之间的差值而已。如果将这个像素差值数据用图片的方式显示出来，就变成了轮廓图片。

Sobel 算子第二行权重值的原理与第 1 行相同，只不过将差值放大为 2 倍，这样做是为了增强的效果。它的思想是：

（1）对卷积核的 3 行像素差值再做加权处理；

（2）以中间的第 2 行像素差值为中心；

（3）按照离中心点越近，对结果影响越大的原理，对第 2 行像素差值进行加强（值设为 2），使其在生成最终的结果中产生主要影响。

提示

其实将Sobel算子的第2行改成与第1行相同，也可以生成轮廓图片。感兴趣的读者可以自己尝试一下。

另外，在OpenCV中，还提供了一个比Sobel算子的效果更好一些的函数scharr。在scharr函数中所实现的卷积核与Sobel算子类似，只不过是改变了Sobel算子中各行的权重（由[1,2,1]变成了[3,10,3]），如图7-12所示。

图 7-12　函数scharr中的卷积核

在了解水平方向 Sobel 算子的原理之后，可以再看一下图 7-9。其中，垂直方向的 Sobel 算子将计算像素差值的方向由水平改成了垂直，其原理与水平方向Sobel算子相同。参照图7-9 可以看出，垂直方向的 Sobel 算子的结构其实就是水平方向 Sobel 算子的矩阵转置。

7.2.5 深层神经网络中的卷积核

在深层神经网络中，会有很多类似于 Sobel 算子的卷积核，与 Sobel 算子不同的是，它们的权重值是模型经过大量的样本训练之后算出来的。

在模型训练过程中，会根据最终的输出结果调节卷积核的权重，最终生成了若干个有特定功能的卷积核，有的可以计算图片中的像素差值，从而提取出轮廓特征；有的可以计算图片中的平均值，从而提取背景纹理等。

卷积后所生成的特征数据还可以被继续卷积处理。在深度神经网络中，这些卷积处理是通过多个卷积层来实现的。

深层卷积网络中的卷积核也不再是简单地处理轮廓、纹理等基础像素，而是对已有的轮廓、纹理等特征更进一步地推理和叠加。

被多次卷积后的特征数据会有更具象的局部表征，例如，可以识别出眼睛、耳朵和鼻子等信息。再配合其他结构的神经网络对局部信息的推理和叠加，最终完成对整个图片的识别。

7.2.6 理解卷积的数学意义——卷积分

卷积分是积分的一种计算方式。该方式的计算方法就是卷积操作。例如，假设图 7-3 左侧线段中的每个点，都是由两条线（两个函数）的微分得来的，则该线段便是这两条线积分的结果。

例如，对一条直线［见式（7-1）］与一条曲线［见式（7-2）］进行卷积分，所得的曲线如图 7-13 所示。

$$y = 3x + 2 \tag{7-1}$$

$$y = 2x^2 + 3x - 1 \tag{7-2}$$

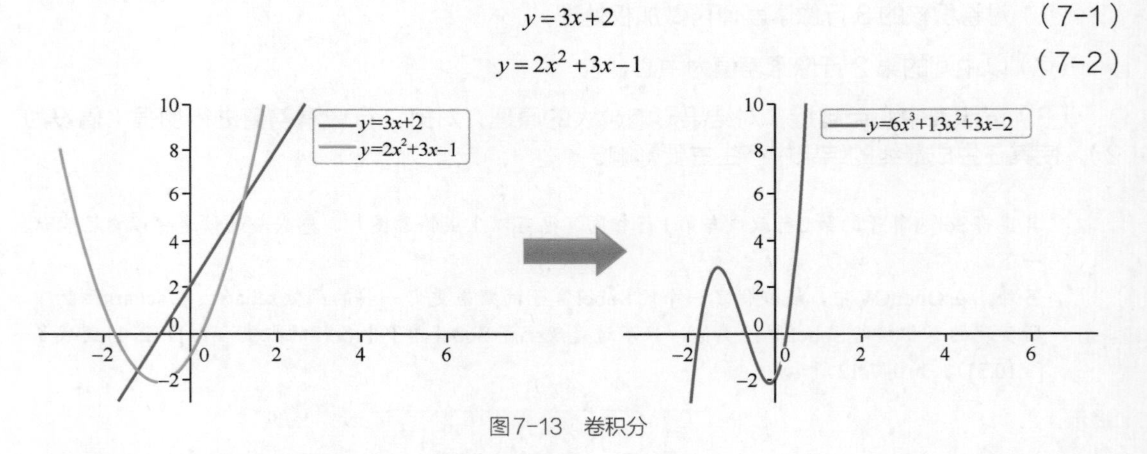

图7-13 卷积分

图 7-13 右侧的曲线公式为：

$$y = 6x^3 + 13x^2 + 3x - 2 \tag{7-3}$$

其卷积的过程如图 7-14 所示。

如果从代数的角度去理解，式（7-3）也可以由式（7-1）和式（7-2）相乘得到。这便是卷积的数学意义：

$$y = (3x+2)(2x^2+3x-1) = 6x^3 + 13x^2 + 3x - 2 \tag{7-4}$$

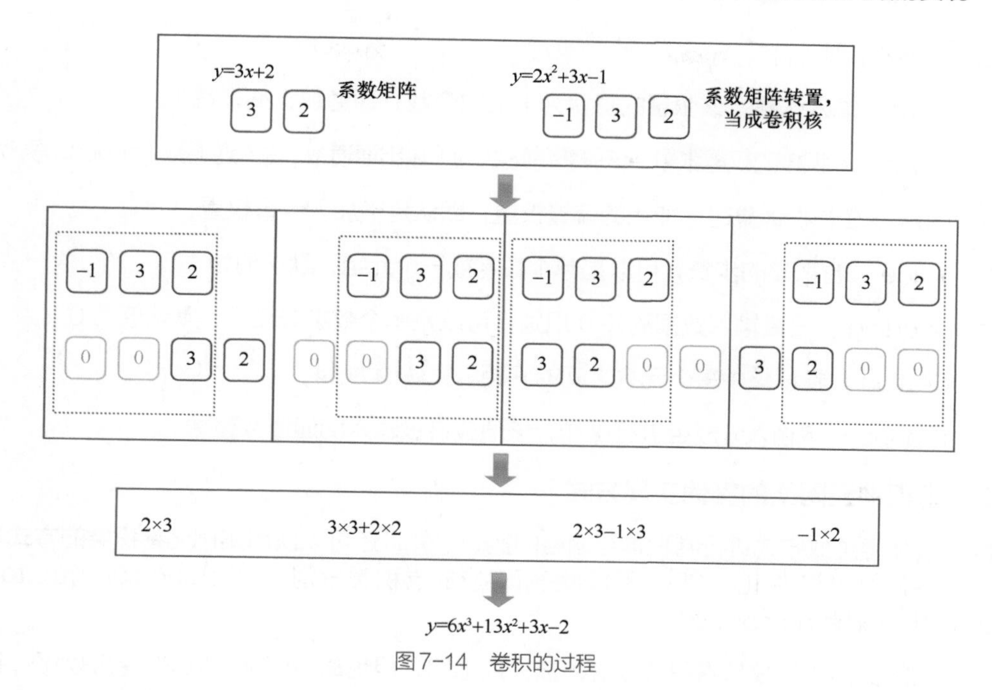

图7-14　卷积的过程

7.3　卷积神经网络的实现

7.2 节介绍了卷积神经网络的原理及卷积核，以及特征图、padding 和步长等术语的意义。接下来，就学习一下卷积神经网络的具体实现。

7.3.1　了解卷积接口

在 PyTorch 中，按照卷积维度分别对 1D 卷积、2D 卷积和 3D 卷积（详细介绍可参考 7.2.3 节）进行单独封装。具体介绍如下。

- torch.nn.functional.conv1d：实现按照 1 个维度进行的卷积操作，常用于处理序列数据。
- torch.nn.functional.conv2d：实现按照 2 个维度进行的卷积操作，常用于处理二维的平面图片。
- torch.nn.functional.conv3d：实现按照 3 个维度进行的卷积操作，常用于处理三维图形数据。

这 3 个函数的定义与使用方法大致相同。

1. 卷积函数的定义

以 2D 卷积函数为例，该函数的定义如下：

```
torch.nn.functional.conv2d(input, weight, bias=None, stride=1, padding=0,
dilation=1, groups=1)
```

其中的参数说明如下。

- input：输入张量，该张量的形状为[批次个数，通道数，高，宽]。
- weight：卷积核的权重张量，该张量的形状为[输出通道数，输入通道数/groups，高，宽]。
- bias：在卷积计算时，加入的偏置权重，默认是不加入偏置权重。
- stride：卷积核的步长，可以是单个数字或一个元组，默认值为1。
- padding：设置输入数据的补0规则，可以是单个数字或元组，默认值为0。
- dilation：卷积核中每个元素之间的间距，默认值为1。
- groups：将输入分成组进行操作，该值应该被输入的通道数整除。

2. 卷积神经网络的其他实现方式

除直接使用函数方式进行卷积神经网络的实现以外，还可以使用实例化卷积类的方式来定义卷积神经网络。其中1D、2D、3D卷积所对应的卷积类分别为torch.nn.conv1d、torch.nn.conv2d、torch.nn.conv3d。

卷积类的实例化参数与卷积函数的参数大致相同，但也略有区别。以2D卷积为例，该卷积类的定义如下：

```
torch.nn.conv2d(in_channels, out_channels, kernel_size, stride=1, padding=0, dilation=1, groups=1, bias=True, padding_mode='zeros')
```

卷积类的实例化参数与卷积函数的参数主要区别在输入的卷积核部分。卷积类的实例化参数中只需要输入通道（in_channels）、输出通道（out_channels）和卷积核尺寸（kernel_size），不需要接收张量形式的卷积核权重数据。但卷积类实例化后的对象会有卷积核权重的属性，在权重属性中会包括张量形式的卷积核权重数据（weight参数与bias参数）。

3. 卷积函数的操作步骤

PyTorch中的卷积函数与7.2节所介绍的操作步骤完全一致，如图7-15所示，最左侧的5×5矩阵代表原始图片，原始图片右侧的3×3矩阵代表卷积核，最右侧的3×3矩阵为计算完的结果。

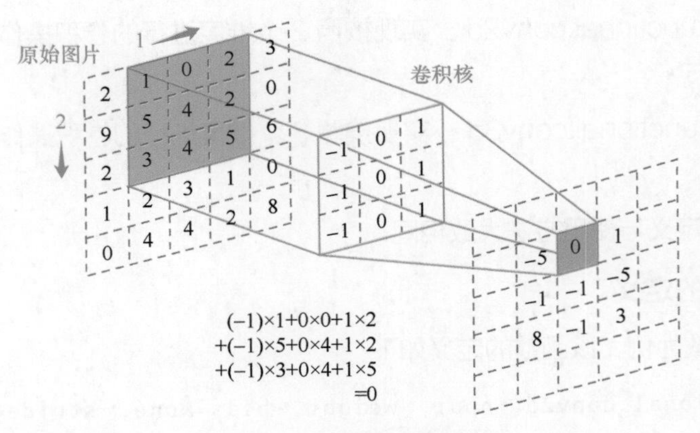

图7-15　卷积操作细节

图 7-15 中的详细计算步骤如下。

（1）将卷积核（filter）与对应的图片（image）中的矩阵数据一一相乘，再相加。在图 7-15 中，最右侧特征图 (feature map) 的第一行的中间元素 0 是由最左侧图片（image）中前 3 行和中间 3 列所围成的矩阵与 filter 中的对应元素相乘再相加得到的，即 $0=(-1)\times1+0\times0+1\times2+(-1)\times5+0\times4+1\times2+(-1)\times3+0\times4+1\times5$。

（2）每次按照（1）步骤计算完后，就将卷积核按照指定的步长进行移动。移动的顺序是以行优先。每次移动之后，再继续进行（1）步骤的操作，直到卷积核从图片的左上角移动到右下角，完成一次卷积操作。其中步长（stride）表示卷积核在图片上移动的格数。

在卷积操作中，步长是决定卷积结果大小的因素之一。通过变换步长，可以得到不同尺度的卷积结果。

7.3.2　卷积操作的类型

在图 7-15 中演示的卷积操作是一个窄卷积类型，即直接使用原始图片进行操作。在实际卷积过程中，常常会对原始图片进行补 0 扩充（padding 操作），然后进行卷积操作。根据补 0 的规则不同，卷积操作还分为窄卷积、同卷积和全卷积 3 个类型。具体介绍如下。

（1）窄卷积（valid 卷积），从字面上也很容易理解，即生成的特征图比原来的原始图片小。它的步长是可变的。假如，滑动步长为 S，原始图片的维度为 $N_1\times N_1$，卷积核的大小为卷积后图像大小为［$(N_1-N_2)/S+1$］×［$(N_1-N_2)/S+1$］。

（2）同卷积（same 卷积），代表的意思是卷积后的图片尺寸与原始的一样大，同卷积的步长是固定的，滑动步长为 1。一般操作时都要使用 padding 操作（在原始图片的外围补 0，来确保生成的尺寸不变）。

（3）全卷积（full 卷积），也称反卷积，就是要把原始图片里面的每个像素点都用卷积操作展开。如图 7-16 所示，白色的块是原始图片，浅色的是卷积核，深色的是正在卷积操作的像素点。在全卷积操作的过程中，同样需要对原有图片进行 padding 操作，生成的结果会比原有的图片尺寸大。

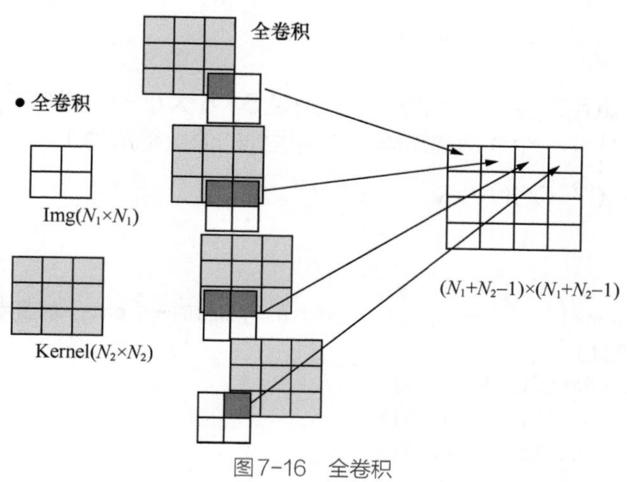

图7-16　全卷积

全卷积的步长也是固定的，滑动步长为 1，假如原始图片的维度为 $N_1\times N_1$，卷积核的大小为卷积后图像大小为 $(N_1+N_2-1)\times(N_1+N_2-1)$。

前面介绍的窄卷积和同卷积都是卷积神经网络里常用的技术，而全卷积却不同，它更多地用在反卷积网络中，用于图像的恢复和还原。

提示　padding（补0操作）的意义是定义元素边框与元素内容之间的空间。通过元素边框与元素内容的空间变换，令计算机得到不同的感受野。

7.3.3　卷积参数与卷积结果的计算规则

在卷积操作中，默认的卷积都是窄卷积，但是可以通过参数 padding 来指定补 0 的数量。

影响卷积结果大小的因素主要是卷积函数中的参数。根据不同的参数，所输出卷积结果大小的计算规则如下。

假设输入数据的形状为 (N,C_{in},H_{in},W_{in})，输出数据的形状为 $(N,C_{out},H_{out},W_{out})$，$N$ 代表批次大小、C_{in} 代表输入数据的通道数，C_{out} 代表输出数据的通道数，H_{in} 和 W_{in} 代表输入数据的高和宽，H_{out} 和 W_{out} 代表输出数据的高和宽。高和宽的计算公式见式（7-5）和式（7-6）:

$$H_{out}=\left\lfloor\frac{H_{in}+2\times \text{padding}[0]-\text{dilation}[0]\times(\text{kernel\_size}[0]-1)-1}{\text{stride}[0]}+1\right\rfloor \tag{7-5}$$

$$W_{out}=\left\lfloor\frac{W_{in}+2\times \text{padding}[1]-\text{dilation}[1]\times(\text{kernel\_size}[1]-1)-1}{\text{stride}[1]}+1\right\rfloor \tag{7-6}$$

在式（7-5）和式（7-6）中，padding 代表补 0 的形状，dilation 代表卷积核中元素的间隔，kernel_size 代表卷积核的形状。

7.3.4　实例6：卷积函数的使用

下面通过一个例子来介绍卷积函数的使用。

实例描述　通过手动生成一个5×5的矩阵来模拟图片，定义一个2×2的卷积核，来测试卷积函数conv2d里面的不同参数，验证输出结果。

1. 定义输入变量

定义 3 个输入变量用来模拟输入图片，分别是 5×5 大小一个通道的矩阵、5×5 大小两个通道的矩阵、4×4 大小一个通道的矩阵，并将里面的值统统赋为 1。

代码文件：code_07_CONV.py

```
01 import torch
02
03 #[batch, in_channels, in_height, in_width] [训练时一个batch的图片数量，图像通道数，
   #图片高度，图片宽度]
04 input1 = torch.ones([1, 1, 5, 5])
05 input2 = torch.ones([1, 2, 5, 5])
06 input3 = torch.ones([1, 1, 4, 4])
```

2. 验证补0规则

将数据进行卷积核大小、内容、步长都为 1 的卷积操作，即可看到输入数据补 0 之后的

效果。具体代码如下。

代码文件：code_07_CONV.py（续1）

```
07 #设置padding为1，在输入数据上补一排0
08 padding1=torch.nn.functional.conv2d(input1,torch.ones([1,1,1,1]),stride=1,
   padding=1)
09 print(padding1)
10 #设置padding为1，在输入数据上补两行0
11 padding2=torch.nn.functional.conv2d(input1,torch.ones([1,1,1,1]), stride=1,
   padding=(1,2))
12 print(padding2)
```

在上述代码的第8行中，设置padding的值为1，这等同于padding=(1，1)的写法。

上述代码运行后，输出如下结果：

```
tensor(  [[[[0., 0., 0., 0., 0., 0., 0.],
            [0., 1., 1., 1., 1., 1., 0.],
            [0., 1., 1., 1., 1., 1., 0.],
            [0., 1., 1., 1., 1., 1., 0.],
            [0., 1., 1., 1., 1., 1., 0.],
            [0., 1., 1., 1., 1., 1., 0.],
            [0., 0., 0., 0., 0., 0., 0.]]]])
tensor(  [[[[0., 0., 0., 0., 0., 0., 0., 0., 0.],
            [0., 0., 1., 1., 1., 1., 1., 0., 0.],
            [0., 0., 1., 1., 1., 1., 1., 0., 0.],
            [0., 0., 1., 1., 1., 1., 1., 0., 0.],
            [0., 0., 1., 1., 1., 1., 1., 0., 0.],
            [0., 0., 1., 1., 1., 1., 1., 0., 0.],
            [0., 0., 0., 0., 0., 0., 0., 0., 0.]]]])
```

结果输出了两个张量，第1个张量的周边有1圈0，对应卷积过程中的padding参数为1的情况。第2个张量的上下各有一行0，左右有两列0，对应卷积过程中的padding参数为(1，2)的情况。可以证明，卷积函数是根据各padding中设置的数值对张量进行补0的。

提示

虽然在torch.nn.conv2d类的实例化参数中没有卷积核具体数值的输入项，但是也可以使用torch.nn.conv2d类的方式来实现本实例。具体做法是：用torch.nn.conv2d类实例化对象的成员函数weight来为卷积核赋值。

例如，将第8行代码换成如下3行，具体如下：

```
condv = torch.nn.conv2d(1,1,kernel_size=1,padding=1, bias=False)  #实例化卷积操作类
condv.weight = torch.nn.Parameter(torch.ones([1,1,1,1]))           #定义卷积核内容
padding1 = condv(input1)                                             #进行卷积操作
```

3. 定义卷积核变量

定义5个卷积核，每个都是2×2的矩阵，只是输入和输出的通道数有差别，分别为：1通道输入和1通道输出、1通道输入和2通道输出、1通道输入和3通道输出、2通道输入和2通道输出、2通道输入和1通道输出。分别在里面填入指定的数值。

代码文件: code_07_CONV.py(续2)

```
13 #[ out_channels, in_channels,filter_height, filter_width] [卷积核个数,图像通道数,卷
   #积核的高度,卷积核的宽度]
14 filter1 =  torch.tensor([-1.0,0,0,-1]).reshape([1, 1, 2, 2])
15 filter2 =  torch.tensor([-1.0,0,0,-1,-1.0,0,0,-1]).reshape([2,1,2,2])
16 filter3 =  torch.tensor(
17            [-1.0,0,0,-1,-1.0,0,0,-1,-1.0,0,0,-1]).reshape([3,1,2,2])
18 filter4 =  torch.tensor([-1.0,0,0,-1,-1.0,0,0,-1, -1.0,0,0,-1,
19                                  -1.0,0,0,-1]).reshape([2, 2, 2, 2])
20 filter5 =  torch.tensor([-1.0,0,0,-1,-1.0,0,0,-1]).reshape([1,2, 2,2])
```

4. 运行卷积操作

将步骤1的输入与步骤3的卷积核组合起来,建立8个卷积操作,看看生成的内容是否与前面所述的规则一致。

代码文件: code_07_CONV.py(续3)

```
21 #1个通道输入,生成1个特征图
22 op1 = torch.nn.functional.conv2d(input1, filter1, stride=2, padding=1)
23 #1个通道输入,生成2个特征图
24 op2 = torch.nn.functional.conv2d(input1, filter2, stride=2, padding=1)
25 #1个通道输入,生成3个特征图
26 op3 = torch.nn.functional.conv2d(input1, filter3, stride=2, padding=1)
27
28 #2个通道输入,生成2个特征图
29 op4 = torch.nn.functional.conv2d(input2, filter4, stride=2, padding=1)
30 #2个通道输入,生成一个特征图
31 op5 = torch.nn.functional.conv2d(input2, filter5, stride=2, padding=1)
32
33 #对于padding不同,生成的结果也不同
34 op6 = torch.nn.functional.conv2d(input1, filter1, stride=2, padding=0)
```

由于代码中的卷积操作较多,看着较为混乱,因此这里按照演示的目的对其分类,分别进行介绍,具体如下。

(1)演示普通的卷积计算。

如上文代码,op1使用了padding=1的卷积操作,该卷积操作的输入和输出通道数都是1,步长为2×2,按前面的函数介绍,这种情况PyTorch会对输入数据input1的上下左右各补一行(列)0,使数据尺寸由5×5变成7×7。通过前面的式(7-5)和式(7-6)的计算,会生成3×3大小的矩阵。

(2)演示多通道输出时的内存排列。

op2用1个通道输入生成2个输出,op3用1个通道输入生成3个输出。读者可以观察它们在内存中的排列的样式。

(3)演示卷积核对多通道输入的卷积处理。

op4用2个通道输入生成2个输出,op5用2个通道输入生成1个输出,比较一下两个通道的卷积结果,观察它们是多通道的结果叠加,还是每个通道单独对应一个卷积核进行输出。

（4）验证不同尺寸下的输入受到 padding 补 0 和不补 0 的影响。

op1 和 op6 演示了尺寸为 5×5 的输入在 padding 为 1 和 0 下的变化。

读者可以把前面的规则熟悉一下，试着自己在纸上推导一下，然后比较得到的输出结果。现在把这些结果打印出来，看看是否与自己推导的一致。

执行上面的代码，得到如下的输出（为了看起来方便，将格式进行了整理）:

```
op1:
 tensor([[[[-1., -1., -1.],
           [-1., -2., -2.],
           [-1., -2., -2.]]]])
 tensor([[[[-1.,  0.],
           [ 0., -1.]]]])
```

5×5 矩阵通过卷积操作生成了 3×3 矩阵，矩阵的第一行和第一列生成了 -1，表明与补 0 后的矩阵发生了运算，如图 7-17 所示。

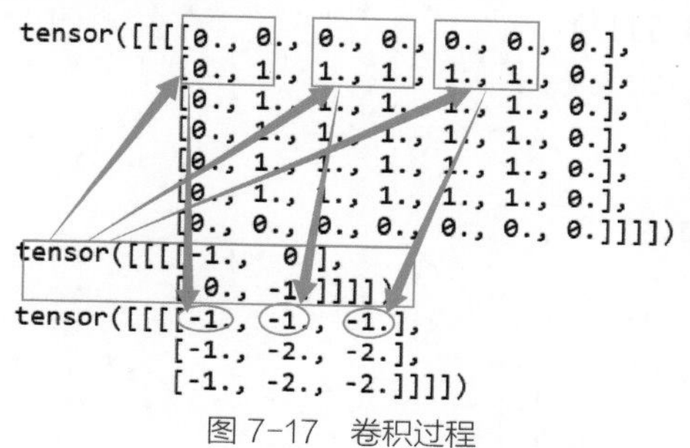

图 7-17 卷积过程

```
op2:
 tensor([[[[-1., -1., -1.],
           [-1., -2., -2.],
           [-1., -2., -2.]],
          [[-1., -1., -1.],
           [-1., -2., -2.],
           [-1., -2., -2.]]]])
 tensor([[[[-1.,  0.],
           [ 0., -1.]]],
         [[[-1.,  0.],
           [ 0., -1.]]]])
op3:
 tensor([[[[-1., -1., -1.],
           [-1., -2., -2.],
           [-1., -2., -2.]],
          [[-1., -1., -1.],
           [-1., -2., -2.],
           [-1., -2., -2.]],
          [[-1., -1., -1.],
           [-1., -2., -2.],
           [-1., -2., -2.]]]])
```

```
tensor([[[[-1.,  0.],
          [ 0., -1.]]],
        [[[-1.,  0.],
          [ 0., -1.]]],
        [[[-1.,  0.],
          [ 0., -1.]]]])
```

op2 与 op3 的计算原理与 op1 完全一致。op2 与 op3 不同的是，op2 中有两个卷积核（输出通道为 2），所生成的结果中具有两个通道；op3 中有 3 个卷积核（输出通道为 3），所生成的结果中具有 3 个通道。

```
op4:
 tensor([[[[-2., -2., -2.],
           [-2., -4., -4.],
           [-2., -4., -4.]],
          [[-2., -2., -2.],
           [-2., -4., -4.],
           [-2., -4., -4.]]]])
 tensor([[[[-1.,  0.],
           [ 0., -1.]],
          [[-1.,  0.],
           [ 0., -1.]]],
         [[[-1.,  0.],
           [ 0., -1.]],
          [[-1.,  0.],
           [ 0., -1.]]]])
op5:
 tensor([[[[-2., -2., -2.],
           [-2., -4., -4.],
           [-2., -4., -4.]]]])
 tensor([[[[-1.,  0.],
           [ 0., -1.]],
          [[-1.,  0.],
           [ 0., -1.]]]])
```

对于卷积核对多通道输入的卷积处理，是多通道的结果叠加，以 op5 为例，如图 7-18 所示，是将每个通道的特征图叠加生成了最终的结果。

```
op1:
 tensor([[[[-1., -1., -1.],
           [-1., -2., -2.],
           [-1., -2., -2.]]]])
tensor([[[[-1.,  0.],
          [ 0., -1.]]]])
op6:
 tensor([[[[-2., -2.],
           [-2., -2.]]]])
 tensor([[[[-1.,  0.],
           [ 0., -1.]]]])
```

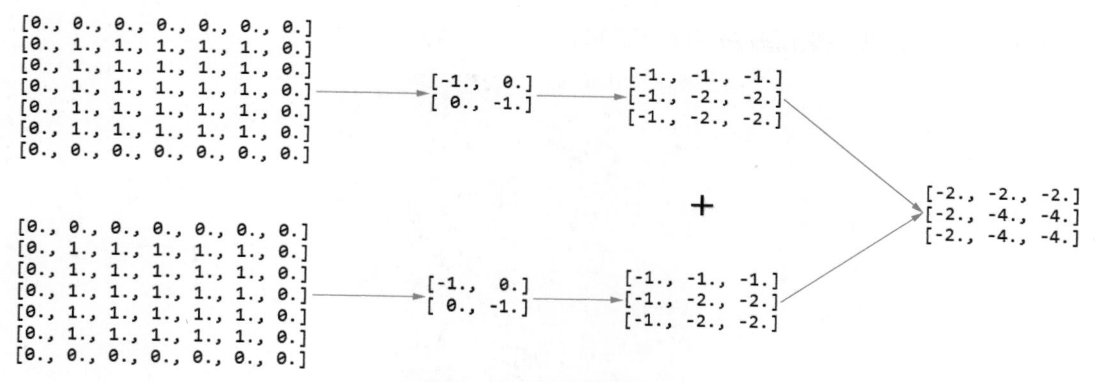

图7-18 多通道卷积

比较 op1 和 op6 可以看出，5×5 尺寸的矩阵在 padding 为 1 时生成的是 3×3 尺寸的矩阵，而在 padding 为 0 时生成的是 2×2 尺寸的矩阵。

注意 本节特意利用了很大篇幅来解释卷积的操作细节，表明这部分内容非常重要，是卷积神经网络的重点。将卷积操作的细节理解透彻，可在实际编程过程中少遇到挫折。在自己搭建网络的过程中，必须对输入、输出的具体维度有清晰的计算，才能保证网络结构的正确性，才可以使网络运行下去。另外，需要注意的是，通过卷积函数可以实现 7.3.2 节所介绍的窄卷积和同卷积，但不能实现全卷积。PyTorch 中有单独的全卷积函数，会在后文中讲到。

7.3.5 实例 7：使用卷积提取图片的轮廓

本小节将用具体的实例代码重现 7.2.4 节的 Sobel 算子实例。Sobel 算子是一个卷积操作的典型例子，该算法通过一个固定的卷积核，对图片做卷积处理，可以得到该图片的轮廓。

实例描述 通过卷积操作来实现本章开篇所讲的 Sobel 算子，将彩色的图片生成带有边缘化信息的图片。

在本例中，载入一个图片，然后使用一个“3 通道输入，1 通道输出的 3×3 卷积核”（即 Sobel 算子），通过卷积函数将生成的结果输出。

1. 载入图片并显示

将图片放到代码的同级目录下，通过 imread(1) 载入，然后将其显示并打印其形状。

代码文件：code_08_sobel.py

```
01 import matplotlib.pyplot as plt                #plt用于显示图片
02 import matplotlib.image as mpimg               #mpimg用于读取图片
03 import torch
04 import torchvision.transforms as transforms
05
06 myimg = mpimg.imread('img.jpg')                #读取和代码处于同一目录下的图片
07 plt.imshow(myimg)                              #显示图片
08 plt.axis('off')                                #不显示坐标轴
09 plt.show()
10 print(myimg.shape)
```

运行上面的代码，得出图7-19所示的图片。

图7-19　图片显示

```
(3264, 2448, 3)
```

可以看到载入的图片维度为3264×2448，3个通道。

2. 将图片数据转成张量

使用transforms.ToTensor类将图片转为PyTorch所支持的形状（[通道数，高，宽]），同时也将图片的数值归一化成0～1的小数。具体代码如下。

代码文件：code_08_sobel.py（续1）

```
11 pil2tensor = transforms.ToTensor()           #实例化ToTensor类
12 rgb_image = pil2tensor(myimg)                #进行图片转换
13 print(rgb_image[0][0])                       #输出图片的部分数据
14 print(rgb_image.shape)                       #输出图片的形状
```

上述代码运行后，输出如下结果：

```
tensor([0.8471, 0.8471, 0.8471,  ..., 0.6824, 0.6824, 0.6824])
torch.Size([3, 3264, 2448])
```

结果输出了两行内容。

- 第1行是图片的部分数据：从数据中可以看出，图片数据已经完全变成了0～1的小数。
- 第2行是图片的形状：从结果中可以看出，图片形状变为[3, 3264, 2448]，其中3代表通道数，3264和2448分别代表图片的高和宽。

提示

使用transforms.ToTensor类对图片进行转换，是一个很常用的方法。被转换后的图片，在程序的后续操作中处理起来会变得非常方便。例如，可以轻易地转换为灰度图。具体代码如下。

（1）容易理解的代码方式

```
r_image = rgb_image[0]      #通过指定通道的索引，可以直接获得红、绿、蓝3个通道的图片
g_image = rgb_image[1]
b_image = rgb_image[2]
grayscale_image = (r_image + g_image + b_image).div(3.0)    #对3个通道的图片取平均值即
                                                            #可得到灰度图
```

```
#显示图片
plt.imshow(grayscale_image,cmap='Greys_r')
plt.axis('off') #不显示坐标轴
plt.show()
```

提示 （2）紧凑的代码方式

当然，还可以更简洁一些，直接计算rgb_image沿着第0维度上的平均值，代码如下：

```
plt.imshow(rgb_image.mean(0),cmap='Greys_r')   # 显示图片
plt.axis('off')    #不显示坐标轴
plt.show()
```

3. 定义Sobel卷积核

Sobel 算子是一个常量，在使用之前需要被手动填入卷积核。因为所处理的图片有 3 个通道，所以需要构建 3 个卷积核。具体代码如下。

代码文件：code_08_sobel.py（续 2）

```
15 sobelfilter =  torch.tensor([ [-1.,0.,1.],        #定义Sobel算子
16                                [-2.,0.,2.],
17                                [-1.,0.,1.]]*3).reshape([1,3,3, 3])
18
19 print(sobelfilter)                                 #输出卷积核
```

在上述代码的第 17 行中，对列表乘以 3 的作用是将列表元素复制成 3 份，这属于 Python 的基本语法。

上述代码运行后，输出如下内容：

```
tensor([[[[-1.,  0.,  1.], [-2.,  0.,  2.], [-1.,  0.,  1.]],
          [[-1.,  0.,  1.], [-2.,  0.,  2.], [-1.,  0.,  1.]],
          [[-1.,  0.,  1.], [-2.,  0.,  2.], [-1.,  0.,  1.]] ]])
```

从输出结果可以看出，Sobel 算子已经被复制成了 3 份。

4. 运行卷积操作并显示

调用卷积函数，进行卷积处理，同时将处理后的结果输出。具体代码如下。

代码文件：code_08_sobel.py（续 3）

```
20 op=torch.nn.functional.conv2d(rgb_image.unsqueeze(0),sobelfilter, stride=3,padding
   = 1) #3个通道输入，生成1个特征图
21
22 ret = (op - op.min()).div(op.max() - op.min())   #对卷积结果进行处理
23 ret =ret.clamp(0., 1.).mul(255).int()            #将卷积结果转为图片数据
24 print(ret)
25
26 plt.imshow(ret.squeeze(),cmap='Greys_r')         #显示图片
27 plt.axis('off')                                  #不显示坐标轴
28 plt.show()
```

上述代码的第 22 行和第 23 行是对卷积结果进行处理，因为 Sobel 算子处理过的图片的数据不能保证在 0 ~ 255 内，所以要做一次归一化操作（即用每个值减去最小值的结果，并除以最大值与最小值的差）让生成的值都在 [0,1] 范围，然后乘以 255。

上述代码运行后，输出图 7-20 所示的结果。

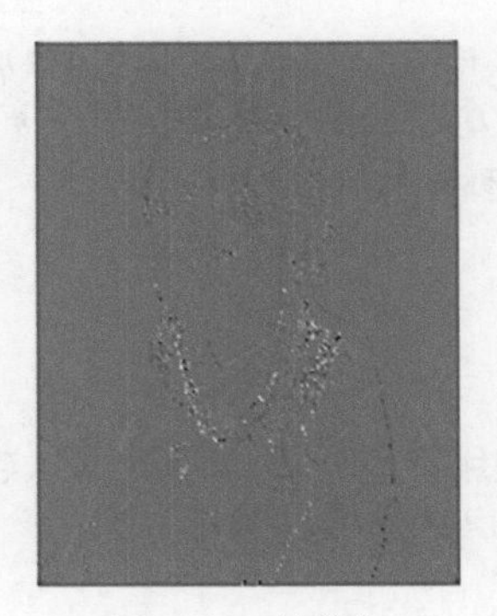

图 7-20　边缘化

从运行结果可以看出，在 Sobel 的卷积操作之后，提取到了一张含有轮廓特征的图像。

7.4　深层卷积神经网络

深层卷积神经网络是指将多个卷积层叠加在一起所形成的网络。这种网络模型可以模拟人类视觉的感受视野和分层系统，在机器视觉领域表现出的效果非常突出。

7.4.1　深层卷积神经网络组成

深层卷积神经网络是由多个卷积层和若干其他的神经网络按照不同的形式叠加而成的。原始的深层卷积神经网络主要由输入层、卷积层、池化层、全连接层（或全局平均池化层）等部分组成，其结构如图 7-21 所示。

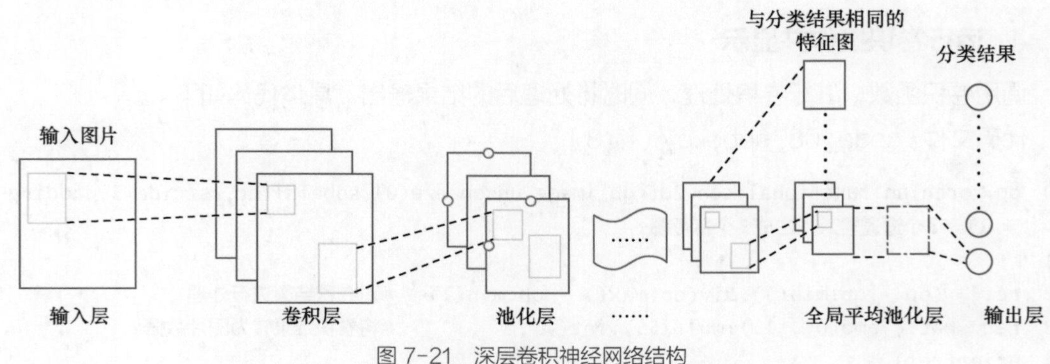

图 7-21　深层卷积神经网络结构

1. 深层卷积神经网络的正向结构

如图 7-21 所示的卷积神经网络里面包括这几部分：输入层、若干个“卷积层 + 池化层”组合的部分、全局平均池化层、输出层。

- 输入层：将每个像素作为一个特征节点输入网络。
- 卷积层：由多个滤波器组合而成。
- 池化层：将卷积结果降维。
- 全局平均池化层：对生成的特征图取全局平均值，该层也可以用全连接网络代替。
- 输出层：网络需要将数据分成几类，该层就有几个输出节点，每个输出节点代表属于当前样本的该类型的概率。

在图 7-21 所示的深层卷积神经网络结构中，主要是由多个“卷积层 + 池化层”组合而成的。这种“卷积层 + 池化层”的组合成为了原始深层卷积神经网络的主要特征，如图 7-22 所示。

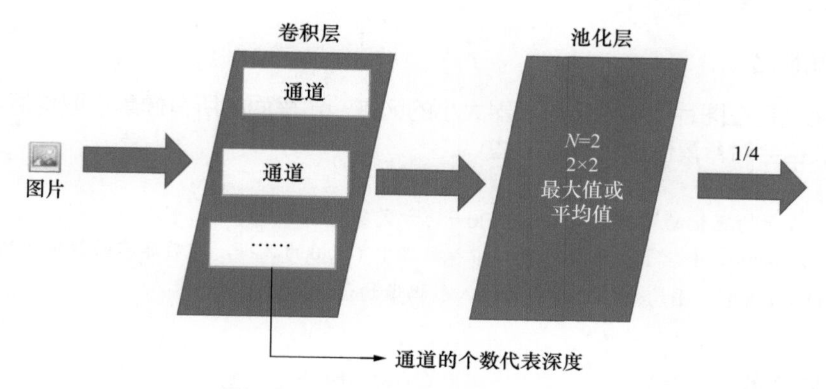

图7-22 “卷积层+池化层”的组合结构

图 7-22 中卷积层里面的通道（channel）的个数代表卷积层的深度。

池化层的作用是对卷积后的特征图进行降维处理，得到更为显著的特征。池化层会对特征图中的数据做均值或最大值处理，在保留特征图原有特征的基础上，减少了后续运算量。

池化运算之后得到的数据大小与池化核大小、池化运算步长、输入图片的大小都有关系，这部分内容将在下面的章节详细介绍。

2. 卷积神经网络的反向传播

在实际编程过程中，反向传播的处理已经在 PyTorch 框架中被封装成接口，直接调用即可。对于反向传播方面的知识，这里只简单介绍一下基本原理。反向传播的主要步骤有以下两个。

（1）将误差传到前面一层。

（2）根据当前的误差对应的学习参数表达式来算出其需要更新的差值。

第（2）步与全连接网络中的反向求导是一样的，仍然是使用链式求导法则，找到使误差最小化的梯度，再配合学习率算出更新的差值。

在第（1）步对卷积操作的反向求导时，需要先将生成的特征图做一次 padding，再与转置后的卷积核做一次卷积操作，即可得到输入端的误差，从而实现了误差的反向传递。

7.4.2　池化操作

池化操作常配合卷积操作一起使用。池化的主要目的是降维，即在保持原有特征的基础上最大限度地将数组的维数变小。

池化操作与卷积操作类似，具体介绍如下：

- 卷积是将对应像素上的点相乘，然后相加；
- 池化中只关心滤波器的尺寸，不再考虑内部的值，算法是将滤波器映射区域内的像素点取平均值或最大值。

池化步骤也有步长，步长部分的规则与卷积操作是一样的。下面介绍两种常用的池化操作：均值池化与最大池化。

1. 均值池化

均值池化就是在图片上对应出滤波器大小的区域，对里面的所有像素点取均值。这种方法得到的特征数据会对背景信息更敏感一些。

> 注意　PyTorch 在平均池化的处理上与 TensorFlow 的方式不同。
> - 在 TensorFlow 中，平均池化只关心输入数据中不为 0 的数据，即对非零的数据做均值计算。
> - 在 PyTorch 中，平均池化对所有的输入数据做均值计算。

2. 最大池化

最大池化是在图片上对应出滤波器大小的区域，将里面的所有像素点取最大值。这种方法得到的特征数据会对纹理特征的信息更敏感一些。

7.4.3　了解池化接口

PyTorch 按照池化处理的维度，又将最大池化和平均池化各分成了 3 个处理函数。

1. 最大池化函数

- torch.nn.functional.max_pool1d：实现按照 1 个维度进行的最大池化操作，常用于处理序列数据。
- torch.nn.functional.max_pool2d：实现按照 2 个维度进行的最大池化操作，常用于处理二维的平面图片。
- torch.nn.functional.max_pool3d：实现按照 3 个维度进行的最大池化操作，常用于处理三维图形数据。

2. 平均池化函数

- torch.nn.functional.avg_pool1d：实现按照 1 个维度进行的平均池化操作，常用于处理序列数据。
- torch.nn.functional.avg_pool2d：实现按照 2 个维度进行的平均池化操作，常用于处理二维的平面图片。

- torch.nn.functional.avg_pool3d：实现按照 3 个维度进行的平均池化操作，常用于处理三维图形数据。

3. 池化函数的定义

从最大池化函数和平均池化函数的名字上可以看出，二者的形式类似，只不过实现的具体细节不同。这里以基于二维的最大池化函数为例，详细介绍其具体的用法。

在 PyTorch 中，池化函数也有两种实现方式，一种是基于函数的方式进行调用，另一种是基于类的方式进行调用。下面以函数方式为例，基于二维的最大池化函数定义如下：

```
    torch.nn.functional.max_pool2d(input, kernel_size, stride=None, padding=0,
dilation=1, ceil_mode=False, count_include_pad =False)
```

其中的参数说明如下。

- input：输入张量，形状为 [批次，通道数，高，宽] 的四维数据。
- kernel_size：池化区域的大小，可以是单个数字或者元组，如果该值是元组，那么输入形状为 [高，宽]。
- stride：池化操作的步长，可以是单个数字或者元组，如果该值是元组，那么输入形状为 [高，宽]，默认等于池化区域 kernel_size 的大小。
- padding: 在输入上隐式的零填充，可以是单个数字或者一个元组，如果该值是元组，那么输入形状为 [高，宽]，默认值是 0。
- dilation: 是指池化区域中，每个元素之间的间隔。
- ceil_mode：设置输出形状的计算方式。
- count_include_pad：是否对填充的数据进行计算。

4. 池化结果的计算规则

池化处理后所输出的结果大小与卷积操作的计算规则一致 [见 7.3.3 节中的式（7-5）和式（7-6）]。

7.4.4 实例 8：池化函数的使用

下面通过一个例子来介绍池化函数的使用。

实例描述 通过手动生成一个 4×4 的矩阵来模拟图片，定义一个 2×2 的滤波器，通过几个在卷积神经网络中常用的池化操作来设置实验池化里面的参数，验证输出结果。

1. 定义输入变量

定义 1 个输入变量用来模拟输入图片、4×4 大小的 2 通道矩阵，并在里面赋上指定的值。两个通道的内容分别为 4 个 0 ～ 3 的值和 4 个 4 ～ 7 的值所组成的矩阵。

代码文件：code_09_pooling.py

```
01 import torch                                     #导入torch库
02
03 img=torch.tensor([
04           [ [0.,0.,0.,0.],[1.,1.,1.,1.],[2.,2.,2.,2.],[3.,3.,3.,3.] ],
05           [ [4.,4.,4.,4.],[5.,5.,5.,5.],[6.,6.,6.,6.],[7.,7.,7.,7.] ]
06                 ]).reshape([1,2,4,4])            #定义张量，模拟输入图片
07 print(img)                                       #输出结果
08 print(img[0][0])                                 #输出第1通道的内容
09 print(img[0][1])                                 #输出第2通道的内容
```

上述代码运行后，输出如下内容：

```
tensor([[[[0., 0., 0., 0.], [1., 1., 1., 1.], [2., 2., 2., 2.], [3., 3., 3., 3.]],
         [[4., 4., 4., 4.], [5., 5., 5., 5.], [6., 6., 6., 6.], [7., 7., 7., 7.]]]])
tensor([[0., 0., 0., 0.], [1., 1., 1., 1.], [2., 2., 2., 2.], [3., 3., 3., 3.]])
tensor([[4., 4., 4., 4.], [5., 5., 5., 5.], [6., 6., 6., 6.], [7., 7., 7., 7.]])
```

可以看到结果中输出了 3 个张量。第 1 个张量是模拟数据的内容，第 2 个张量是模拟数据中第 1 通道的内容，第 3 个张量是模拟数据中第 2 通道的内容。

2. 定义池化操作

定义 4 个池化操作和一个取均值操作。前两个是最大池化，接下来是两个均值池化，最后是取均值操作。

代码文件：code_09_pooling.py（续）

```
10 pooling=torch.nn.functional.max_pool2d(img,kernel_size =2)
11 print("pooling:\n",pooling)           #输出最大池化的结果（池化区域为2、步长为2）
12 pooling1=torch.nn.functional.max_pool2d(img,kernel_size =2,stride=1)
13 print("pooling1:\n",pooling1)         #输出最大池化的结果（池化区域为2、步长为1）
14 pooling2=torch.nn.functional.avg_pool2d(img,kernel_size =4,stride=1,padding=1)
                                         #先对输入数据补0，再进行池化
15 print("pooling2:\n",pooling2)         #输出平均池化的结果（池化区域为4、步长为1）
16 pooling3=torch.nn.functional.avg_pool2d(img,kernel_size =4)
17 print("pooling3:\n",pooling3)         #输出平均池化的结果（池化区域为4、步长为4）
18 #对输入张量计算两次均值，可以得到平均池化的效果
19 m1 = img.mean(3)
20 print("第1次平均值结果:\n",m1)
21 print("第2次平均值结果:\n",m1.mean(2))
```

在本步骤操作之前，读者可以把前面的规则熟悉一下，试着自己在纸上推导一下，然后比较得到的输出结果。

执行上面的代码，把这些结果打印出来，看看是否与你推导的一致（为了阅读方便，将格式进行了整理）：

```
pooling:
 tensor([[[[1., 1.], [3., 3.]],
          [[5., 5.], [7., 7.]]]])
```

该池化操作从原始输入中取最大值，生成两个通道的 2×2 矩阵。

```
pooling1:
 tensor([[[[1., 1., 1.], [2., 2., 2.], [3., 3., 3.]],
          [[5., 5., 5.], [6., 6., 6.], [7., 7., 7.]]]])
pooling2:
 tensor([[[[0.5625, 0.7500, 0.5625], [1.1250, 1.5000, 1.1250], [1.1250, 1.5000, 1.1250]],
          [[2.8125, 3.7500, 2.8125], [4.1250, 5.5000, 4.1250], [3.3750, 4.5000, 3.3750]]]])
```

pooling1 和 pooling2 分别先对输入数据进行不补 0 和补 1 行 0 的操作，再进行池化处理。

- pooling1 直接将池化区域尺寸取 2×2、步长取 1 进行池化处理，生成了 3×3 的矩阵。
- pooling2 则是先补了 1 行 0，再将池化区域尺寸取 4×4、步长取 1 进行池化处理，生成了 3×3 的矩阵。

```
pooling3:
 tensor([[[[1.5000]], [[5.5000]]]])
第1次平均值结果：
 tensor([[[0., 1., 2., 3.], [4., 5., 6., 7.]]])
第2次平均值结果：
 tensor([[1.5000, 5.5000]])
```

pooling3 是常用的操作手法，也称为全局池化法，就是使用一个与原有输入同样尺寸的池化区域来进行池化处理，一般是深层卷积神经网络的最后一层用于表达图像特征。

在 pooling3 的输出结果之后，是对输入数据进行两次平均值计算的结果。可以看到，在对输入数据经过两次平均计算后，得到的数据与 pooling3 的数值一致（只有形状不同）。二者的效果是等价的。

7.4.5 实例 9：搭建卷积神经网络

第 6 章的实例搭建的模型用的是卷积层加全连接层的结构，这种结构是卷积神经网络起初的经典结构。后来，随着卷积神经网络的发展，已将最后的 2 个全连接层变为了全局平均池化层（见图 7-21）。下面通过一个例子来介绍卷积神经网络的搭建。

实例描述 *在第 6 章介绍的实例的代码基础上，将最后 3 个全连接层改成一个卷积层与全局平均池化层的组合，并与第 6 章的模型进行比较。*

改变 6.3.1 节中 myConNet 模型类的网络结构，将其最后 3 个全连接层改成一个卷积层与一个全局平均池化层的组合结构。

修改 6.3.1 节中代码的第 40 行～第 68 行，如下所示。

代码文件：code_10_CNNModel.py（部分）

```
40 class myConNet(torch.nn.Module):  #重新定义myConNet类
41     def __init__(self):
42         super(myConNet, self).__init__()
43         #定义卷积层
44         self.conv1 = torch.nn.Conv2d(in_channels=1,
45                                      out_channels=6, kernel_size=3)
46         self.conv2 = torch.nn.Conv2d(in_channels=6,
47                                      out_channels=12, kernel_size=3)
48         self.conv3 = torch.nn.Conv2d(in_channels=12,
49                                      out_channels=10, kernel_size=3)
50
51     def forward(self, t):  #搭建正向结构
52         #第一层卷积和池化处理
53         t = self.conv1(t)
54         t = F.relu(t)
55         t = F.max_pool2d(t, kernel_size=2, stride=2)
56         #第二层卷积和池化处理
57         t = self.conv2(t)
58         t = F.relu(t)
59         t = F.max_pool2d(t, kernel_size=2, stride=2)
60
61         #第三层卷积和池化处理
62         t = self.conv3(t)
63         t = F.avg_pool2d(t, kernel_size=t.shape[-2:], stride=t.shape[-2:])
64
65         return t.reshape(t.shape[:2])
```

上述代码的第 44 行～第 49 行是卷积网络的定义，相比 6.3.1 节中的卷积网络，将卷积核大小由 5 改成了 3。

上述代码的第 48 行和第 49 行为新添加的卷积网络，该网络最终的输出通道为 10，这个输出通道数要与分类数相对应。

上述代码的第 63 行调用了 F.avg_pool2d() 函数，并设置池化区域为输入数据的大小（最后两个维度），完成了全局平均池化的处理。

上述代码运行后，输出的训练过程如下：

```
…
[1,  1000] loss: 0.444
[1,  2000] loss: 0.309
…
[2,  5000] loss: 0.246
[2,  6000] loss: 0.242
```

上述结果的最后一行是模型在训练过程中输出的最后一次 loss 值，该值与 6.3.3 节输出的 loss（0.266）相差无几。

输出的测试结果如下：

```
Accuracy of T-shirt : 76 %
Accuracy of Trouser : 96 %
Accuracy of Pullover : 84 %
Accuracy of Dress : 85 %
Accuracy of  Coat : 50 %
Accuracy of Sandal : 95 %
Accuracy of Shirt : 47 %
Accuracy of Sneaker : 92 %
Accuracy of   Bag : 94 %
Accuracy of Ankle_Boot : 88 %
Accuracy of all : 81 %
```

上述结果的最后一行是模型在测试集上的总体准确率（81%），相比 6.5 节的准确率结果（80%）甚至还有所提升。

提示 读者在本地运行时，得到的数据可能会与本书略有差别，这是正常现象，因为神经网络使用的是随机权重初始化，再加上优化器的随机算法和底层的运算资源调度，无法保证每次结果绝对一致。

本小节的实例所用的模型与第 6 章的模型相比在效果上相差无几。但从结构上看，本小节所用的模型使用的运算量和权重参数会更少，说明该模型的结构更优。

7.5 循环神经网络结构

循环神经网络（Recurrent Neural Network，RNN）是一个具有记忆功能的网络模型。它可以发现样本彼此之间的相互关系。它多用于处理带有序列特征的样本数据。

7.5.1 了解人的记忆原理

如果你身边有刚开始学说话的孩子，可以仔细观察一下，虽然他说话时能表达出具体的意思，但是听起来总会觉得怪怪的。比如我家的孩子，在刚开始说话时，把“我要”说成了“要我”，一看到喜欢吃的零食，就会用手指着零食大喊“要我，要我……”。

为什么我们听起来就会很别扭呢？这是因为我们的大脑受刺激对一串后续的字有预测功能。如果从神经网络的角度来理解，大脑中的语音模型在某一场景下一定是对这两个字有先后顺序区分的。比如，第一个字是“我”，后面跟着“要”，人们就会觉得正常，而使用“要我”来匹配“我要”的意思就会觉得很奇怪。

当获得“我来找你玩游”信息后，大脑的语言模型会自动预测后一个字为“戏”，而不是“乐”“泳”等其他字，如图 7-23 所示。

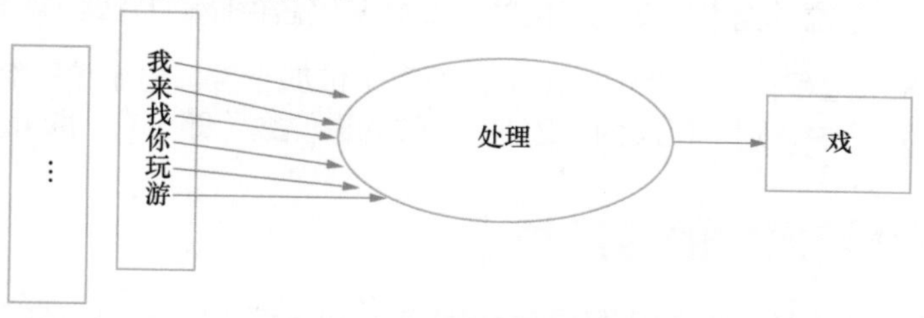

图7-23 大脑处理文字举例

显然，图 7-23 中的逻辑并不是在说完“我来找你玩游”之后进入大脑来处理的，而是每个字都在脑子里进行着处理，将图 7-23 中的每个字分开，在语言模型中就形成了一个循环神经网络，图 7-23 的逻辑可以用下面的伪码表示：

```
(input我+ empty—input) →output我
(input来+ output我) →output来
(input找+ output来) →output找
(input你+ output找) →output你
…
```

每个预测的结果都会放到下一个输入里面进行运算，与下一次的输入一起来生成下一次的结果。图 7-24 所示的网络模型可以很好地理解我们见到的现象。

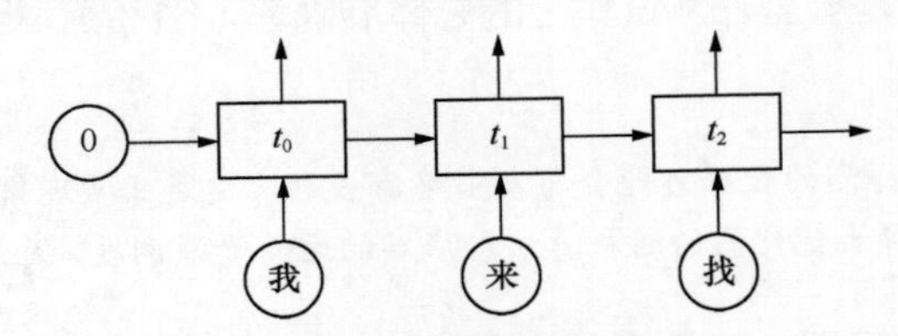

图7-24　循环神经网络结构

图 7-24 也可以看作一个链式结构。如何理解链式结构呢？举个例子：我的孩子上了幼儿园，学习了《三字经》，一下子可以背很长的文字，且背得很熟练。我想考考他，便问了一个中间的句子，如“名俱扬”下一句是什么，他很快说了出来。马上又问他上一句是什么，他想了半天，从头背了一遍，背到“名俱扬”时才知道是“教五子”。

这种“链式地、有顺序地存储信息”很节省空间，对于中间状态的序列，我们的大脑没有选择直接记住，而是存储计算方法。当我们需要取值时，直接将具体的数据输入，通过计算得出相应的结果。这样的方法在解决很多具体问题时会用到。

例如，使用一个递归的函数来求阶乘 $n!=n\times(n-1)\times\cdots\times 1$。

函数的代码如下：

```
long ff(int n) {
  long f;
  if(n<0) printf("n<0,input error");
  else if(n==0||n==1) f=1;
  else f=ff(n-1)*n;
  return(f);
}
```

在加法计算时，进位过程也是使用了按顺序计算来代替存储的方法。

“23+17”的加法过程：先算个位加个位，再算十位加十位。将个位的结果状态（是否有进位）送到十位的运算中，则十位应为“2+1+ 个位的进位数（即 1）”，即 4。

7.5.2　循环神经网络的应用领域

对于序列化的特征任务，适合用循环神经网络来解决。这类任务包括情感分析（sentiment

analysis）、关键字提取（key term extraction）、语音识别（speech recognition）、机器翻译（machine translation）和股票分析等。

7.5.3　循环神经网络的正向传播过程

循环神经网络有很多种结构，基本结构是将全连接网络的输出节点复制一份，传回到输入节点中，与输入数据一起进行下一次的运算。这种神经网络将数据从输出层又传回到输入层，形成了循环结构，因此得名循环神经网络。

基本的循环神经网络结构如图 7-25 大箭头的左侧所示，其中 A 代表网络，X_t 代表 t 时刻输入的 X，h_t 代表网络生成的结果，A 处又画出了一条线指向自己，表明上一时刻的输出接着输入到了 A 里面。

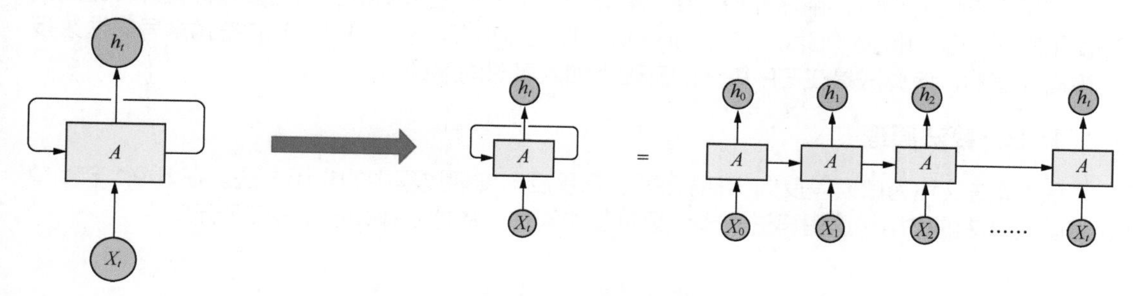

图7-25　循环神经网络正向传播

当有一系列的 X 输入图 7-25 中大箭头左侧所示的结构中后，展开就变成了大箭头右侧的样子，其实就是一个含有隐藏层的网络，只不过隐藏层的输出变成了两份，一份传到下一个节点，另一份传给本身节点。其时序图如图 7-26 所示。

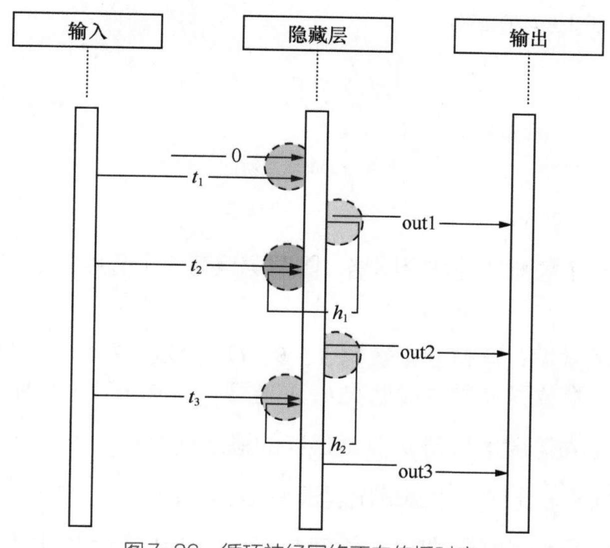

图7-26　循环神经网络正向传播时序

假设有 3 个时序 t_1、t_2、t_3，如图 7-26 所示，循环神经网络的处理过程可以分解成以下 3 个步骤：

（1）开始时 t_1 通过自己的输入权重和 0 作为输入，生成了 out1;

（2）out1 通过自己的权重生成了 h_1，然后和 t_2 经过输入权重转化后一起作为输入，生成了 out2;

（3）out2 通过同样的隐藏层权重生成了 h_2，然后和 t_3 经过输入权重转化后一起作为输入，生成了 out3。

通过循环神经网络，可以将上一序列的样本输出结果与下一序列样本一起输入模型中进行运算。这样可以使模型所处理的特征信息中，既含有该样本之前序列的信息，又含有该样本自身的数据信息，从而使网络具有记忆功能。

7.5.4　BP算法与BPTT算法的原理

与单个神经元相似，循环神经网络也需要反向传播误差来调整自己的参数。循环神经网络是使用随时间反向传播（Back Propagation Through Time，BPTT）的链式求导算法来反向传播误差的。该算法是在 BP 算法的基础上加入了时间序列。

1. BP算法原理

BP 算法又称为“误差反向传播算法”。它是反向传播过程中的常用方法。在 5.9.1 节简单介绍过该算法的作用。这里再进一步介绍其工作原理，具体步骤如图 7-27 所示。

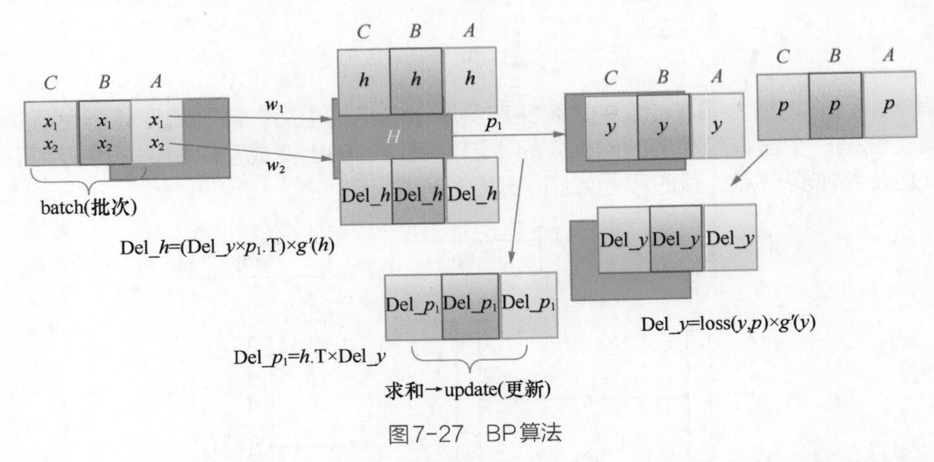

图7-27　BP算法

假设有一个包含一个隐藏层的神经网络，隐藏层只有一个节点。该神经网络在 BP 算法中具体的实现过程如下。

（1）有一个批次的数据，含有 3 个数据 A、B、C，批次中每个样本有两个数（x_1、x_2）通过权重（w_1、w_2）来到隐藏层 H 并生成批次 h，如图 7-27 中 w_1 和 w_2 所在的两条直线方向。

（2）该批次的 h 通过隐藏层权重 p_1 生成最终的输出结果 y。

（3）y 与最终的标签 p 比较，生成输出层误差 loss(y,p)。

（4）loss(y, p) 与生成 y 的导数相乘，得到 Del_ y。Del_ y 为输出层所需要的修改值。

（5）将 h 的转置与 Del_ y 相乘得到 Del_ p_1，这是源于 h 与 p_1 相乘得到的 y（见第 2 步）。

（6）最终将该批次的 Del_ p_1 求和并更新到 p_1。

（7）同理，再将误差反向传递到上一层：计算 Del_h。得到 Del_h 后再计算权重（w_1、

w_2）的 Del 值并更新。

2. BPTT 的算法原理

在理解 BP 的算法的基础上，再来学习 BPTT 将会更好理解一些。BPTT 算法的实现过程如图 7-28 所示。

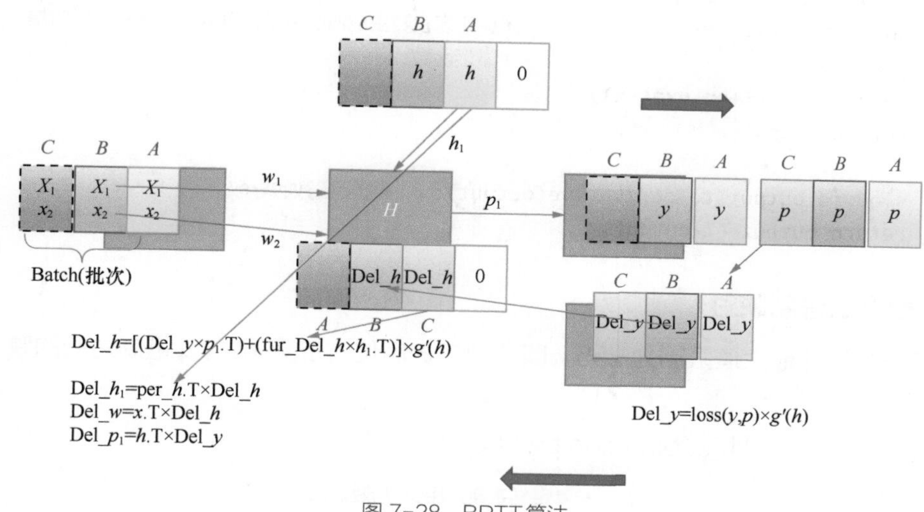

图 7-28 BPTT 算法

在图 7-28 中，同样是一个批次的数据 *ABC*，按顺序进入循环神经网络。正向传播的实例是，*B* 正在进入神经网络的过程，可以看到 *A* 的 *h* 参与了进来，一起经过 p_1 生成了 *B* 的 *y*。因为 C 还没有进入，为了清晰，所以这里用灰色（虚线方框）来表示。

当所有块都进入之后，会将 *p* 标签与输出进行 Del_ *y* 的运算。由于 *C* 块中的 *y* 值是最后生成的，因此我们先从 *C* 块开始对 *h* 的输出传递误差 Del_*h*。

图 7-28 中的反向传播是表示 *C* 块已经反向传播完成，开始 *B* 块反向传播的状态，可以看到 *B* 块 Del_*h* 是由 *B* 块的 Del_ *y* 和 *C* 块的 Del_*h*（图 7-28 中的 fur_Del_*h*）通过计算得来的。这就是与 BP 算法不同的地方（在 BP 算法中 Del_*h* 直接与自己的 Del_ *y* 相关，不会与其他的值有联系）。

作为一个批次的数据，正向传播时是沿着 *ABC* 的顺序；当反向传播时，就按照正向传播的相反顺序，按照每个节点的 *CBA* 顺序，挨个计算并传递梯度。

7.5.5 实例 10：简单循环神经网络实现——设计一个退位减法器

在了解了循环神经网络的原理后，下面就一起来实现一个简单的循环神经网络。本例用代码实现循环神经网络模型拟合减法的计算规则。通过这个例子可以使读者加深对前面内容的理解。

实例描述 使用 Python 实现简单循环神经网络拟合一个退位减法的操作，观察其反向传播过程。

使用 Python 手动搭建一个简单的循环神经网络，让它来拟合一个退位减法。退位减法也具有循环神经网络的特性，即输入的两个数相减时，一旦发生退位运算，需要将中间状态保存起来，当高位的数传入时将退位标志一并传入以参与运算。

1. 定义基本函数

先来手动写一个 Sigmoid 函数及其导数（导数用于反向传播）。

代码文件：code_11_subtraction.py

```
01 mport copy, numpy as np
02 np.random.seed(0)                        #固定随机数生成器的种子，可以每次得到一样的值
03 def sigmoid(x):                          #激活函数
04     output = 1/(1+np.exp(-x))
05     return output
06
07 def sigmoid_output_to_derivative(output):    #激活函数的导数
08     return output*(1-output)
```

2. 建立二进制映射

将减法允许的最大值限制为 255，即 8 位二进制位。定义 int 与二进制之间的映射数组 int2binary。

代码文件：code_11_subtraction.py（续 1）

```
09 int2binary = {}                      #定义字典，用于存放整数到二进制的映射
10 binary_dim = 8                       #设置减法计算的位数
11 #计算0~255的二进制表示
12 largest_number = pow(2,binary_dim)
13 binary = np.unpackbits(
14     np.array([range(largest_number)],dtype=np.uint8).T,axis=1)
15 for i in range(largest_number):
16     int2binary[i] = binary[i]
```

3. 定义参数

定义学习参数：隐藏层的权重为 synapse_0，循环节点的权重为 synapse_h（输入 16 节点、输出 16 节点），输出层的权重为 synapse_1（输入 16 节点、输出 1 节点）。

代码文件：code_11_subtraction.py（续 2）

```
17 #参数设置
18 alpha = 0.9                                  #学习率
19 input_dim = 2                                #输入的维度为2，减数和被减数
20 hidden_dim = 16
21 output_dim = 1                               #输出维度为1
22
23 #初始化网络
24 synapse_0 = (2*np.random.random((input_dim,hidden_dim)) - 1)*0.05
   #维度为2×16，2为输入维度，16为隐藏层维度
25 synapse_1 = (2*np.random.random((hidden_dim,output_dim)) - 1)*0.05
26 synapse_h = (2*np.random.random((hidden_dim,hidden_dim)) - 1)*0.05
27 #=> [-0.05, 0.05),
```

```
28
29 #用于存放反向传播的权重更新值
30 synapse_0_update = np.zeros_like(synapse_0)
31 synapse_1_update = np.zeros_like(synapse_1)
32 synapse_h_update = np.zeros_like(synapse_h)
```

synapse_0_update 在前面很少见到，是因为它被隐含在优化器里了。这里全部自己动手编写（不使用 TensorFlow 库函数），需要定义一组变量，用于反向优化参数时存放参数需要调整的调整值，对应于前面的 3 个权重 synapse_0、synapse_1、synapse_h。

4. 准备样本数据

大致过程如下。

（1）建立循环生成样本数据，先生成两个数 a 和 b。如果 a 小于 b，就交换位置，保证被减数大。

（2）计算出相减的结果 c。

（3）将 3 个数转成二进制，为模型计算做准备。

将上面的过程进行实现，具体代码如下。

代码文件: code_11_subtraction.py（续 3）

```
33 #开始训练
34 for j in range(10000):
35     #生成一个数字a
36     a_int = np.random.randint(largest_number)
37     #生成一个数字b。b的最大值取的是largest_number/2，作为被减数，让它小一点
38     b_int = np.random.randint(largest_number/2)
39     #如果生成的b大了，那么交换一下
40     if a_int<b_int:
41         tt = a_int
42         b_int = a_int
43         a_int=tt
44
45     a = int2binary[a_int] #二进制编码
46     b = int2binary[b_int] #二进制编码
47     #正确的答案
48     c_int = a_int - b_int
49     c = int2binary[c_int]
```

5. 模型初始化

初始化输出值为 0，初始化总误差为 0，定义 layer_2_deltas 为存储反向传播过程中的循环层的误差，layer_1_values 为隐藏层的输出值。由于第一个数据传入时，没有前面的隐藏层输出值来作为本次的输入，因此需要为其定义一个初始值，这里为 0.1。

代码文件：code_11_subtraction.py（续4）

```
50      #存储神经网络的预测值
51      d = np.zeros_like(c)
52      overallError = 0                    #每次把总误差清零
53
54      layer_2_deltas = list()             #存储每个时间点输出层的误差
55      layer_1_values = list()             #存储每个时间点隐藏层的值
56
57      layer_1_values.append(np.ones(hidden_dim)*0.1) #一开始没有隐藏层，因此初始
                                                       #化一下初始值，设为0.1
```

6. 正向传播

将二进制形式的变量从个位开始依次进行相减，并将中间隐藏层的输出传入下一位的计算（退位减法），把每一个时间点的误差导数都记录下来，同时统计总误差，为输出做好准备。

代码文件：code_11_subtraction.py（续5）

```
58  for position in range(binary_dim):                  #循环遍历每一个二进制位
59          #生成输入和输出
60          X = np.array([[a[binary_dim - position - 1],b[binary_dim - position - 1]]])
                                   #从右到左，每次去除两个输入数字的一个二进制位
61          y = np.array([[c[binary_dim - position - 1]]]).T  #正确答案
62          #hidden layer (input + prev_hidden)
63          layer_1 = sigmoid(np.dot(X,synapse_0) + np.dot(layer_1_values[-1],synapse_h))
            # (输入层 + 之前的隐藏层) -> 新的隐藏层，这是体现循环神经网络的最核心的地方!
64          #output layer (new binary representation)
65          layer_2 = sigmoid(np.dot(layer_1,synapse_1))
            #隐藏层 * 隐藏层到输出层的转化矩阵synapse_1 -> 输出层
66
67          layer_2_error = y - layer_2                             #预测误差
68          layer_2_deltas.append((layer_2_error)*sigmoid_output_to_derivative(layer_2))
            #把每一个时间点的误差导数都记录下来
69          overallError += np.abs(layer_2_error[0])                #总误差
70
71          d[binary_dim - position - 1] = np.round(layer_2[0][0]) #记录每一个预测二进制位
72          #将隐藏层保存起来。下一个时间序列便可以使用
73          layer_1_values.append(copy.deepcopy(layer_1))
            #记录一下隐藏层的值，在下一个时间点使用
74
75      future_layer_1_delta = np.zeros(hidden_dim)
```

最后一句代码是为了反向传播准备的初始化。反向传播是从正向传播的最后一次计算开始反向计算误差，对于每一个当前的计算都需要有它的下一次结果参与。

反向计算是从最后一次开始的，它没有后一次的输出，因此需要初始化一个值作为其后一次的输入，这里初始化的一个值为0。

7. 反向训练

初始化之后，开始从高位往回遍历，一次对每一位的所有层计算误差，并根据每层误差对权重求偏导，得到其调整值。最终，将每一位算出的各层权重的调整值加在一起乘以学习率，

来更新各层的权重。这样就完成一次优化训练。

代码文件：code_11_subtraction.py（续 6）

```
76  #反向传播，从最后一个时间点到第一个时间点
77      for position in range(binary_dim):
78
79          X = np.array([[a[position],b[position]]])      #最后一次的两个输入
80          layer_1 = layer_1_values[-position-1]          #当前时间点的隐藏层
81          prev_layer_1 = layer_1_values[-position-2]     #前一个时间点的隐藏层
82
83          layer_2_delta = layer_2_deltas[-position-1]  #当前时间点输出层导数
84          #通过后一个时间点（因为是反向传播）的隐藏层误差和当前时间点的输出层误差，计算当前时间
            #点的隐藏层误差
85          layer_1_delta = (future_layer_1_delta.dot(synapse_h.T) + layer_2_delta.
            dot(synapse_1.T)) * sigmoid_output_to_derivative(layer_1)
86
87          #等到完成了所有反向传播误差计算，才会更新权重矩阵，先暂时把更新矩阵保存
88          synapse_1_update += np.atleast_2d(layer_1).T.dot(layer_2_delta)
89          synapse_h_update += np.atleast_2d(
90                                      prev_layer_1).T.dot(layer_1_delta)
91          synapse_0_update += X.T.dot(layer_1_delta)
92
93          future_layer_1_delta = layer_1_delta
94
95      #完成所有反向传播之后，更新权重矩阵，并把矩阵变量清零
96      synapse_0 += synapse_0_update * alpha
97      synapse_1 += synapse_1_update * alpha
98      synapse_h += synapse_h_update * alpha
99      synapse_0_update *= 0
100     synapse_1_update *= 0
101     synapse_h_update *= 0
```

更新完后会将中间变量值清零。

8. 输出结果

每运行 800 次后将结果输出，具体代码如下。

代码文件：code_11_subtraction.py（续 7）

```
102 # 打印输出过程
103     if(j % 800 == 0):
104         print("总误差:" + str(overallError))
105         print("Pred:" + str(d))
106         print("True:" + str(c))
107         out = 0
108         for index,x in enumerate(reversed(d)):
109             out += x*pow(2,index)
110         print(str(a_int) + " - " + str(b_int) + " = " + str(out))
111         print("------------")
```

上面的代码运行后得到如下结果：

```
总误差:[ 3.97242498]
Pred:[0 0 0 0 0 0 0 0]
True:[0 0 0 0 0 0 0 0]
9 - 9 = 0
------------
总误差:[ 2.1721182]
Pred:[0 0 0 0 0 0 0 0]
True:[0 0 0 1 0 0 0 1]
17 - 0 = 0
------------
…
------------
总误差:[ 0.04588656]
Pred:[1 0 0 1 0 1 1 0]
True:[1 0 0 1 0 1 1 0]
167 - 17 = 150
------------
总误差:[ 0.08098026]
Pred:[1 0 0 1 1 0 0 0]
True:[1 0 0 1 1 0 0 0]
204 - 52 = 152
------------
总误差:[ 0.03262333]
Pred:[1 1 0 0 0 0 0 0]
True:[1 1 0 0 0 0 0 0]
209 - 17 = 192
------------
```

从训练的输出结果中可以看出，刚开始模型的计算并不准确，但随着多层迭代训练之后，模型便可以精确地进行退位减法计算了。

注意　本实例没有使用PyTorch框架来实现，主要目的是帮助读者更好地理解循环神经网络的机制，以及反向传播的计算过程。如果读者不想详细了解其内部原理，那么可以跳过该实例。直接跳过该实例不会对后面的阅读有任何影响。

7.6　常见的循环神经网络单元及结构

7.5.5 节中的实例代码仅限于简单的逻辑和样本。对于相对较复杂的问题，这种基本的循环神经网络模型便会暴露出它的缺陷，原因出在激活函数上。

通常来讲，像 Sigmoid、tanh 这类激活函数在神经网络里最多只能有 6 层左右，因为它的反向误差传递会导致随着层数的增加，传递的误差值越来越小。而在 RNN 中，误差传递不但存在于层与层之间，而且存在于每一层的样本序列间，因此，简单的 RNN 模型无法去学习太长的序列特征。

在深层网络结构中，会将简单的 RNN 模型从两个角度进行改造，具体如下。

- 使用更复杂的结构作为 RNN 模型的基本单元，使其在单层网络上提取更好的记忆特征。
- 将多个基本单元结合起来，组成不同的结构（多层 RNN、双向 RNN 等）。有时还会配合全连接网络、卷积网络等多种模型结构，一起组成拟合能力更强的网络模型。

其中，RNN 模型的基本单元称为 Cell，它是整个 RNN 的基础。随着深度学习的发展，Cell 也在不断改进、更新中。这里先介绍几种常见的 Cell 结构，如 LSTM、GRU 等。

7.6.1 长短记忆（LSTM）单元

长短记忆（Long Short Term Memory，LSTM）单元是一种使用了类似搭桥术结构的 RNN 单元。它可以学习长期序列信息，是 RNN 网络中最常使用的 Cell 之一。

1. 了解LSTM的结构

LSTM 通过刻意的设计来实现学习序列关系的同时，又能够避免长期依赖问题。它的结构示意如图 7-29 所示。

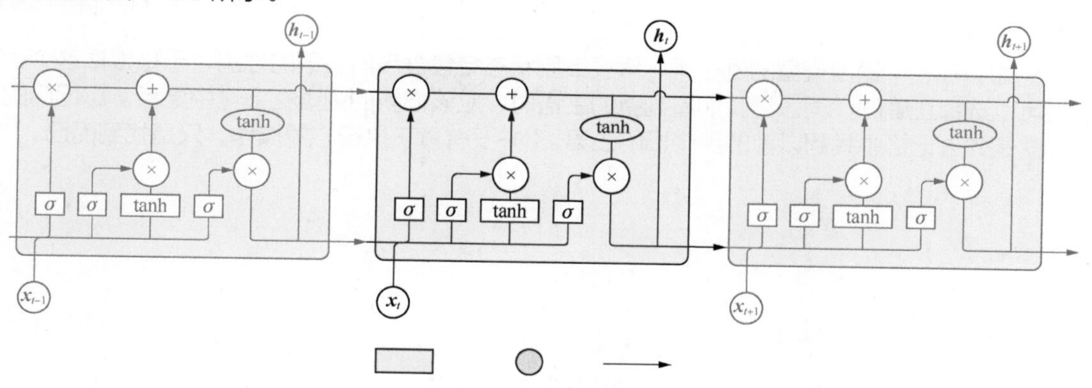

图7-29　LSTM结构示意

在图 7-29 中，每一条黑线传输着一整个向量，从一个节点的输出到其他节点的输入。粉色的圈代表运算操作（如向量的和），而黄色的矩形就是学习到的神经网络层。汇合在一起的线表示向量的连接，分叉的线表示内容被复制，然后分发到不同的位置。

虽然图 7-29 所示的结构看起来比较复杂，但是 LSTM 的本质与 7.5 节介绍的循环神经网络结构是一样的。LSTM 简化后的结构只是一个带有 tanh 激活函数的简单 RNN，如图 7-30 所示。

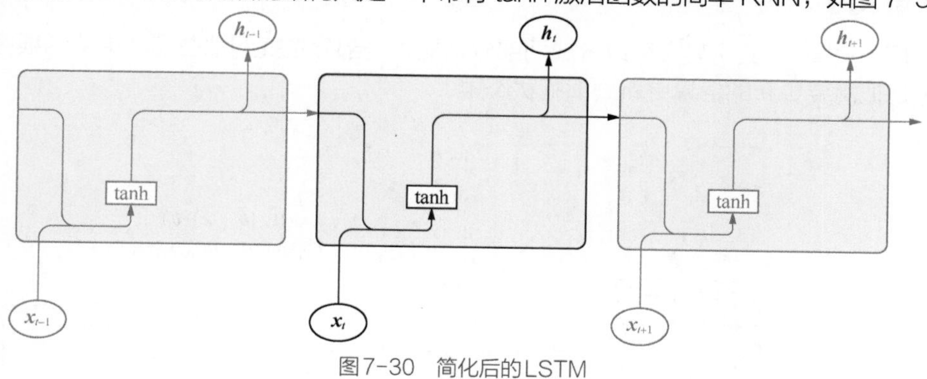

图7-30　简化后的LSTM

LSTM 这种结构的原理是引入一个称为细胞状态的连接。这个细胞状态用来存放想要记忆的东西（对应于简单 RNN 中的 $\boldsymbol{h}$，只不过这里面不再只保存上一次的状态了，而是通过网络学习存放那些有用的状态），同时在里面加入 3 个门。

- 忘记门：决定什么时候需要把以前的状态忘记。
- 输入门：决定什么时候要把新的状态加入进来。
- 输出门：决定什么时候需要把状态和输入放在一起输出。

从字面上可以看出，简单 RNN 只是把上一次的状态当成本次的输入一起输出。而 LSTM 在状态的更新和状态是否要作为输入，则是交给了神经网络的训练机制来选择。

现在分别介绍一下这 3 个门的结构和作用。

2. 忘记门

图 7-31 所示为忘记门。忘记门决定模型会从细胞状态中丢弃什么信息。

忘记门会读取前一序列模型的输出 $\boldsymbol{h}_{t-1}$ 和当前模型的输入 $\boldsymbol{x}_t$，来控制细胞状态 $\boldsymbol{C}_{t-1}$ 中的每个数字是否保留。

例如，在一个语言模型的例子中，假设细胞状态会包含当前主语的性别，于是根据这个状态便可以选择正确的代词。当我们看到新的主语时，应该把新的主语在记忆中更新。忘记门的功能就是先去记忆中找到以前的那个旧的主语。（并没有真正执行忘掉操作，只是找到而已。）

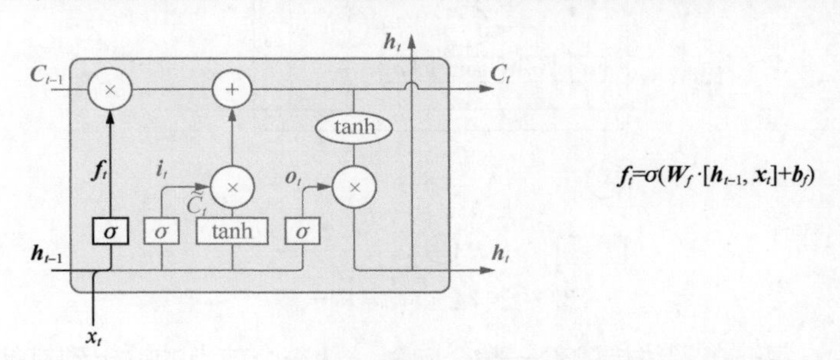

图7-31 LSTM的忘记门

在图 7-31 中，$\boldsymbol{f}_t$ 代表忘记门的输出结果，$\boldsymbol{\sigma}$ 代表激活函数，$\boldsymbol{W}_f$ 代表忘记门的权重，$\boldsymbol{x}_t$ 代表当前模型的输入，$\boldsymbol{h}_{t-1}$ 代表前一个序列模型的输出，$\boldsymbol{b}_f$ 代表忘记门的偏置。

3. 输入门

输入门（见图 7-32）其实可以分成两部分功能，一部分是找到那些需要更新的细胞状态，另一部分是把需要更新的信息更新到细胞状态里。

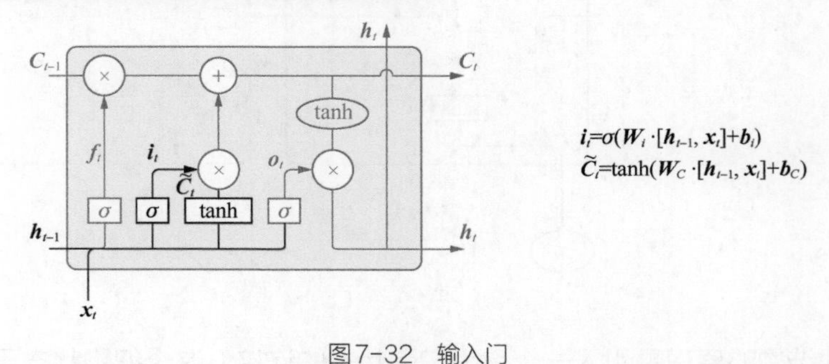

图7-32 输入门

在图 7-32 中，$\boldsymbol{i}_t$ 代表要更新的细胞状态，$\boldsymbol{\sigma}$ 代表激活函数，$\boldsymbol{x}_t$ 代表当前模型的输入，$\boldsymbol{h}_{t-1}$ 代表前一个序列模型的输出，$\boldsymbol{W}_i$ 代表计算 $\boldsymbol{i}_t$ 的权重，$\boldsymbol{b}_i$ 代表计算 $\boldsymbol{i}_t$ 的偏置，$\tilde{\boldsymbol{C}}_t$代表使用 tanh 所创建的新细胞状态，$\boldsymbol{W}_C$ 代表计算$\tilde{\boldsymbol{C}}_t$ 的权重，$\boldsymbol{b}_C$ 代表计算$\tilde{\boldsymbol{C}}_t$ 的偏置。

忘记门找到了需要忘掉的信息 $\boldsymbol{f}_t$ 后，再将它与旧状态相乘，丢弃确定需要丢弃的信息。然后，将结果加上 $\boldsymbol{i}_t \times \tilde{\boldsymbol{C}}_t$使细胞状态获得新的信息。这样就完成了细胞状态的更新，如图 7-33 所示。

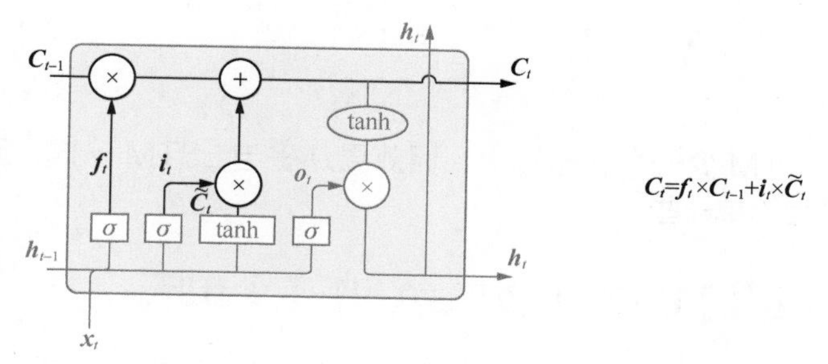

图7-33 输入门更新

在图 7-33 中，$\boldsymbol{C}_t$ 代表更新后的细胞状态，$\boldsymbol{f}_t$ 代表忘记门的输出结果，$\boldsymbol{C}_{t-1}$ 代表前一个序列模型的细胞状态，$\boldsymbol{i}_t$ 代表要更新的细胞状态，$\tilde{\boldsymbol{C}}_t$代表使用 tanh 所创建的新细胞状态。

4. 输出门

如图 7-34 所示，在输出门中，通过一个激活函数层（实际使用的是 Sigmoid 激活函数）来确定哪个部分的信息将输出，接着把细胞状态通过 tanh 进行处理（得到一个在 -1 ～ 1 的值），并将它和 Sigmoid 门的输出相乘，得出最终想要输出的那个部分，例如，在语言模型中，假设已经输入了一个代词，便会计算出需要输出一个与该代词相关的信息。

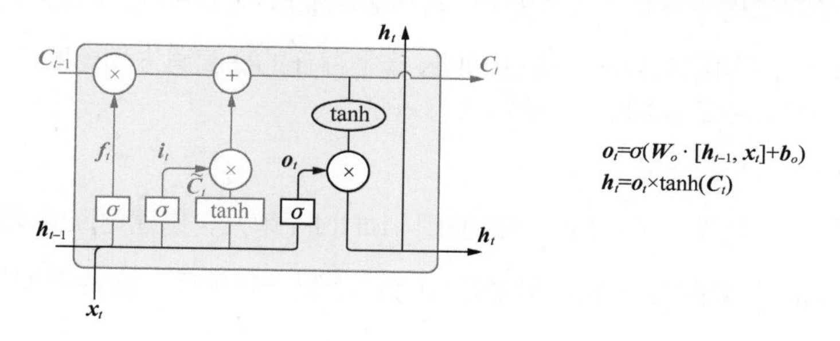

图7-34 输出门

在图 7-34 中，$\boldsymbol{o}_t$ 代表要输出的信息，$\boldsymbol{\sigma}$ 代表激活函数，$\boldsymbol{W}_o$ 代表计算 $\boldsymbol{o}_t$ 的权重，$\boldsymbol{b}_o$ 代表计算 $\boldsymbol{o}_t$ 的偏置，$\boldsymbol{C}_t$ 代表更新后的细胞状态，$\boldsymbol{h}_t$ 代表当前序列模型的输出结果。

7.6.2 门控循环单元（GRU）

门控循环单元（Gated Recurrent Unit，GRU）是与 LSTM 功能几乎一样的另一个常用的网络结构，它将忘记门和输入门合成了一个单一的更新门，同时又将细胞状态和隐藏状态进行混合，以及一些其他的改动。最终的模型比标准的 LSTM 模型要简单，如图 7-35 所示。

当然，基于 LSTM 的变体不止 GRU 一个，经过测试发现，这些搭桥术类的 Cell 在性能和准确度上几乎没什么差别，只是在具体的某些业务上会有略微不同。

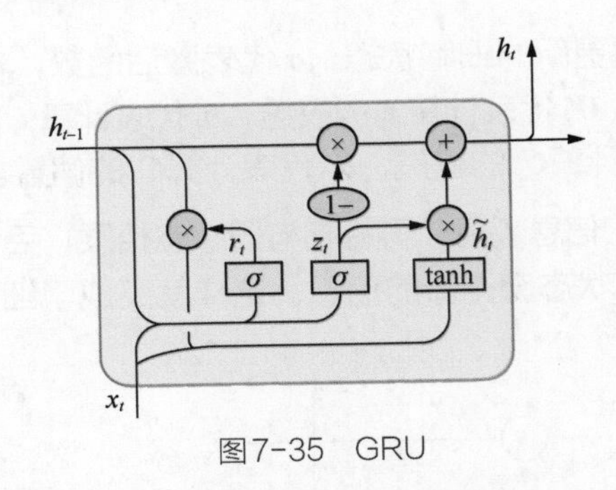

图7-35　GRU

由于GRU比LSTM少一个状态输出，但效果几乎与LSTM一样，因此在编码时使用GRU可以让代码更为简单一些。

7.6.3　只有忘记门的LSTM（JANET）单元

JANET（Just Another NETwork）单元也是LSTM单元的一个变种，发布于2018年。该单元结构源于一个大胆的猜测——当LSTM单元只有忘记门时会如何？

实验表明，只有忘记门的网络的性能居然优于标准LSTM单元。同样，该优化方式也可以被用在GRU中。

如果想要了解更多关于JANET单元的内容，那么可以参考相关论文。

7.6.4　独立循环（IndRNN）单元

独立循环（Independently Recurrent Neural Networks，IndRNN）单元是一种新型的循环神经网络单元结构，发布于2018年，其效果和速度均优于LSTM单元。

IndRNN单元不但可以有效解决传统RNN模型存在的梯度消失和梯度“爆炸”问题，而且能够更好地学习样本中的长期依赖关系。

在搭建模型时：

- 可以用堆叠、残差、全连接的方式使用IndRNN单元，搭建更深的网络结构；
- 将IndRNN单元配合ReLU等非饱和激活函数一起使用，会使模型表现出更好的鲁棒性。

1. IndRNN单元与RNN模型其他单元的结构差异

IndRNN与LSTM单元相比，使用了更简单的结构，减少了每个时间步的计算，可以达到比LSTM快10倍以上的处理速度。IndRNN更像一个原始的RNN模型结构（只将神经元的输出复制到输入节点中）。

与原始的RNN模型相比，IndRNN单元主要在循环层部分做了特殊处理。下面通过公式来详细介绍。

2. 原始的RNN模型结构

原始的RNN模型结构为：

$$h_t = \sigma(Wx_t + Uh_{t-1} + b) \tag{7-7}$$

在式（7-7）中，σ 代表激活函数，W 代表权重，x_t 代表输入，U 代表循环层的权重，h_{t-1} 代表前一个序列的输出，b 代表偏置。

在原始的 RNN 模型结构中，每个序列的输入数据乘以权重后，都要加上一个序列的输出与循环层的权重相乘的结果，再加上偏置，得到最终的结果。

3. IndRNN单元的结构

IndRNN 单元的结构为：

$$h_t = \sigma(Wx_t + U \odot h_{t-1} + b) \tag{7-8}$$

式（7-8）与式（7-7）相比，不同之处在于 U 与 h_{t-1} 的运算。符号⊙代表两个矩阵的哈达玛积（Hadamard product），即两个矩阵的对应位置相乘。

在 IndRNN 单元中，要求 U 和 h_{t-1} 这两个矩阵的形状必须完全相同。

IndRNN 单元的核心就是将上一个序列的输出与循环层的权重进行哈达玛积操作。从某种角度来讲，循环层的权重更像是卷积网络中的卷积核，该卷积核会对序列样本中的每个序列做卷积操作。

7.6.5 双向RNN结构

双向 RNN 又称 Bi-RNN，是采用了两个方向的 RNN 模型。

RNN 模型擅长的是对连续数据的处理，既然是连续的数据，那么模型不但可以学习它的正向特征，而且可以学习它的反向特征。这种将正向和反向结合的结构，会比单向的循环网络有更高的拟合度。例如，预测一个语句中缺失的词语，则需要根据上下文来进行预测。

双向 RNN 的处理过程就是在正向传播的基础上再进行一次反向传播。正向传播和反向传播都连接着一个输出层。这个结构提供给输出层输入序列中每一个点的完整的过去和未来的上下文信息。图 7-36 所示是一个沿着时间展开的双向循环神经网络。

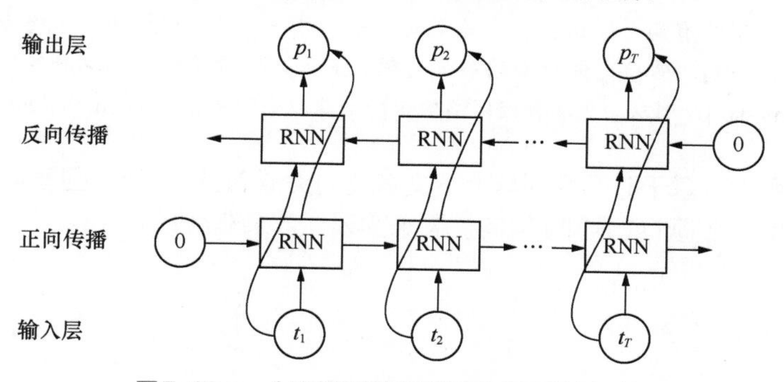

图7-36 一个沿着时间展开的双向循环神经网络

双向 RNN 会比单向 RNN 多一个隐藏层，6 个独特的权值在每一个时步被重复利用，6 个权值分别对应：输入到向前和向后隐含层，隐含层到隐含层自身，向前和向后隐含层到输出层。

双向 RNN 在神经网络里的时序如图 7-37 所示。

在按照时间序列正向运算之后，网络又从时间的最后一项反向地运算一遍，即把 t_3 时刻的输入与默认值 0 一起生成反向的 out3，把反向 out3 当成 t_2 时刻的输入与原来的 t_2 时刻输入一起生成反向 out2，依此类推，直到第一个时序数据。

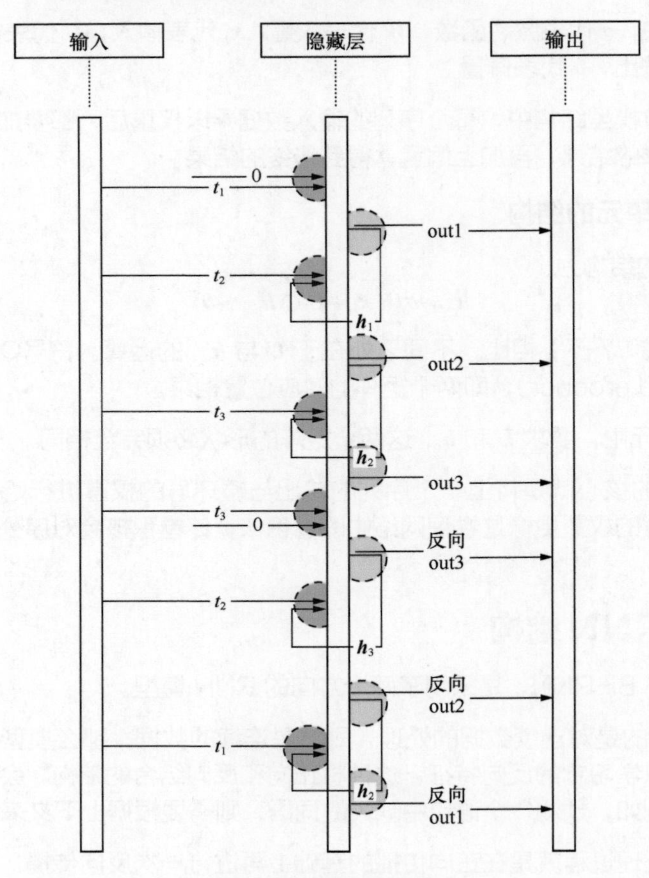

图7-37　双向RNN时序

注意　双向循环神经网络有两个输出：一个是正向输出，另一个是反向输出。最终会把输出结果通过 concat 并联在一起，然后交给后面的层来处理。例如，假设单向的循环神经网络输出的形状为 [seq,batch,nhidden]，则双向循环神经网络输出的形状就会变成 [seq,batch,nhidden × 2]。

在大多数应用中，基于时间序列与上下文有关的类似 NLP 中自动回答类的问题，一般使用双向 LSTM 配合 LSTM 或 RNN 横向扩展来实现，效果非常好。

7.7　实例 11：用循环神经网络训练语言模型

循环神经网络模型可以对序列片段进行学习，找到样本间的顺序特征。这个特性非常适合运用在语言处理方向。本例就使用循环神经网络来训练一个语言模型。

实例描述　通过使用 RNN 对一段文字的训练学习来生成模型，最终可以使用生成的模型来表达自己的意思，即令模型可以根据我们的输入再自动预测后面的文字。

本例除涉及 RNN 相关的知识以外，还涉及自然语言处理（NLP）领域的相关知识。在实现之前，先普及一下与本例相关的 NLP 知识。

7.7.1　什么是语言模型

语言模型包括文法语言模型和统计语言模型，一般指统计语言模型。

1. 统计语言模型的介绍

统计语言模型是指：把语言（词的序列）看成一个随机事件，并赋予相应的概率来描述其属于某种语言集合的可能性。

2. 统计语言模型的作用

统计语言模型的作用是，为一个长度为 m 的字符串确定一个概率分布 $P(w_1, w_2,\cdots, w_m)$，表示其存在的可能性。其中，$w_1 \sim w_m$ 依次表示这段文本中的各个词。简单地说，就是计算一个句子存在的概率大小。

用这种模型来衡量一个句子的合理性，概率越高，说明这个句子越像是人说出来的自然句子。另外，通过这些方法可以保留一定的词序信息，获得一个词的上下文信息。

7.7.2　词表与词向量

词表是指给每个单词（或字）编码，即用数字来表示单词（或字），这样才能将句子输入到神经网络中进行处理。

比较简单的词表是为每个单词（或字）按顺序进行编号，或将这种编号用 one_hot 编码来表示。但是，这种简单的编号方式只能描述不同的单词（或字），无法将单词（或字）的内部含义表达出来。于是人们开始用向量来映射单词（或字），因为向量可以表达更多信息。这种用来表示每个词的向量就称为词向量（也称词嵌入）。

词向量可以理解为 one-hot 编码的升级版，它使用多维向量更好地描述词与词之间的关系。

7.7.3　词向量的原理与实现

在现实生活中，词与词之间会有远近关系。例如，“手”和“脚”会让人自然地联想到动物的一部分，而“墙”则与动物身体的一部分相差甚远。

1. 词向量的含义

词向量正是将词与词之间的远近关系映射为向量间的距离，从而最大限度地保留了单词（或字）原有的特征。

词向量的映射方法是建立在分布假说（distributional hypothesis）基础上的，即假设词的语义由其上下文决定，上下文相似的词，其语义也相似。

2. 词向量的组成

词向量的核心步骤有以下两个：

（1）选择一种方式描述上下文；

（2）选择一种模型刻画某个词（下文称“目标词”）与其上下文之间的关系。

使用词向量的最大优势在于可以更好地表示上下文语义。

3. 词向量与one-hot编码的关系

其实 one_hot 编码的映射方法本质上也属于词向量，即把每个字表示为一个很长的向量。这个向量的维度是词表大小，并且只有一个维度的值为 1，其余的维度都为 0。这个为 1 的维度就代表了当前的字。

one_hot 编码与词向量的唯一区别就是仅仅将字符号化，不考虑任何语义信息。如果将 one_hot 编码每一个元素由整型改为浮点型，同时再将原来稀疏的巨大维度压缩嵌入到一个更小维度的空间，那么它就等同于词向量。词向量的映射过程如图 7-38 所示。

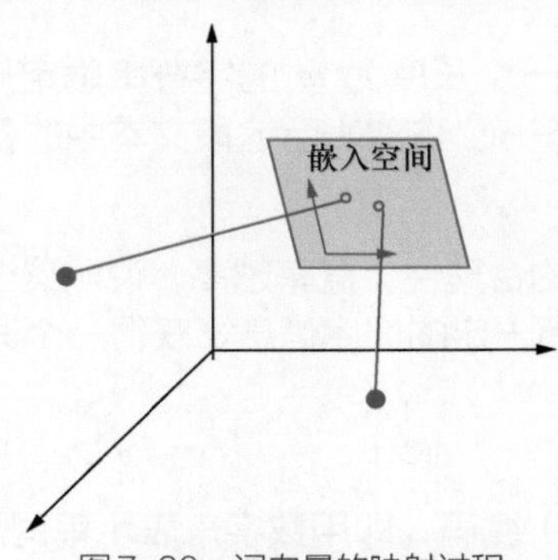

图7-38 词向量的映射过程

4. 词向量的实现

在神经网络的实现中，词向量更多地被称为词嵌入，这与其英文表示有关（词嵌入的英文为 word embedding）。

词向量的具体做法是将二维的张量映射到多维空间，即 embedding 中的元素将不再是一个字，而变成了字所转化的多维向量，所有向量之间是有距离远近关系的。

本例中的词向量使用神经网络的权重参数来实现，令模型在训练过程中自动学习每个词索引到向量之间的映射关系。

7.7.4 NLP中多项式分布

在自然语言中，一句话中的某个词并不是唯一的。例如，“代码医生工作室真棒”这句话中的最后一个字“棒”，也可以换成“好”，不会影响整句话的语义。

在 RNN 模型中，将一个使用语言样本训练好的模型用于生成文本时，会发现模型总会将在下一时刻出现概率最大的那个词取出。这种生成文本的方式失去了语言本身的多样性。

为了解决这个问题，将 RNN 模型的最终结果当成一个多项式分布（multinomial distribution），以分布取样的方式预测出下一序列的词向量。用这种方法所生成的句子更符合语言的特性。

1. 多项式分布

多项式分布是二项式分布的拓展。在学习多项式分布之前，先学习二项式分布比较容易。

二项式分布的典型例子是“扔硬币”：硬币正面朝上的概率为 p，重复扔 n 次硬币，所得

到 k 次正面朝上的概率即为一个二项式分布概率。把二项式分布公式拓展至多种状态，就得到了多项式分布。

2. 多项式分布在RNN模型中的应用

在 RNN 模型中，预测的结果不再是下一个序列中出现的具体某一个词，而是这个词的分布情况，这便是在 RNN 模型中使用多项式分布的核心思想。

在获得该词的多项式分布之后，便可以在该分布中进行采样操作，获得具体的词。这种方式更符合 NLP 任务中语言本身的多样性（一个句子中的某个词并不是唯一的）。

在实际的 RNN 模型中，具体的实现步骤如下。

（1）将 RNN 模型预测的结果通过全连接或卷积，变换成与字典维度相同的数组。

（2）用该数组代表模型所预测结果的多项式分布。

（3）用 torch.multinomial() 函数从预测结果中采样，得到真正的预测结果。

3. 函数torch.multinomial()的使用方法

函数 torch.multinomial() 可以按批次处理数据。该函数的使用细节如下。

- 在使用时，需要传入一个形状是 [batch_size,num_classes] 的分布数据。
- 在执行时，会按照分布数据中的 num_classes 概率抽取指定个数的样本并返回。

完整的示例代码如下：

```
import torch
#生成一串0~1的随机数
data=torch.rand(2,4)        #tensor([[0.2316, 0.3987, 0.6225, 0.5304],
                            #        [0.7686, 0.3504, 0.8837, 0.7697]])
torch.multinomial(data, 1) #按照data的分布进行1个数据的采样，输出：tensor([[1], [2]])
torch.multinomial(data, 1) #第二次采样，输出：tensor([[1], [0]])
```

从上面的示例代码中可以看出，对一个指定的多项式分布进行多次采样可以得到多个不同的值。将多项式采样用于 RNN 模型的输出处理，更符合 NLP 的样本特性。

7.7.5 循环神经网络的实现

在 PyTorch 中，有两个封装好的 RNN 类，可以实现循环神经网络，具体如下。

- torch.nn.LSTM：用于实现 LSTM 结构的循环神经网络。
- torch.nn.GRU：用于实现 GRU 结构的循环神经网络。

1. RNN类的实例化参数

以 torch.nn.LSTM 为例，该类的实例化参数如下。

- input_size：输入的特征维度。
- hidden_size：隐藏层状态的特征维度。
- num_layers：层数（和时序展开要进行区分）。

- bias：是否使用偏置权重，默认值为 True。
- batch_first：输入形状是否是批次优先。如果参数值是 True，那么输入和输出的形状为 [batch,seq,feature]。
- dropout：如果该值非零，那么系统会在每层的 RNN 输出上额外加一个 dropout 层处理（最后一层除外）。dropout 的作用是解决模型的过拟合问题（见 7.8.6 节）。
- bidirectional：是否使用双向 RNN 结构（见 7.6.5 节），默认值为 False。

torch.nn.GRU 类与 torch.nn.LSTM 类的实例化参数基本一致，这里不再赘述。

2. RNN 类实例对象的输入值

由于 LSTM 与 GRU 的结构不同，因此，对于 torch.nn.LSTM 类与 torch.nn.GRU 类实例化后的对象，在使用过程中也有区别，具体如下。

torch.nn.LSTM 类的实例化对象有 3 个输入值：input（输入数据）、$\boldsymbol{h}_0$（可选参数，每个隐藏层的初始化状态）、$\boldsymbol{C}_0$（可选参数，每个 RNN Cell 初始化状态）。

torch.nn.GRU 类的实例化对象有两个输入值：input（输入数据）、$\boldsymbol{h}_0$（可选参数，每个隐藏层的初始化状态）。

3. RNN 类实例对象的输出值

torch.nn.LSTM 类的实例化对象有 3 个输出值。

（1）输出结果 output：形状为（序列长度，批次数，方向数 × 隐藏层节点数）的张量。

（2）隐藏层状态 $\boldsymbol{h}_n$：形状为（方向数 × 层数，批次个数，隐藏层节点数）的张量。

（3）细胞状态 $\boldsymbol{C}_n$：形状为（方向数 × 层数，批次个数，隐藏层节点数）的张量。

torch.nn.GRU 类的实例化对象有两个输出值：输出结果 output 和隐藏层状态 $\boldsymbol{h}_n$，这两个值的形状分别与 torch.nn.LSTM 类实例化对象中的（1）和（2）一致。

4. RNN 的底层类

torch.nn.LSTM 类与 torch.nn.GRU 类并不属于单层的网络结构，它本质上是对 RNN Cell 的二次封装，将基本的 RNN Cell 按照指定的参数连接起来，形成一个完整的 RNN。也就是说，在 torch.nn.LSTM 类与 torch.nn.GRU 类的内部还会分别调用 torch.nn.LSTMCell 类与 torch.nn.GRUCell 类进行具体实现。

在 PyTorch 中，torch.nn.LSTMCell 类、torch.nn.GRUCell 类实现的结构会分别与 7.6.1 节的 LSTM 结构、7.6.2 节的 GRU 结构相对应。

7.7.6　实现语言模型的思路与步骤

在现实任务向实现转化过程中，一般会先从需求入手，一步步反推出实现的方案。

1. 根据需求拆分任务

根据输入内容，继续输出后面的句子。这个任务可以使用循环的方式来进行，具体如下。

（1）先对模型输入一段文字，令模型输出之后的一个文字。

（2）将模型预测出来的文字当成输入，再放到模型里，使模型预测出下一个文字，这样循环下去，以使 RNN 完成一句话的输出。

2. 根据任务寻找功能

为了完成“1. 根据需求拆分任务”中的任务，模型需要有两种功能：

（1）模型能够记住前面文字的语义；

（2）能够根据前面的语义和一个输入文字，输出下一个文字。

3. 根据功能设计实现方案

在 7.7.5 节介绍过，RNN 模型的接口可以输出两个结果：预测值和当前状态，可以将它们分别用于“2. 根据任务寻找功能”中的第（2）步和第（1）步。按照这个思路，便可以设计出如下解决方案。

（1）在实现时，将输入的序列样本拆开，使用循环的方式，将字符逐个输入模型。模型会对每次的输入预测出两个结果，一个是预测字符，另一个是当前的序列状态。

（2）在训练场景下，将预测字符用于计算损失，序列状态用于传入下一次循环计算。

（3）在测试场景下，用循环的方式将输入序列中的文字一个个地传入到模型中，得到最后一个时刻的当前状态，将该状态和输入序列中的最后一个文字转入模型，生成下一个文字的预测结果。同时，按照要求生成的文字条件，重复地将新生成的文字和当前状态输入模型，来预测下一个文字。

7.7.7 代码实现：准备样本

这个环节很简单，随便复制一段话到 txt 文件中即可。在本例中，使用的样本如下：

```
在尘世的纷扰中，只要心头悬挂着远方的灯光，我们就会坚持不懈地走，理想为我们灌注了精神的蕴藉。所以，生活再平凡、再普通、再琐碎，我们都要坚持一种信念，默守一种精神，为自己积淀站立的信心，前行的气力。
```

把该段文字放到代码同级目录下的 txt 文件中，并命名为 wordstest.txt。

1. 定义基本工具函数

具体的基本工具函数跟语音识别例子差不多，都是与文本处理相关的。首先引入头文件，然后定义相关函数：get_ch_lable() 从文件中获取文本，get_ch_lable_v() 将文本数组转成向量，具体代码如下。

代码文件：code_12_rnnwordtest.py

```
01 import numpy as np
02 import torch
03 import torch.nn.functional as F
04 import time
05 import random
06 from collections import Counter
```

```
07
08 RANDOM_SEED = 123
09 torch.manual_seed(RANDOM_SEED)
10 DEVICE = torch.device('cuda' if torch.cuda.is_available() else 'cpu')
11
12 def elapsed(sec):                                        #计算时间函数
13     if sec<60:
14         return str(sec) + " sec"
15     elif sec<(60*60):
16         return str(sec/60) + " min"
17     else:
18         return str(sec/(60*60)) + " hr"
19
20 training_file = 'wordstest.txt'                           #定义样本文件
21
22 def readalltxt(txt_files):                               #处理中文
23     labels = []
24     for txt_file in txt_files:
25         target = get_ch_lable(txt_file)
26         labels.append(target)
27     return labels
28
29 def get_ch_lable(txt_file):                              #获取样本中的汉字
30     labels= ""
31     with open(txt_file, 'rb') as f:
32         for label in f:
33             labels =labels+label.decode('gb2312')
34     return  labels
35
36 #将汉字转成向量，支持文件和内存对象里的汉字转换
37 def get_ch_lable_v(txt_file,word_num_map,txt_label=None):
38     words_size = len(word_num_map)
39     to_num = lambda word: word_num_map.get(word, words_size)
40     if txt_file!= None:
41         txt_label = get_ch_lable(txt_file)
42     labels_vector = list(map(to_num, txt_label))
43     return labels_vector
```

上述代码的第37行定义了汉字转成向量的函数get_ch_lable_v()。该函数使用函数变量to_num实现单个汉字转成向量的功能。如果字典中没有该汉字，那么返回words_size（值为69）。

上述代码的第42行使用map()函数将汉字列表中的每个元素传入到to_num中进行转换。

提示　上述代码的第37行中的函数get_ch_lable_v()运用了一些Python的基础语法。读者如果对这部分内容不熟悉的话，表明Python基础知识还需要加强。

2. 样本预处理

样本预处理工作主要是读取整体样本，并将其存放到training_data里，获取全部的字表words，并生成样本向量wordlabel和与向量对应关系的word_num_map。具体代码如下。

代码文件：code_12_rnnwordtest.py（续1）

```
44 training_data =get_ch_lable(training_file)
45 print("Loaded training data...")
46
47 print('样本长度:',len(training_data))
48 counter = Counter(training_data)
49 words = sorted(counter)
50 words_size= len(words)
51 word_num_map = dict(zip(words, range(words_size)))
52
53 print('字表大小:', words_size)
54 wordlabel = get_ch_lable_v(training_file,word_num_map)
```

上述程序运行后，输出如下结果：

```
Loaded training data...
样本长度: 98
字表大小: 69
```

上述结果表示样本文件里一共有98个文字，其中去掉重复的文字之后，还有69个。这69个文字将作为字表词典，建立文字与索引值的对应关系。

在训练模型时，每个文字都会被转化成数字形式的索引值输入模型。模型的输出是这69个文字的概率，即把每个文字当成一类。

7.7.8 代码实现：构建循环神经网络（RNN）模型

使用GRU构建RNN模型，令RNN模型只接收一个序列的输入字符，并预测出下一个序列的字符。

在该模型里，所需要完成的步骤如下：

（1）将输入的字索引转为词嵌入；

（2）将词嵌入结果输入GRU层；

（3）对GRU结果做全连接处理，得到维度为69的预测结果，这个预测结果代表每个文字的概率。

具体代码如下。

代码文件：code_12_rnnwordtest.py（续2）

```
55 class GRURNN(torch.nn.Module):
56     def __init__(self, word_size, embed_dim,
57                  hidden_dim, output_size, num_layers):
58         super(GRURNN, self).__init__()
59
```

```
60          self.num_layers = num_layers
61          self.hidden_dim = hidden_dim
62
63          self.embed = torch.nn.Embedding(word_size, embed_dim)
64          self.gru = torch.nn.GRU(input_size=embed_dim,
65                                  hidden_size=hidden_dim,
66                                  num_layers=num_layers,bidirectional=True)
67          self.fc = torch.nn.Linear(hidden_dim*2, output_size)
68
69      def forward(self, features, hidden):
70          embedded = self.embed(features.view(1, -1))
71          output, hidden = self.gru(embedded.view(1, 1, -1), hidden)
72          output = self.attention(output)
73          output = self.fc(output.view(1, -1))
74          return output, hidden
75
76      def init_zero_state(self):
77          init_hidden = torch.zeros(self.num_layers*2, 1,
78                                    self.hidden_dim).to(DEVICE)
79          return init_hidden
```

在上述代码的第66行中，定义了一个多层的双向GRU层。该层输出的结果有两个。

- 预测结果：形状为[序列，批次，维度hidden_dim×2]。因为是双向RNN，所以维度为hidden_dim。
- 序列状态：形状为[层数×2，批次，维度hidden_dim]。

上述代码的第67行定义的是全连接层。该全连接层充当模型的输出层，用于对GRU输出的预测结果进行处理以得到最终的分类结果。

在上述代码的第76行和第77行中，定义了类方法init_zero_state()，该方法用于对GRU层状态的初始化。在每次迭代训练之前，需要对GRU的状态进行清空。因为输入序列是1，所以在torch.zeros()中的第二个参数是1。

7.7.9 代码实现：实例化模型类，并训练模型

对GRURNN类进行实例化，参照7.7.6节的方案定义测试函数和训练参数，对模型进行训练。

具体代码如下。

代码文件：code_12_rnnwordtest.py（续3）

```
80  #定义参数，训练模型
81  EMBEDDING_DIM = 10          #定义词嵌入维度
82  HIDDEN_DIM = 20             #定义隐藏层维度
83  NUM_LAYERS = 1              #定义层数
84  #实例化模型
85  model=GRURNN(words_size,EMBEDDING_DIM,HIDDEN_DIM,words_size,NUM_LAYERS)
```

```
86    model = model.to(DEVICE)
87    optimizer = torch.optim.Adam(model.parameters(), lr=0.005)
88    #定义测试函数
89 def evaluate(model, prime_str, predict_len, temperature=0.8):
90     hidden = model.init_zero_state().to(DEVICE)
91     predicted = ''
92 
93     #处理输入语义
94     for p in range(len(prime_str) - 1):
95         _, hidden = model(prime_str[p], hidden)
96         predicted +=words[prime_str[p]]
97     inp = prime_str[-1]                                    #获得输入字符
98     predicted +=words[inp]
99     #按指定长度输出预测字符
100     for p in range(predict_len):
101         output, hidden = model(inp, hidden)               #将输入字符和状态传入模型
102         #从多项式分布中采样
103         output_dist = output.data.view(-1).div(temperature).exp()
104         inp = torch.multinomial(output_dist, 1)[0]   #获取采样中的结果
105         predicted += words[inp]  #将索引转成汉字并保存到字符串中
106     return predicted                                       #将输入字符和预测字符一起返回
107 
108 #定义参数训练模型
109 training_iters = 5000
110 display_step = 1000
111 n_input = 4
112 step = 0
113 offset = random.randint(0,n_input+1)
114 end_offset = n_input + 1
115 
116 while step < training_iters:        #按照迭代次数训练模型
117     start_time = time.time()        #计算起始时间
118     #随机取一个位置偏移
119     if offset > (len(training_data)-end_offset):
120         offset = random.randint(0, n_input+1)
121     #制作输入样本
122     inwords =wordlabel[offset:offset+n_input]
123     inwords = np.reshape(np.array(inwords), [n_input, -1,  1])
124     #制作标签样本
125     out_onehot = wordlabel[offset+1:offset+n_input+1]
126     hidden = model.init_zero_state()  #将RNN初始状态清零
127     optimizer.zero_grad()
128 
129     loss = 0.
130     inputs = torch.LongTensor(inwords).to(DEVICE)
131     targets= torch.LongTensor(out_onehot).to(DEVICE)
132     for c in range(n_input):  #按照输入长度依次将样本输入模型进行预测
```

```
133            outputs, hidden = model(inputs[c], hidden)
134            loss += F.cross_entropy(outputs, targets[c].view(1))
135
136        loss /= n_input
137        loss.backward()
138        optimizer.step()
139
140        #输出日志
141        with torch.set_grad_enabled(False):
142            if (step+1) % display_step == 0:
143                print(f'Time elapsed: {(time.time() - start_time)/60:.4f} min')
144                print(f'step {step+1} | Loss {loss.item():.2f}\n\n')
145                with torch.no_grad():
146                    print(evaluate(model, inputs, 32), '\n')
147                print(50*'=')
148
149        step += 1
150        offset += (n_input+1)
151 print("Finished!")
```

上述代码的第103行和第104行，在测试场景下，使用了温度的参数和指数计算对模型的输出结果进行微调，保证其值是大于0的数（如果小于0，那么torch.multinomial()函数会报错）。同时，使用多项式分布的方式从中进行采样，生成预测结果。

上述代码的第150行，在每次迭代训练结束时，将偏移值向后移动(n_input+1)个距离，而不是单纯地加1。这种做法可以保证输入数据的样本相对均匀，否则会使文本两边的样本被训练的次数变少。

运行上述代码，训练模型得到如下输出：

```
…
Time elapsed: 0.0000 min
step 1000 | Loss 0.03
。所以，生活再平凡、再普通、再琐碎，我们就会坚持不懈地走，理想为我们灌注
==================================================
Time elapsed: 0.0000 min
step 2000 | Loss 0.65
的纷扰中，只要心头悬挂着远方的灯光，我们就会坚持不懈地走，理想为我们灌注
==================================================
Time elapsed: 0.0000 min
step 3000 | Loss 0.54
我们都要坚持一种信念，默守一种精神，为自己积淀站立的信心，前行的气力。所
==================================================
Time elapsed: 0.0000 min
step 4000 | Loss 0.11
神的蕴藉。所以，生活再平凡、再普通、再琐碎，我们就会坚持不懈地走，理想为
==================================================
```

```
Time elapsed: 0.0006 min
step 5000 | Loss 0.19
、再琐碎，我们都要坚持一种信念，默守一种精神，为自己积淀站立的信心，前行
=========================================================
Finished!
```

模型迭代训练 5000 次之后输出了不错的预测结果。

7.7.10　代码实现：运行模型生成句子

接下来将预测文字再循环输入模型，预测下一个文字。

启用一个循环，等待输入文字，当收到输入的文本后，传入模型，得到预测文字。具体代码如下。

代码文件：code_12_rnnwordtest.py（续 4）

```
152 while True:
153     prompt = "请输入几个字："
154     sentence = input(prompt)
155     inputword = sentence.strip()
156
157     try:
158         inputword = get_ch_lable_v(None,word_num_map,inputword)
159         keys = np.reshape(np.array(inputword), [ len(inputword),-1, 1])
160         model.eval()
161         with torch.no_grad():
162             sentence =evaluate(model,
163                                                  torch.LongTensor(keys).to(DEVICE), 32)
164         print(sentence)
165     except:
166         print("该字我还没学会")
```

上述代码的第 163 行，设定了模型输出 32 个文字。

上面代码运行后，得到如下输出：

```
请输入几个字：生活再普通
生活再普通、再琐碎，我们都要坚持一种信念，默守一种精神，为我们灌注了精神的

请输入几个字，最好是4个：生活再普通
生活再普通、再琐碎，我们就会坚持不懈地走，理想为我们灌注了精神的蕴藉。所以
```

在本例中，输入了“生活再普通”之后，便可以看到神经网络自动按照这个开头开始输出句子。通过结果来看，语言还算通顺。但是，对于两次输入的相同的话，其输出的结果不一样。

提示　在上述代码的第 165 行中，使用了异常处理。当向模型输入的文字不在模型字典中时，系统会报错，这是有意设置的一个异常，防止输入陌生字符。

在上述代码的第 37 行的函数 get_ch_lable_v() 中，如果在字典里找不到对应的索引，就会为其分配一个无效的索引值。程序会因为在 evaluate() 函数中调用模型时查不到其对应的有效词向量而报错。

7.8 过拟合问题及优化技巧

随着科研人员在使用神经网络训练时的不断积累及摸索，出现了许多有用的技巧，合理地运用它们可以使自己的模型得到更好的拟合效果。本节就来介绍一下神经网络在训练过程中的一些常用技巧。

7.8.1 实例12：训练具有过拟合问题的模型

在深度学习中，训练模型时，得到了很高的准确率，但在使用该模型识别未知数据时，准确率却下降很多，这便是模型的过拟合现象。这种情况可以认为是该模型的泛化能力很低。

想要避免模型出现过拟合现象，就得先弄清楚模型产生过拟合问题的原因。一般来讲，这是由于模型的拟合度太强而造成的，即模型不但学习样本的群体规律，而且还学到了样本的个体规律。这种现象在全连接网络中最容易出现。下面就用一个例子来训练一个过拟合的模型。

实例描述

假设有这样一组数据集样本，包含了两种数据分布，每种数据分布都呈半圆形状。

让神经网络学习这些样本，并能够找到其中的规律，即让神经网络本身能够将混合在一起的两组半圆形数据分开。

接着，重新用一组数据输入模型，验证模型的准确率，观察是否出现过拟合现象。

1. 构建数据集

参照“code_01_moons.py”中的生成模拟数据代码，生成少量数据集（40个点）。具体代码如下。

代码文件：code_13_overfit.py

```
01  import sklearn.datasets                                          #引入数据集
02  import torch
03  import numpy as np
04  import matplotlib.pyplot as plt
05  from code_02_moons_fun import LogicNet, moving_average,
06                                   predict,plot_decision_boundary
07  np.random.seed(0)                                                #设置随机数种子
08  X, Y = sklearn.datasets.make_moons(40,noise=0.2)                 #生成两组半圆形数据
09  arg = np.squeeze(np.argwhere(Y==0),axis = 1)                     #获取第1组数据索引
10  arg2 = np.squeeze(np.argwhere(Y==1),axis = 1)                    #获取第2组数据索引
11  plt.title("train moons data")                                    #将数据显示出来
12  plt.scatter(X[arg,0], X[arg,1], s=100,c='b',marker='+',label='data1')
13  plt.scatter(X[arg2,0], X[arg2,1],s=40, c='r',marker='o',label='data2')
14  plt.legend()
15  plt.show()
```

运行上面的代码，将显示如图7-39所示的结果。

如图7-39所示，数据一共分成了两类，一类用十字形状表示，另一类用圆点表示。

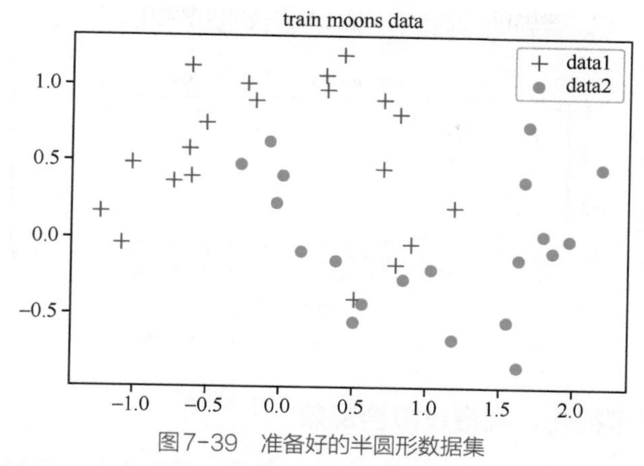

图7-39 准备好的半圆形数据集

2. 搭建网络模型

将3.1.2节定义好的网络模型LogicNet类进行实例化，即可完成网络模型的搭建。另外，需要定义训练模型所需的优化器，优化器会在训练模型时的反向传播过程中使用。具体代码如下。

代码文件：code_13_overfit.py（续1）

```
16 model = LogicNet(inputdim=2,hiddendim=500,outputdim=2)            #实例化模型
17 optimizer = torch.optim.Adam(model.parameters(), lr=0.01)         #定义优化器
```

上述代码的第16行表示实例化模型时传入了3个参数。为了让模型具有更高的拟合能力，将中间层的节点个数hiddendim设为500。

3. 训练模型，并可视化训练过程

参考3.1.4节和3.1.5节的训练模型代码，训练本模型，并将训练过程中的loss值可视化。具体代码如下。

代码文件：code_13_overfit.py（续2）

```
18 xt = torch.from_numpy(X).type(torch.FloatTensor) #将numpy数据转化为张量
19 yt = torch.from_numpy(Y).type(torch.LongTensor)
20 epochs = 1000                                       #定义迭代次数
21 losses = []                                         #定义列表，用于接收每一步的损失值
22 for i in range(epochs):
23     loss = model.getloss(xt,yt)
24     losses.append(loss.item())                      #保存中间状态的损失值
25     optimizer.zero_grad()                           #清空之前的梯度
26     loss.backward()                                 #反向传播损失值
27     optimizer.step()                                #更新参数
28 avgloss= moving_average(losses)                     #获得损失值的移动平均值
29 plt.figure(1)
30 plt.subplot(211)
31 plt.plot(range(len(avgloss)), avgloss, 'b--')
32 plt.xlabel('step number')
33 plt.ylabel('Training loss')
34 plt.title('step number vs. Training loss')
35 plt.show()
```

上述代码运行后，可以看到训练后的可视化结果如图 7-40 所示。

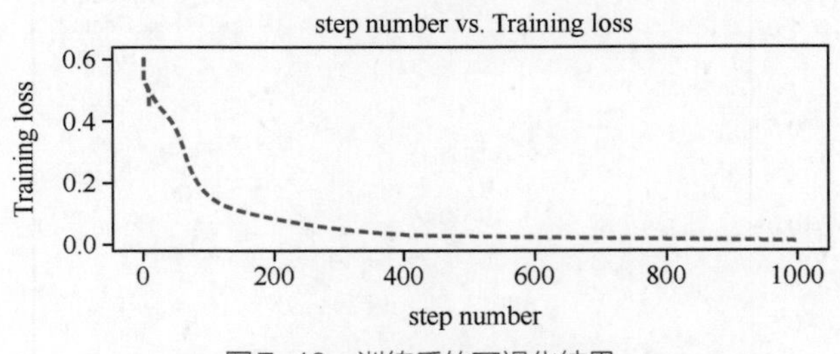

图7-40　训练后的可视化结果

4. 将模型结果可视化，观察过拟合现象

分别输出模型在训练数据集和新数据集上的准确率，并将模型在这两个数据集上的能力可视化，观察过拟合现象。具体代码如下。

代码文件：code_13_overfit.py（续 3）

```
36 plot_decision_boundary(lambda x : predict(model,x) ,X, Y)
37 from sklearn.metrics import accuracy_score
38 print("训练时的准确率：",accuracy_score(model.predict(xt),yt))
39 #重新生成两组半圆形数据
40 Xtest, Ytest = sklearn.datasets.make_moons(80,noise=0.2)
41 plot_decision_boundary(lambda x : predict(model,x) ,Xtest, Ytest)
42 Xtest_t = torch.from_numpy(Xtest).type(torch.FloatTensor)  #将numpy数据转化为张量
43 Ytest_t = torch.from_numpy(Ytest).type(torch.LongTensor)
44 print("测试时的准确率：",accuracy_score(model.predict(Xtest_t),Ytest_t))
```

上述代码运行之后，输出如下结果：

```
训练时的准确率：1.0
测试时的准确率：0.9375
```

从结果中可以看出，训练时的准确率（1.0）明显高于测试时的准确率（0.9375）。

将模型能力映射到训练数据集和新数据集上，过拟合模型能力的可视化结果如图 7-41 所示。

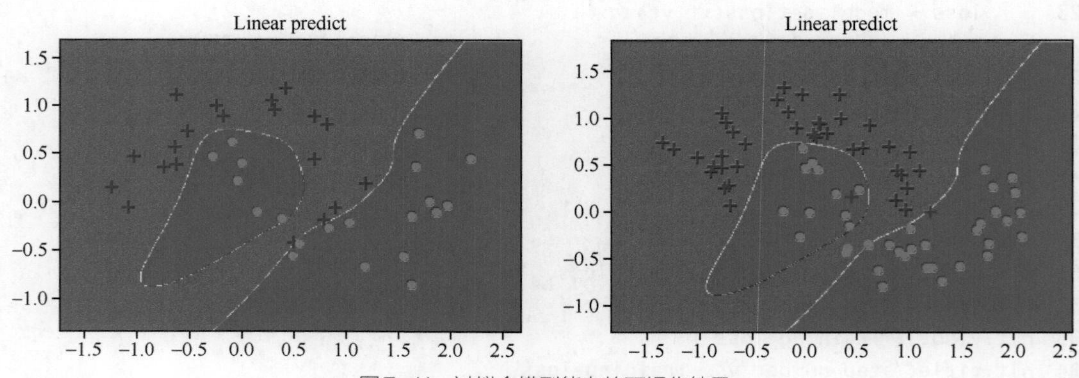

图7-41　过拟合模型能力的可视化结果

从图 7-41 中可以看出，模型为了拟合测试数据集，在直角坐标系上圈定了一个闭合区间，这与该数据集的整体分布并不一致（见图 3-3），因此导致了模型在处理新数据集时，准确率下降。

7.8.2　改善模型过拟合的方法

在深度学习中，模型的过拟合问题是普遍存在的，因为神经网络在训练过程中，只看到有限的信息，在数据量不足的情况下，无法合理地区分哪些属于个体特征，哪些属于群体特征。而在真实场景下，所有的样本特征都是多样的，很难在训练数据集中将所有的样本情况全部包括。

尽管这样，仍然可以找到一些有效的改善过拟合的方法，如 early stopping、数据集扩增、正则化、Dropout 等，这些方法可以使模型的泛化能力大大提升。

- early stopping：在发生过拟合之前提前结束训练。这个方法在理论上是可行的，但是这个结束的时间点不好把握。
- 数据集扩增（data augmentation）：就是让模型见到更多的情况，可以最大化满足全样本，但实际应用中，对于未来事件的预测却显得“力不从心”。
- 正则化（regularization）：通过引入范数的概念，增强模型的泛化能力，包括 L1 正则化、L2 正则化（L2 正则化也称为 weight decay）。
- Dropout：这是网络模型中的一种方法，每次训练时舍去一些节点来增强泛化能力。

下面重点介绍一下后 3 种方法。

7.8.3　了解正则化

所谓的正则化，其实就是在神经网络计算损失值的过程中，在损失后面再加一项。这样损失值所代表的输出与标准结果间的误差就会受到干扰，导致学习参数 w 和 b 无法按照目标方向来调整。实现模型无法与样本完全拟合的结果，从而达到防止过拟合的效果。

1. 正则化的分类和公式

在理解了原理之后，现在就来介绍一下如何添加这个干扰项。

干扰项一定要有以下特性。

（1）当欠拟合（模型的拟合能力不足）时，希望它对模型误差影响尽量小，让模型快速来拟合实际。

（2）如果是过拟合，那么希望它对模型误差影响要尽量大，让模型不要产生过拟合的情况。

于是引入了两个范数——L1、L2。

- L1：所有学习参数 w 的绝对值的和。
- L2：所有学习参数 w 的平方和，然后求平方根。

如果放到损失函数的公式里，就会进行一点变形，如下列公式：式（7-9）为 L1，式（7-10）为 L2。

$$\text{loss} = \text{loss}(0) + \lambda \sum |w| \quad (7\text{-}9)$$

$$\text{loss} = \text{loss}(0) + \frac{\lambda}{2} \sum w^2 \quad (7\text{-}10)$$

最终的 loss 为等式左边的结果，loss(0) 代表真实的 loss 值，loss(0) 后面的那一项就代表正则化，λ 为一个可以调节的参数，用来控制正则化对 loss 的影响。

在实际应用中，以 L2 正则化最为常用。L2 正则化项中的系数 1/2 可以在反向传播对其求导时将数据规整。

2. L2正则化的实现

在 PyTorch 中进行 L2 正则化时，直接的方式是用优化器自带的 weight_decay 参数指定权重值衰减率，它相当于 L2 正则化（见式（7-10））中的 λ。

需要注意的是，权值衰减参数 weight_decay 默认会对模型中的所有参数进行 L2 正则处理，即包括权重 w 和偏置 b。在实际情况中，有时只需要对权重 w 进行正则化（如果 b 进行 L2 正则化处理，那么有可能会使模型出现欠拟合问题）。可以使用优化器预置参数的方式进行实现。

优化器预置参数的方式是指，在构建优化器时，以字典的方式对每一个实例化参数进行特别指定，以满足更为细致的要求。具体代码如下：

```
optimizer = torch.optim.Adam([{'params': weight_p, 'weight_decay':0.001},
                              {'params': bias_p, 'weight_decay':0}],
                              lr=0.01)
```

其中，字典中的 params 指的是模型中的权重。将具体的权重张量放入优化器再为参数 weight_decay 赋值，指定权重值衰减率，便可以实现为指定参数进行正则化处理。

那么字典中的权重张量 weight_p 和 bias_p 怎么得来呢？可以通过实例化后的模型对象得到，具体代码如下：

```
weight_p, bias_p = [],[]
for name, p in model.named_parameters():          #获取模型中所有的参数及参数名字
    if 'bias' in name:                            #将偏置参数收集起来
        bias_p += [p]
    else:                                         #将权重参数收集起来
        weight_p += [p]
```

通过上面的代码，即可将模型中的权重参数和偏置参数分别收集在列表对象 weight_p 和 bias_p 中。

7.8.4 实例13：用L2正则改善模型的过拟合状况

下面就用 L2 正则改善模型的过拟合状况，使其具有更好的泛化性。

实例描述	在实例12所构建的模型中，添加正则化处理，并对模型重新进行训练。将训练后的模型应用在新的数据集上，观察是否有准确率下降的情况。

修改 7.8.1 节的“2. 搭建网络模型”中的代码的第 17 行，为优化器指定权重参数及对应

的权值衰减值。具体代码如下。

代码文件: code_14_L2.py

```
17 #添加正则化处理
18 weight_p, bias_p = [],[]
19 for name, p in model.named_parameters(): #获取模型中所有的参数及参数名字
20     if 'bias' in name:                    #将偏置参数收集起来
21         bias_p += [p]
22     else:                                 #将权重参数收集起来
23         weight_p += [p]
24 optimizer = torch.optim.Adam([{'params': weight_p, 'weight_decay':0.001},
25                               {'params': bias_p, 'weight_decay':0}],
26                               lr=0.01)    #定义带有正则化处理的优化器
```

在上述代码的第 24 行中，设置了权重值的衰减率为 0.001，表示将权重值按照参数为 0.001 的正则化进行处理。

在上述代码的第 25 行中，设置了偏置参数的衰减率 weight_decay 为 0，表示不对偏置参数进行正则化处理。

上述代码运行后，输出如下结果：

```
训练时的准确率: 0.975
测试时的准确率: 0.9875
```

该结果与 7.8.1 节的输出结果相比，结论如下。

训练时的准确率由 1 下降到了 0.975，这是由于 L2 正则化干扰项，使得模型在训练数据集上的正确率下降。

测试时的准确率由 0.9375 上升到了 0.9875，有了显著的提升，这表明 L2 正则化有效地改善了模型的过拟合状况。

对于添加了正则化的模型，将其映射到新数据集上，如图 7-42 所示。

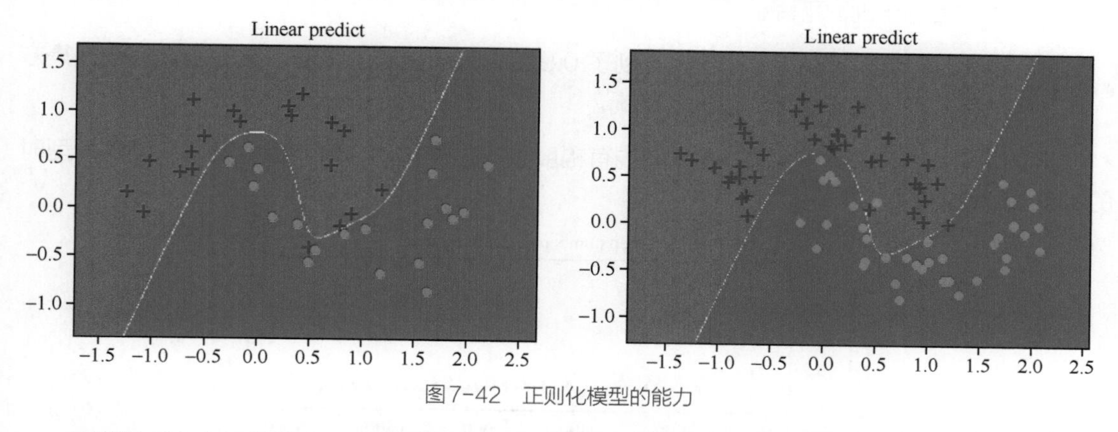

图 7-42 正则化模型的能力

从图 7-42 中可以看出，在带有正则化的模型拟合效果中，没有了图 7-41 中的闭合区间，更接近了原始的数据分布（见图 3-3）。

7.8.5 实例 14：通过增大数据集改善模型的过拟合状况

接着尝试通过增大数据集的方式来改善过拟合情况。在训练模型时，不再生成一次样本，而是每次循环都生成 40 个数据，下面看看会发生什么。

实例描述	使用增大数据集的方式对7.8.1节所示实例中构建的模型进行训练。观察训练后的模型应用新的数据集是否有准确率下降的情况。

修改 7.8.1 节的“3. 训练模型，并可视化训练过程”中的代码的第 18 行 ~ 第 28 行，令每次训练都载入新的数据集。具体代码如下。

代码文件：code_15_Bigdata.py

```
18 epochs = 1000                                          #定义迭代次数
19 losses = []                                            #定义列表，用于接收每一步
                                                          #的损失值

20 for i in range(epochs):
21     X, Y = sklearn.datasets.make_moons(40,noise=0.2)   #生成两组半圆形数据
22     xt = torch.from_numpy(X).type(torch.FloatTensor)   #将numpy数据转化为张量
23     yt = torch.from_numpy(Y).type(torch.LongTensor)
24     loss = model.getloss(xt,yt)
25     losses.append(loss.item())
26     optimizer.zero_grad()                              #清空之前的梯度
27     loss.backward()                                    #反向传播损失值
28     optimizer.step()                                   #更新参数
```

运行上述代码，生成如下信息：

```
训练时的准确率：0.95
测试时的准确率：0.975
```

该结果与 7.8.1 节的输出结果相比，结论如下。

- 训练时的准确率由 1 下降到了 0.95，这是由于 L2 正则化干扰项，使得模型在训练数据集上的正确率下降。
- 测试时的准确率由 0.9375 上升到了 0.975，有了显著的提升，这表明增大数据集方法有效地改善了模型的过拟合状况。

另外，可以看出模型训练的 loss 曲线有幅度较明显的抖动，增大数据集方法训练模型时的 loss 情况如图 7-43 所示。

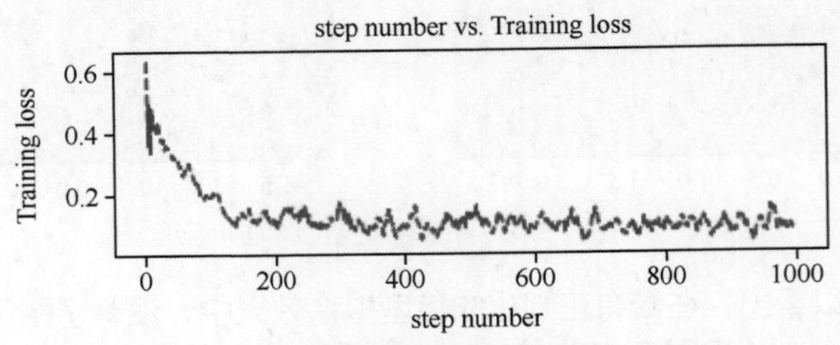

图7-43　增大数据集方法训练模型时的loss情况

从图 7-43 中可以看出，随着模型迭代，loss 值会产生较明显的抖动，这表明迭代时新的数据与上一次模型的拟合能力冲突较大。通过多次迭代，就可以不断地修正模型过拟合方向的错误，从而使得模型达到了一个合理的拟合能力。

将该模型能力映射到新数据集上，增大数据集方法训练出的模型能力如图 7-44 所示。

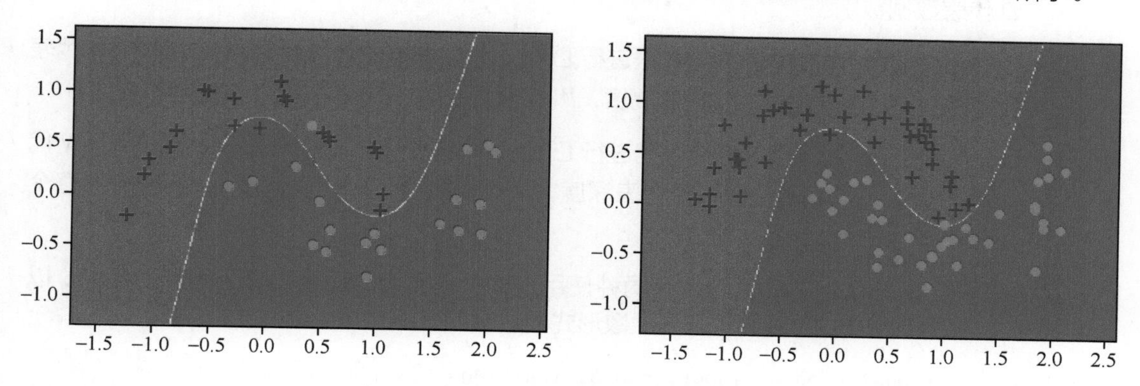

图7-44 增大数据集方法训练出的模型能力

从图 7-44 中可以看出，使用增大数据集方法训练的模型，在其能力可视化的结果中，没有了图 7-41 中的闭合区间，更接近了原始的数据分布。

7.8.6 Dropout方法

在改善模型的过拟合状况时，还有一种常用的技术手段——Dropout。Dropout 的具体技术细节如下。

1. Dropout原理

Dropout 的原理：在训练过程中，每次随机选择一部分节点不去进行学习。

这样做的原因是什么？

从样本数据的分析来看，数据本身是不可能很“纯净”的，即任何一个模型不能完全把数据分开，在某一类中一定会有一些异常数据，过拟合的问题恰恰是把这些异常数据当成规律来学习了。对于模型来讲，我们希望它能够有一定的“智商”，把异常数据过滤掉，只关心有用的规律数据。

异常数据的特点：它与主流样本中的规律不同，而且量非常少。也就是说，它在一个样本中出现的概率要比主流数据出现的概率低很多。我们就是利用上述特性，在每次训练中，忽略模型中一些节点，将小概率的异常数据获得学习的机会变得更低。这样，异常数据对模型的影响就会更小。

注意 Dropout会使一部分节点不去学习，所以在增加模型的泛化能力的同时，会使学习速度降低。这样会使模型不太容易学成，于是在使用的过程中需要合理地进行调节，也就是确定到底丢弃多少节点。注意，并不是丢弃的节点越多越好。

2. Dropout的实现

在PyTorch中，按照不同的维度实现了3种Dropout的封装，具体如下。

- Dropout：对一维的线性数据进行Dropout处理，输入形状是$[N,D]$（N代表批次数，D代表数据数）。
- Dropout2D：对二维的平面数据进行Dropout处理，输入形状是$[N,C,H,W]$（N代表批次数，C代表通道数，H代表高度，W代表宽度），系统将对整个通道随机设为0。
- Dropout3D：对三维的立体数据进行Dropout处理，输入形状是$[N,C,D,H,W]$（N代表批次数，C代表通道数，D代表深度，H代表高度，W代表宽度），系统将对整个通道随机设为0。

其中每种维度的Dropout处理都有两种使用方式：基于类的使用和基于函数的使用。以一维数据的Dropout方式为例，其基于函数形式的定义如下：

```
torch.nn.functional.dropout(input, p=0.5, training=False, inplace=False)
```

其中的参数含义如下。

- input：代表输入的模型节点。
- p：表示丢弃率。如果参数值为1，那么表示全部丢弃（置0）。该参数默认值是0.5，表示丢弃50%的节点。
- training：表示该函数当前的使用状态。如果参数值是False，那么表明不在训练状态使用，这时将不丢弃任何节点。
- inplace：表示是否改变输入值，默认是False。

注意　Dropout属于改变了神经网络的网络结构，它仅仅是属于训练时的方法，因此，在进行测试时，一般要将函数dropout()的training参数变为False，表示不需要进行丢弃。否则，会影响模型的正常输出。另外，在使用类的方式调用Dropout()时，没有training参数，因为Dropout实例化对象会根据模型本身的调用方式来自动调节training参数。

7.8.7 实例15：通过Dropout方法改善模型的过拟合状况

本实例将使用Dropout方法改善模型的过拟合状况，具体如下。

实例描述　使用Dropout方式对7.8.1节实例中所构建的模型进行训练，观察训练后的模型应用新的数据集是否有准确率下降的情况。

修改7.8.1节的“2. 搭建网络模型”中的代码的第16行，重新定义一个带有Dropout的模型Logic_Dropout_Net类。

为了简化代码，让Logic_Dropout_Net模型类继承LogicNet类，并在LogicNet类基础上重载Logic_Dropout_Net模型类的前向结构，即在Logic_Dropout_Net模型类的forward()方法中添加Dropout层。具体代码如下。

代码文件：code_16_Dropout.py

```
16 #继承LogicNet类，构建网络模型
17 class Logic_Dropout_Net(LogicNet):
18     def __init__(self,inputdim,hiddendim,outputdim):  #初始化网络结构
19         super(Logic_Dropout_Net,self).__init__(inputdim,hiddendim,
20                                                outputdim)
21
22     def forward(self,x):              #搭建用两个全连接层组成的网络模型
23         x = self.Linear1(x)           #将输入数据传入第1层
24         x = torch.tanh(x)             #对第1层的结果进行非线性变换
25         x = nn.functional.dropout(x, p=0.07, training=self.training)
26         x = self.Linear2(x)           #将数据传入第2层
27         return x
28 model = Logic_Dropout_Net(inputdim=2,hiddendim=500,outputdim=2)  #初始化模型
```

上述代码的第25行调用了函数nn.functional.dropout()，为Logic_Dropout_Net模型类添加Dropout层。该层的节点丢失率设为0.07。

在上述代码的第28行中，对Logic_Dropout_Net类进行实例化，得到对象model。

提示

Logic_Dropout_Net类还可以用类的方式实现Dropout层，具体代码如下：

```
class Logic_Dropout_Net(LogicNet):
    def __init__(self,inputdim,hiddendim,outputdim):  #初始化网络结构
        super(Logic_Dropout_Net,self).__init__(inputdim,hiddendim,outputdim)
        self.dropout = nn.Dropout(p=0.07)
    def forward(self,x):              #搭建用两个全连接层组成的网络模型
        x = self.Linear1(x)           #将输入数据传入第1层
        x = torch.tanh(x)             #对第1层的结果进行非线性变换
        x = self.dropout(x)
        x = self.Linear2(x)           #再将数据传入第2层
        return x
```

运行相关代码后显示结果如下：

```
训练时的准确率：0.925
测试时的准确率：0.95
```

从结果中可以看出，模型在测试时的准确率同样没有低于训练时的准确率，这说明Dropout方法可以有效地改善模型的过拟合状况。

将该模型能力映射到新数据集上，Dropout方法训练出的模型能力如图7-45所示。

从图7-45中可以看出，使用Dropout方法训练的模型，在其能力可视化的结果中，没有了图7-41中的闭合区间，更接近原始的数据分布。

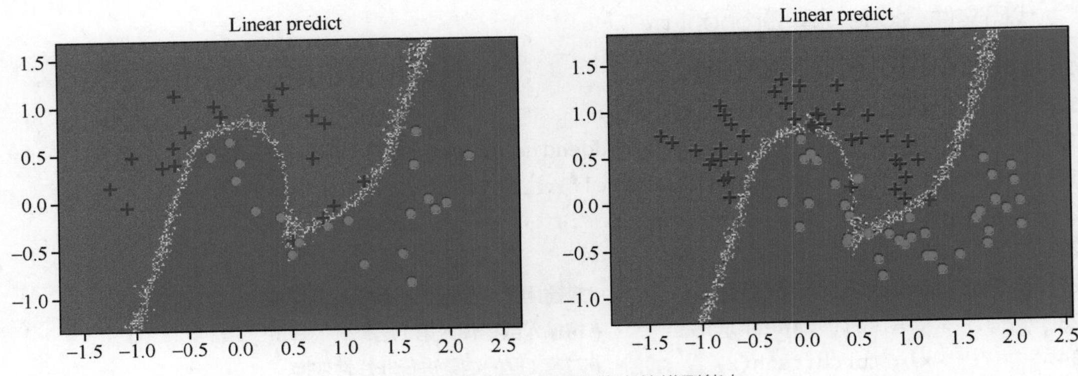

图7-45　Dropout方法训练出的模型能力

7.8.8　全连接网络的深浅与泛化能力的联系

全连接网络是一个通用的近似框架。只要有足够多的神经元，即使只有一个隐藏层的神经网络，利用常用的 Sigmoid、ReLU 等激活函数，就可以无限逼近任何连续函数。

在实际中，浅层的网络具有更好的拟合能力，但是泛化能力相对较弱。深层的网络具有更好的泛化能力，但是拟合能力相对较弱。

在实际使用过程中，还需要根据实际情况平衡二者的关系。例如，wide_deep 模型就是利用了二者的特征实现的组合模型，该模型由以下两个模型的输出结果叠加而成。

- wide 模型是一个单层线性模型（浅层全连接网络模型）。
- deep 模型是一个深度的全连接模型（深层全连接网络模型）。

7.8.9　了解批量归一化（BN）算法

这里介绍一种应用十分广泛的优化方法——批量归一化（Batch Normalization；BatchNorm，BN）算法。它一般用在全连接神经网络或卷积神经网络中。

这个里程碑式的技术的问世，使得整个神经网络的识别准确度上升了一个台阶。下面就来介绍一下批量归一化算法。

1. 批量归一化原理

先来看一个例子。

假如有一个极简的网络模型，每一层只有一个节点，没有偏置。如果这个网络有 3 层，那么可以用如下公式表示其输出值：

$$Z = x \times w_1 \times w_2 \times w_3$$

假设有两个神经网络，学习了两套权重（w_1=1，w_2=1，w_3=1）和（w_1=0.01，w_2=10000，w_3=0.01），现在它们对应的输出 Z 都是相同的（x 为样本）。现在让它们训练一次，看看会发生什么。

（1）反向传播：假设反向传播时计算出的损失值 Δy 为 1，那么对于这两套权重的修正值将变为（Δw_1=1，Δw_2=1，Δw_3=1）和（Δw_1=100，Δw_2=0.0001，Δw_3=100）。

（2）更新权重：这时更新过后的两套权重就变成了（w_1=2，w_2=2，w_3=2）和（w_1=100.01，w_2=10000.0001，w_3=100.01）。

（3）第二次正向传播：假设输入样本是 1，第一个神经网络的输出值为：

$$Z=1\times2\times2\times2=8$$

第二个神经网络的输出值为：

$$Z=1\times100.01\times10000.0001\times100.01\approx100000000$$

看到这里是不是已经感觉到有些不对劲了？两个网络的输出值差别巨大。如果再往下进行，这时计算出的 loss 值会变得更大，使得网络无法计算，这种现象称为“梯度爆炸”。产生梯度爆炸的原因是网络的内部协变量转移（internal convariate shift），即正向传播时的不同层的参数会将反向训练计算时所参照的数据样本分布改变。

这就是引入批量归一化算法的作用：最大限度地保证每次的正向传播输出在同一分布上，这样反向计算时参照的数据样本分布就会与正向的一样了。保证了分布统一，对权重的调整才会更有意义。

2. 批量归一化定义

了解原理之后，再来学习批量归一化算法。这个算法的实现是将每一层运算出来的数据归一化成均值为 0、方差为 1 的标准高斯分布。这样就会在保留样本的分布特征同时，又消除了层与层间的分布差异。

提示 在实际应用中，批量归一化的收敛非常快，并且具有很强的泛化能力，某种情况下可以完全代替前面讲过的正则化、Dropout。

在实际应用中，使用的是自适应模式，即在批量归一化算法中加上一个权重参数。通过迭代训练，使批量归一化算法收敛为一个合适的值。其数学公式为：

$$\mathrm{BN}(x)=\gamma\frac{(x-\mu)}{\sigma}+\beta \tag{7-11}$$

在式（7-11）中，x 为样本，μ 表示均值，σ 表示方差，这两个值是根据当前数据运算出来的。γ 和 β 是参数，表示自适应。

在训练过程中，会通过优化器的反向求导来优化出合适的 γ、β 值。BN 层计算每次输入的均值与方差，并进行移动平均。移动平均默认的动量值为 0.1。

在验证过程中，会使用训练求得的均值和方差对验证数据做归一化处理。

3. 批量归一化的实现

在 PyTorch 中，按照不同的维度实现了 3 种批量归一化的封装，具体如下。

- BatchNorm1d：对二维或三维的线性数据进行批量归一化处理，输入形状是 $[N,D]$ 或者 $[N,D,L]$（N 代表批次数，D 代表数据的个数，L 代表数据的长度）。
- BatchNorm2d：对二维的平面数据进行批量归一化处理，输入形状是 $[N,C,H,W]$（N 代表批次数，C 代表通道数，H 代表高度，W 代表宽度）。
- BatchNorm3d：对三维的立体数据进行批量归一化处理，输入形状是 $[N,C,D,H,W]$

（N代表批次数，C代表通道数，D代表深度，H代表高度，W代表宽度）。

其中每种维度的批量归一化处理都被封装成类的方式使用。它们的实例化参数相同，以BatchNorm1d为例，具体如下：

```
torch.nn.BatchNorm1d(num_features, eps=1e-05, momentum=0.1, affine=True, track_running_stats=True )
```

其中的参数含义如下。

- num_features：待处理的输入数据的特征数，该值需要手动计算，如果输入数据的形状是$[N,D]$（N代表批次数，D代表数据的个数），那么该值为D。如果是在BatchNorm2d中，那么该参数要填入图片的通道数。
- eps：默认值为1e-5。为保证数值稳定性（分母不取0），给分母加上值，即给式（7-11）中的σ加上eps。
- momentum：动态均值和动态方差使用的动量，默认值为0.1。
- affine：是否使用自适应模式。如果参数值设置为True，那么使用自适应模式，系统将自动对式（7-11）中的γ、β值进行优化学习；如果参数值设置为False，那么不使用自适应模型，相当于将式（7-11）中的γ、β去掉。
- track_running_stats：是否跟踪当前批次数据的统计特性。在训练过程中，如果参数值设置为False，那么系统只使用当前批次数据的均值和方差；如果参数值设置为True，那么系统将跟踪每批次输入的数据并实时更新整个数据集的均值和方差。（在使用过程中，该参数值一般设置为True，表示系统将使用训练时的均值和方差。）

提示

在训练过程中，跟踪计算均值和方差的更新方式如下：

running_mean = momentum × running_mean + (1.0 – momentum) × batch_mean

running_var = momentum × running_var + (1.0 – momentum) × batch_var

在上面的公式中，running_mean和running_var代表所要跟踪更新的均值和方差，momentum代表动量参数，batch_mean与batch_var代表当前批次所计算出来的均值与方差。

torch.nn.BatchNorm1d类继承于nn.Module类，nn.Module类会有一个统一的属性training，该属性用于指定当前的调用是训练状态还是使用状态。

同时PyTorch还提供了一个相对底层的函数式使用方式，该函数的定义如下：

```
torch.nn.functional.batch_norm(input, running_mean, running_var, weight=None, bias=None, training=False, momentum=0.1, eps=1e-05)
```

其中参数running_mean、running_var分别表示均值和方差，参数weight、bias分别表示自适应参数（式（7-11）中的γ和β），参数training表示需要自己指定训练模式。

在实际开发过程中，通常使用类的方式实现批量归一化。使用函数的方式实现批量归一化虽然更为灵活，但需要更多的设置。

7.8.10 实例16：手动实现批量归一化的计算方法

本实例将对 7.8.9 节的理论知识进行手动实现，通过该实例的学习可以使读者对批量归一化算法有更深的理解。

实例描述	调用7.8.9节介绍的BN接口对一组数据执行批量归一化算法，并将该计算结果与手动方式计算的结果进行比较。

本例将以二维的平面数据为例，对其进行批量归一化计算。

1. 使用接口调用方式实现批量归一化计算

定义一个形状为 [2,2,2,1] 的模拟数据。该数据的形状表示批次中的样本数为 2，每个样本的通道数为 2，高和宽分别为 2 和 1。

实例化 BatchNorm2d 接口，并调用该实例化对象对模拟数据进行批量归一化计算，具体实现如下。

代码文件：code_17_BNdetail.py

```
01  import torch
02  import torch.nn as nn
03  data=torch.randn(2,2,2,1)
04  print(data)                              #输出模拟数据
05
06  obn=nn.BatchNorm2d(2,affine=True)    #实例化自适应BN对象
07  print(obn.weight)                        #输出自适应参数γ
08  print(obn.bias)                          #输出自适应参数β
09  print(obn.eps)                           #输出BN中的eps
10
11  output=obn(data)                         #计算BN
12  print(output,output.size())              #输出BN结果及形状
```

上述代码运行后，输出结果如下。

（1）两个样本模拟数据，每个样本都有两个通道。

```
tensor([   [[[-1.8253], [ 0.6961]], [[ 0.0062], [-1.5289]]],
           [[[-1.2408], [-0.2376]], [[-0.1713], [-0.1926]]]     ])
```

（2）自适应参数。

```
Parameter containing:  tensor([1., 1.], requires_grad=True)
Parameter containing:  tensor([0., 0.], requires_grad=True)
1e-05
```

从输出结果中可以看出，BatchNorm2d 接口为数据的每个通道创建一套自适应参数。在实际计算中，也是针对每个通道的数据进行批量归一化计算的。

（3）批量归一化结果及形状。

```
tensor([   [[[-1.2180], [ 1.3992]], [[ 0.7767], [-1.7183]]],
           [[[-0.6113], [ 0.4301]], [[ 0.4881], [ 0.4535]]]     ],
       grad_fn=<NativeBatchNormBackward>) torch.Size([2, 2, 2, 1])
```

可以看到，在经过批量归一化计算后，只改变了输入数据的值，并没有修改输入数据的形状。

2. 使用手动方式实现批量归一化计算

为了使手动计算批量归一化的步骤更加清晰，这里只对模拟数据中第一个样本中的第一个具体数据进行手动批量归一化计算，具体步骤如下：

（1）取出模拟数据中两个样本的第一个通道数据；

（2）用手动的方式计算该数据均值和方差；

（3）将均值和方差代入式（7-11），对模拟数据中第一个样本中的第一个具体数据进行计算，具体代码如下。

代码文件：code_17_BNdetail.py（续1）

```
13 print("第1通道的数据：",data[:,0])
14
15 #计算第1通道数据的均值和方差
16 Mean=torch.Tensor.mean(data[:,0])
17 Var=torch.Tensor.var(data[:,0],False)
18 print("均值：",Mean)
19 print("方差：",Var)
20
21 #计算第1通道中第一个数据的BN结果
22 batchnorm=((data[0][0][0][0]-Mean)/(torch.pow(Var,0.5)+obn.eps))\
23     *obn.weight[0]+obn.bias[0]
24 print("BN结果：",batchnorm)
```

上述代码的第17行调用了torch.Tensor.var()方法对第1通道计算方差，该方法的第2个参数传入False，表示不使用贝塞尔校正的方法计算方差。

提示

方差的计算方法是先将每个值减去均值的结果后再求平方，并求它们的均值（求和后除以总数量n）。贝塞尔校正（Bessel's Correction）是一个与统计学的方差和标准差相关的修正方法，是指在计算样本的方差和标准差时，将分母中的n替换成$n-1$。这种修正方法得到的方差和标准差更近似于当前样本所在的总体集合中的方差和标准差。

因为本例只需要对当前样本进行方差的计算，不需要得到当前样本所代表的总体集合中的方差。所以不使用贝塞尔校正计算方差。

上述代码的第22行按照式（7-11）手动实现批量归一化的计算（分布部分为标准差手动加上一个eps，防止分母为0的情况出现）。

上述代码运行后，输出结果如下：

```
第1通道的数据： tensor([[[-1.8253], [ 0.6961]],
                       [[-1.2408], [-0.2376]]])
均值：tensor(-0.6519)
方差：tensor(0.9281)
BN结果：tensor(-1.2180, grad_fn=<AddBackward0>)
```

输出结果的最后一行是手动对模拟数据第1通道中第一个数据的批量归一化计算结果，该结果与使用BatchNorm2d接口计算的结果完全一致。

7.8.11 实例17：通过批量归一化方法改善模型的过拟合状况

本实例将使用批量归一化方法改善模型的过拟合状况，具体实现如下。

实例描述 使用批量归一化的方式对7.8.1节实例中所构建的模型进行训练，观察训练后的模型应用新的数据集是否有准确率下降的情况。

修改7.8.1节中“2. 搭建网络模型”中的代码的第16行，重新定义一个带有BN层的Logic_BN_Net模型类。

为了简化代码，让Logic_BN_Net模型类继承LogicNet类，并在LogicNet类基础上重载Logic_BN_Net模型类的前向结构，即在Logic_BN_Net模型类的forward()方法中添加BN层。具体代码如下：

代码文件：code_18_BN.py

```
16 #继承LogicNet类，构建网络模型
17 class Logic_Dropout_Net(LogicNet):
18     def __init__(self,inputdim,hiddendim,outputdim):  #初始化网络结构
19         super(Logic_Dropout_Net,self).__init__(inputdim,hiddendim,
20                                                outputdim)
21         self.BN = nn.BatchNorm1d(hiddendim) #定义BN层
22     def forward(self,x):                  #搭建用两个全连接层组成的网络模型
23         x = self.Linear1(x)               #将输入数据传入第1层
24         x = torch.tanh(x)                 #对第1层的结果进行非线性变换
25         x = self.BN(x)                    #对第1层的数据做BN处理
26         x = self.Linear2(x)               #将数据传入第2层
27         return x
28 model = Logic_BN_Net(inputdim=2,hiddendim=500,outputdim=2)       #初始化模型
29 optimizer = torch.optim.Adam(model.parameters(), lr=0.01)        #定义优化器
30
31 xt = torch.from_numpy(X).type(torch.FloatTensor)  #将numpy数据转化为张量
32 yt = torch.from_numpy(Y).type(torch.LongTensor)
33 epochs = 200                                   #定义迭代次数
```

上述代码的第21行定义了BN层，并在第25行进行了调用。

在上述代码的第28行中，对Logic_BN_Net模型类进行了实例化，得到了对象model。

在上述代码的第33行中，将迭代次数改小为200。

提示 带有批量归一化处理的模型比带有Dropout处理的模型需要更少的训练次数。因为Dropout每次都会使一部分节点不参与运算，相当于减少了单次的样本处理量，所以带有Dropout处理的模型需要更多的训练次数才可以使模型收敛。

上述代码运行后，输出如下结果：

```
训练时的准确率: 1.0
测试时的准确率: 0.925
```

将该模型能力映射到新数据集上，批量归一化方法训练出的模型能力如图 7-46 所示。

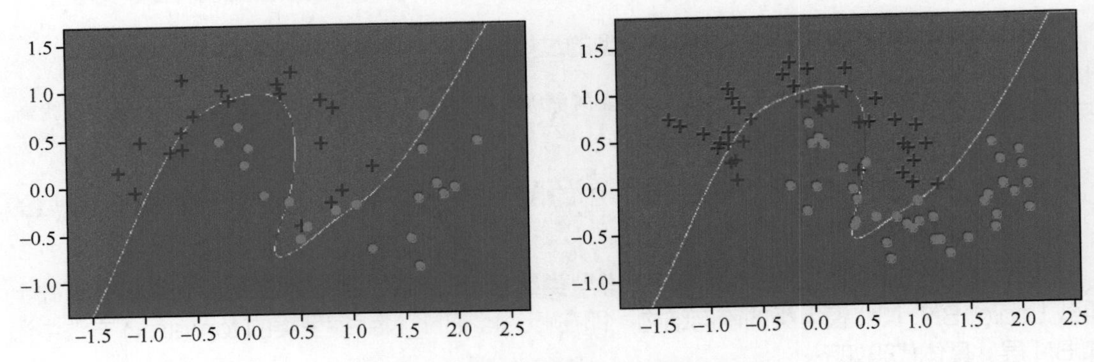

图7-46　批量归一化方法训练出的模型能力

从图 7-46 中可以看出，使用批量归一化方法训练的模型，其能力可视化的结果中没有了图 7-41 中的闭合区间，更接近原始的数据分布（见图 3-3）。

> **提示**　由于本实例中使用的模型层数太少（只有两层），因此这使得批量归一化的效果不如Dropout和增大数据集方式。
> 批量归一化更擅长解决深层网络的内部协变量转移问题，在深层网络中，才会体现出更好的性能。

7.8.12　使用批量归一化方法时的注意事项

这里说明一下使用批量归一化方法的注意事项。

- 批量归一化方法不能紧跟在 Dropout 层后面使用，若有这种情况，Dropout 层的结果会改变批量归一化所计算的数据分布，导致批量归一化后的偏差更大。
- 在批量归一化方法与 Switch 激活函数一起使用时，需要对 Switch 激活函数进行权值缩放（可以使用缩放参数自学习的方法），否则会引起更大的抖动。
- 批量归一化方法对批次依赖严重，即对于较小批次，效果并不理想。因为批量归一化侧重的是对批次样本的归一化，当输入批次较小时，个体样本将无法代替批次样本的特征，导致模型抖动，难以收敛（这种情况下的解决方法见 7.8.13 节）。
- 批量归一化方法适用于深层网络。因为在浅层网络中，内部协变量转移问题并不明显，所以批量归一化的效果也不明显。

7.8.13　扩展：多种批量归一化算法介绍

批量归一化的算法有多个版本，本书只介绍了较为普通的一个。根据不同的场景，用户可以使用各不同版本的批量归一化算法。例如：

- 在小批次样本情况下，可以使用与批次无关的 renorm 方法进行批量归一化；

- 在 RNN 模型中，可以使用 Layer Normalization 算法；
- 在对抗神经网络中，可以使用 Instance Normalization 算法（见 8.7.3 节）；
- 还有功能更强的 Switchable Normalization 算法，它可以将多种批量归一化算法融合并赋予可以学习的权重，在使用时，通过模型训练的方法来自动学习。

7.9 神经网络中的注意力机制

神经网络的注意力机制与人类处理事情时常说的“注意力”意思相近，即重点关注一系列信息中的部分信息，并对这部分信息进行处理分析。

在生活中，注意力的应用随处可见：当我们看东西时，一般会聚焦眼前的某一地方；在阅读一篇文章时，常常会关注文章的部分文字；在听音乐时，会根据音乐中的不同旋律产生强度不同的情感，甚至还会记住某些旋律片段。

在神经网络中，运用注意力机制，可以达到更好的拟合效果。注意力机制可以使神经网络忽略不重要的特征向量，而重点计算有用的特征向量。在抛弃无用特征对拟合结果干扰的同时，又提升了运算速度。

7.9.1 注意力机制的实现

神经网络中的注意力机制主要是通过注意力分数来实现的。注意力分数是一个 0~1 的值，注意力机制作用下的所有分数和为 1。每个注意力分数代表当前项被分配的注意力权重。

注意力分数常由神经网络的权重参数在模型的训练中学习得来，并最终使用 Softmax 函数进行计算。这种机制可以作用在任何神经网络模型中。

（1）注意力机制可以作用在 RNN 模型中的每个序列上，令 RNN 模型对序列中的单个样本给予不同的关注度，如图 7-47 所示。

序列文本 ⇨	代	码	医	生	工	作	室	的	书	真	实	用
注意力分数 ⇨	0.05	0.05	0.05	0.05	0.05	0.05	0.05	0.025	0.2	0.025	0.2	0.2

图7-47 为序列计算注意力分数

这种方式常用在 RNN 层的输出结果之后。

提示 注意力机制还可以用在RNN模型中的Seq2Seq框架中。有关Seq2Seq框架和对应的注意力机制可参考相关文档。

（2）注意力机制也可以作用在模型输出的特征向量上，如图 7-48 所示。

这种针对特征向量进行注意力计算的方式适用范围更为广泛。该方式不但可以应用于循环神经网络，而且可以用于卷积神经网络，甚至图神经网络。

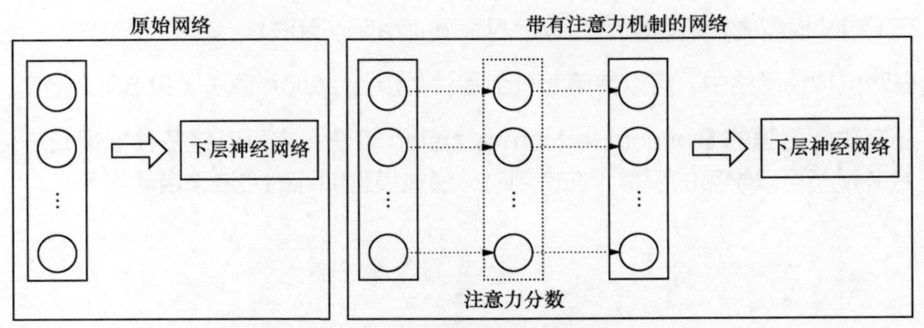

图7-48　为特征向量计算注意力分数

7.9.2　注意力机制的软、硬模式

在实际应用中，有两种注意力计算模式：软模式、硬模式。

软模式（Soft Attention）：表示所有的数据都会注意，都会计算出相应的注意力权值，不会设置筛选条件。

硬模式（Hard Attention）：会在生成注意力权重后筛选并舍弃一部分不符合条件的注意力，让它的注意力权值为 0，可以理解为不再注意不符合条件的部分。

7.9.3　注意力机制模型的原理

注意力机制模型是指完全使用注意力机制搭建起来的模型。注意力机制除可以辅助其他神经网络以外，本身也具有拟合能力。

1. 注意力机制模型的原理

注意力机制模型的原理可简单描述为：将具体的任务看作由query、key、value三个“角色”来完成（3 个角色分别用 Q、K、V 代替）。其中，Q 代表要查询的任务，K、V 表示一一对应的键值对，任务目的就是使用 Q 在 K 中找到对应的 V 值。

注意力机制模型的原理的实现公式见式（7-12）。

$$\boldsymbol{D}_V=\text{Attention}(\boldsymbol{Q}_t,K,V)=\text{Softmax}\left(\frac{(\boldsymbol{Q}_t,\boldsymbol{K}_s)}{\sqrt{d_K}}\right)v_s=\sum_{s=1}^{m}\frac{1}{z}\exp\left(\frac{(\boldsymbol{Q}_t,\boldsymbol{K}_s)}{\sqrt{d_K}}\right)V_s \tag{7-12}$$

式（7-12）中的 z 是归一化因子。$\boldsymbol{Q}_t$ 是含有 t 个查询条件的矩阵，$\boldsymbol{K}_s$ 是含有 s 个键值的矩阵，d_K 是 $\boldsymbol{Q}_t$ 中每个查询条件的维度，$\boldsymbol{V}_s$ 是含有 s 个元素的值，$\boldsymbol{v}_s$ 是 $\boldsymbol{V}_s$ 中的一个元素，$\boldsymbol{D}_V$ 是注意力结果。该公式可拆分成以下计算步骤。

（1）$\boldsymbol{Q}_t$ 与 $\boldsymbol{K}_s$ 进行内积计算；

（2）将第（1）步的结果除以$\sqrt{d_K}$，这里$\sqrt{d_K}$起到调节数值的作用，使内积不至于太大。

（3）使用 Softmax 函数对第（2）步的结果进行计算，即从取值矩阵 $\boldsymbol{V}$ 中获取权重，得到的权重为注意力分数。

（4）使用第（3）步的结果与 $\boldsymbol{v}_s$ 相乘，得到 $\boldsymbol{Q}_t$ 与各个 $\boldsymbol{v}_s$ 的相似度。

（5）对第（4）步的结果加权求和，得到 $\boldsymbol{D}_V$。

2. 注意力机制模型的应用

注意力机制模型非常适合序列到序列（Seq2Seq）的拟合任务。例如，在实现文字阅读理解任务中，可以把文章当成 Q，阅读理解的问题和答案当成 K 和 V（形成键值对）。下面以一个翻译任务为例，详细介绍其拟合过程。

在中英文翻译任务中，假设 K 代表中文，有 n 个词，每个词的词向量维度是 d_K；V 代表英文，有 m 个词，每个词的词向量维度是 d_V。

提示 对一句由 n 个中文词组成的句子进行英文翻译时，抛开其他的数值及非线性变化运算，主要的矩阵间运算可以理解为：$n\times d_K$ 的矩阵乘以 $d_K\times m$ 的矩阵乘以 $m\times d_V$ 的矩阵，然后将这个乘式变形并根据线性代数的技巧，最终便得到了 n 个维度为 d_V 的英文词。

7.9.4 多头注意力机制

注意力机制因 2017 年谷歌公司发表的一篇论文“Attention is All You Need”（arXiv 编号: 1706.03762，2017）而受到广泛关注。多头注意力机制就是这篇论文中使用的主要技术之一。

多头注意力机制是对原始注意力机制的改进。多头注意力机制可以表示为：Y=MultiHead(Q,K,V)，Y 代表多头注意力结果，其原理如图 7-49 所示。

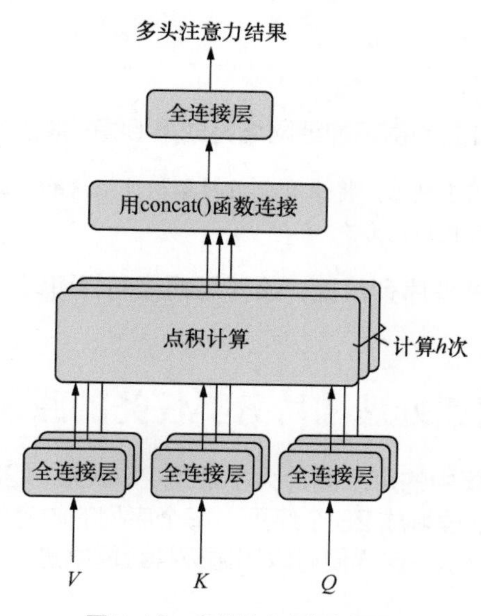

图7-49 多头注意力机制原理

多头注意力机制的工作原理介绍如下。

（1）把 Q、K、V 通过参数矩阵进行全连接层的映射转化。

（2）对第（1）步中所转化的 3 个结果做点积运算。

（3）将第（1）步和第（2）步重复运行 h 次，并且每次进行第（1）步操作时，都使用全新的参数矩阵（参数不共享）。

（4）用 concat() 函数把计算 h 次之后的最终结果拼接起来。

其中，第（4）步的操作与多分支卷积技术非常相似，其理论可以解释为：

（1）每一次的注意力机制运算，都会使原数据中某个方面的特征发生注意力转化（得到局部注意力特征）；

（2）当发生多次注意力机制运算之后，会得到更多方向的局部注意力特征；

（3）将所有的局部注意力特征合并起来，再通过神经网络将其转化为整体的特征，从而达到拟合效果。

7.9.5　自注意力机制

自注意力机制又称内部注意力机制，用于发现序列数据的内部特征。其具体做法是将 Q、K、V 都变成 X，即计算 Attention(X,X,X)，这里的 X 代表待处理的输入数据。

使用多头注意力机制训练出的自注意力特征可以用于 Seq2Seq 模型（输入和输出都是序列数据的模型）、分类模型等各种任务，并能够得到很好的效果，即 Y=MultiHead(X,X,X)，Y 代表多头注意力结果。

7.10　实例 18：利用注意力循环神经网络对图片分类

本实例将使用带注意力机制的循环神经网络完成第 6 章的图片分类任务。

实例描述	在第 6 章的实例代码基础上，将原有模型的卷积神经网络改成循环神经网络，并对其进行训练，评估训练后的模型能力。

循环神经网络的特点是处理序列数据，该神经网络同样可以使用 Fashion-MNIST 数据集进行验证。

7.10.1　循环神经网络处理图片分类任务的原理

Fashion-MNIST 数据集中的每个图片大小都是 28 像素 ×28 像素，并且只有一个通道（灰度图）。可以将图片的数据理解成 28 个序列，每个序列的内容为 28 个值，RNN 处理图片分类的原理说明如图 7-50 所示。这样便可以用循环神经网络进行处理。

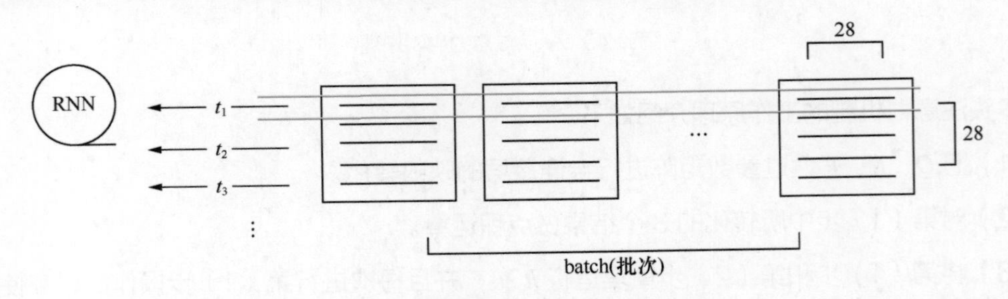

图7-50　RNN处理图片分类的原理说明

在实际使用中，输入数据是基于批次的，每次都取该批次中所有图片的一行作为一个时间序列输入。

7.10.2 代码实现：搭建LSTM网络模型

改变6.3.1节中的myConNet模型类的网络结构，将其改成myLSTMNet，并在模型中搭建LSTM层与一个全连接层。

修改6.3.1节中的代码的第40行~第68行，具体如下。

代码文件：code_19_AttLSTMModel.py（片段1）

```
40 class myLSTMNet(torch.nn.Module):                          #定义myLSTMNet模型类
41     def __init__(self,in_dim, hidden_dim, n_layer, n_class):
42         super(myLSTMNet, self).__init__()
43         #定义循环神经网络层
44         self.lstm = torch.nn.LSTM(in_dim, hidden_dim,
45                                   n_layer,batch_first=True)
46         self.Linear = torch.nn.Linear(hidden_dim *28, n_class)  #定义全连接层
47         self.attention = AttentionSeq(hidden_dim,hard=0.03)    #定义注意力层
48     def forward(self, t):                                       #搭建正向结构
49         t, _ = self.lstm(t)                                     #进行RNN处理
50         t = self.attention(t)
51         t=t.reshape(t.shape[0],-1)
52         out = self.Linear(t)                                    #进行全连接处理
53         return out
```

上述代码的第44行对torch.nn.LSTM（torch.nn.Module）类进行实例化，得到LSTM对象。

上述代码的第47行定义了注意力层，该层使用的是硬模式注意力机制。

上述代码的第49行使用LSTM对象对数据进行处理。

上述代码的第50行和第51行对循环神经网络结果进行注意力机制的处理，并将处理后的结果变形成二维数据，以便传入全连接输出层。

7.10.3 代码实现：构建注意力机制类

参考7.9.1节中实现的基于序列的注意力机制类。在具体实现时，会比7.9.1节中的实现多一些细节。

- 增加掩码模式。掩码模式是相对于变长的循环序列而言的，如果输入的样本序列长度不同，那么会先对其进行对齐处理（对短序列补0，对长序列截断），再输入模型。这样，模型中的部分样本中就会有大量的零值。为了提升运算性能，需要以掩码的方式将不需要的零值去掉，而保留非零值进行计算。这就是掩码的作用。
- 均值模式。正常模式对每个维度的所有序列计算注意力分数，而均值模式对每个维度上注意力分数计算平均值。均值模式会平滑处理同一序列不同维度之间的差异，认为所有维度都是平等的，将注意力用在序列之间。这种方式更能体现出序列的重要性。

而非均值模式还会考虑到维度之间的不同，注意力粒度更加细小（在图像处理方面，非均值模式可以体现出对空间区域的注意力）。

具体实现的代码如下。

代码文件：code_19_AttLSTMModel.py（片段 2）

```
54 class AttentionSeq(torch.nn.Module):
55     def __init__(self, hidden_dim,hard= 0):                          #初始化
56         super(AttentionSeq, self).__init__()
57         self.hidden_dim = hidden_dim
58         self.dense = torch.nn.Linear(hidden_dim, hidden_dim)
59         self.hard = hard
60 
61     def forward(self, features, mean=False):                       #类的处理方法
62 
63         batch_size, time_step, hidden_dim = features.size()
64         weight = torch.nn.Tanh()(self.dense(features))               #全连接计算
65 
66         # 计算掩码
67         mask_idx = torch.sign(torch.abs(features).sum(dim=-1))
68         mask_idx = mask_idx.unsqueeze(-1).repeat(1, 1, hidden_dim)
69         #将掩码作用在注意力结果上
70         weight = torch.where(mask_idx== 1, weight,
71                              torch.full_like(mask_idx,(-2 ** 32 + 1)))
72         weight = weight.transpose(2, 1)
73         weight = torch.nn.Softmax(dim=2)(weight)                      #计算注意力分数
74         if self.hard!=0: #处理硬模式 (hard mode)
75             weight = torch.where(weight>self.hard, weight,
76                                  torch.full_like(weight,0))
77         if mean:                           #支持注意力分数平均值模式
78             weight = weight.mean(dim=1)
79             weight = weight.unsqueeze(1)
80             weight = weight.repeat(1, hidden_dim, 1)
81         weight = weight.transpose(2, 1)
82         features_attention = weight * features #将注意力分数作用在特征向量上
83         return features_attention  #返回结果
84 
85 #实例化模型对象
86 network = myLSTMNet(28, 128, 2, 10)                  #图片大小是28x28
```

在上述代码的第 67 行中，对最后输入数据的第一维进行绝对值求和，用这种方法来判断是否有零值的序列存在。

上述代码的第 68 行将求和后的序列结果按照原始的形状复制到每个维度上，以在第 70 行使用掩码进行赋值。

提示

如果读者对第68行的repeat()方法感到陌生，那么可以参考下面的例子。

```
import torch
data=torch.randn(1,1,1)    #生成一个形状为(1,1,1)的张量，输出：tensor([[[1.3868]]])
data.expand(1, 1, 2)    #对data张量按最后一个维度复制，输出：tensor([[[1.3868, 1.3868]]])
data.repeat(1,1,2)   #对data张量按最后一个维度复制，输出：tensor([[[1.3868, 1.3868]]])
```

从上面的例子可以看出，在PyTorch中，expand()与repeat()方法的效果是一样的。

第68行使用的repeat()方法也可以换成expand()，具体代码如下。

```
mask_idx = mask_idx.unsqueeze(-1).expand(batch_size, time_step, hidden_dim)
```

在上述代码的第70行和第71行，利用掩码对注意力结果补0序列填充一个极小数。

提示

torch.where()函数的意思是按照第一参数的条件对每个元素进行检查，如果满足，那么使用第二个参数里对应元素的值进行填充，如果不满足，那么使用第三个参数里对应元素的值进行填充。torch.full_like()函数是按照张量的形状进行指定值的填充，其第一个参数是参考形状的张量，第二个参数是填充值。

在上述代码的第70行和第71行填入的极小数会在第73行的Softmax计算中被忽略成接近于0的值。

注意

在上述代码的第71行中，必须对注意力结果补0序列填充一个极小数，千万不能填充0，因为注意力结果是经过激活函数tanh()计算出来的，其值域是-1~1，在这个区间内，零值是一个有效值。如果填充0，那么会对后面的Softmax结果产生影响（参考5.8节）。填充的值只有远离这个有效区间才可以保证被Softmax的结果忽略。

在上述代码的第73行中，对每个维度的所有序列进行Softmax计算，得到注意力分数。

在上述代码的第82行和第83行中，将注意力分数作用到输入值上，得到最终的结果。

上述代码的第86行对自定义类myLSTMNet进行实例化，传入参数的含义如下。

- 28：输入数据的序列长度为28。
- 128：每层放置128个LSTM Cell。
- 2：构建两层由LSTM Cell所组成的网络。
- 10：最终结果分为10类。

在实际运行时，myLSTMNet类内部前向处理的具体步骤如下。

（1）输入数据会按照序列顺序传入循环神经网络。

（2）每个序列都有28个数据，它们会分别传入到128个LSTM Cell中进行第一层LSTM的处理。

（3）第一层的每个LSTM Cell会将输出结果直接传入后续的第二层LSTM Cell，再次进行处理。1、2层之间的LSTM Cell是串联关系。

（4）最终将LSTM网络最后一个序列的处理结果取出，传入全连接网络，输出与分类结果数量一致的特征数据。该数据即代表最终的预测结果。

7.10.4　代码实现：构建输入数据并训练模型

由于输入的数据是序列形式，而非图片形式，因此 6.3.3 节中使用的训练模型代码将不再适用。此时，需要将输入数据进行修改：将图片数据中代表通道的第 2 维去掉即可（见下面代码的第 100 行）。具体实现如下。

代码文件：code_19_AttLSTMModel.py（片段 3）

```
87  #指定设备
88  device = torch.device("cuda:0" if torch.cuda.is_available() else "cpu")
89  print(device)
90  network.to(device)
91  print(network)                                          #打印网络
92
93  criterion = torch.nn.CrossEntropyLoss()                 #实例化损失函数类
94  optimizer = torch.optim.Adam(network.parameters(), lr=.01)
95
96  for epoch in range(2):                                  #数据集迭代两次
97      running_loss = 0.0
98      for i, data in enumerate(train_loader, 0): #循环取出批次数据
99          inputs, labels = data
100         inputs = inputs.squeeze(1)
101         inputs, labels = inputs.to(device), labels.to(device) #指定设备
102         optimizer.zero_grad()                           #清空之前的梯度
103         outputs = network(inputs)
104         loss = criterion(outputs, labels)               #计算损失
105         loss.backward()                                 #反向传播
106         optimizer.step()                                #更新参数
107
108         running_loss += loss.item()
109         if i % 1000 == 999:
110             print('[%d, %5d] loss: %.3f' %
111                 (epoch + 1, i + 1, running_loss / 2000))
112             running_loss = 0.0
```

上述代码运行后，输出的训练过程如下：

```
…
[1,  1000] loss: 0.421
…
[1,  6000] loss: 0.211
[2,  1000] loss: 0.215
…
[2,  4000] loss: 0.188
[2,  5000] loss: 0.205
[2,  6000] loss: 0.201
```

上述结果的最后一行是模型在训练过程中最后一次输出的 loss 值：0.201。

7.10.5　使用并评估模型

该部分代码与 6.4 节和 6.5 节基本一致，但需要按照 7.10.4 节的实现方式做修改，即对输入数据进行维度变化。详细代码可以参考本书的配套资源，这里不再详述。

相关程序运行后，最终输出的测试结果如下：

```
Accuracy of T-shirt : 67 %
Accuracy of Trouser : 95 %
Accuracy of Pullover : 66 %
Accuracy of Dress : 88 %
Accuracy of  Coat : 68 %
Accuracy of Sandal : 94 %
Accuracy of Shirt : 61 %
Accuracy of Sneaker : 84 %
Accuracy of   Bag : 91 %
Accuracy of Ankle_Boot : 96 %
Accuracy of all : 81 %
```

上述结果的最后一行是模型在测试集上的总体准确率（81%），相比 6.5 节中的准确率结果（80%）有所提升。

7.10.6　扩展 1：使用梯度剪辑技巧优化训练过程

梯度剪辑是一种训练模型的技巧，用来改善模型训练过程中抖动较大的问题：在模型使用反向传播训练的过程中，可能会出现梯度值剧烈抖动的情况。而某些优化器的学习率是通过策略算法在训练过程中自学习产生的。当参数值在较为“平坦”的区域进行更新时，由于该区域梯度值比较小，学习率一般会变得较大，如果突然到达了“陡峭”的区域，梯度值陡增，再与较大的学习率相乘，参数就有很大幅度的更新，因此学习过程非常不稳定。

梯度剪辑的具体做法：将反向求导的梯度值控制在一定区间之内，将超过区间的梯度值按照区间边界进行截断。这样，在训练过程中，权重参数的更新幅度就不会过大，使得模型更容易收敛。

在 PyTorch 中，有 3 种方式可以实现梯度剪辑，具体介绍如下。

1. 简单方式

直接使用 clip_grad_value_() 函数即可实现简单的梯度剪辑。例如，在 7.10.4 节所示代码的第 105 行和第 106 行中间加入如下代码：

```
torch.nn.utils.clip_grad_value_(parameters=network.parameters(), clip_value=1.)
```

该代码可以将梯度按照 [-1,1] 区间进行剪辑。这种方法只能设置剪辑区间的上限和下限，且绝对值必须一致。如果想对区间的上限和下限设置不同的值，那么需要使用其他方法。

2. 自定义方式

可以使用钩子函数，为每一个参数单独指定剪辑区间。例如，在 7.10.3 节所示代码的第 86 行之后加入如下代码：

```
for param in network.parameters():
    param.register_hook(lambda gradient: torch.clamp(gradient, -0.1, 1.0))
```

该代码为实例化后的模型权重添加了钩子函数，并在钩子函数内部实现梯度剪辑的设置。这种方式最为灵活。在训练时，每当执行完反向传播（loss.backward）之后，所计算的梯度会触发钩子函数进行剪辑处理。

3. 使用范数的方式

直接使用 clip_grad_norm_() 函数即可以范数的方式对梯度进行剪辑。例如，在 7.10.4 节所示代码的第 105 行和第 106 行中间加入如下代码：

```
torch.nn.utils.clip_grad_norm_( network.parameters(), max_norm=1, norm_type=2)
```

函数 clip_grad_norm_() 会迭代模型中的所有参数，并将它们的梯度当成向量进行统一的范数处理。第 2 个参数值 1 表示最大范数，第 3 个参数值 2 表示使用 L2 范数的计算方法。

7.10.7 扩展2：使用JANET单元完成RNN

在 GitHub 网站中，搜索 pytorch-janet 关键词，可以找到 0h-n0 用户开源的 pytorch-janet 项目。该项目中实现了一个封装好的 JANET 单元，可以直接使用。

在使用时，只需要将 pytorch-janet 项目中的源码复制到本地，并在代码中导入。在 pytorch-janet 项目中，JANET 类的实例化参数与 torch.nn.LSTM 类完全一致，可以直接替换。如果要将 7.10.2 节中的 LSTM 模型替换成 JANET，那么需要如下 3 步实现。

（1）将 pytorch-janet 项目中的源码复制到本地。

（2）在代码文件 code_19_AttLSTMModel.py 的开始处添加如下代码，导入 JANET 类。

```
from pytorch_janet import JANET
```

（3）将代码文件 code_19_AttLSTMModel.py 中的 torch.nn.LSTM 替换成 JANET。

7.10.8 扩展3：使用IndRNN单元实现RNN

在 GitHub 网站中，搜索 indrnn-pytorch 关键词，可以找到 StefOe 用户开源的 indrnn-pytorch 项目。该项目中实现了两个版本的 IndRNN 单元。这两个版本的 IndRNN 接口分别为 IndRNN、IndRNNv2 类，可以直接替换 7.10.2 节中的 torch.nn.LSTM 类。

另外，indrnn-pytorch 项目中的 IndRNN、IndRNNv2 类还支持更多的初始化参数，比如批量归一化（见 7.8.9 节）设置、初始化设置、梯度剪辑（见 7.10.6 节）设置，详见 indrnn-pytorch 项目中的 indrnn.py 代码文件。

在 GitHub 网站中，通过 indrnn-pytorch 关键词搜索到的项目中，除有 StefOe 用户开源的 IndRNN 单元以外，还有 Sunnydreamrain 用户开源的 indrnn-pytorch 项目。在 Sunnydreamrain 用户开源的 indrnn-pytorch 项目中，包含了 Deep IndRNN 论文中的深层 IndRNN 模型，其中包括残差结构的 IndRNN 模型、全连接结构 IndRNN 模型。读者如果有兴趣，那么可以自行研究。

无监督学习中的神经网络

无监督学习是指在不需要（或需要少量）样本标签的情况下，完成模型的训练。这种训练方式最大的好处就是，可以节省标注样本过程所需的大量人工成本。

本章介绍与无监督学习相关的神经网络。

> 提示 本章的第一部分内容（8.1节）是信息熵的相关知识，这部分知识对掌握神经网络模型的理论大有帮助。建议读者先看一下这部分内容。如果读者已经掌握信息熵，那么可以直接从8.2节开始阅读。

8.1 快速了解信息熵

信息熵 (information entropy) 可以对信息进行量化，比如可以用信息熵来量化一本书所含的信息量。

信息熵这个词是克劳德 · 艾尔伍德 · 香农从热力学中借用过来的。在热力学中，热熵是用来表示分子状态混乱程度的物理量。克劳德 · 艾尔伍德 · 香农用信息熵的概念来描述信源的不确定度。

8.1.1 信息熵与概率的计算关系

任何信息都存在冗余，冗余大小与信息中每个符号（数字、字母或单词）的出现概率或者说不确定性有关。

信息熵是指去掉冗余信息后的平均信息量。其值与信息中每个符号的出现概率密切相关。

> 提示 香农编码定理指出：熵是传输一个随机变量状态值所需的比特位下界。该定理的主要依据就是信息熵中没有冗余信息。
> 依据香农编码定理，信息熵还可以应用在数据压缩方面。

一个信源发送出什么符号是不确定的，确定这个符号可以根据其出现的概率来度量。哪个符号出现的概率大，其出现的机会多，不确定性小；反之不确定性就大，则信息熵就越大。

1. 信息熵的特点

假设信息熵的函数是 I，计算概率的函数是 P，则信息熵的特点可以有如下表示。

（1）I 是关于 P 的减函数。

（2）两个独立符号所产生的不确定性（信息熵）应等于各自不确定性之和，用公式表示为 $I(P_1,P_2)=I(P_1)+I(P_2)$。

2. 自信息的计算公式

信息熵属于一个抽象概念，其计算方法没有固定公式。任何符合信息熵特点的公式都可以被用作信息熵的计算。

对数函数是一个符合信息熵特性的函数。具体解释如下：

（1）假设两个独立不相关事件 x 和 y 发生的概率为 $P(x, y)$，则 $P(x, y)=P(x)P(y)$。

（2）如果将对数公式引入信息熵的计算，则 $I(x, y)= \log[(P(x, y)]=\log[(P(x)]+\log[P(y)]$。

（3）若 $I(x)=\log[P(x)]$, $I(y)=\log[P(y)]$, 则 $I(x, y)= I(x)+I(y)$ 正好符合信息熵的可加性。

（4）为了满足 I 是关于 P 的减函数的条件，在取对数前对 P 取倒数。

于是，引入对数函数的信息熵：

$$I(p)=\log\left(\frac{1}{p}\right)=-\log(p) \tag{8-1}$$

式（8-1）中的 p 是概率函数 $P(x)$ 的计算结果，$I(x)$ 也被称为随机变量 x 的自信息(self-information)，描述的是随机变量的某个事件发生所带来的信息量。$I(x)$ 函数的图形如图 8-1 所示。

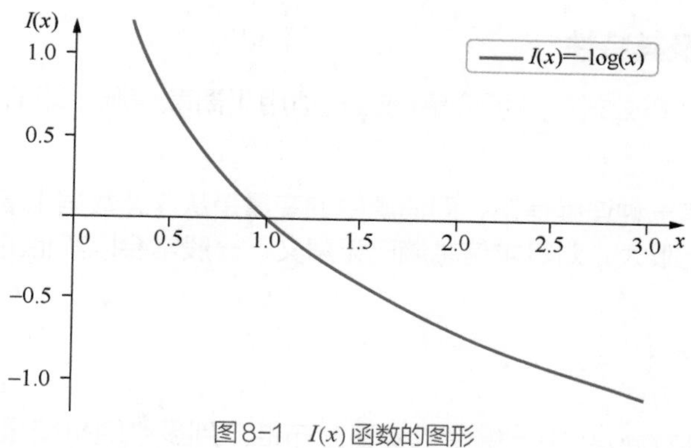

图8-1 $I(x)$ 函数的图形

3. 信息熵的计算公式

在信源中，假如信源符号 U 可以有 n 种取值：$U_1, U_2, \cdots, U_n$，对应概率函数为：$P_1, P_2, \cdots, P_n$，且各种符号的出现彼此独立。则该信源所表达的信息量可以通过 $-\log[P(U)]$ 求关于概率分布 $P(U)$ 的对数得到。U 的信息熵 $H(U)$ 便可以写成：

$$H(U)=-\sum_{i=1}^{n} p_i \log(p_i) \tag{8-2}$$

目前，信息熵大多都是通过式（8-2）进行计算的（式中的 p_i 是概率函数 $P_i(U_i)$ 的计算结果，求和符号中的 i 代表从 1 到 n 之间的整数）。在实践中对数一般以 2 为底，约定 $0\log 0=0$。

以一个最简单的单符号二元信源为例说明式（8-2），该信源中的符号 U 仅可以取值为 a 或 b。其中，取 a 的概率为 p，则取 b 的概率为 $1-p$。该信源的信息熵可以记为 $H(U)=pI(p)+(1-p)I(1-p)$，所形成的曲线如图 8-2 所示。

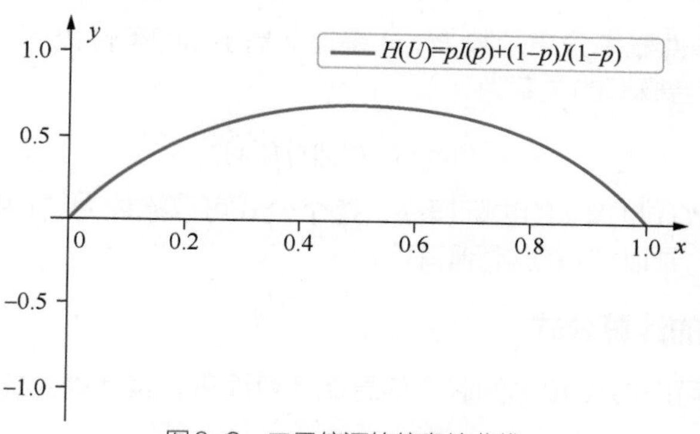

图8-2 二元信源的信息熵曲线

在图 8-2 中，x 轴代表符号 U 取值为 a 的概率值 p，y 轴代表符号 U 的信息熵 $H(U)$。由图 8-2 可以看出信息熵有如下几个特性。

（1）确定性：当符号 U 取值为 a 的概率值 $p=0$ 和 $p=1$ 时，U 的值是确定的，没有任何变化量，所以信息熵为 0。

（2）极值性：当 p=0.5 时，U 的信息熵达到了最大。

（3）对称性：图形在水平方向关于 p=0.5 对称。

（4）非负性：即收到一个信源符号所获得的信息熵应为正值，$H(U) \geqslant 0$。

4. 连续信息熵及其特性

在“3. 信息熵的计算公式”中所介绍的公式适用于离散信源，即信源中的变量都是从离散数据中取值。

在信息论中，还有一种连续信源，即信源中的变量是从连续数据中取值。连续信源可以有无限个值，信息量是无限大，对其求信息熵已无意义。一般常会以其他的连续信源做参照，用相对熵的值进行度量。

8.1.2　联合熵

联合熵 (joint entropy) 可将一维随机变量分布推广到多维随机变量分布。两个变量 X 和 Y 的联合信息熵 $H(X, Y)$ 也可以由联合概率函数 $P(x, y)$ 计算得来：

$$H(X,Y) = -\sum_{x\in X,\, y\in Y} P(x,y)\log P(x,y) \tag{8-3}$$

式（8-3）中的联合概率函数 $P(x, y)$ 是指 x、y 同时满足某一条件的概率，还可以记作 $P(xy)$ 或者 $P(x\cap y)$。

8.1.3　条件熵

条件熵 (conditional entropy) 表示在已知随机变量 X 的条件下，随机变量 Y 的不确定性。条件熵 $H(Y|X)$ 可以由联合概率函数 $P(x,y)$ 和条件概率函数 $P(y|x)$ 计算得来：

$$H(Y|X) = -\sum_{x\in X,\, y\in Y} P(x,y)\log P\left(y|x\right) \tag{8-4}$$

1. 条件概率及对应的计算公式

式（8-4）中的条件概率分布函数 $P(y|x)$ 是指 y 基于 x 的条件概率，即在满足 x 的条件下 y 出现的概率。它与联合概率的关系为：

$$P(x,y) = P\left(y|x\right)P(x) \tag{8-5}$$

式（8-5）中的 $P(x)$ 是指 x 的边际概率。整个公式可以描述为“x 和 y 的联合概率”等于“y 基于 x 的条件概率”乘以“x 的边际概率”。

2. 条件熵对应的计算公式

条件熵 $H(Y|X)$ 也可以由 X 和 Y 的联合信息熵计算而来，其计算公式与条件概率非常相似：

$$H\left(Y|X\right) = H\left(X,Y\right) - H\left(X\right) \tag{8-6}$$

式（8-6）可以描述为，条件熵 $H(Y|X)$ 等于联合熵 $H(X,Y)$ 减去 X 单独的熵（即边际熵）$H(X)$，其中描述 X 和 Y 所需的信息是 X 的边际熵，加上给定 X 条件下具体化 Y 所需的额外信息。

8.1.4 交叉熵

交叉熵 (cross entropy) 在神经网络中常用于计算分类模型的损失。交叉熵表示的是实际输出（概率）与期望输出（概率）之间的距离。交叉熵越小，两个概率越接近。其数学意义可以有如下解释。

1. 交叉熵公式

假设样本集的概率分布函数为 $P(x)$，模型预测结果的概率分布函数为 $Q(x)$，则真实样本集的信息熵为（p 是函数 $P(x)$ 的值）:

$$H(p)=\sum_{x}P(x)\log\frac{1}{P(x)} \tag{8-7}$$

如果使用模型预测结果的概率分布 $Q(x)$ 来表示数据集中样本分类的信息熵，那么式（8-7）可以写为（q 是函数 $Q(x)$ 的值）:

$$H_{\text{cross}}(p,q)=\sum_{x}P(x)\log\frac{1}{Q(x)} \tag{8-8}$$

式（8-8）为 $Q(x)$ 与 $P(x)$ 的交叉熵。因为分类的概率来自样本集，所以式中的概率部分用 $Q(x)$ 来表示。

2. 理解交叉熵损失

在前面曾经介绍过交叉熵损失，如式（8-9）所示。

$$\text{Loss}_{\text{cross}}=-\frac{1}{n}\sum_{x}\left[x\log(a)+(1-x)\log(1-a)\right] \tag{8-9}$$

从交叉熵角度来考虑，交叉熵损失表示模型对正向样本预测的交叉熵（求和项中的第一项）与对负向样本预测的交叉熵（求和项中的第二项）之和。

提示 预测正向样本的概率为 a，预测负向样本的概率为 $1-a$。

8.1.5 相对熵——KL 散度

相对熵（relative entropy）又被称为 KL 散度（Kullback-Leibler divergence）或信息散度（information divergence），用来度量两个概率分布（probability distribution）间的非对称性差异。在信息理论中，相对熵等价于两个概率分布的信息熵的差值。

1. 相对熵的公式

设 $P(x)$、$Q(x)$ 是离散随机变量集合 X 中取值 x 的两个概率分布函数，它们的结果分别为 p 和 q，则 p 对 q 的相对熵如下:

$$D_{\text{KL}}(p\,\|\,q)=\sum_{x\in X}P(x)\log\frac{P(x)}{Q(x)}=E_p\left[\log\frac{\mathrm{d}P(x)}{\mathrm{d}Q(x)}\right] \tag{8-10}$$

由式（8-10）可知，当 $P(x)$ 与 $Q(x)$ 两个概率分布函数相同时，相对熵为 0(因为 $\log1=0$)，并且相对熵具有不对称性。

提示 式（8-10）中的符号“E_p”代表期望。期望是指每次可能结果的概率乘以结果的总和。

2. 相对熵与交叉熵之间的关系

将式（8-10）中的对数部分展开，可以看到相对熵与交叉熵之间的关系：

$$\begin{aligned} D_{\mathrm{KL}}(p\|q) &= \sum_{x\in X} P(x)\log P(x) + \sum_{x\in X} P(x)\log\frac{1}{Q(x)} \\ &= -H(p)+H_{\mathrm{cross}}(p,q) \\ &= H_{\mathrm{cross}}(p,q)-H(p) \end{aligned} \tag{8-11}$$

由式（8-11）可以看出，p 与 q 的相对熵是由二者的交叉熵去掉 p 的边际熵而得来的。在神经网络中，由于训练数据集是固定的，即 p 的熵一定，因此最小化交叉熵便等价于最小化预测结果与真实分布之间的相对熵（模型的输出分布与真实分布的相对熵越小，表明模型对真实样本拟合效果越好）。这也是要用交叉熵作为损失函数的原因。

用一句话可以更直观地概括二者的关系：相对熵是交叉熵中去掉熵的部分。

8.1.6　JS 散度

KL 散度可以表示两个概率分布的差异，但它并不是对称的。在使用 KL 散度训练神经网络时，会有因顺序不同而造成训练结果不同的情况。

1. JS 散度的公式

JS 散度（Jensen-Shannon divergence）在 KL 散度的基础上进行了一次变换，使两个概率分布（p、q）间的差异度量具有对称性：

$$D_{\mathrm{JS}}=\frac{1}{2}D_{\mathrm{KL}}\left(q\left\|\frac{q+p}{2}\right.\right)+\frac{1}{2}D_{\mathrm{KL}}\left(p\left\|\frac{q+p}{2}\right.\right) \tag{8-12}$$

2. JS 散度的特性

与 KL 散度相比，JS 散度更适合在神经网络中应用。它具有以下特性。

（1）对称性：可以衡量两种不同分布之间的差异。

（2）大于或等于 0：当两个分布完全重叠时，其 JS 散度达到最小值 0。

（3）有上界：当两个分布差异越来越大时，其 JS 散度的值会逐渐增大。当两个分布的 JS 散度足够大时，其值会收敛到一个固定值，而 KL 散度是没有上界的。在互信息的最大化任务中，常使用 JS 散度来代替 KL 散度。

8.1.7　互信息

互信息（Mutual Information，MI）是衡量随机变量之间相互依赖程度的度量，用于度量两个变量间的共享信息量。可以将其看成一个随机变量中包含的关于另一个随机变量的信息量，或者说是一个随机变量由于已知另一个随机变量而减少的不确定性。例如，到中午的时候，去吃饭的不确定性，与在任意时间去吃饭的不确定性之差。

1. 互信息公式

设有两个变量集合 X 和 Y，它们中的个体分别为 x、y，它们的联合概率分布函数为 $P(x,y)$，边际概率分布函数分别是 $P(x)$、$P(y)$。互信息是指联合概率分布函数 $P(x,y)$ 与边际概率

分布函数 $P(x)$、$P(y)$ 的相对熵，见式（8-13）。

$$I(X;Y)=\sum_{x\in X,\ y\in Y}P(x,y)\log\frac{P(x,y)}{P(x)P(y)} \tag{8-13}$$

2. 互信息的特性

互信息具有以下特性。

（1）对称性：由于互信息属于两个变量间的共享信息，因此 $I(X;Y)=I(Y;X)$。

（2）独立变量间互信息为 0：如果两个变量独立，那么它们之间没有任何共享信息，此时的互信息为 0。

（3）非负性：共享信息要么有，要么没有。互信息量不会出现负值。

3. 互信息与条件熵之间的换算

由条件熵的式（8-6）得知（见 8.1.3 节），联合熵 $H(X,Y)$ 可以由条件熵 $H(Y|X)$ 与 X 的边际熵 $H(X)$ 相加而成：

$$H(X,Y)=H(Y|X)+H(X)=H(X|Y)+H(Y) \tag{8-14}$$

将式（8-14）中等号两边的函数交换位置，可以得到互信息的公式：

$$I(X;Y)=H(X)-H(X|Y)=H(Y)-H(Y|X) \tag{8-15}$$

式（8-15）与式（8-13）是等价的（这里省略了证明等价的推导过程，读者可查相关资料学习）。

4. 互信息与联合熵之间的换算

将式（8-15）中的互信息公式进一步展开，可以得到互信息与联合熵之间的关系：

$$\begin{aligned}I(X;Y)&=H(X)+H(Y)-H(X,Y)\\&=2H(X,Y)-H(X|Y)-H(Y|X)\end{aligned} \tag{8-16}$$

5. 互信息的应用

互信息已被用作机器学习中的特征选择和特征变换的标准。它可表示变量的相关性和冗余性，例如，最小冗余特征选择。它可以确定数据集中两个不同聚类的相似性。

在时间序列分析中，它还可以用于相位同步的检测。

在对抗神经网络（如 DIM 模型）及图神经网络（如 DGI 模型）中，使用互信息来作为无监督方式提取特征的方法。

8.2 通用的无监督模型——自编码神经网络与对抗神经网络

在监督训练中，模型能根据预测结果与标签差值来计算损失，并向损失最小的方向进行收敛。在无监督训练中，无法通过样本标签为模型权重指定收敛方向，这就要求模型必须有自我监督的功能。

比较典型的两个神经网络是自编码神经网络和对抗神经网络，其中自编码神经网络将输入数据当作标签来指定收敛方向，而对抗神经网络一般会使用两个或多个子模型同时进行训练，利用多个模型之间的关系来达到互相监督的效果。

8.3　自编码神经网络

自编码（Auto-Encoder，AE）是一种以重构输入信号为目标的神经网络。它是无监督学习领域中的一种，可以自动从无标注的数据中学习特征。

8.3.1　自编码神经网络的结构

自编码由 3 个神经网络层组成：输入层、隐藏层和输出层。其中，输入层的样本也会去充当输出层的标签角色，即这个神经网络就是一个尽可能复现输入信号的神经网络。具体的网络结构如图 8-3 所示。

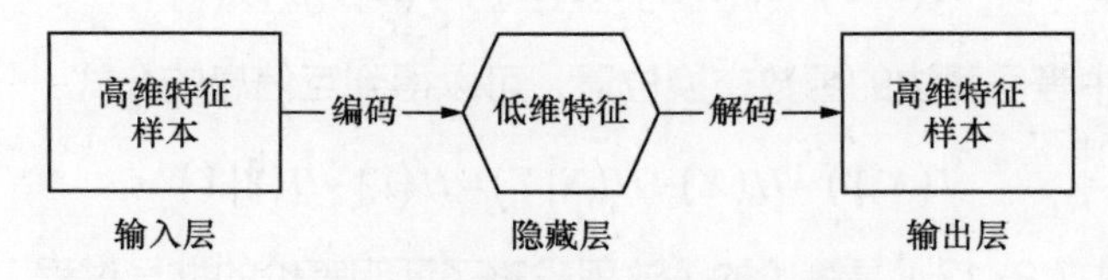

图8-3　自编码神经网络的结构

在图 8-3 中，高维特征样本从输入层到低维特征的过程称为编码，实现这部分功能的神经网络称为编码器；从低维特征到高维特征样本的过程称为解码，实现这部分功能的神经网络称为解码器。

8.3.2　自编码神经网络的计算过程

自编码神经网络本质上是一种输出和输入相等的模型。简单的自编码神经网络结构可以用一个 3 层的全连接神经网络表示，如图 8-4 所示。

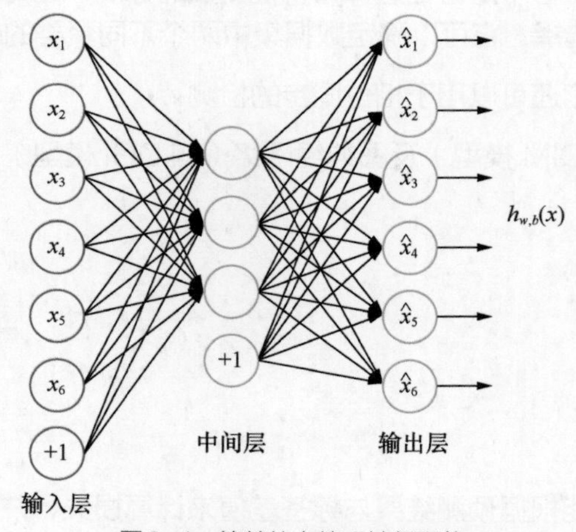

图8-4　简单的自编码神经网络

在图 8-4 中，输入层与输出层的维度相同，中间层是编码器的输出结果，输出层也可以理解成解码器的输出结果。编码器负责将输入的原始数据编码至中间的低维数据，解码器负责将低维数据解码回原始输入，二者实现了一个加密与解密的过程。

在训练过程中，用原始的输入数据与重构的解码数据一起执行 MSE 计算，将该计算结果作为损失值来指导模型的收敛方向。

自编码神经网络要求输出尽可能等于输入，并且它的隐藏层必须满足一定的稀疏性，通过将隐藏层中后一层比前一层神经元数量少的方式来实现稀疏效果。这相当于隐藏层对输入进行了压缩，并在输出层中解压缩。整个过程肯定会丢失信息，但训练能够使丢失的信息尽量少，最大化地保留其主要特征。

8.3.3 自编码神经网络的作用与意义

输入的数据在网络模型中会经过一系列特征变换，在输出时还会与输入时一样。虽然这种模型对单个样本没有意义，但对整体样本集却很有价值。它可以很好地学习到该数据集中样本的分布情况，既能对数据集进行特征压缩，实现提取数据主成分的功能，又能与数据集的特征相拟合，实现生成模拟数据的功能。

经过变换过程的中间状态可以输出比原始数据更好的特征描述，这使得自编码有较强的特征学习能力，因此常利用其中间状态的处理结果来进行 AI 任务的拟合。

1. 自编码与PCA算法

在无监督学习中，常见形式是训练一个编码器将原始数据集编码为一个固定长度的向量，这个向量要保留原始数据的（尽可能多的）重要信息。具有类似这种功能的算法如 PCA 算法（主成分分析算法），它能找到可以代表原信息的主要成分。

自编码神经网络中的编码器部分具有与 PCA 算法同样的功能。它通过训练所形成的自动编码器可以捕捉代表输入数据的最重要因素，找到可以代表原信息的主要成分。（如果自编码中的激活函数使用了线性函数，就是 PCA 模型了。）

2. 自编码与深度学习

编码器的概念在深度学习模型中应用非常广泛，例如，目标识别、语义分割中的骨干网模型，可以理解为一个编码器模型。在分类任务中，输出层之前的网络结构可以理解为一个独立的编码器模型。

3. 自编码神经网络的种类

在基本的自编码之上，又衍生出了一些性能更好的自编码神经网络，例如变分自编码神经网络、条件变分自编码神经网络等。它们的输入和输出不再单纯地着眼于单个样本，而是针对整个样本的分布进行自编码拟合，具有更好的泛化能力。

8.3.4 变分自编码神经网络

变分自编码神经网络学习的不再是样本的个体，而是样本的规律。这样训练出来的自编码神经网络不但具有重构样本的功能，而且具有仿照样本的功能。

这么强大的功能，到底是怎么做到的呢？

变分自编码神经网络，其实就是在编码过程中改变了样本的分布（“变分”可以理解为改变分布）。前文中所说的“学习样本的规律”，具体指的就是样本的分布。假设我们知道样本的分布函数，就可以从这个函数中随便取出一个样本，然后进行网络解码层前向传导，生成一个新的样本。

为了得到这个样本的分布函数，模型的训练目的将不再是样本本身，而是通过增加一个约束项将编码器生成为服从高斯分布的数据集，然后按照高斯分布的均值和方差规则任意取相关的数据，并将该数据输入解码器还原成样本。

8.3.5　条件变分自编码神经网络

变分自编码神经网络存在一个问题：它虽然可以生成一个样本，但是只能输出与输入图片相同类别的样本。确切地说，我们并不知道生成的样本属于哪个类别。

1. 条件变分自编码神经网络的作用

条件变分自编码神经网络在变分自编码神经网络的基础上进行了优化，可以让模型按照指定的类别生成样本。

2. 条件变分自编码神经网络的实现

条件变分自编码神经网络在变分自编码神经网络的基础上只进行了一处改动：在训练、测试时，加入一个标签向量（one-hot 类型）。

3. 条件变分自编码神经网络的原理

可以将这种方式理解为给变分自编码神经网络加了一个条件，让网络学习图片分布时加入了标签因素，这样可以按照标签的数值来生成指定的图片。

8.4　实例19：用变分自编码神经网络模型生成模拟数据

许多文献愿意用一些晦涩难懂的公式来介绍变分自编码神经网络，其实变分自编码里面真正的公式只有一个——KL 散度（见 8.1.5 节）的计算。如果读者掌握了 8.1 节的知识，那么理解本例中的公式将不再困难。本例展示的是如何完成一个变分自编码神经网络模型。

实例描述　使用变分自编码神经网络模型模拟Fashion-MNIST数据集的生成。

8.4.1　变分自编码神经网络模型的结构介绍

本例中的变分自编码神经网络模型由 3 部分组成，具体如下。

（1）编码器：由两层全连接神经网络组成，第一层有 784 个维度的输入和 256 个维度的输出；第二层并列连接了两个全连接神经网络，每个网络都有两个维度的输出，输出的结果分别代表数据分布的均值（mean）与方差。

（2）采样器：根据编码器输出的均值与方差算出数据分布，并从该分布空间中采样得到数据特征 z，并将 z 输入到以一个两节点为开始的解码器部分。

（3）解码器：由两层全连接神经网络组成，第一层有两个维度的输入和 256 个维度的输出；第二层有 256 个维度的输入和 784 个维度的输出。

完整的变分自编码神经网络模型结构如图 8-5 所示。

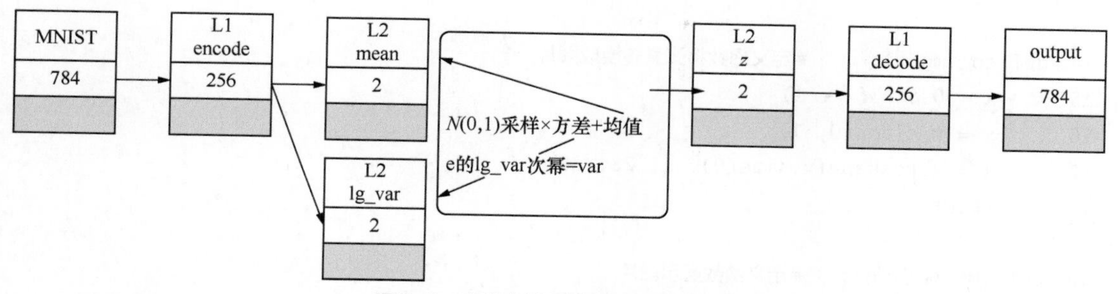

图8-5 变分自编码神经网络模型结构

图 8-5 中间的圆角方框是采样器部分。采样器的左右两侧分别是编码器和解码器。

图 8-5 中的方差节点（lg_var）是进行了对数计算之后的方差值。整个采样器的工作步骤如下。

（1）用 lg_var.exp() 方法算出真正的方差值。

（2）用方差值的 sqrt() 方法执行开平方运算得到标准差。

（3）在符合标准正态分布的空间里随意采样，得到一个具体的数。

（4）将该数乘以标准差，再加上均值，得到符合编码器输出的数据分布（均值为 mean、方差为 sigma）集合中的一个点（sigma 是指网络生成的 lg_var 经过变换后的值）。

经过采样器之后所合成的点可以输入解码器进行模拟样本的生成。

注意 在神经网络中，可以为模型的输出值赋予任意一个意义，并通过训练得到对应的关系。具体做法是：将代表该意义的值代入相应的公式（要求该公式必须能够支持反向传播），计算公式的输出值与目标值的误差，并将误差放到优化器里，然后通过多次迭代的方式进行训练。

8.4.2 代码实现：引入模块并载入样本

本例除需要用到 torch 的相关库以外，还需要使用 SciPy 库，因为在模型可视化时会用到该库的 norm 接口从标准高斯分布中取值。

定义基础函数，并加载 Fashion-MNIST 的训练测试数据集，具体代码如下。

代码文件：code_20_Variational_AutoEncoder.py

```
02 import torch
03 import torchvision
04 from torch import nn
05 import torch.nn.functional as F
06 from torch.utils.data import DataLoader
07 from torchvision import transforms
08 import numpy as np
```

```
09 from scipy.stats import norm
10 import matplotlib.pyplot as plt
11 #定义样本预处理接口
12 img_transform = transforms.Compose([  transforms.ToTensor()  ])
13
14 def to_img(x):      #定义函数将张量转换成图片
15     x = 0.5 * (x + 1)
16     x = x.clamp(0, 1)
17     x = x.reshape(x.size(0), 1, 28, 28)
18     return x
19
20 def imshow(img):   #定义函数显示图片
21     npimg = img.numpy()
22     plt.axis('off')
23     plt.imshow(np.transpose(npimg, (1, 2, 0)))
24     plt.show()
25
26 data_dir = './fashion_mnist/'      #加载Fashion-MNIST数据集
27 train_dataset = torchvision.datasets.FashionMNIST(data_dir, train=True,
28                                          transform=img_transform,download=True)
29 #获取训练数据集
30 train_loader = DataLoader(train_dataset,batch_size=128, shuffle=True)
31 #获取测试数据集
32 val_dataset = torchvision.datasets.FashionMNIST(data_dir, train=False,
33                                                   transform=img_transform)
34 test_loader = DataLoader(val_dataset, batch_size=10, shuffle=False)
35
36 #指定设备
37 device = torch.device("cuda:0" if torch.cuda.is_available() else "cpu")
38 print(device)
```

Fashion-MNIST 数据集及 DataLoader() 的用法在第 6 章已有详细介绍，这里不再重复介绍。

8.4.3　代码实现：定义变分自编码神经网络模型的正向结构

按照 8.4.1 节的描述定义 VAE 类，实现变分自编码神经网络模型的正向结构。该结构与图 8-5 所示的网络模型结构一致。另外，该类还实现了 4 个主要的类方法，具体如下。

（1）编码器方法 encode()：用两层全连接网络将输入的图片进行压缩。对第二层中两个神经网络的输出结果赋予特殊的意义，让它们代表均值（mean）和取对数 (log) 后的方差（lg_var）。

（2）采样器方法 reparametrize()：对 lg_var 进行还原，并从高斯分布中采样，将采样值映射到编码器输出的数据分布中。

（3）解码器方法 decode()：输入映射后的采样值，用两层神经网络还原出原始图片。

（4）正向传播方法 forward()：将编码器、采样器、解码器串联起来，根据输入的原始图生成模拟图片。

具体代码如下。

代码文件：code_20_Variational_AutoEncoder.py（续 1）

```
39 class VAE(nn.Module):
40     def __init__(self,hidden_1=256,hidden_2=256,
41                  in_decode_dim=2,hidden_3=256):
42         super(VAE, self).__init__()
43         self.fc1 = nn.Linear(784, hidden_1)
44         self.fc21 = nn.Linear(hidden_2, 2)
45         self.fc22 = nn.Linear(hidden_2, 2)
46         self.fc3 = nn.Linear(in_decode_dim, hidden_3)
47         self.fc4 = nn.Linear(hidden_3, 784)
48
49     def encode(self, x):
50         h1 = F.relu(self.fc1(x))
51         return self.fc21(h1), self.fc22(h1)
52
53     def reparametrize(self, mean, lg_var):
54         std = lg_var.exp().sqrt()
55         eps = torch.FloatTensor(std.size()).normal_().to(device)
56         return eps.mul(std).add_(mean)
57
58     def decode(self, z):
59         h3 = F.relu(self.fc3(z))
60         return self.fc4(h3)
61
62     def forward(self, x,*arg):
63         mean, lg_var = self.encode(x)
64         z = self.reparametrize(mean, lg_var)
65         return self.decode(z), mean, lg_var
```

上述代码的第 55 行使用了随机值张量的 normal_() 方法，完成高斯空间的采样过程。

提示

代码第 55 行 torch.FloatTensor(std.size()) 的作用是，生成一个与 std 形状一样的张量。然后，调用该张量的 normal_() 方法，系统会对该张量中的每个元素在标准高斯空间（均值为 0、方差为 1）中进行采样。

在 torch.FloatTensor() 函数中，传入 Tensor 的 size 类型，返回的是一个同样为 size 的张量。假如 std 的 size 为 [batch,dim]，则返回形状为 [batch,dim] 的未初始化张量，等同于 torch.FloatTensor(batch,dim)，但不等同于 torch.FloatTensor([batch,dim])，这是值得注意的地方。

8.4.4 变分自编码神经网络模型的反向传播与 KL 散度的应用

8.4.1 节所描述的变分自编码神经网络模型是在一个假设背景下完成的，即假设编码器输出的数据分布属于高斯分布。

只有在编码器能够输出符合高斯分布数据集的前提下，才可以将一个符合标准高斯分布中的点 x 通过 mean+sigma $\times x$ 的方式进行转化（mean 表示均值、sigma 表示标准差），完成在解码器输出空间中的采样功能。

1. 变分自编码神经网络的损失函数

变分自编码神经网络的损失函数不但需要计算输出结果与输入之间的个体差异，而且需要计算输出分布与高斯分布之间的差异。

输出与输入之间的损失函数可以使用 MSE 算法来计算，输出分布与标准高斯分布之间的损失函数可以使用 KL 散度距离进行计算。

2. KL 散度的应用

在 8.1.5 节介绍过，KL 散度是相对熵的意思。KL 散度在本例中的应用可以理解为在模型的训练过程中令输出的数据分布与标准高斯分布之间的差距不断缩小。将高斯分布的密度函数代入式（8-10）中，可以得到（推导部分不是本书的重点，这里略过）：

$$D_{\mathrm{KL}}\left(N\left(\mu,\sigma^2\right)\middle\|(0,1)\right)=\frac{1}{2}\left(-\log\sigma^2+\mu^2+\sigma^2-1\right) \quad (8\text{-}17)$$

式（8-17）为输出分布与标准高斯分布之间的 KL 散度距离。它与 MSE 算法一起构成变分自编码神经网络的损失函数。

8.4.5 代码实现：完成损失函数和训练函数

按照 8.4.4 节的公式描述，完成损失函数，并定义训练函数以用于训练模型。具体代码如下。

代码文件：code_20_Variational_AutoEncoder.py（续 2）

```
66 reconstruction_function = nn.MSELoss(size_average=False)
67
68 def loss_function(recon_x, x, mean, lg_var):          #损失函数
69     MSEloss = reconstruction_function(recon_x, x)  #MSE损失
70     KLD = -0.5 * torch.sum(1 + lg_var -  mean.pow(2) - lg_var.exp())
71     return 0.5*MSEloss + KLD
72 def train(model,num_epochs = 50):                     #训练函数
73     optimizer = torch.optim.Adam(model.parameters(), lr=1e-3)
74
75     display_step = 5
76     for epoch in range(num_epochs):
77         model.train()
78         train_loss = 0
79         for batch_idx, data in enumerate(train_loader):
80             img, label = data
81             img = img.view(img.size(0), -1).to(device)
82             y_one_hot = torch.zeros(label.shape[0],10).scatter_(1,
83                                    label.view(label.shape[0],1),1).to(device)
84
```

```
85              optimizer.zero_grad()
86              recon_batch, mean, lg_var = model(img,y_one_hot)
87              loss = loss_function(recon_batch, img, mean, lg_var)
88              loss.backward()
89              train_loss += loss.data
90              optimizer.step()
91          if epoch % display_step == 0:
92              print("Epoch:", '%04d' % (epoch + 1),
93                    "cost=", "{:.9f}".format(loss.data))
94
95      print("完成！ cost=",loss.data)
```

上述代码第 68 行中的 loss_function() 函数实现了损失函数的定义。在该函数中，将 MSE 的重建损失缩小了一半，再与 KL 散度损失相加。这样做的目的是让输出的模拟样本可以有更灵活的变化空间。

上述代码的第 72 行实现了训练函数 train()。它的逻辑比较简单，这里不再详述。

8.4.6 代码实现：训练模型并输出可视化结果

实例化模型对象，迭代训练 50 次，并可视化训练结果。具体代码如下。

代码文件：code_20_Variational_AutoEncoder.py（续 3）

```
96  if __name__ == '__main__':
97
98      model = VAE().to(device)      #实例化模型
99      train(model,50)               #训练模型
100
101      # 可视化结果
102      sample = iter(test_loader)
103      images, labels = sample.next()
104      images2 = images.view(images.size(0), -1)
105      with torch.no_grad():
106          pred, mean, lg_var = model(images2.to(device))
107      pred =to_img( pred.cpu().detach())
108      rel = torch.cat([images,pred],axis = 0)
109      imshow(torchvision.utils.make_grid(rel,nrow=10))
```

上述代码运行后，最终程序的输出结果如下，可视化结果如图 8-6 所示。

```
Epoch: 0001 cost= 1706.270507812
Epoch: 0006 cost= 1606.001220703
Epoch: 0011 cost= 1588.256835938
Epoch: 0016 cost= 1461.343261719
Epoch: 0021 cost= 1550.082763672
Epoch: 0026 cost= 1628.778198242
Epoch: 0031 cost= 1680.551635742
Epoch: 0036 cost= 1566.135009766
```

```
Epoch: 0041 cost= 1565.280761719
Epoch: 0046 cost= 1634.682861328
完成！ cost= tensor(1420.2566)
Result: 156414.0
```

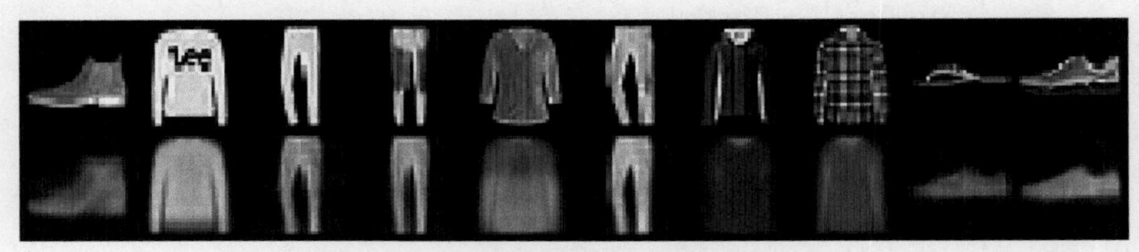

图8-6　变分自编码神经网络结果

在图 8-6 中，第 1 行是原始的样本图片，第 2 行是使用变分自编码重建后生成的图片。可以看到，生成的样本并不会与原始的输入样本完全一致。这表明模型不是一味地学习样本个体，而是通过数据分布的方式学习样本的分布规则。

8.4.7　代码实现：提取样本的低维特征并进行可视化

自编码除可以模拟生成样本数据以外，还可以对原始数据的维度进行压缩。

编写代码，利用解码器输出的均值和方差从解码器输出的分布空间中取样，并将其映射到直角坐标系中展现出来，具体代码如下。

代码文件：code_20_Variational_AutoEncoder.py（续 4）

```
110     test_loader = DataLoader(val_dataset, batch_size=len(val_dataset),
111                                                  shuffle=False) #获取全部测试数据
112     sample = iter(test_loader)
113     images, labels = sample.next()
114     with torch.no_grad():
115         mean, lg_var = model.encode(images.view(images.size(0),
116                                                            -1).to(device))
117         z = model.reparametrize(mean, lg_var)   #在输出样本空间中采样
118     z =z.cpu().detach().numpy()
119     plt.figure(figsize=(6, 6))
120     plt.scatter(z[:, 0], z[:, 1], c=labels) #在坐标系中显示
121     plt.colorbar()
122     plt.show()
```

上述代码的第 110 行～第 113 行读取了所有的测试数据。

上述代码的第 114 行～第 118 行将数据输入模型以获得低维特征。

上述代码的第 119 行～第 122 行将低维特征显示出来。

上述代码运行后，输出结果如图 8-7 所示。

从图 8-7 中可以看出，数据集中同一类样本的特征分布还是比较集中的。这说明变分自编码神经网络具有降维功能，也可以用于进行分类任务的数据降维预处理。

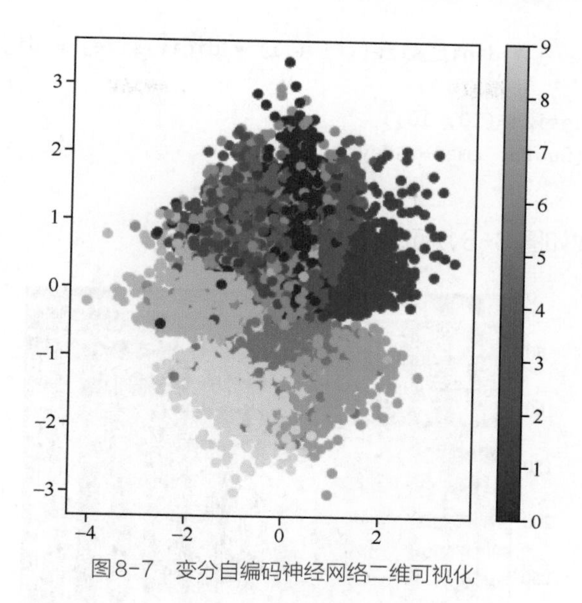

图8-7 变分自编码神经网络二维可视化

8.4.8 代码实现：可视化模型的输出空间

为了进一步证实模型学到的数据分布的情况，我们这次在高斯分布中抽样出一些点，将其映射到编码部分所输出的数据分布，然后通过解码部分来看看效果，具体代码如下。

注意 代码中的norm.ppf()函数的作用是使用百分比从按照大小排列后的标准高斯分布中取值。np.linspace(0.05,0.95,n)的作用是将整个高斯分布数据集从大到小排列，并将其分成100份，再将第5份到第95份之间的数据取出。最后，将取出的数据分成n份，返回每一份最后一个数据的具体数值。

norm代表标准高斯分布，ppf代表累积分布函数的反函数。累积分布的意思是，在一个集合里所有小于指定值出现的概率的和。举例，$x = \text{ppf}(0.05)$ 就代表每个小于x的数在集合里出现的概率的总和等于0.05。

代码文件：code_20_Variational_AutoEncoder.py（续5）

```
123     n = 15  #生成15个图片
124     digit_size = 28
125     figure = np.zeros((digit_size * n, digit_size * n))
126     grid_x = norm.ppf(np.linspace(0.05, 0.95, n))
127     grid_y = norm.ppf(np.linspace(0.05, 0.95, n))
128 
129     for i, yi in enumerate(grid_x):
130         for j, xi in enumerate(grid_y):
131 
132             z_sample= torch.FloatTensor([[xi,
133                                         yi]]).reshape([1,2]).to(device)
134             x_decoded = model.decode(z_sample).cpu().detach().numpy()
135 
136             digit = x_decoded[0].reshape(digit_size, digit_size)
137             figure[i * digit_size: (i + 1) * digit_size,
```

```
138                 j * digit_size: (j + 1) * digit_size] = digit
139
140     plt.figure(figsize=(10, 10))
141     plt.imshow(figure, cmap='Greys_r')
142     plt.show()
```

运行以上代码生成如图 8-8 所示的图片。

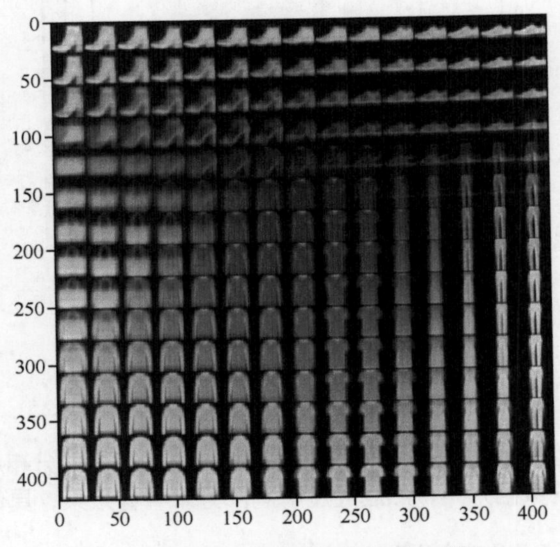

图8-8　变分自编码神经网络生成模拟数据

从图 8-8 中可以清楚地看到鞋子、手提包和服装商品之间的过渡。变分自编码神经网络生成的分布样本很有规律性，左下方侧重的图像较宽和较高，右上方侧重的图像较宽和较矮，左上方侧重的图像下方较宽、上方较窄，右下方侧重的图像较窄和较高。

8.5　实例20：用条件变分自编码神经网络生成可控模拟数据

8.4 节中介绍的变分自编码神经网络内容是为本节将要介绍的条件变分自编码神经网络进行铺垫的，在实际应用中，条件变分自编码神经网络的应用会更为广泛一些，因为它使得模型输出的模拟数据可控，即可以指定模型输出鞋子或者上衣。

实例描述	搭建条件变分自编码神经网络模型，实现向模型输入标签，并使其生成与标签类别对应的模拟数据的功能。

本例将在 8.4 节的基础上稍加改动，实现一个实用性更强的模型。

8.5.1　条件变分自编码神经网络的实现

条件变分自编码神经网络在变分自编码神经网络基础之上，增加了指导性条件。在编码阶段的输入端添加了与标签对应的特征，在解码阶段同样再次输入标签特征。

这样，最终得到的模型将会把输入的标签特征当成原始数据的一部分，实现通过标签来生成可控模拟数据的效果。

在输入端添加标签时，一般是通过一个全连接层的变换将得到的结果连接到原始输入，在解码阶段也将标签作为样本输入，与高斯分布的随机值一并运算，生成模拟样本。其结构如图 8-9 所示。

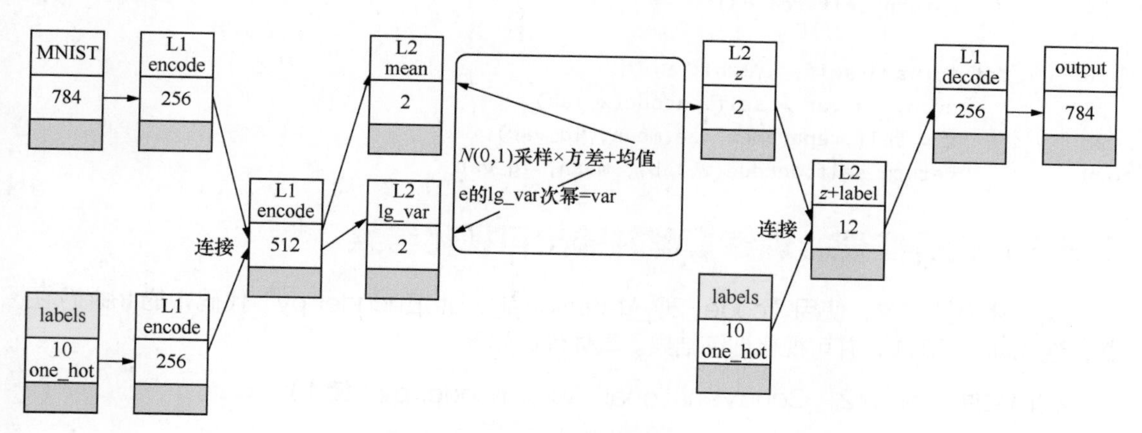

图8-9 条件变分自编码神经网络结构

8.5.2 代码实现：定义条件变分自编码神经网络模型的正向结构

引入“code_20_Variational_AutoEncoder.py”代码中的部分对象。

按照 8.5.1 节的描述，定义 CondVAE 类，使其继承自 VAE 类，实现条件变分自编码神经网络模型的正向结构。该结构与图 8-9 所示的网络模型结构一致，具体代码如下。

代码文件：code_21_CondVariational_AutoEncoder.py

```
01 import torch
02 import torchvision
03 from torch import nn
04 import torch.nn.functional as F
05 import matplotlib.pyplot as plt
06 #引入本地代码库
07 from code_20_Variational_AutoEncoder import (VAE,
08                                         train,device,test_loader,to_img,imshow)
09
10 class CondVAE(VAE):
11     def __init__(self,hidden_1=256,hidden_2=512,
12                      in_decode_dim=2+10,hidden_3=256):
13         super(CondVAE, self).__init__(hidden_1,hidden_2,in_decode_dim,hidden_3)
14         self.labfc1 = nn.Linear(10, hidden_1)
15
16     def encode(self, x,lab):
17         h1 = F.relu(self.fc1(x))
18         lab1=F.relu(self.labfc1(lab))
```

```
19          h1 =torch.cat([h1,lab1],axis=1)
20          return self.fc21(h1), self.fc22(h1)
21
22      def decode(self, z,lab):
23          h3 = F.relu(self.fc3(torch.cat([z,lab],axis=1)))
24          return self.fc4(h3)
25
26      def forward(self, x,lab):
27          mean, lg_var = self.encode(x,lab)
28          z = self.reparametrize(mean, lg_var)
29          return self.decode(z,lab), mean, lg_var
```

8.5.3　代码实现：训练模型并输出可视化结果

实例化模型对象，使用“code_20_Variational_AutoEncoder.py”代码中的 train() 函数，迭代训练 50 次，并可视化训练结果。具体代码如下。

代码文件: code_21_CondVariational_AutoEncoder.py（续 1）

```
30 if __name__ == '__main__':
31     model = CondVAE().to(device)                  #实例化模型
32     train(model,50)                               #训练模型
33
34     sample = iter(test_loader)                    #取出10个样本，用于测试
35     images, labels = sample.next()
36
37     y_one_hots = torch.zeros(labels.shape[0],    #将标签转为one_hot编码
38                           10).scatter_(1,labels.view(labels.shape[0],1),1)
39     #将标签输入模型，生成模拟数据
40     images2 = images.view(images.size(0), -1)
41     with torch.no_grad():
42         pred, mean, lg_var = model(images2.to(device),
43                                               y_one_hots.to(device))
44     pred = to_img(pred.cpu().detach())            #将生成的模拟数据转化为图片
45     print("标签值:",labels)                        #输出标签
46     #输出可视化结果
47     z_sample = torch.randn(10,2).to(device)
48     x_decoded = model.decode(z_sample,y_one_hots.to(device))
49     rel = torch.cat([images,pred,to_img(x_decoded.cpu().detach())],axis = 0)
50     imshow(torchvision.utils.make_grid(rel,nrow=10))
51     plt.show()
```

上述代码运行后，会输出模型的训练过程，这里不再详述。

在模型训练之后，便是最有意思的部分了：将指定的 one_hot 标签输入模型，便可得到该类对应的模拟数据。

上述代码的第 37 行和第 38 行取了 10 个测试样本数据与标签。上述代码的第 48 行将这 10 个标签与随机的高斯分布采样值 z_sample 一起输入模型，得到与标签对应的模拟数据，

如图 8-10 所示。

```
标签值：tensor([9, 2, 1, 1, 6, 1, 4, 6, 5, 7])
```

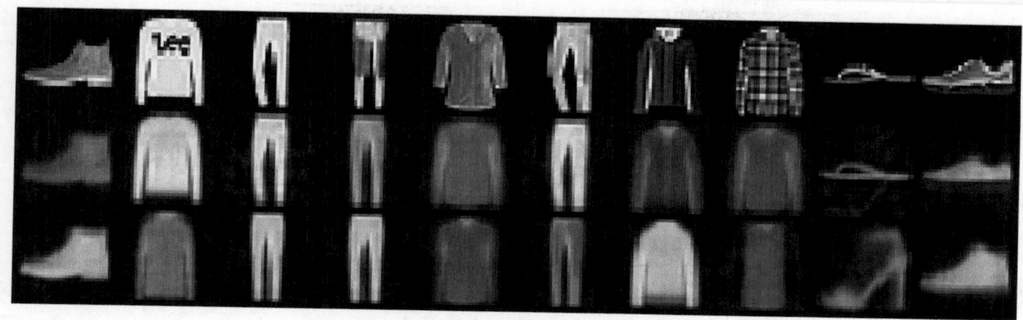

图8-10　根据标签生成模拟数据

图 8-10 中一共有 3 行图片，第 1 行是原始图片，第 2 行是将原始图片输入模型后所得到的模拟图片，第 3 行是将原始标签输入模型后生成的模拟图片。

比较第 2 行和第 3 行图片可以看出，使用原始图片生成的模拟图片还会带有一些原来的样子，而使用标签生成的模拟图片已经学会了数据的分布规则，并能生成截然不同却带有相同意义的数据。

8.6　对抗神经网络

对抗神经网络（即生成式对抗网络；Generative Adversarial Network，GAN）一般由两个模型组成。

- 生成器模型（generator）：用于合成与真实样本相差无几的模拟样本。
- 判别器模型 (discriminator)：用于判断某个样本是来自真实世界还是模拟生成的。

生成器模型的目的是，让判别器模型将合成样本当成真实样本；判别器模型的目的是，将合成样本与真实样本区分开。二者之间存在矛盾。若将两个模型放在一起同步训练，那么生成器模型生成的模拟样本会更加真实，判别器模型对样本的判断会更加精准。生成器模型可以当成生成式模型，用来独立处理生成式任务；判别器模型可以当成分类器模型，用来独立处理分类任务。

8.6.1　对抗神经网络的工作过程

在对抗神经网络中，生成器模型和判别器模型各自的分工如下。

- 生成器模型的输入是一个随机编码向量，输出是一个复杂样本（如图片）。该模型主要是从训练数据中产生相同分布的样本。对于输入样本 x、类别标签 y，在生成器模型中估计其联合概率分布，即生成与输入样本 x 更为相似的样本。
- 判别器模型的作用是估计样本属于某类的条件概率分布，即区分真假样本。它的输入是一个复杂样本，输出是一个概率。这个概率用来判定输入样本是真实样本还是生成器输出的模拟样本。

生成器模型与判别器模型都采用监督学习方式进行训练。二者的训练目标相反，存在对抗关系。将二者结合后，所形成的网络结构如图 8-11 所示。

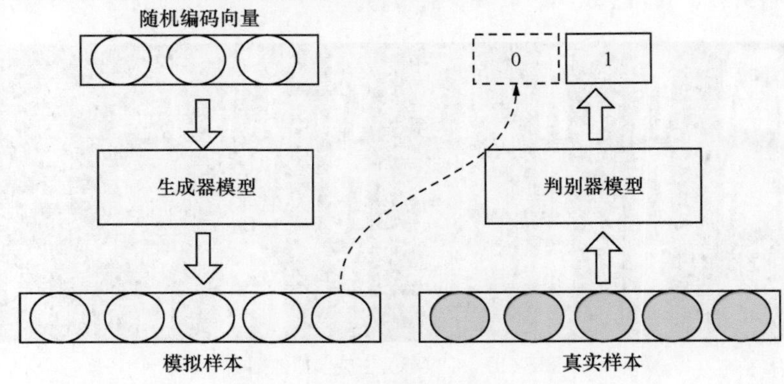

图 8-11 对抗神经网络结构

对抗神经网络的训练方法各种各样，根据网络结构的不同，存在不同的训练方法。无论什么方法，原理都是一样的，即在迭代训练的优化过程中进行两个网络的优化。有的方法会在一个优化步骤中对两个网络进行优化，有的会对两个网络采取不同的优化步骤。

经过大量的迭代训练会使生成器模型尽可能模拟出“以假乱真”的样本，而判别器模型会有更精确的鉴别真伪数据的能力，从而使整个对抗神经网络最终达到所谓的纳什均衡，即判别器模型对于生成器模型输出数据的鉴别结果为 50% 真、50% 假。

8.6.2 对抗神经网络的作用

一旦训练好对抗神经网络，便会得到两个模型：判别器模型和生成器模型。两个模型可以分开使用。前面学习的监督学习神经网络都属于判别器模型，下面重点介绍生成器模型的作用。

生成器模型的特性主要包括以下几个方面。

- 在应用数学和工程方面，能够有效地表征高维数据分布。
- 在强化学习方面，作为一种技术手段有效表征强化学习模型中的状态。
- 在半监督学习方面，能够在数据缺失的情况下训练模型，并给出相应的输出。

生成器模型还适用于一个输入伴随多个输出的场景。例如，在视频中，通过场景预测下一帧的场景，而判别器模型的输出是维度很低的判别结果和期望输出的某个预测值，无法训练出单输入多输出的模型。

在前文学习的自编码中，编码器部分就属于一个生成器模型。

8.6.3 GAN 模型难以训练的原因

在实际训练中，GAN 存在着训练困难，生成器和判别器的 loss 值无法指示训练进程，生成样本缺乏多样性等问题。这与 GAN 的机制有关。

1. 现象描述

其实在 GAN 中最终达到对抗的纳什均衡只是一个理想状态，而现实情况下我们得到的结果都是中间状态（伪平衡）。大部分的情况是，随着训练次数的增多，判别器 D 的效果渐好，从而总是可以将生成器 G 的输出与真实样本区分开。

2. 现象剖析

因为生成器 G 是从低维空间向高维空间（复杂的样本空间）的映射，其生成的样本分布空间 Pg 难以充满整个真实样本的分布空间 Pr，即两个分布完全没有重叠的部分，或者它们重叠的部分可忽略，这就使得判别器 D 总会将它们分开。

为什么可以忽略呢？这放在二维空间中会更好理解一些。在二维平面中，随机取两条曲线，两条曲线上的点可以代表二者的分布。要想让判别器无法分辨它们，需要两个分布融合在一起，也就是它们之间需要存在重叠的线段，然而这样的概率为 0。另外，即使它们很可能会存在交叉点，但是相比于两条曲线而言，交叉点比曲线低一个维度 [长度（测度）为 0]，也就是它只是一个点，代表不了分布情况，因此可将其忽略。

3. 原因分析

这种现象会带来什么后果呢？假设先将 D 训练得足够好，固定 D 后再来训练 G，通过实验会发现 G 的 loss 值无论怎么更新也无法收敛到最小值，而是无限地接近一个特定值。这个值可以理解为 Pg 与 Pr 两个样本分布间的距离。对于 loss 值恒定（即表明 G 的梯度为 0）的情况，G 无法通过训练来优化自己。

在原始 GAN 的训练中，判别器训练得太好，生成器梯度就会消失，生成器的 loss 值降不下去；判别器训练得不好，生成器梯度不准，抖动较大。只有判别器训练到中间状态，才是最好的，但是这个尺度很难把握，甚至在同一轮训练的不同阶段这个状态出现的时段都不一样。这是一个完全不可控的情况。

8.6.4 WGAN 模型——解决 GAN 难以训练的问题

WGAN 的名字源于 Wasserstein GAN，Wasserstein 是指 Wasserstein 距离，又称 Earth-Mover（EM）推土机距离。

1. WGAN 的原理

WGAN 的原理是将生成的模拟样本分布 Pg 与原始样本分布 Pr 组合起来，并作为所有可能的联合分布的集合。这样可以从中采样得到真实样本与模拟样本，并计算出二者的距离，还可以算出距离的期望值。这样就可以通过训练模型的方式，让网络沿着其自身分布（该网络所有可能的联合分布）期望值的下界方向进行优化，即将两个分布的集合拉到一起。此时，原来的判别器就不再具有判别真伪的功能，而获得了计算两个分布集合距离的功能。因此，将其称为评论器会更加合适。同样，最后一层的 Sigmoid 函数也需要去掉（不需要将值域控制在 0~1）。

2. WGAN 的实现

使用神经网络来计算 Wasserstein 距离，可以让神经网络直接拟合下式：

$$|f(x_1)-f(x_2)| \leqslant k|x_1-x_2| \tag{8-18}$$

$f(x)$ 可以理解成神经网络的计算，让判别器实现将 $f(x_1)$ 与 $f(x_2)$ 的距离变换成 x_1-x_2 的绝对值乘以 $k(k \geqslant 0)$。k 代表函数 $f(x)$ 的 Lipschitz 常数，这样两个分布集合的距离就可以表示成 $D(\text{real})-D(G(x))$ 的绝对值乘以 k 了。这个 k 可以理解成梯度，即在神经网络 $f(x)$ 中乘以的梯度

绝对值会小于 k。

将式（8-18）中的 k 忽略，经过整理后，可以得到二者分布的距离公式：

$$L = D(\text{real}) - D(G(x)) \tag{8-19}$$

现在要做的就是将 L 当成目标来计算 loss 值。因为 G 用来将希望生成的结果 Pg 越来越接近 Pr，所以需要训练让距离 L 最小化。因为生成器 G 与第一项无关，所以 G 的 loss 值可以简化为：

$$G(\text{loss}) = -D(G(x)) \tag{8-20}$$

而 D 的任务是区分它们，因为希望二者距离变大，所以 loss 值需要取反得到：

$$D(\text{loss}) = D(G(x)) - D(\text{real}) \tag{8-21}$$

同样，通过 D 的 loss 值也可以看出 G 的生成质量，即 loss 值越小，代表距离越近，生成的质量越高。

3. WGAN的总结

WGAN 引入了 Wasserstein 距离，由于它相对 KL 散度与 JS 散度具有优越的平滑特性，因此理论上可以解决梯度消失问题。接着，通过数学变换将 Wasserstein 距离写成可求解的形式，利用一个参数数值范围受限的判别器神经网络来最大化这个形式，就可以近似得到 Wasserstein 距离。在此近似最优判别器下，优化生成器使得 Wasserstein 距离缩小，这能有效拉近生成分布与真实分布。WGAN 既解决了训练不稳定的问题，又提供了一个可靠的训练进程指标，而且该指标确实与生成样本的质量高度相关。

在实际训练过程中，WGAN 直接使用截断（clipping）的方式来防止梯度过大或过小。但这个方式太过生硬，在实际应用中仍会出现问题，所以后来产生了其升级版——WGAN-gp。

8.6.5 分析WGAN的不足

前文介绍过，若原始 WGAN 的 Lipschitz 限制的施加方式不对，那么使用梯度截断（weight clipping）方式太过生硬。每当更新完一次判别器的参数之后，就应检查判别器中所有参数的绝对值有没有超过阈值（如 0.01），有的话就把这些参数截断回 [-0.01, 0.01] 范围内。

Lipschitz 限制本意是当输入的样本稍微变化后，判别器给出的分数不能产生太过剧烈的变化。通过在训练过程中保证判别器的所有参数有界，可保证判别器不能对两个略微不同的样本给出天差地别的分数值，从而间接实现了 Lipschitz 限制。

然而，这种期望与判别器本身的目的相矛盾。在判别器中希望 loss 值尽可能大，这样才能拉大真假样本间的区别。但是这种情况会导致在判别器中，通过 loss 值算出来的梯度会沿着 loss 值越来越大的方向变化，然而经过梯度截断后每一个网络参数又被独立地限制了取值范围（如 [-0.01, 0.01]）。这种结果只能是，所有的参数都走向极端，要么取最大值（如 0.01），要么取最小值（如 -0.01）。判别器没能充分利用自身的模型能力，经过它回传给生成器的梯度也会跟着变差。

如果判别器是一个多层网络，那么梯度截断还会导致梯度消失或者梯度“爆炸”问题。出现这类问题的原因是，如果我们把截断阈值设置得稍微小一点，那么每经过一层网络，梯度就会变小一点，多层之后就会呈指数衰减趋势。反之，如果截断阈值设置得稍微大了一点，每经过一层网络，梯度变大一点，多层之后就会呈指数“爆炸”趋势。在实际应用中，很难做到设置合适，让生成器获得恰到好处的回传梯度。

8.6.6 WGAN-gp模型——更容易训练的GAN模型

WGAN-gp 又称为具有梯度惩罚的 WGAN，是 WGAN 的升级版，一般可以用来全面代替 WGAN。

1. WGAN-gp介绍

WGAN-gp 中的 gp 是梯度惩罚（gradient penalty）的意思，是替换 weight clipping 的一种方法。通过直接设置一个额外的梯度惩罚项来实现判别器的梯度不超过 k。其表达公式（伪代码式）为：

$$\text{Norm} = \text{grad}\left(D(\text{X\_inter}), [\text{X\_inter}]\right) \quad (8\text{-}22)$$

$$\text{gradient\_penaltys} = \text{MSE}(\text{Norm} - k) \quad (8\text{-}23)$$

其中，MSE 为平方差公式；X_inter 为整个联合分布空间中的 x 取样，即梯度惩罚项 gradient_penaltys 为求整个联合分布空间中 x 对应 D 的梯度与 k 的平方差。

2. WGAN-gp的原理与实现

判别器尽可能拉大真假样本间的差距，希望梯度越大越好，变化幅度越大越好。因为判别器在充分训练之后，其梯度 Norm 就会在 k 附近，所以可以把上面的 loss 值改成要求梯度 Norm 离 k 越近越好。k 可以是任何数，我们简单地把 k 设为 1，再跟 WGAN 中原来的判别器的 loss 值加权合并，就得到新的判别器的 loss 值，其表达公式（伪代码式）为：

$$L = D(G(x)) - D(\text{real}) + \lambda \text{MSE}\left(\text{grad}\left(D(\text{X\_inter}), [\text{X\_inter}]\right) - 1\right) \quad (8\text{-}24)$$

即

$$L = D(G(x)) - D(\text{real}) + \lambda \, \text{gradient\_penaltys} \quad (8\text{-}25)$$

式（8-24）和式（8-25）中的 λ 为梯度惩罚参数，可以用来调节梯度惩罚的力度。

gradient_penaltys 需要从 Pg 与 Pr 的联合空间里采样。对于整个样本空间来讲，需要抓住生成样本集中区域、真实样本集中区域，以及夹在它们中间的区域，即先随机取一个 0~1 的随机数，令一对真假样本分别按随机数的比例进行加和来生成 X_inter 的采样，其表达公式（伪代码式）为：

$$\text{eps} = \text{torch.FloatTensor(size).uniform\_(0,1)} \quad (8\text{-}26)$$

$$\text{X\_inter} = \text{eps} \times \text{real} + (1.0 - \text{eps}) \times G(x) \quad (8\text{-}27)$$

把式（8-27）中的 X_inter 代入式（8-24）中，就得到最终版本的判别器的 loss 值。相关伪码如下。

```
eps = torch.FloatTensor(real_samples.size(0),1,1,1).uniform_(0,1).to(device)
X_inter = eps*real + (1.0 - eps)* G(x)
L= D(G(x))- D(real)+λMSE(autograd.grad (D(X_inter), [X_inter])-1)
```

通过 WGAN-gp 的相关论文中的实验表明，gradient_penaltys 能够显著提高训练速度，解决原始 WGAN 生成器中梯度二值化问题（见图 8-12a）与梯度消失“爆炸”问题（见图 8-12b）。WGAN-gp 模型效果对比如图 8-12 所示。

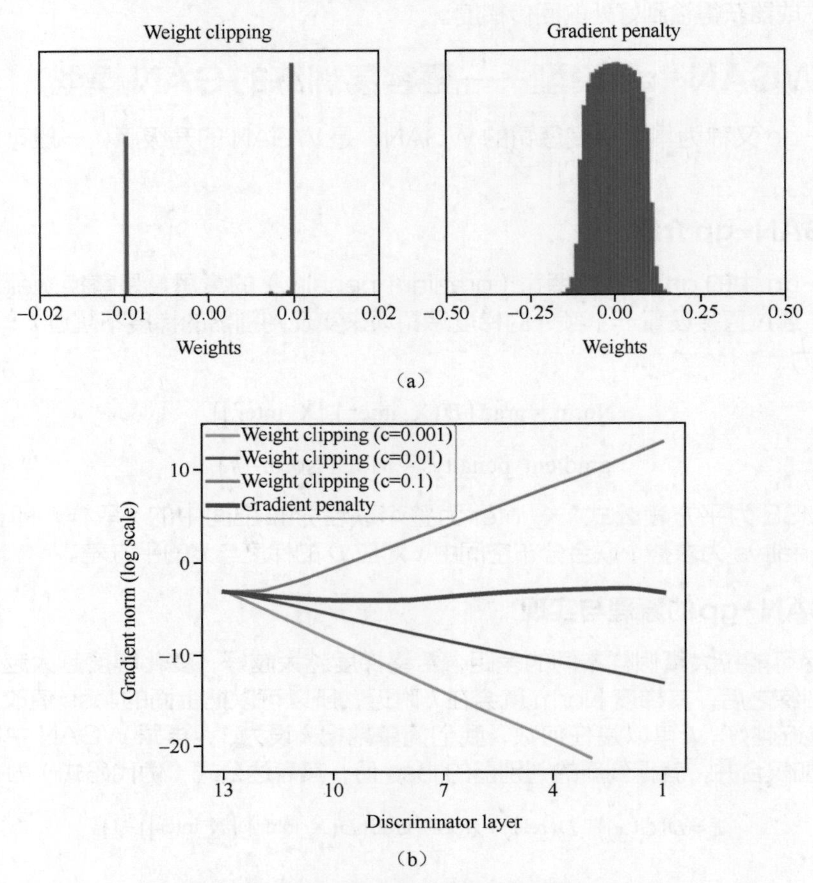

图8-12　WGAN-gp模型效果对比

> **注意**　因为要对每个样本独立地施加梯度惩罚，所以在判别器的模型架构中不能使用BN算法，因为它会引入同一个批次中不同样本的相互依赖关系。如果需要的话，那么可以选择其他归一化办法，如Layer Normalization、Weight Normalization、Instance Normalization等，这些方法不会引入样本之间的依赖。

8.6.7　条件GAN

条件 GAN 与 GAN 的关系就跟变分自编码与条件变分自编码神经网络的关系一样。条件 GAN 的作用是可以让 GAN 的生成器模型按照指定的类别生成模拟样本。

1. 条件GAN的实现

条件 GAN 在 GAN 的生成器和判别器基础上各进行了一处改动：在它们的输入部分加入了一个标签向量（one_hot 类型）。

2. 条件GAN的原理

条件 GAN 的原理与条件变分自编码神经网络的原理一样。这种做法可以理解为给 GAN

增加一个条件，让网络学习图片分布时加入标签因素，这样可以按照标签的数值来生成指定的图片。

8.6.8 带有W散度的GAN——WGAN-div

WGAN-div 模型在 WGAN-gp 的基础上，从理论层面进行了二次深化。在 WGAN-gp 中，将判别器的梯度作为惩罚项加入判别器的 loss 值中。

在计算判别器梯度时，为了让 X_inter 从整个联合分布空间的 x 中取样，使用了在真假样本之间随机取样的方式，保证采样区间属于真假样本的过渡区域。然而，这种方案更像是一种经验方案，没有更完备的理论支撑（使用个体采样代替整体分布，而没能从整体分布层面直接解决问题）。

1. WGAN-div模型的使用思路

WGAN-div 模型与 WGAN-gp 相比，有截然不同的使用思路：不从梯度惩罚的角度去考虑，而通过两个样本间的分布距离来实现。

在 WGAN-div 模型中，引入了 W 散度用于度量真假样本分布之间的距离，并证明了 WGAN-gp 中的 W 距离不是散度。这意味着 WGAN-gp 在训练判别器的时候，并非总会拉大两个分布间的距离，从而在理论上证明了 WGAN-gp 存在的缺陷——会有训练失效的情况。

WGAN-div 模型从理论层面对 WGAN 进行了补充。利用 WGAN-div 模型的理论所实现的 loss 值不再需要采样过程，并且所达到的训练效果也比 WGAN-gp 更胜一筹。

2. 了解W散度

W 散度源于“Partial differential equations and monge-kantorovich mass transfer”文章中的一个方案。

转换成对抗神经网络的场景，可以描述成：

$$L=D(G(x))-D(\text{real})+\frac{1}{2}\|\nabla T\|^2 \tag{8-28}$$

其中，∇T代表两个分布的距离。如果将式（8-28）中的常数用符号来表示，那么可以写成：

$$L=D(G(X))-D(\text{real})+k\|\nabla T\|^p \tag{8-29}$$

3. WGAN-div的损失函数

式（8-29）可进一步表示成：

$$k\|\nabla T\|^p=k\left(\frac{1}{2}\text{sum}\left(\text{real\_norm}^2,1\right)^{p/2}+\frac{1}{2}\text{sum}\left(\text{fake\_norm}^2,1\right)^{p/2}\right) \tag{8-30}$$

提示 $\text{sum}(\text{real_norm}^2,1)$表示沿着$\text{real_norm}^2$的第1维度求和。

式（8-30）中的real_norm^2与fake_norm^2可以理解为$D(\text{real})$与$D(G(x))$导数的L2范数。将式（8-30）代入式（8-29），即可得到 WGAN-div 的损失函数，用伪码表示如下：

```
real_norm  = grad(outputs= D(real),inputs= real)
real_L2_norm = real_norm.pow(2).sum(1) ** (p / 2)
fake_norm  = grad(outputs= D(G(x)),inputs= G(x))
fake_L2_norm = fake_norm.pow(2).sum(1) ** (p / 2)
div_gp = torch.mean(real_L2_norm** (p / 2) + fake_L2_norm** (p / 2)) * k / 2
less_d = D(G(x)) - D(real)+ div_gp           #判别器的损失
less_g = -D(G(x))                            #生成器的损失
```

可以看到，WGAN-div 模型与 WGAN-gp 的区别仅在于判别器损失的梯度惩罚项部分，生成器部分的损失算法完全一样。

WGAN-div 模型设计者通过实验发现，在式（8-29）中，当 k=2、p=6 时，效果最好。

在 WGAN-div 模型中，使用了理论更完备的 W 散度来替换 W 距离的计算方式。将原有的真假样本采样操作换成了基于分布层面的计算。

4. W 散度与 W 距离间的关系

对式（8-29）稍加变化，令分布距离∇T减去一个常量，即可变为如下形式：

$$L = D\left(G(x)\right) - D(\text{real}) + k\left\|\nabla T - n\right\|^p \tag{8-31}$$

可以看到，当式（8-31）中的 n=1，p=2 时，该式便与 WGAN-gp 模型中的判别器公式一致（见式（8-24））。

8.7　实例 21：用 WGAN-gp 模型生成模拟数据

本例搭建一个 WGAN-gp 模型。

实例描述　使用 WGAN-gp 模型模拟 Fashion-MNIST 数据的生成。

在本例中，除搭建一个 WGAN-gp 模型以外，还会用到深度卷积 GAN（Deep Convolutional GAN，DCGAN）模型、实例归一化技术，这些都是 GAN 模型中的常用技术。读者在学习 WGAN-gp 模型实现的同时，也需要一起掌握这些知识。

8.7.1　DCGAN 中的全卷积

WGAN-gp 模型侧重于 GAN 模型的训练部分，而 DCGAN 是指使用卷积神经网络的 GAN，它侧重于 GAN 模型的结构部分，这里重点介绍在 DCGAN 中使用全卷积（见 7.3.2 节）进行重构的技术。

1. DCGAN 的原理与实现

DCGAN 的原理和 GAN 类似，只是把 CNN 卷积技术用在 GAN 模式的网络里。G（生成器）在生成数据时，使用反卷积的重构技术来重构原始图片，D（判别器）使用卷积技术来识别图片特征，进而做出判别。

同时，DCGAN 中的卷积神经网络也进行了一些结构的改变，以提高样本的质量和收敛的速度。

- G 网络中取消了所有池化层，使用全卷积，并且采用大于或等于 2 的步长来进行上采样（见 8.7.2 节）。
- 同理，D 网络中用加入下采样（见 8.7.2 节）的卷积操作代替池化。
- 通常不会在 D 和 G 的最后一层使用归一化处理，这样做的目的是保证模型能够学习到数据的正确分布。
- G 网络中使用 ReLU 作为激活函数，最后一层使用 tanh。
- 在 D 网络中，通常会使用 LeakyReLU 作为激活函数，这种激活函数可以对小于 0 的部分特征给予保留。

DCGAN 模型可以更好地学到对输入图像层次化的表示，尤其在生成器部分会有更好的模拟效果。在训练中，会使用 Adam 优化算法。

2. 全卷积实现

在 PyTorch 中，全卷积是通过转置卷积接口 ConvTranspose2d() 来实现的。该接口的参数与 7.3.1 节中卷积函数参数的含义相同。（还有 1D 和 3D 的转置卷积实现，也与该接口类似。）

```
ConvTranspose2d(in_channels, out_channels, kernel_size, stride=1, padding=0,
output_padding=0, groups=1, bias=True, dilation=1, padding_mode='zeros')
```

该函数先对卷积核进行转置，再实现全卷积处理，输出的尺寸与卷积操作所输出的尺寸互逆（见 8.7.2 节中的例子）。

8.7.2 上采样与下采样

上采样与下采样是指对图像的缩放操作。

- 上采样是将图像放大。
- 下采样是将图像缩小。

上采样与下采样操作并不能给图片带来更多的信息，但会对图像质量产生影响。在深度卷积网络模型的运算中，通过上采样与下采样操作可实现本层数据与上下层的维度匹配。

1. 上采样和下采样的作用

神经网络模型常使用窄卷积或池化对模型进行下采样，使用转置卷积对模型进行上采样。例如，在类似 NasNet、Inception Vx、ResNet 这种模型的代码中，会经常出现上采样（upsampling）与下采样（downsampling）这样的函数。

除神经网络模型以外，在使用上采样或下采样直接对图片进行操作时，常会使用一些特定的算法以优化缩放后的图片质量。

2. 上采样和下采样举例

下面通过卷积和全卷积函数实现下采样处理再上采样还原，具体代码如下。

```
from torch import nn
import torch
input = torch.randn(1, 3, 12, 12)                    #定义输入数据，3通道，尺寸为[12,12]
#输入和输出通道为3，卷积核为3，步长为2，进行下采样
downsample = nn.Conv2d(3, 3, 3, stride=2, padding=1)
h = downsample(input)
print(h.size())       #输出结果：torch.Size([1, 3, 6, 6])，尺寸变为[6,6]
#输入和输出通道为3，卷积核为3，步长为2，进行上采样还原
upsample = nn.ConvTranspose2d(3, 3, 3, stride=2, padding=1)
output = upsample(h, output_size=input.size())
print(output.size())  #输出结果：torch.Size([1, 3, 12, 12])，尺寸变回[12,12]
```

可以看到卷积和全卷积使用了同样的卷积核和池化尺寸，其输入和输出的尺寸正好相反。

8.7.3 实例归一化

批量归一化是对一个批次图片中的所有像素求均值和标准差，而实例归一化（Instance Normalization，IN）是对单一图片进行归一化处理，即对单个图片的所有像素求均值和标准差。

1. 实例归一化的使用场景

在对抗神经网络模型、风格转换这类生成式任务中，常用实例归一化取代批量归一化，因为生成式任务的本质是将生成样本的特征分布与目标样本的特征分布进行匹配。生成式任务中的每个样本都有独立的风格，不应该与批次中其他样本产生太多联系。因此，实例归一化适合解决这种基于个体的样本分布问题。

2. 如何使用实例归一化

PyTorch 中实例归一化的实现接口是 nn 模块下的 InstanceNorm2d()（这里仅以 2D 实例归一化为例，还有 1D、3D 实例归一化，与该接口类似）。

该接口的定义如下：

```
InstanceNorm2d(num_features, eps=1e-5, momentum=0.1, affine=False,
               track_running_stats=False)
```

其中只有第一个参数 num_features 需要重点关注，该参数是需要传入输入数据的通道数。其他参数与批量归一化接口 BatchNorm2d 中参数的含义一致。该接口会按照通道对单个数据进行归一化，其返回的形状与输入形状相同。

8.7.4 代码实现：引入模块并载入样本

引入 PyTorch 的相关库，定义基础函数，并加载 Fashion-MNIST 的训练测试数据集。具体代码如下。

代码文件：code_22_WGAN.py

```
01  import torch
02  import torchvision
03  from torchvision import transforms
04  from torch.utils.data import DataLoader
```

```
05 from torch import nn
06 import torch.autograd as autograd
07 import matplotlib.pyplot as plt
08 import os
09 import numpy as np
10 import matplotlib
11
12 def to_img(x):
13     x = 0.5 * (x + 1)
14     x = x.clamp(0, 1)
15     x = x.view(x.size(0), 1, 28, 28)
16     return x
17
18 def imshow(img,filename=None):
19     npimg = img.numpy()
20     plt.axis('off')
21     array = np.transpose(npimg, (1, 2, 0))
22     if filename!=None:
23         matplotlib.image.imsave(filename, array)
24     else:
25         plt.imshow(array  )
26         plt.savefig(filename) #保存图片
27         plt.show()
28 img_transform = transforms.Compose([
29     transforms.ToTensor(),
30     transforms.Normalize(mean=[0.5], std=[0.5])  ])
31
32 data_dir = './fashion_mnist/'
33 train_dataset = torchvision.datasets.FashionMNIST(data_dir, train=True,
34                                 transform=img_transform,download=True)
35 train_loader = DataLoader(train_dataset,batch_size=1024, shuffle=True)
36 #测试数据集
37 val_dataset = torchvision.datasets.FashionMNIST(data_dir, train=False,
38                                 transform=img_transform)
39 test_loader = DataLoader(val_dataset, batch_size=10, shuffle=False)
40 #指定设备
41 device = torch.device("cuda:0" if torch.cuda.is_available() else "cpu")
42 print(device)
```

Fashion-MNIST 数据集及 DataLoader 的用法已在第 6 章详细介绍过，这里不再重复。

8.7.5 代码实现：定义生成器与判别器

因为复杂部分都放在 loss 值的计算方面了，所以生成器和判别器就会简单一些。生成器和判别器各自有两个卷积和两个全连接层。生成器最终输出与输入图片相同维度的数据作为模拟样本。判别器的输出不需要有激活函数，并且输出维度为 1 的数值用来表示结果，具体代码如下。

代码文件: code_22_WGAN.py（续1）

```
43 class WGAN_D(nn.Module):                        #定义判别器类
44     def __init__(self,inputch=1):
45         super(WGAN_D, self).__init__()
46         self.conv1 = nn.Sequential(
47             nn.Conv2d(inputch, 64,4, 2, 1),  #输出形状为[batch, 64, 28, 28]
48             nn.LeakyReLU(0.2, True),
49             nn.InstanceNorm2d(64, affine=True)   )
50         self.conv2 = nn.Sequential(
51             nn.Conv2d(64, 128,4, 2, 1),  #输出形状为[batch, 64, 14, 14]
52             nn.LeakyReLU(0.2, True),
53             nn.InstanceNorm2d(128, affine=True)   )
54         self.fc = nn.Sequential(
55             nn.Linear(128*7*7, 1024),
56             nn.LeakyReLU(0.2, True),   )
57         self.fc2 =nn.Sequential(
58             nn.InstanceNorm1d(1, affine=True),
59             nn.Flatten(),
60             nn.Linear(1024, 1)  )
61     def forward(self, x,*arg):          #正向传播
62         x = self.conv1(x)
63         x = self.conv2(x)
64         x = x.view(x.size(0), -1)
65         x = self.fc(x)
66         x = x.reshape(x.size(0),1, -1)
67         x = self.fc2(x)
68         return x.view(-1, 1).squeeze(1)
69 class WGAN_G(nn.Module):                        #定义生成器类
70     def __init__(self, input_size,input_n=1):
71         super(WGAN_G, self).__init__()
72         self.fc1 = nn.Sequential(
73             nn.Linear(input_size*input_n, 1024),
74             nn.ReLU(True),
75             nn.BatchNorm1d(1024) )
76         self.fc2 = nn.Sequential(
77             nn.Linear(1024,7*7*128),
78             nn.ReLU(True),
79             nn.BatchNorm1d(7*7*128)   )
80         self.upsample1 = nn.Sequential(
81             nn.ConvTranspose2d(128, 64, 4, 2, padding=1, bias=False),
82             nn.ReLU(True),
83             nn.BatchNorm2d(64)   )         #输出形状为[batch, 64, 14, 14]
84         self.upsample2 = nn.Sequential(
85             nn.ConvTranspose2d(64, 1, 4, 2, padding=1, bias=False),
86             nn.Tanh(),  )                #输出形状为[batch, 64, 28, 28]
```

```
87      def forward(self, x,*arg):                #正向传播
88          x = self.fc1(x)
89          x = self.fc2(x)
90          x = x.view(x.size(0), 128, 7, 7)
91          x = self.upsample1(x)
92          img = self.upsample2(x)
93          return img
```

在 GAN 模型中，生成器使用批量归一化，判别器使用实例归一化，这是因为生成器的初始输入是随机值，而判别器的输入则是具体的样本数据。对于判别器来讲，因为要区分每个数据的分布特征，所以必须要使用实例归一化。

8.7.6 激活函数与归一化层的位置关系

在模型的正向搭建过程中，存在一种争议：归一化层与激活函数，到底谁在前谁在后呢？

想要弄清楚这个问题，需要从归一化层的机制入手，这里以批量归一化为例。

1. 批量归一化的作用

在神经网络训练的过程中，通过 BP 算法将误差逐层进行反向传播，并根据每层的误差修改参数，如图 8-13 所示。

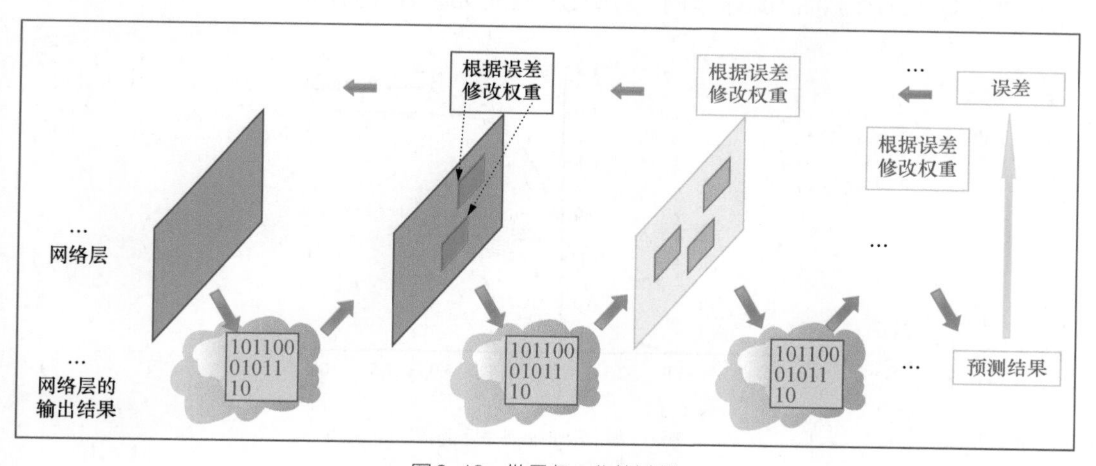

图 8-13 批量归一化的过程

图 8-13 显示了反向传播的过程，每一层的误差都是基于前层网络的参数进行计算的，在本层权重更新后，又会更新前层网络的权重。

这种传播方式的问题是，前层网络的权重一旦发生变化，本层的输入分布也会随之改变，这使得对本层的参数调整失去意义，如图 8-14 所示。

而批量归一化的作用就是将网络中每层的输出分布拉回统一的高斯分布（均值为 0、方差为 1 的数据分布）中，使得前层网络的修改不会影响到本层网络的调整。

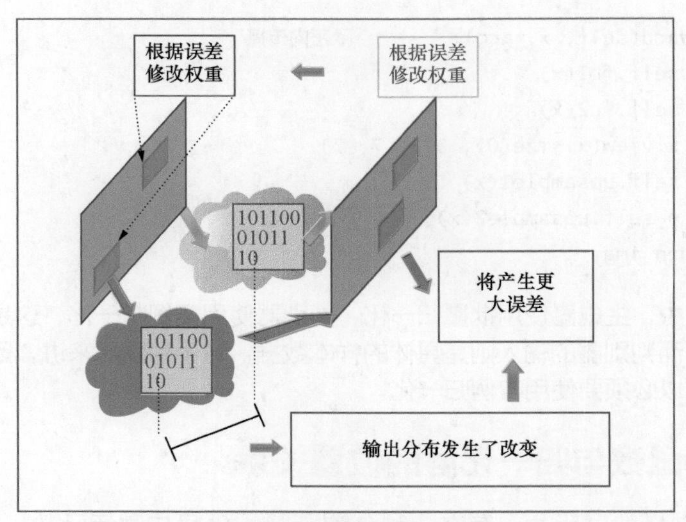

图 8-14　批量归一化的问题

2．批量归一化与激活函数的前后关系

批量归一化与激活函数的前后关系本质上还是值域间的变换关系。因为不同的激活函数各自有不同的值域，所以不能一概而论。

首先，以带有饱和区间的激活函数为例。

这里以 Sigmoid 激活函数来举例，其函数的图形如图 8-15 所示。

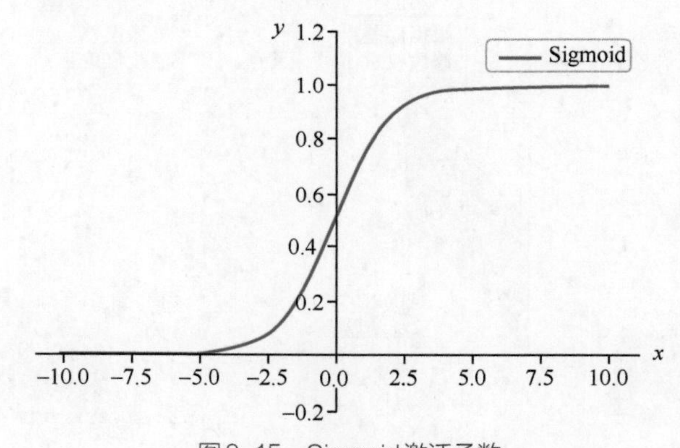

图 8-15　Sigmoid 激活函数

如图 8-15 所示，当 x 值大于 7.5 或小于 −7.5 时，在直角坐标系中，对应的 y 值几乎不变，这表明 Sigmoid 激活函数对过大或过小的数值无法产生激活作用。这种令 Sigmoid 激活函数失效的值域区间称为 Sigmoid 函数的饱和区间。

如图 8-15 所示，假设对于经过反向传播后的网络层权重输出的值域分布在大于 7.5 或小于 −7.5 的区间内，则将其输入到 Sigmoid 函数中将无法被激活。在这种情况下，本层网络会输出全为 1 或全为 −1 的数据，而下一层网络将无法再对全为 1 或 −1 的特征数据进行计算，从而导致模型在训练中无法收敛。

如果网络中有类似 Sigmoid 函数这种带有饱和区间的激活函数，那么应该将 BN 处理放在激活函数的前面。这样，经过 BN 处理后的特征数据取值范围变成 -1 ~ 1，再输入到激活函数里，便可以正常实现非线性转化的功能。

接下来，以带有非饱和区间的激活函数为例。

以 ReLU 激活函数为例，该激活函数的图形如图 8-16 所示。

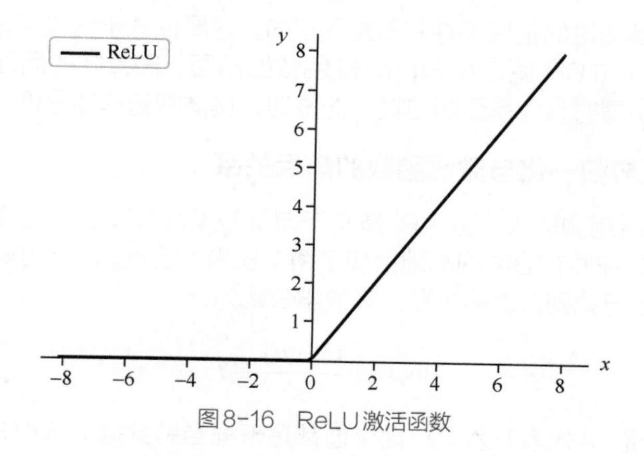

图 8-16　ReLU 激活函数

如图 8-16 所示，ReLU 只对 x 大于 0 的数感兴趣，凡是小于 0 的输入都会被转化为 0。确切地说，ReLU 属于半饱和激活函数（小于 0 的部分属于 ReLU 的饱和区间）。

这一特性使得 ReLU 对数值符号更为敏感。这也与大脑中对信号激活的响应机制更为相似（大脑中的神经元只对超出某一阈值的信号兴奋，对于低于某一阈值的信号"漠不关心"）。

本质上 BN 操作是将数据分布拉回指定的高斯分布中。虽然从数值角度来看，这没有破坏原有的数据分布特征，但是从符号角度来看，它破坏了原有分布的正负比例，如图 8-17 所示。

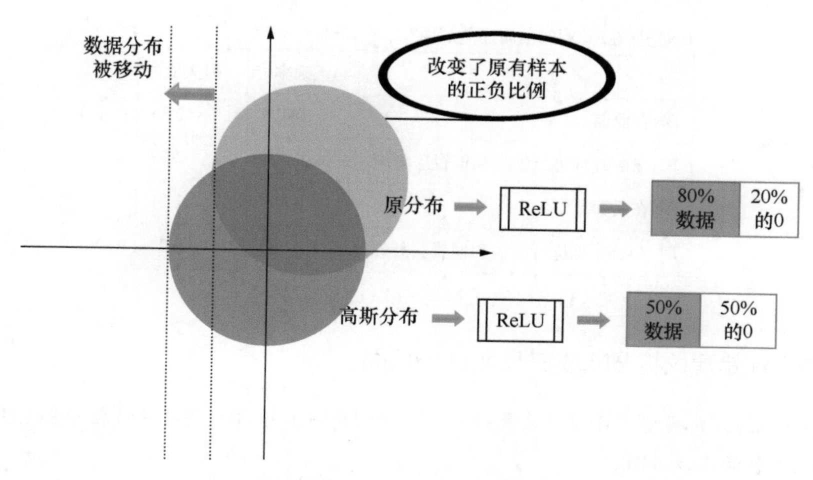

图 8-17　BN 对 ReLU 的影响

如图 8-17 所示，直接对网络层输出的原分布数据执行 BN 操作，再将 BN 后的高斯分布数据传入 ReLU 激活函数。经过激活函数 ReLU 之后的特征数据会发生改变，这种处理对神经网络造成了影响。

图 8-17 也可以解释为什么有人通过实验发现，按照将 BN 放在激活函数前的方式搭建网

络，使用 Sigmoid 激活函数的效果要优于 ReLU 的效果。

如果将 BN 放在 ReLU 之后，那么将不会对数据的正负比例造成影响。在保证正负比例的基础上，再执行 BN 操作，可以使效果达到最优。

3. 总结

批量归一化与激活函数的前后关系并不是固定的，这要依赖于网络层输出的数据特征与激活函数的饱和区间，例如 BN 适合在 Sigmoid 函数的前面、ReLU 的后面。在安排批量归一化与激活函数的前后位置时，还是要明白其中的道理，具体问题具体分析。

4. 扩展：自适应归一化与激活函数的前后关系

在实际开发中，所用到的大部分 API 是基于自适应 BN 实现的。它不再强制将数据分布归一到高斯分布，而是在原有 BN 的基础上加了两个权重，通过训练过程来调节归一化后的均值和方差，让每一层自己找到合适的分布。其数学公式为：

$$\mathrm{BN}=\gamma\cdot\frac{(x-\mu)}{\sigma}+\beta \tag{8-32}$$

其中，μ 代表均值，σ 代表方差。这两个值都是根据当前数据运算得来的。γ 和 β 是参数，代表自适应的意思。在训练过程中，通过优化器的反向求导可优化出合适的 γ、β 值。

有了自适应归一化算法后，BN 与激活函数间的位置要求将相对宽松一些。一般来讲，把 BN 放在 Sigmoid 函数的前面更为通用。当然，如果 BN 是与 ReLU 进行组合的，那么也可以将其放到 ReLU 后面。

在实际实验中，BN 放在 ReLU 后面的效果会比放在前面的效果更好一些。

相关的实验结果如图 8-18 所示。

BN是该在ReLU的前面还是后面?

名字	正确率	损失值
BN在前面	0.474	2.35
BN在前并且进行缩放和偏置层处理	0.478	2.33
BN在后面	0.499	2.21
BN在后并且进行缩放和偏置层处理	0.493	2.24

图8-18 BN与ReLU的位置关系

在使用中，还是建议将 BN 放在 ReLU 的后面。

提示 在 EfficientNet 系列模型（目前效果最好的分类模型之一）中，BN 层也是放在与 ReLU 具有相同效果的 Swish 激活函数后面。

8.7.7 代码实现：定义函数完成梯度惩罚项

定义函数 compute_gradient_penalty() 完成梯度惩罚项的计算过程：惩罚项的样本 X_inter 由一部分 Pg 分布和一部分 Pr 分布组成，同时对 D(X_inter) 求梯度，并计算梯度与 1 的平方差，最终得到 gradient_penalties。具体代码如下。

代码文件：code_22_WGAN.py（续 2）

```
94  lambda_gp = 10
95  #计算梯度惩罚项
96  def compute_gradient_penalty(D, real_samples, fake_samples,y_one_hot):
97      #获取一个随机数，作为真假样本的采样比例
98      eps = torch.FloatTensor(real_samples.size(0),1,1,1
99                              ).uniform_(0,1).to(device)
100     #按照eps比例生成真假样本采样值X_inter
101     X_inter = (eps * real_samples + ((1 - eps) * fake_samples)).requires_grad_(True)
102     d_interpolates = D(X_inter,y_one_hot)
103     fake = torch.full((real_samples.size(0), ), 1, device=device)
104     #求梯度
105     gradients = autograd.grad( outputs=d_interpolates,
106             inputs=X_inter,
107             grad_outputs=fake,
108             create_graph=True,
109             retain_graph=True,
110             only_inputs=True,
111     )[0]
112     gradients = gradients.view(gradients.size(0), -1)
113     gradient_penaltys = ((gradients.norm(2, dim=1) - 1) ** 2
114                         ).mean() * lambda_gp  #计算梯度的平方差
115     return gradient_penalties
```

上述代码的第 103 行计算梯度输出的掩码。因为在本例中，需要对所有梯度进行计算，所以直接按照输入样本的个数生成全是 1 的张量。该行代码也可以使用张量的 fill() 方法生成，代码如下：

```
fake = torch.Tensor(real_samples.size(0), 1).fill(1.).to(device)
```

上述代码的第 105 行调用 autograd.grad() 函数手动计算了梯度。该函数需要重点关注前 3 个参数。

- 输出值 outputs：传入经过计算过的张量结果。
- 待求梯度的输入值 inputs：传入可以求导（requires_grad=True）的张量。
- 输出梯度的掩码 grad_outputs：使用由 1、0 组成的掩码。在计算出梯度之后，会将求导结果与该掩码相乘，得到最终的结果。

8.7.8 代码实现：定义模型的训练函数

定义函数 train()，实现模型的训练过程。在函数 train() 中，按照式（8-24）实现模型的损失函数。判别器的 loss 为 D(fake_samples)-D(real_samples) 再加上联合分布样本的梯度惩罚项 gradient_penalties，其中 fake_samples 为生成的模拟数据，real_samples 为真实数据，而生成器的 loss 为 -D(fake_samples)。具体代码如下。

代码文件：code_22_WGAN.py（续3）

```
116 def train(D,G,outdir,z_dimension ,num_epochs = 30):
117     d_optimizer = torch.optim.Adam(D.parameters(), lr=0.001)  #定义优化器
118     g_optimizer = torch.optim.Adam(G.parameters(), lr=0.001)
119 
120     os.makedirs(outdir, exist_ok=True)           #创建输出文件夹
121 
122     for epoch in range(num_epochs):              #训练模型
123         for i, (img, lab) in enumerate(train_loader):
124             num_img = img.size(0)
125             #训练判别器
126             real_img = img.to(device)
127             y_one_hot = torch.zeros(lab.shape[0],10).scatter_(1,
128                                      lab.view(lab.shape[0],1),1).to(device)
129             for ii in range(5):                  #循环训练5次
130                 d_optimizer.zero_grad()          #梯度清零
131                 #对real_img进行判别
132                 real_out = D(real_img,y_one_hot)
133                 #生成随机值
134                 z = torch.randn(num_img, z_dimension).to(device)
135                 fake_img = G(z,y_one_hot)            #生成fake_img
136                 fake_out = D(fake_img,y_one_hot) #对fake_img进行判别
137                 #计算梯度惩罚项
138                 gradient_penalty = compute_gradient_penalty(D,
139                                         real_img.data, fake_img.data,y_one_hot)
140                 #计算判别器的loss
141                 d_loss = -torch.mean(real_out) + torch.mean(fake_out
142                                                             ) + gradient_penalty
143                 d_loss.backward()
144                 d_optimizer.step()
145 
146             #训练生成器
147             for ii in range(1):                #训练1次
148                 g_optimizer.zero_grad() #梯度清零
149                 z = torch.randn(num_img, z_dimension).to(device)
150                 fake_img = G(z,y_one_hot)
151                 fake_out = D(fake_img,y_one_hot)
152                 g_loss = -torch.mean(fake_out)
153                 g_loss.backward()
154                 g_optimizer.step()
155         #输出可视化结果
156         fake_images = to_img(fake_img.cpu().data)
157         real_images = to_img(real_img.cpu().data)
158         rel = torch.cat([to_img(real_images[:10]),
159                                fake_images[:10]],axis = 0)
160         imshow(torchvision.utils.make_grid(rel,nrow=10),
161                 os.path.join(outdir, 'fake_images-{}.png'.format(epoch+1) ))
```

```
162         #输出训练结果
163         print('Epoch [{}/{}], d_loss: {:.6f}, g_loss: {:.6f} '
164               'D real: {:.6f}, D fake: {:.6f}'.format(epoch, num_epochs,
165               d_loss.data, g_loss.data, real_out.data.mean(),
166               fake_out.data.mean()))
167     #训练结束保存模型
168     torch.save(G.state_dict(), os.path.join(outdir, 'generator.pth' ))
169     torch.save(D.state_dict(), os.path.join(outdir,
170                                    'discriminator.pth' ))
```

上述代码的第 156 行～第 161 行表示每次对训练数据集进行迭代结束后，把生成的结果用图片的方式保存到硬盘。

在函数 train() 中，判别器和生成器是分开训练的。让判别器学习的次数多一些，判别器每训练 5 次，生成器优化 1 次。WGAN_gp 不会因为判别器准确率太高而引起生成器梯度消失的问题，所以好的判别器会让生成器有更好的模拟效果。

8.7.9 代码实现：定义函数，可视化模型结果

获取一部分测试数据并输入模型中，显示由模型生成的模拟样本。具体代码如下。

代码文件：code_22_WGAN.py（续 4）

```
171 def displayAndTest(D,G,z_dimension):      #可视化模型结果
172     sample = iter(test_loader)
173     images, labels = sample.next()
174     y_one_hot = torch.zeros(labels.shape[0],10).scatter_(1,
175                 labels.view(labels.shape[0],1),1).to(device)
176     num_img = images.size(0)                #获取样本个数
177     with torch.no_grad():
178         z = torch.randn(num_img, z_dimension).to(device)   #生成随机数
179         fake_img = G(z,y_one_hot)
180     fake_images = to_img(fake_img.cpu().data)           #生成模拟样本
181     rel = torch.cat([to_img(images[:10]),fake_images[:10]],axis = 0)
182     imshow(torchvision.utils.make_grid(rel,nrow=10))
183     print(labels[:10])
```

8.7.10 代码实现：调用函数并训练模型

实例化判别器和生成器模型，并调用函数进行训练。具体代码如下。

代码文件：code_22_WGAN.py（续 5）

```
184 if __name__ == '__main__':
185     z_dimension = 40                          #设置输入随机数的维度
186     D = WGAN_D().to(device)                   #实例化判别器
187     G = WGAN_G(z_dimension).to(device)        #实例化生成器
188     train(D,G,'./w_img',z_dimension)          #训练模型
189     displayAndTest(D,G,z_dimension)           #输出可视化结果
```

以上代码运行后，输出如下结果：

```
Epoch [0/30], d_loss: -9.675030, g_loss: -6.734372 D real: 18.559313, D fake: 6.094926
Epoch [1/30], d_loss: -6.141508, g_loss: -12.131375 D real: 19.587164, D fake: 12.259677
Epoch [2/30], d_loss: -5.243162, g_loss: -17.631243 D real: 23.952541, D fake: 18.027622
…
Epoch [27/30], d_loss: -3.047727, g_loss: -82.490952 D real: 85.478462, D fake: 82.107704
Epoch [28/30], d_loss: -2.272143, g_loss: -86.116348 D real: 88.806793, D fake: 86.347862
Epoch [29/30], d_loss: -2.655426, g_loss: -89.415001 D real: 92.618698, D fake: 89.701065
完成！
```

可以看到 g_loss 的绝对值在逐渐变小，d_loss 的绝对值在逐渐变大。这表明生成的模拟样本质量越来越高。在本地路径的 w_img 文件夹下，可以看到 30 张图片，这里列出 3 张（见图 8-19）。

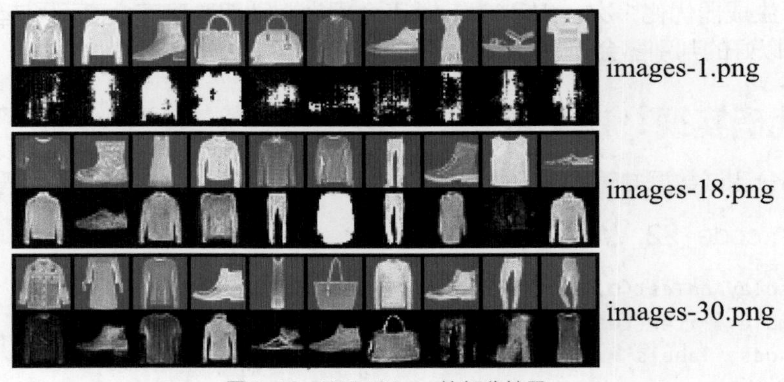

图 8-19　WGAN-gp 的部分结果

图 8-19 中共显示了训练过程中的 3 张图片（每两行为一张），它们分别是第 1 次、第 18 次和第 30 次迭代训练后的输出结果。每张图片的第 1 行为样本数据，第 2 行为生成的模拟数据。可以看出，在 WGAN-gp 的判别器严格要求下，生成器生成的模拟数据越来越逼真。

从生成的结果中可以看出，样本数据与生成的模拟数据类别并不对应，这是因为我们没有对其加入生成类别的信息。使用条件 GAN 可实现类别对应的效果。

8.7.11　练习题

把上面代码中的 loss 部分分别改成如下两种情况。

第一种情况：

```
d_loss = -torch.mean(real_out) + torch.mean(fake_out) + gradient_penalty
g_loss = torch.mean(fake_out)
```

第二种情况：

```
d_loss = torch.mean(real_out) - torch.mean(fake_out) + gradient_penalty
g_loss = torch.mean(fake_out)
```

猜想一下会产生什么样的效果，并思考为什么。通过实际运行代码验证你的猜想。

8.8 实例22：用条件GAN生成可控模拟数据

条件变分自编码神经网络使变分自编码神经网络生成的数据可控，从而提升模型的实用性。同理，条件GAN也可以使GAN所生成的数据可控，使模型变得实用。

实例描述 搭建条件GAN模型，实现向模型中输入标签，并使其生成与标签类别对应的模拟数据的功能。

本例将对8.7节中的代码稍加改动，实现一个实用性更强的模型——带有条件的WGAN-gp模型。

8.8.1 代码实现：定义条件GAN模型的正向结构

条件GAN与条件自编码神经网络的做法几乎一样，在GAN的基础之上，为每个模型输入都添加一个标签向量。

引入“code_22_WGAN.py”代码中的部分对象。定义判别器类CondWGAN_D，使其继承自WGAN_D类。定义生成器类CondWGAN_G，使其继承自WGAN_G类。

在判别器和生成器类的正向结构中，增加标签向量的输入，并使用全连接网络对标签向量的维度进行扩展，同时将其连接到输入数据。具体代码如下。

代码文件：code_23_condWGAN.py

```
01 import torch
02 from torch import nn        #引入PyTorch库
03 #引入本地代码库
04 from code_22_wGan import  device,displayAndTest,train, WGAN_G,WGAN_D
05
06 class CondWGAN_D(WGAN_D):   #定义判别器模型
07     def __init__(self,inputch=2):
08         super(CondWGAN_D, self).__init__(inputch)
09         self.labfc1 = nn.Linear(10, 28*28)
10
11     def forward(self, x,lab):  #增加输入标签
12         d_in = torch.cat((x.view(x.size(0), -1), self.labfc1(lab)), -1)
13         x = d_in.view(d_in.size(0), 2,28,28)
14         return super(CondWGAN_D, self).forward(x,lab)
15
16 class CondWGAN_G(WGAN_G): #定义生成器模型
17     def __init__(self, input_size,input_n=2):
18         super(CondWGAN_G, self).__init__(input_size,input_n)
19         self.labfc1 = nn.Linear(10,input_size)
20
21     def forward(self, x,lab): #增加输入标签
```

```
22        d_in = torch.cat((x, self.labfc1(lab)), -1)
23        return super(CondWGAN_G, self).forward(d_in,lab)
```

上述代码的第 12 行和第 13 行是判别器处理输入标签的部分。在使用原始基类的正向传播方法之前，将标签数据进行维度扩充，并连接到输入数据 x 上。

上述代码的第 22 行是生成器处理输入标签的部分。它与判别器的处理方式一致。

8.8.2　代码实现：调用函数并训练模型

实例化判别器和生成器模型，并调用函数进行训练。具体代码如下。

代码文件：code_23_condWGAN.py（续 1）

```
24 if __name__ == '__main__':
25     z_dimension = 40                                  #设置输入随机数的维度
26     D = CondWGAN_D().to(device)                       #实例化判别器
27     G = CondWGAN_G(z_dimension).to(device)            #实例化生成器
28     train(D,G,'./condw_img',z_dimension)              #训练模型
29     displayAndTest(D,G,z_dimension)                   #输出可视化结果
```

以上代码运行后，输出如下结果：

```
Epoch [0/30], d_loss: -7.663528, g_loss: -20.659430 D real: 29.109671, D fake: 20.109625
Epoch [1/30], d_loss: -5.499170, g_loss: -26.876431 D real: 32.910019, D fake: 26.730200
Epoch [2/30], d_loss: -4.179978, g_loss: -29.202309 D real: 34.363396, D fake: 29.650906
Epoch [3/30], d_loss: -3.577751, g_loss: -32.518291 D real: 36.891621, D fake: 33.004303
…
Epoch [20/30], d_loss: -1.746494, g_loss: -71.819984 D real: 74.264175, D fake: 72.302383
…
Epoch [27/30], d_loss: -1.473519, g_loss: -80.910034 D real: 82.715790, D fake: 81.132523
Epoch [28/30], d_loss: -2.068486, g_loss: -77.382629 D real: 79.635674, D fake: 77.440002
Epoch [29/30], d_loss: -1.959448, g_loss: -77.772324 D real: 79.486343, D fake: 77.380241
```

在训练之后，模型输出了可视化结果，如图 8-20 所示。

图 8-20　条件 GAN 的输出结果

在图 8-20 中，第 1 行是原始样本，第 2 行是输出的模拟样本。

同时，程序也输出了图 8-20 中样本对应的类标签，如下：

```
tensor([2, 5, 2, 6, 7, 6, 4, 6, 6, 5])
```

从输出的样本中可以看到，输出的模拟样本与原始样本的类别一致，这表明生成器可以按照指定的标签生成模拟数据。

8.9 实例23：实现带有W散度的GAN——WGAN-div模型

本例将按照 8.6.8 节的内容完成 WGAN-div 模型的实现。

实例描述 使用WGAN-div模型模拟Fashion-MNIST数据的生成。

本例可以在 8.7 节介绍的 WGAN-gp 的基础上稍加改动来实现。

8.9.1 代码实现：完成W散度的损失函数

WGAN-div 模型使用了 W 散度来替换 W 距离的计算方式，将原有的真假样本采样操作换为基于分布层面的计算。

在实现时，可以直接引入“code_22_WGAN.py”代码中的部分对象。参考 8.6.8 节的介绍，重写损失函数的实现。具体代码如下。

代码文件：code_24_WGANdiv.py

```
01 import torch
02 import torchvision
03 import torch.autograd as autograd
04 import os
05 #引入本地代码库
06 from code_22_wGan import ( train_loader,to_img,
07                            device,displayAndTest,imshow, WGAN_G,WGAN_D)
08
09 #计算W散度
10 def compute_w_div(real_samples,real_out, fake_samples,fake_out):
11     #定义参数
12     k = 2
13     p = 6
14
15     #计算真实空间的梯度
16     weight = torch.full((real_samples.size(0), ), 1, device=device)
17     real_grad = autograd.grad(outputs=real_out,
18                               inputs=real_samples,
19                               grad_outputs=weight,
20                               create_graph=True,
21                               retain_graph=True, only_inputs=True)[0]
22     #L2范数
23     real_grad_norm = real_grad.view(real_grad.size(0), -1).pow(2).sum(1)
24
25     #计算模拟空间的梯度
26     fake_grad = autograd.grad(outputs=fake_out,
27                               inputs=fake_samples,
28                               grad_outputs=weight,
```

```
29                                    create_graph=True,
30                                    retain_graph=True, only_inputs=True)[0]
31      #L2范数
32      fake_grad_norm = fake_grad.view(fake_grad.size(0), -1).pow(2).sum(1)
33      #计算W散度距离
34      div_gp = torch.mean(real_grad_norm** (p / 2) + fake_grad_norm** (p / 2)) * k / 2
35      return div_gp
```

compute_w_div() 函数返回回的结果可以直接充当 WGAN-gp 中的惩罚项，用于计算判别器的损失。

8.9.2 代码实现：定义训练函数来训练模型

在 WGAN-div 模型的实现中，我们还需要重写训练函数，以便可以适应 compute_w_div() 函数的调用。在“code_22_WGAN.py”代码的基础上，重新实现训练函数 train()，并对模型进行训练。具体代码如下。

代码文件: code_24_WGANdiv.py（续）

```
36 def train(D,G,outdir,z_dimension ,num_epochs = 30):
37     d_optimizer = torch.optim.Adam(D.parameters(), lr=0.001)
38     g_optimizer = torch.optim.Adam(G.parameters(), lr=0.001)
39     os.makedirs(outdir, exist_ok=True)
40     for epoch in range(num_epochs):
41         for i, (img, lab) in enumerate(train_loader):
42             num_img = img.size(0)
43             real_img = img.to(device)
44             y_one_hot = torch.zeros(lab.shape[0],10).scatter_(1,
45                                 lab.view(lab.shape[0],1),1).to(device)
46             for ii in range(5):                        #训练判别器
47                 d_optimizer.zero_grad()
48                 real_img= real_img.requires_grad_(True)  #求梯度
49                 real_out = D(real_img,y_one_hot)
50                 z = torch.randn(num_img, z_dimension).to(device)
51                 fake_img = G(z,y_one_hot)
52                 fake_out = D(fake_img,y_one_hot)
53                 gradient_penalty_div = compute_w_div(real_img,real_out,
54                                         fake_img,fake_out,y_one_hot)
55                 d_loss = -torch.mean(real_out) + torch.mean(fake_out) + gradient_
                   penalty_div
56                 d_loss.backward()
57
58     …
```

本节代码中的 train() 函数相对于 8.7.8 节中的 train() 函数，只修改了第 48 行和第 53 行。在第 48 行，将输入参数 real_img 设置为可以求导；在第 53 行，调用 compute_w_div() 计算梯度。

调用 train() 训练模型部分的代码与 8.7.9 节一致，这里不再赘述。上述代码运行后的输出图片如图 8-21 所示。

图8-21 WGAN-div结果

从图 8-21 中可以看出，WGAN-div 模型也会输出非常清晰的模拟样本。在有关 WGAN-div 的论文中，曾拿 WGAN-div 模型与 WGAN-gp 模型进行比较，发现 WGAN-div 模型的 FID 分数更高一些（FID 是评价 GAN 生成图片质量的一种指标）。

8.10 散度在神经网络中的应用

WGAN 开创了 GAN 的一个新流派，使得 GAN 的理论上升到一个新高度。在神经网络的损失计算中，最大化和最小化两个数据分布间散度的方法，已经成为无监督模型中有效的训练方法之一。沿着这个思路扩展，在无监督模型训练中，不但可以使用 KL 散度、JS 散度，而且可以使用其他度量分布的方法。f-GAN 将度量分布的做法总结起来并找出了其中的规律，使用统一的 f 散度实现了基于度量分布方法训练 GAN 模型的通用框架。

8.10.1 f-GAN 框架

f-GAN 是关于经典 GAN 中一般框架的总结。它不是具体的 GAN 方法，而是一套训练 GAN 的框架总结。使用 f-GAN 可以在 GAN 的训练中很容易实现各种散度的应用，即 f-GAN 是一个生产 GAN 模型的“工厂”。它所生产的 GAN 模型都有一个共同特点：对要生成的样本分布不进行任何先验假设，而是使用最小化差异的度量方法，尝试解决一般性的数据样本生成问题（这种模型常用于无监督训练）。

8.10.2 基于 f 散度的变分散度最小化方法

变分散度最小化（Variational Divergence Minimization，VDM）方法是指通过最小化两个数据分布间的变分距离来训练模型中参数的方法。这是 f-GAN 所使用的通用方法。在 f-GAN 中，数据分布间的距离使用 f 散度来度量。

1. 变分散度最小化方法的适用范围

前文介绍过 WGAN 模型的训练方法，其实它也属于 VDM 方法。所有符合 f-GAN 框架的 GAN 模型都可以使用 VDM 方法进行训练。

VDM 方法适用于 GAN 模型的训练。前文介绍的变分自编码的训练方法也属于 VDM 方法。

2. f 散度

在介绍 f 散度（f-divergence）之前，先来看看它的定义。

给定两个分布 P、Q，$p(x)$ 和 $q(x)$ 分别是 x 对应的概率函数，则 f 散度可以表示为：

$$D_{\mathrm{f}}(P \| Q)=\int_{x} q(x) f\left(\frac{p(x)}{q(x)}\right) \mathrm{d} x \tag{8-33}$$

f 散度相当于一个散度“工厂”，在使用它之前必须为式（8-33）中的生成函数 $f(x)$ 指定具体内容。f 散度会根据生成函数 $f(x)$ 对应的具体内容，生成指定的度量算法。

例如，令生成函数 $f(x)=x\log(x)$, 代入式（8-33）中，便会从 f 散度中得到 KL 散度，推导见式（8-34）。

$$\begin{aligned}D_{\mathrm{f}}(P\|Q)&=\int_x q(x)f\left(\frac{p(x)}{q(x)}\right)\mathrm{d}x\\&=\int_x q(x)\left(\frac{p(x)}{q(x)}\right)\log\left(\frac{p(x)}{q(x)}\right)\mathrm{d}x\\&=\int_x p(x)\log\left(\frac{p(x)}{q(x)}\right)\mathrm{d}x=D_{\mathrm{KL}}(P\|Q)\end{aligned}\tag{8-34}$$

对于 f 散度中的生成函数 $f(x)$ 是有要求的，它必须为凸函数且 $f(1)=0$。这样便可以保证当 P 和 Q 无差异时，$f\left(\frac{p(x)}{q(x)}\right)=f(1)$，使得 f 散度 $D_{\mathrm{f}}(P\|Q)=0$。

类似 KL 散度的这种方式，可以使用更多的生成函数 $f(x)$ 来表示常用的分布度量算法，具体如图 8-22 所示。

算法名	$D_{\mathrm{f}}(P\|Q)$	生成函数 $f(u)$
Total variation	$\frac{1}{2}\int\lvert p(x)-q(x)\rvert\,\mathrm{d}x$	$\frac{1}{2}\lvert u-1\rvert$
Kullback-Leibler	$\int p(x)\log\frac{p(x)}{q(x)}\,\mathrm{d}x$	$u\log u$
Reverse Kullback-Leibler	$\int q(x)\log\frac{q(x)}{p(x)}\,\mathrm{d}x$	$-\log u$
Pearson χ^2	$\int\frac{(q(x)-p(x))^2}{p(x)}\,\mathrm{d}x$	$(u-1)^2$
Neyman χ^2	$\int\frac{(p(x)-q(x))^2}{q(x)}\,\mathrm{d}x$	$\frac{(1-u)^2}{u}$
Squared Hellinger	$\int\left(\sqrt{p(x)}-\sqrt{q(x)}\right)^2\mathrm{d}x$	$(\sqrt{u}-1)^2$
Jeffrey	$\int(p(x)-q(x))\log\left(\frac{p(x)}{q(x)}\right)\mathrm{d}x$	$(u-1)\log u$
Jensen-Shannon	$\frac{1}{2}\int p(x)\log\frac{2p(x)}{p(x)+q(x)}+q(x)\log\frac{2q(x)}{p(x)+q(x)}\,\mathrm{d}x$	$-(u+1)\log\frac{1+u}{2}+u\log u$
Jensen-Shannon-weighted	$\int p(x)\pi\log\frac{p(x)}{\pi p(x)+(1-\pi)q(x)}+(1-\pi)q(x)\log\frac{q(x)}{\pi p(x)+(1-\pi)q(x)}\,\mathrm{d}x$	$\pi u\log u-(1-\pi+\pi u)\log(1-\pi+\pi u)$
GAN	$\int p(x)\log\frac{2p(x)}{p(x)+q(x)}+q(x)\log\frac{2q(x)}{p(x)+q(x)}\,\mathrm{d}x-\log(4)$	$u\log u-(u+1)\log(u+1)$
α-divergence ($\alpha\notin\{0,1\}$)	$\frac{1}{\alpha(\alpha-1)}\int\left(p(x)\left[\left(\frac{q(x)}{p(x)}\right)^\alpha-1\right]-\alpha(q(x)-p(x))\right)\mathrm{d}x$	$\frac{1}{\alpha(\alpha-1)}\left(u^\alpha-1-\alpha(u-1)\right)$

图8-22　生成函数

8.10.3 用Fenchel共轭函数实现f-GAN

在 f-GAN 中使用了 Fenchel 共轭函数完成了 f 散度计算。

1. Fenchel共轭函数的定义

Fenchel 共轭（Fenchel conjugate）又称凸共轭函数，是指对于每个凸函数且满足下半连续的 $f(x)$，都有一个共轭函数 f^*。f^* 的定义为：

$$f^*(t)=\max_{x\in\mathrm{dom}(f)}\{xt-f(x)\}\tag{8-35}$$

式（8-35）中的 $f^*(t)$ 是关于 t 的函数，其中 t 是变量；$\mathrm{dom}(f)$ 为 $f(x)$ 的定义域；max 即求当横坐标取 t 时，纵坐标在多条 $xt-f(x)$ 直线中取最大那条直线上所对应的点，如图 8-23 所示。

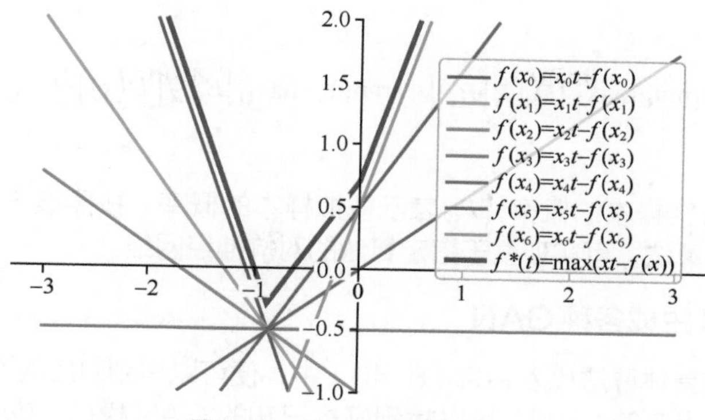

图8-23 Fenchel共轭函数

2. Fenchel共轭函数的特性

图8-23中有1条粗线和若干条细直线，这些细直线是由随机采样的几个x值所生成的$f(x)$，粗线是生成函数的共轭函数f^*。图8-23中的生成函数是$f(x)=|x-1|/2$，该函数对应的算法是总变分（Total Variation，TV）算法。TV算法常用于对图像的去噪和复原。

可以看到，f的共轭函数f^*仍然是凸函数，而且仍然下半连续。这表明f^*仍然会有它的共轭函数，即$f^{**}=f$。因此，f也可以表示成：

$$f(u)=\max_{t\in \operatorname{dom}(f^*)}\{ut-f^*(t)\} \tag{8-36}$$

3. 将Fenchel共轭函数运用到f散度中

将式（8-36）代入式（8-33）的f散度中，可以得到：

$$\begin{aligned} D_{\mathrm{f}}(P\|Q)&=\int_x q(x)f\left(\frac{p(x)}{q(x)}\right)\mathrm{d}x \\ &=\int_x q(x)\left(\max_{t\in \operatorname{dom}(f^*)}\left(\frac{p(x)}{q(x)}t-f^*(t)\right)\right)\mathrm{d}x \end{aligned} \tag{8-37}$$

如果用神经网络的判别器模型$D(x)$来代替式（8-37）中的t，那么f散度可以写成：

$$\begin{aligned} D_{\mathrm{f}}(P\|Q)&\geqslant\int_x q(x)\left(\frac{p(x)}{q(x)}D(x)-f^*(D(x))\right)\mathrm{d}x \\ &=\int_x p(x)D(x)\,\mathrm{d}x-\int_x q(x)f^*(D(x))\,\mathrm{d}x \end{aligned} \tag{8-38}$$

如果将式（8-38）中的两个数据分布P、Q分别看成对抗神经网络中的真实样本和模拟样本，那么式（8-38）可以写成：

$$D_{\mathrm{f}}(P\|Q)=\max_{\mathrm{D}}\{E_{x\sim \mathrm{P}}[D(x)]-E_{x\sim Q}[f^*(D(x))]\} \tag{8-39}$$

式（8-39）是判别器的损失函数。在训练中，将判别器沿着f散度最大化的方向进行优化，而生成器则需要令两个分布的f散度最小化。于是，整个对抗神经网络的损失函数可以表示成：

$$\text{loss}_{\text{GAN}} = \text{argmin}_G \text{max}_D \left\{D_{\text{f}}\left(P_{\text{r}} \| P_{\text{G}}\right)\right\} = \text{argmin}_{\text{G}} \text{max}_{\text{D}} \left\{E_{x\sim P_{\text{r}}}\left[D(x)\right] - E_{x\sim P_{\text{G}}}\left[f^*\left(D(x)\right)\right]\right\} \tag{8-40}$$

其中，P_{r} 表示真实样本的概率，P_{G} 表示模拟样本的概率。按照该方法，配合图 8-22 所示的各种分布度量的算法，可实现基于指定算法的对抗神经网络。

4. 用 f-GAN 生成各种 GAN

将图 8-22 中的具体算法代入到式（8-40）中，便可以得到对应的 GAN。有趣的是，对于通过 f-GAN 计算出来的 GAN，可以找到好多已知的 GAN 模型。这种通过规律的视角来反向看待个体的模型，会使我们对 GAN 的理解更加透彻。举例如下。

- 原始 GAN 判别器的损失函数：将 JS 散度代入式（8-40）中，并令 $D(x)=\log[2D(x)]$（可以通过调整激活函数实现），即可得到。
- LSGAN 的损失函数：将卡方散度（图 8-22 中的 Pearson χ^2）代入式（8-40）中，便可得到。
- EBGAN 的损失函数：将总变分（图 8-22 中的 Total variation）代入式（8-40）中，便可得到。

8.10.4　f-GAN 中判别器的激活函数

8.10.3 节从理论上推导了计算 f-GAN 损失函数的通用公式，但在具体应用时，还需要将图 8-22 所示的对应公式代入式（8-40）进行推导，并不能直接指导编码实现。其实，还可以从公式层面对式（8-40）进一步推导，得到判别器最后一层的激活函数，直接用于指导编码实现。

为了得到激活函数，需要对式（8-40）中的部分符号进行变换，具体如下。

将判别器 $D(x)$ 写成 $g\_f(\boldsymbol{v})$，其中 g_f 代表 $D(x)$ 中最后一层的激活函数，$\boldsymbol{v}$ 代表 $D(x)$ 中输入 g_f 激活函数的向量。

将生成器和判别器中的权重参数分别设为 θ、w，则训练 θ、w 的模型可以定义为：

$$F(\theta,\omega) = E_{x\sim P_{\text{r}}}[g\_f(\boldsymbol{v})] - E_{x\sim P_{\text{G}}}[f^*(g\_f(\boldsymbol{v}))] \tag{8-41}$$

在原始的 GAN 模型中，损失函数的计算方法是目标结果（0 或 1）之间的交叉熵公式，训练 θ、w 的模型可以定义为（参见的论文编号为 arXiv: 1406.2661,2014）：

$$F(\theta,w) = E_{x\sim P_{\text{r}}}\left[\log\left(D(x)\right)\right] + E_{x\sim P_{\text{G}}}\left[\log\left(1-D(x)\right)\right] \tag{8-42}$$

式（8-41）是从分布的角度来定义 $F(\theta,w)$ 的，而式（8-42）是从数值的角度定义 $F(\theta,w)$ 的，二者是等价的。比较式 (8-41) 与式 (8-42) 两者右侧的第一项，即可得出：

$$g\_f(\boldsymbol{v}) = \log(D(x)) \tag{8-43}$$

由式（8-43）中可以看出，f-GAN 中最后一层的激活函数本质上就是原始 GAN 中的激活函数再加一个对数运算。

提示 式（8-41）与式（8-42）两者的右侧各有两项，它们的第一项和第二项都是等价的。为了计算简单，这里直接拿第一项来比较，得出式（8-43）。这个与直接拿第二项来比较进行推理是完全等价的。有兴趣的读者可以把第一项推导的结果再代回第二项，会发现等式仍然成立。

有了式（8-43），就可以为任意计算方法定义最后一层的激活函数了。例如，在原始的 GAN 中，判别器常使用 Sigmoid 作为激活函数（可以输出 0~1 的数）。以这种类型的 GAN 为例，将 $\text{Sigmoid}(\boldsymbol{v}) = 1/(1+\mathrm{e}^{-\boldsymbol{v}})$ 代入式（8-43）中，可以得到对应最后一层的激活函数 g_f：

$$g\_f(\boldsymbol{v}) = \log(D(x)) = -\log(1+\mathrm{e}^{-\boldsymbol{v}}) \tag{8-44}$$

使用类似的这种计算方法，可以为 f-GAN 框架产生的各种模型定义最后一层的激活函数，如图 8-24 所示。

算法名	激活函数 g_f	$\mathrm{dom}(f^*)$	共轭函数 $f^*(t)$
Total variation	$\frac{1}{2}\tanh(v)$	$-\frac{1}{2} \leqslant t \leqslant \frac{1}{2}$	t
Kullback-Leibler (KL)	v	$\mathbb{R}$	$\exp(t-1)$
Reverse KL	$-\exp(v)$	$\mathbb{R}_-$	$-1-\log(-t)$
Pearson χ^2	v	$\mathbb{R}$	$\frac{1}{4}t^2+t$
Neyman χ^2	$1-\exp(v)$	$t<1$	$2-2\sqrt{1-t}$
Squared Hellinger	$1-\exp(v)$	$t<1$	$\frac{t}{1-t}$
Jeffrey	v	$\mathbb{R}$	$W(\mathrm{e}^{1-t})+\frac{1}{W(\mathrm{e}^{1-t})}+t-2$
Jensen-Shannon	$\log(2)-\log(1+\exp(-v))$	$t<\log(2)$	$-\log(2-\exp(t))$
Jensen-Shannon-weighted	$-\pi\log\pi-\log(1+\exp(-v))$	$t<-\pi\log\pi$	$(1-\pi)\log\frac{1-\pi}{1-\pi\mathrm{e}^{t/\pi}}$
GAN	$-\log(1+\exp(-v))$	$\mathbb{R}_-$	$-\log(1-\exp(t))$
α-div. ($\alpha<1, \alpha\neq 0$)	$\frac{1}{1-\alpha}-\log(1+\exp(-v))$	$t<\frac{1}{1-\alpha}$	$\frac{1}{\alpha}(t(\alpha-1)+1)^{\frac{\alpha}{\alpha-1}}-\frac{1}{\alpha}$
α-div. ($\alpha>1$)	v	$\mathbb{R}$	$\frac{1}{\alpha}(t(\alpha-1)+1)^{\frac{\alpha}{\alpha-1}}-\frac{1}{\alpha}$

图8-24 f-GAN 中最后一层的激活函数（参见的论文编号为 arXiv: 1606.00709,2016）

在前文介绍过 SoftPlus 激活函数，其定义如下：

$$\text{SoftPlus}(x) = \frac{1}{\beta}\log(1+\mathrm{e}^{\beta x}) \tag{8-45}$$

将 SoftPlus 中的 β 设为 1，并代入式（8-41）中，可以得到：

$$F(\theta, w) = E_{x\sim P_{\mathrm{G}}}[\text{SoftPlus}(\boldsymbol{v})] - E_{x\sim P_{\mathrm{r}}}[\text{SoftPlus}(-\boldsymbol{v})] \tag{8-46}$$

式（8-46）便是可以直接指导编码的最终表示。

提示 在图 8-24 中的倒数第 5 行，可以找到与 JS 散度相关的最后一层的激活函数，发现它比倒数第 3 项 GAN 所对应的激活函数仅多了一个常数项。

将与 JS 散度相关的最后一层激活函数代到式（8-41）中，可以得到与式（8-46）一样的公式，这说明式（8-46）不但适用于普通的 GAN 模型，而且适用于使用 JS 散度计算的对抗神经网络。

8.10.5 互信息神经估计

互信息神经估计（Mutual Information Neural Estimation，MINE）是一种基于神经网络估计互信息的方法。它通过 BP 算法进行训练，对高维度的连续随机变量间的互信息进行估计，可以最大化或者最小化互信息，提升生成模型的对抗训练，突破监督学习分类任务的瓶颈。（参见的论文编号为 arXiv: 1801.04062,2018。）

1. 将互信息转化为 KL 散度

在前面介绍过互信息的公式。它可以表示为两个随机变量 X、Y 的边缘分布的乘积相对于 X、Y 联合概率分布的相对熵，即 $I(X;Y)= D_{\mathrm{KL}}(P(x, y)\|P(x)P(y))$（$P(x)$ 代表概率函数）。这表明互信息可以通过求 KL 散度的方法进行计算。

2. KL 散度的两种对偶表示

在前面介绍过，KL 散度具有不对称性，可以将其转化为具有对偶性的表示方式进行计算。基于散度的对偶表示公式有两种。

（1）Donsker-Varadhan 表示：

$$D_{\mathrm{KL}}(P(x)\parallel P(y))=\max_{T:\Omega\to R}\{E_{P(x)}[T]-\log(E_{P(y)}[\mathrm{e}^{T}])\} \tag{8-47}$$

（2）dual f-divergence 表示：

$$D_{\mathrm{KL}}(P(x)\parallel P(y))=\max_{T:\Omega\to R}\{E_{P(x)}[T]-E_{P(y)}[\mathrm{e}^{T-1}]\} \tag{8-48}$$

式（8-47）和式（8-48）中的 T 代表任意分类函数。

其中 dual f-divergence 表示相对于 Donsker-Varadhan 表示有更低的下界，会导致估计结果更加宽松和不准确。因此，一般使用 Donsker-Varadhan 表示。

3. 在神经网络中应用 KL 散度

将 KL 散度的表示公式（即式（8-47））代入到互信息公式中，即可得到基于神经网络的互信息计算方式：

$$I_w(X;Y)=E_{P(x,\,y)[T_w]}-\log(E_{P(x)P(y)}[\mathrm{e}^{T_w}]) \tag{8-49}$$

其中，T_w 代表一个带有权重参数 w 的神经网络，参数 w 可以通过训练得到。根据条件概率公式可知联合概率 $P(X,Y)$ 等于 $P(Y|X)P(X)$，假如 Y 是 X 经过函数 $G(x)$ 得来，那么在神经网络中，式（8-49）的第一项可以写成 $T(x,G(x))$。

将第一项中的联合概率 $P(X,Y)$ 换成 $P(Y|X)P(X)$，再将条件概率 $P(Y|X)$ 换成边缘概率 $P(Y)$，便得到了第二项的数据分布 $P(X)P(Y)$。边缘概率可以理解成对联合概率另一维度的积分。因为在空间上由曲面变成曲线，降低了一个维度，所以 Y 的边缘分布不再与 x 的取值有任何关系（大写的 X、Y 代表集合，小写 x、y 代表个体）。在神经网络中，y 值可以通过任取 x 并将其输入 $G(x)$ 中得来，因此式（8-49）的第二项可以写成 $T(x,G(\hat{x}))$。

提示

因为无法直接获得边缘概率 $P(Y)$，所以采用任取一些 x 并将其输入 $G(x)$ 的方法来获得部分 y，从而代替边缘概率 $P(Y)$。这种通过样本分布来估计总体分布的方法称为经验分布。

经典统计推断的主要思想就是用样本来推断总体的状态。因为总体是未知的，所以只能通过多次试验的样本（即实际值）来推断总体。

本质上，$T(x,G(\hat{x}))$ 的做法是要保证输入 G 中的 x 与输入 T 中的 x 不同。为了计算方便，常会使用 shuffle() 函数来将由某一批次的 x 数据所生成的 y 打乱顺序，一样可以实现 $G(x)$ 中的 x 与 $T(x,G(\hat{x}))$ 中 x 不同的目标。

8.10.6 实例24：用神经网络估计互信息

下面通过一个简单的例子来实现 MINE 方法的功能。

实例描述 定义两组具有不同分布的模拟数据，使用MINE的方法计算它们的互信息。

本例主要是将 8.10.5 节的理论内容应用于代码实现中。使用神经网络的方法计算两个数据分布之间的互信息。

1. 准备模拟样本

定义两个数据生成函数 gen_x()、gen_y()。函数 gen_x() 用于生成 1 或 -1，函数 gen_y() 在此基础上为其再加上一个符合高斯分布的随机值。具体代码如下。

代码文件：code_25_MINE.py

```
01 import torch
02 import torch.nn as nn
03 import torch.nn.functional as F
04 import numpy as np
05 from tqdm import tqdm
06 import matplotlib.pyplot as plt
07
08 #生成模拟数据
09 def gen_x():
10     return np.sign(np.random.normal(0.,1.,[data_size,1]))
11
12 def gen_y(x):
13     return x+np.random.normal(0.,0.5,[data_size,1])
14
15 data_size = 1000
16 x_sample=gen_x()
17 y_sample=gen_y(x_sample)
18 plt.scatter(np.arange(len(x_sample)), x_sample, s=10,c='b',marker='o')
19 plt.scatter(np.arange(len(y_sample)), y_sample, s=10,c='y',marker='o')
20 plt.show()
```

上述代码运行后输出的结果如图 8-25 所示。

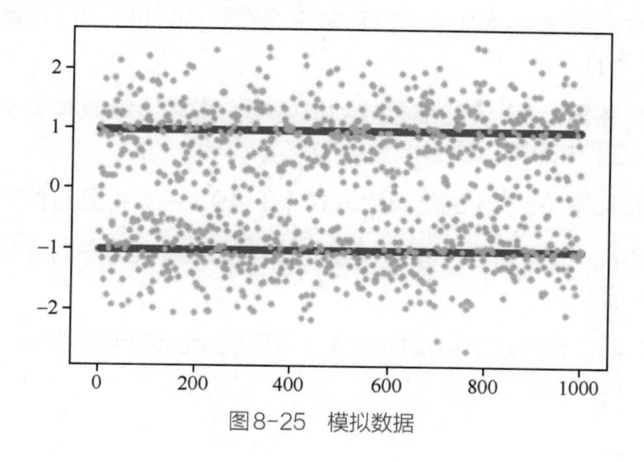

图8-25 模拟数据

在图 8-25 中，两条横线部分是样本数据 x 中的点，其他部分是样本数据 y。

2. 定义神经网络模型

定义 3 层全连接网络模型，输入是样本 x 和 y，输出是拟合结果。具体代码如下。

代码文件：code_25_MINE.py（续 1）

```
21 class Net(nn.Module):
22     def __init__(self):
23         super(Net, self).__init__()
24         self.fc1 = nn.Linear(1, 10)
25         self.fc2 = nn.Linear(1, 10)
26         self.fc3 = nn.Linear(10, 1)
27 
28     def forward(self, x, y):
29         h1 = F.relu(self.fc1(x)+self.fc2(y))
30         h2 = self.fc3(h1)
31         return h2
32 
33 model = Net()
34 optimizer = torch.optim.Adam(model.parameters(), lr=0.01)
```

上述代码的第 34 行使用了 Adam 优化器并设置学习率为 0.01。

3. 用MINE方法训练模型并输出结果

MINE 方法主要用于模型的训练阶段。按照 8.10.5 节中的描述，使用以下步骤完成对 loss 的计算。

（1）调用 gen_x() 函数生成样本 x_sample。x_sample 代表 X 的边缘分布 $P(X)$。

（2）将生成的 x_sample 样本放到 gen_x() 函数中，生成样本 y_sample。y_sample 代表条件分布 $P(Y|X)$。

（3）将第（1）步和第（2）步的结果放到模型中得到联合概率（$P(X,Y)=P(Y|X)P(X)$）关于神经网络的期望值 pred_xy（式（8-49）中的第一项）。

（4）将第（2）步的结果按照批次维度打乱顺序得到 y_shuffle。y_shuffle 是 Y 的经验分布，近似于 Y 的边缘分布 $P(Y)$。

（5）将第（1）步和第（4）步的结果放到模型中，得到边缘概率关于神经网络的期望值 pred_x_y（式（8-49）中的第二项）。

（6）将第（3）步和第（5）步的结果代入式（8-49）中，得到互信息 ret。

（7）在训练过程中，因为需要将模型权重向着互信息最大的方向优化，所以对互信息取反，得到最终的 loss 值。

在得到 loss 值之后，便可以进行反向传播并调用优化器进行模型优化。具体代码如下。

代码文件：code_25_MINE.py（续 2）

```
35 n_epoch = 500
36 plot_loss = []
37 for epoch in tqdm(range(n_epoch)):
38     x_sample=gen_x()
39     y_sample=gen_y(x_sample)
40     y_shuffle=np.random.permutation(y_sample)
41     #转化为张量
42     x_sample = torch.from_numpy(x_sample).type(torch.FloatTensor)
43     y_sample = torch.from_numpy(y_sample).type(torch.FloatTensor)
44     y_shuffle = torch.from_numpy(y_shuffle).type(torch.FloatTensor)
45 
46     model.zero_grad()
47     pred_xy = model(x_sample, y_sample)              #联合分布的期望
48     pred_x_y = model(x_sample, y_shuffle)            #边缘分布的期望
49 
50     ret = torch.mean(pred_xy) - torch.log(torch.mean(torch.exp(pred_x_y)))
51     loss = - ret                                     #最大化互信息
52     plot_loss.append(loss.data)                      #收集损失值
53     loss.backward()                                  #反向传播
54     optimizer.step()                                 #调用优化器
55 
56 plot_y = np.array(plot_loss).reshape(-1,)            #可视化
57 plt.plot(np.arange(len(plot_loss)), -plot_y, 'r')
```

在上述代码的第 57 行中，直接将 loss 值取反，得到最大化互信息的值。

上述代码运行后输出如下结果：

```
100%|██████████| 500/500 [00:02<00:00, 244.66it/s]
```

生成的可视化结果如图 8-26 所示。

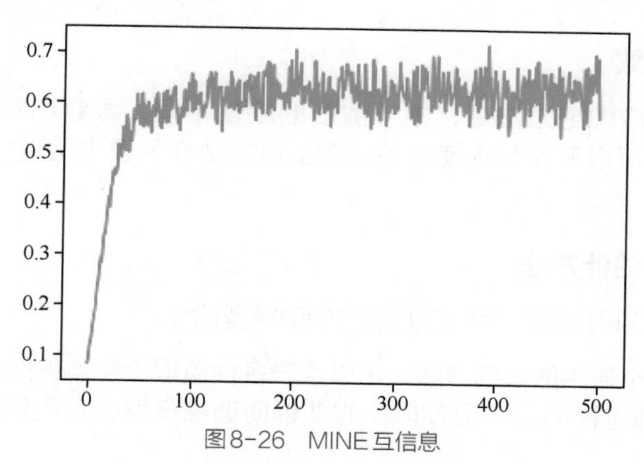

图8-26 MINE互信息

从图 8-26 中可以看出，最终得到的互信息值在 0.7 左右。

提示 本例实现了用神经网络计算互信息的功能。这是一个简单的例子，目的在于帮助读者更好地理解 MINE 方法。

8.10.7　稳定训练 GAN 模型的经验和技巧

GAN 模型的训练是神经网络中公认的难题。对于众多训练失败的情况，主要分为两种情况：模式丢弃（mode dropping）和模式崩塌（mode collapsing）。

- 模式丢弃：是指模型生成的模拟样本中，缺乏多样性的问题，即生成的模拟数据是原始数据集中的一个子集。例如，MNIST 数据分布一共有 10 个分类（0~9 共 10 个数字），而生成器所生成的模拟数据只有其中某个数字。
- 模式崩塌：生成器所生成的模拟样本非常模糊，质量很低。

下面提供了一些可以稳定训练 GAN 模型的经验和技巧。

1. 降低学习率

通常，当使用更大的批次训练模型时，可以设置更高的学习率。但是，当模型发生模式丢弃情况时，可以尝试降低模型的学习率，并从头开始训练。

2. 标签平滑

标签平滑可以有效地改善训练中模式崩塌的情况。这种方法也非常容易理解和实现，如果真实图像的标签设置为 1，就将它改成一个低一点的值（如 0.9）。这个解决方案阻止判别器过于相信分类标签，即不依赖非常有限的一组特征来判断图像是真还是假。

3. 多尺度梯度

这种技术常用于生成较大（1024 像素 ×1024 像素）的模拟图像。该方法的处理方式与传统的用于语义分割的 U-Net 类似。

模型更关注的是多尺度梯度，将真实图片通过下采样方式获得的多尺度图片与生成器的多跳连接部分输出的多尺度向量一起送入判别器，形成 MSG-GAN 架构。（参见的论文编号为 arXiv: 1903.06048,2019。）

4. 更换损失函数

在 f-GAN 系列的训练方法中，由于散度的度量不同，导致训练不稳定性问题的存在。在这种情况下，可以在模型中使用不同的度量方法作为损失函数，找到更适合的解决方法。

5. 借助互信息估计方法

在训练模型时，还可以使用 MINE 方法来辅助模型训练。

MINE 方法是一个通用的训练方法，可以用于各种模型（自编码神经网络、对抗神经网络）。在 GAN 的训练过程中，使用 MINE 方法辅助训练模型会有更好的表现，如图 8-27 所示。

图 8-27 左侧是 GAN 模型生成的结果；右侧是使用 MINE 辅助训练后的生成结果。可以看到，图中右侧的模拟数据（黄色的点）所覆盖的空间与原始数据（蓝色的点）更一致。

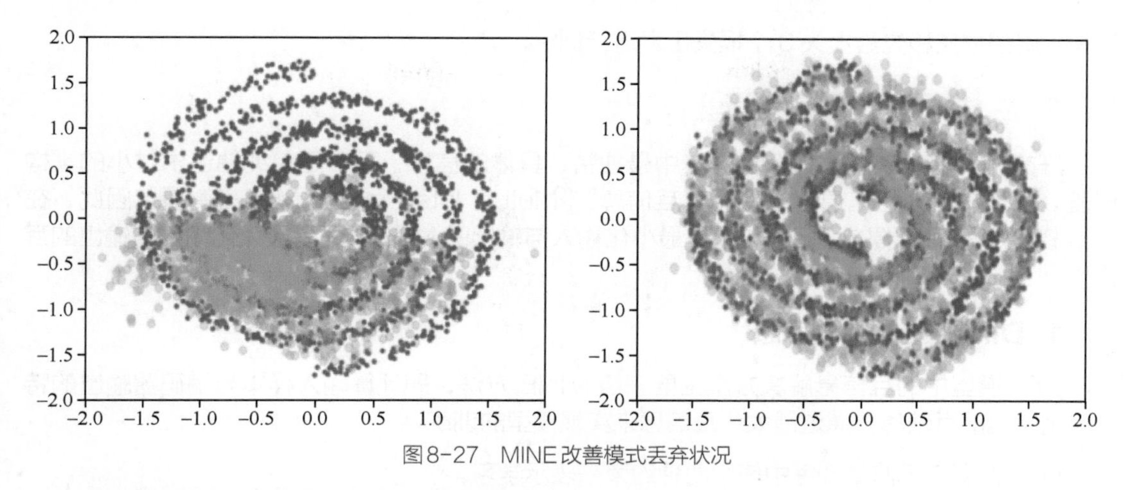

图 8-27　MINE 改善模式丢弃状况

MINE 改善模式崩塌状况的例子如图 8-28 所示。

图 8-28　MINE 改善模式崩塌状况的例子

图 8-28 左侧是原始图片，中间是使用 GAN 的结果，右侧是使用 GAN+MINE 之后的结果。可以看到，右侧的图片质量更接近于左侧的原始图片。

提示　MINE 方法中主要使用了两种技术：互信息转为神经网络模型技术和使用对偶 KL 散度计算损失技术。最有价值的是这两种技术的思想，利用互信息转为神经网络模型技术，可以应用到更多的模型结构中。同时，损失函数也可以根据具体的任务而使用不同的分布度量算法。8.11 节的 DIM 模型就是一个将 MINE 与 f-GAN 相结合的例子。

8.11　实例 25：用最大化深度互信息模型执行图片搜索器

图片搜索器分为图片的特征提取和匹配两部分，其中图片的特征提取是关键。特征提取是深度学习模型中处理数据的主要环节，也是无监督模型研究的方向。本节将学习一种基于无监督方式提取特征的方法——最大化深度互信息（Deep InfoMax，DIM）方法。

实例描述　使用最大化深度互信息模型提取图片信息，并用提取出来的低维特征制作图片搜索器。

在 DIM 模型中，几乎用到了本章中的所有内容。DIM 模型的网络结构结合了自编码和对抗神经网络，损失函数使用了 MINE 与 f-GAN 方法的结合。在此之上，DIM 模型又从全局损失、局部损失和先验损失 3 个损失出发进行训练。

8.11.1　DIM 模型的原理

好的编码器应该能够提取出样本中最独特、具体的信息，而不是单纯地追求过小的重构误差。而样本的独特信息可以使用“互信息”（Mutual Information, MI）来衡量。因此，在 DIM 模型中，编码器的目标函数不是最小化输入与输出的 MSE，而是最大化输入与输出的互信息。

1. DIM 模型的主要思想

DIM 模型中的互信息解决方案主要来自 MINE 方法，即计算输入样本与编码器输出的特征向量之间的互信息，通过最大化互信息来实现模型的训练。

DIM 模型在无监督训练中使用两种约束来表示学习。

- 最大化输入信息和高级特征向量之间的互信息：如果模型输出的低维特征能够代表输入样本，那么该特征分布与输入样本分布的互信息一定是最大的。
- 对抗匹配先验分布：编码器输出的高级特征要更接近高斯分布，判别器要将编码器生成的数据分布与高斯分布区分。

在实现时，DIM 模型使用了 3 个判别器，分别从局部互信息最大化、全局互信息最大化和先验分布匹配最小化 3 个角度对编码器的输出结果进行约束。（参见的论文编号为 arXiv: 1808.06670,2018。）

2. 局部和全局互信息最大化约束的原理

许多表示学习只使用已探索过的数据空间（称为像素级别），当一小部分数据十分关心语义级别时，表明该表示学习将不利于训练。

对于图片，它的相关性更多体现在局部。图片的识别、分类等应该是一个从局部到整体的过程，即全局特征更适合用于重构，局部特征更适合用于下游的分类任务。

提示　局部特征可以理解为卷积后得到的特征图，全局特征可以理解为对特征图进行编码得到的特征向量。

DIM 模型从局部和全局两个角度出发对输入和输出执行互信息计算。而先验匹配的目的是对编码器生成向量形式进行约束，使其更接近高斯分布。

3. 用先验分布匹配最小化约束的原理

8.3 节、8.4 节介绍过变分自编码神经网络的原理，其编码器部分的主要思想是：在对输入数据编码成特征向量的同时，还希望这个特征向量服从于标准的高斯分布。这种做法使编码空间更加规整，甚至有利于解耦特征，便于后续学习。

DIM 模型的编码器与变分自编码中编码器的使命是一样的。因此，在 DIM 模型中引入变分自编码神经网络的原理，将高斯分布当作先验分布，对编码器输出的向量进行约束。

8.11.2　DIM 模型的结构

DIM 模型由 4 个子模型构成——1 个编码器、3 个判别器。其中编码器的作用主要是对图片进行特征提取，3 个判别器分别从局部、全局、先验匹配 3 个角度对编码器的输出结果进行约束。DIM 模型结构如图 8-29 所示。

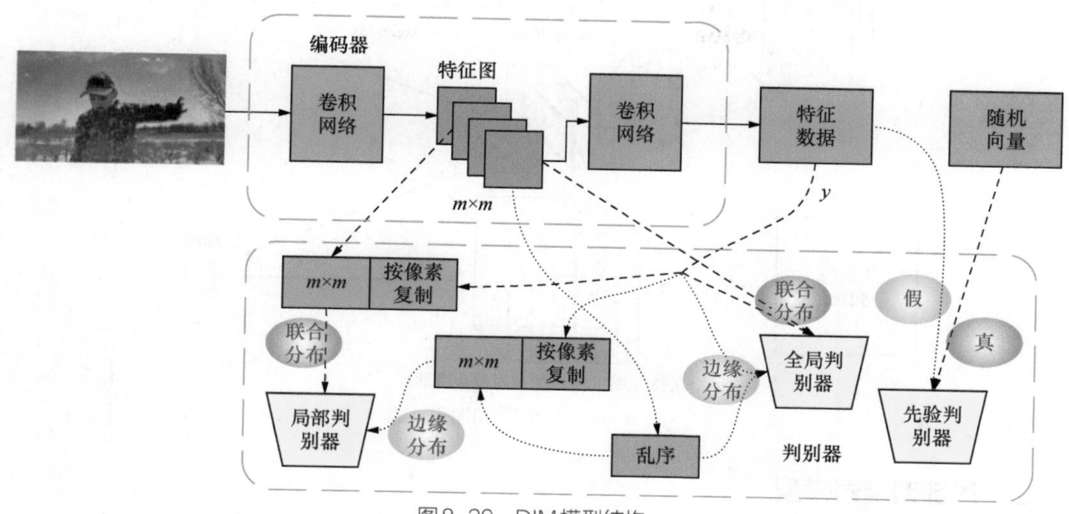

图8-29 DIM模型结构

在 DIM 模型的实际实现过程中，没有直接对原始的输入数据与编码器输出的特征数据执行最大化互信息计算，而使用了编码器中间过程中的特征图与最终的特征数据执行互信息计算。

根据 8.10.5 节介绍的 MINE 方法，利用神经网络计算互信息的方法可以换算成计算两个数据集的联合分布和边缘分布间的散度，即将判别器处理特征图和特征数据的结果当作联合分布，将乱序后的特征图和特征数据输入判别器得到边缘分布。

提示 处理边缘分布的内容与 8.10.6 节实例中的处理方式不同。8.10.6 节中的实例保持原有输入不变，乱序编码器输出的特征向量作为判别器的输入；DIM 模型打乱特征图的批次顺序后与编码器输出的特征向量一起作为判别器的输入。

二者的本质是相同的，即令输入判别器的特征图与特征向量各自独立（破坏特征图与特征向量间的对应关系），详见 8.10.5 节的原理介绍。

1. 全局判别器模型

如图 8-29 所示，全局判别器的输入值有两个：特征图和特征数据 y。在计算互信息的过程中，联合分布的特征图和特征数据 y 都来自编码神经网络的输出。计算边缘分布的特征图是由改变特征图的批次顺序得来的，而特征数据 y 还是来自编码神经网络的输出，如图 8-30 所示。

在全局判别器中，具体的处理步骤如下。

（1）使用卷积层对特征图进行处理，得到全局特征。

（2）将该全局特征与特征数据 y 用 torch.cat() 函数连接起来。

（3）将连接后的结果输入全连接网络，最终输出判别结果（一维向量）。

其中，第（3）步中全连接网络的作用是对两个全局特征进行判定。

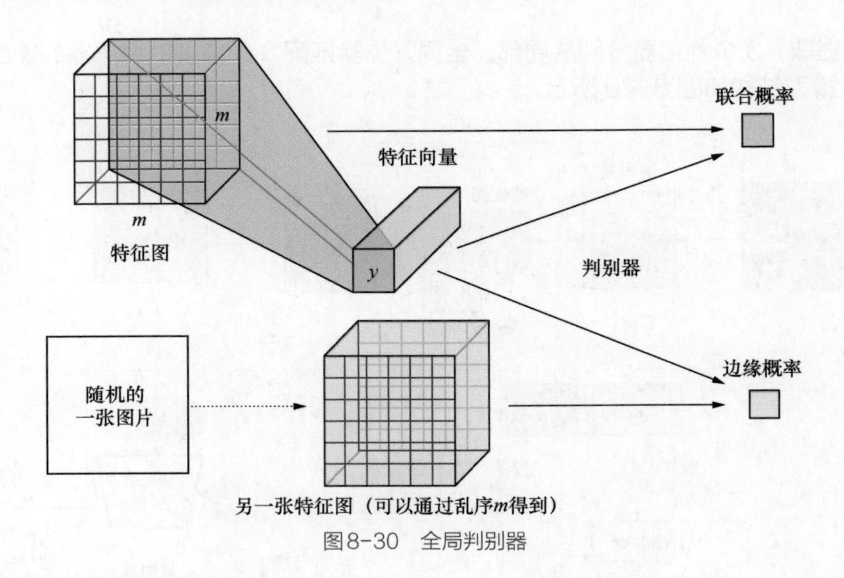

图 8-30　全局判别器

2. 局部判别器模型

如图 8-29 所示，局部判别器的输入值是一个特殊的合成向量：将编码器输出的特征数据 y 按照特征图的尺寸复制成 $m \times m$ 份。令特征图中的每个像素都与编码器输出的全局特征数据 y 相连。这样，判别器所做的事情就变成对每个像素与全局特征向量之间的互信息进行计算。因此，该判别器称为局部判别器。

在局部判别器中，计算互信息的联合分布和边缘分布方式与全局判别器一致，如图 8-31 所示。

如图 8-31 所示，在局部判别器中主要使用了 1×1 的卷积操作（步长也为 1）。因为这种卷积操作不会改变特征图的尺寸（只是通道数的变换），所以判别器的最终输出也是大小为 $m \times m$ 的值。

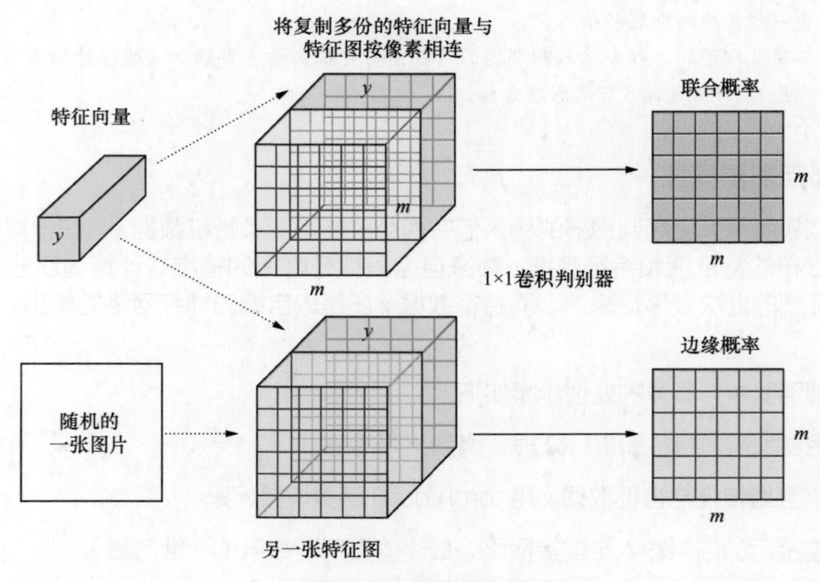

图 8-31　局部判别器

局部判别器通过执行多层的 1×1 卷积操作，将通道数最终变成 1，并作为最终的判别结果。该过程可以理解为，同时对每个像素与全局特征计算互信息。

3. 先验判别器模型

8.11.1 节介绍过，先验判别器模型主要是辅助编码器生成的向量趋近于高斯分布，其做法与普通的对抗神经网络一致。先验判别器模型输出的结果只有 0 或 1：令判别器对高斯分布采样的数据判定为真（1），对编码器输出的特征向量判定为假（0），如图 8-32 所示。

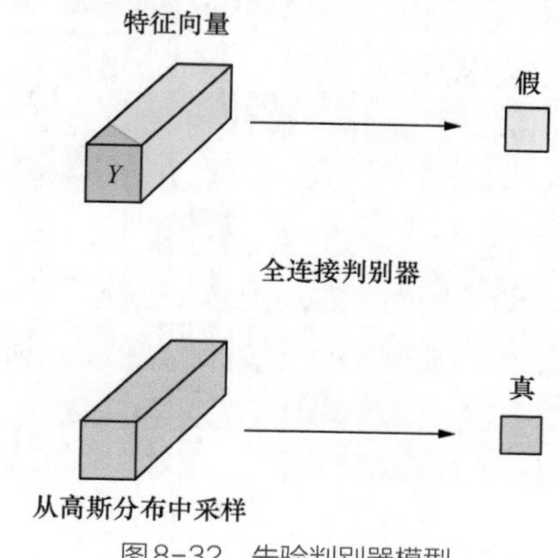

图8-32 先验判别器模型

如图 8-32 所示，先验判别器模型的输入只有一个特征向量。其结构主要使用了全连接神经网络，最终会输出“真”或“假”的判定结果。

4. 损失函数

在 DIM 模型中，将 MINE 方法中的 KL 散度换成 JS 散度来作为互信息的度量。这样做的原因是：JS 散度是有上界的，而 KL 散度是没有上界的。相比之下，JS 散度更适合在最大化任务中使用，因为它在计算时不会产生特别大的数，并且 JS 散度的梯度又是无偏的。

在 f-GAN 中可以找到 JS 散度的计算公式，见式（8-46）（其原理在式（8-46）下面的提示部分进行了阐述）。

先验判别器的损失函数非常简单，与原始的 GAN 模型（参见的论文编号为 arXiv: 1406.2661,2014）中的损失函数一致，见式（8-42）。

对这 3 个判别器各自损失函数的计算结果加权求和，便得到整个 DIM 模型的损失函数。

8.11.3 代码实现：加载CIFAR数据集

本例使用的数据集是 CIFAR，它与前文中介绍的 Fashion-MNIST 数据集类似，也是一些图片。CIFAR 比 Fashion-MNIST 更为复杂，而且由彩色图像组成，相比之下，与实际场景中接触的样本更为接近。

1. CIFAR数据集的版本

CIFAR 由 Alex Krizhevsky、Vinod Nair 和 Geoffrey Hinton 收集而来。

因为起初的数据集共将数据分为 10 类，分别为飞机、汽车、鸟、猫、鹿、狗、青蛙、马、船、卡车，所以 CIFAR 的数据集常以 CIFAR-10 命名，其中包含 60000 张 32 像素 ×32

像素的彩色图像（包含50000张训练图片、10000张测试图片），没有任何类型重叠的情况。因为是彩色图像，所以这个数据集是三通道的，具有R、G、B这3个通道。

后来，CIFAR又推出了一个分类更多的版本：CIFAR-100，从名字也可以看出，其将数据分为100类。它将图片分得更细，当然，这对神经网络图像识别是更大的挑战。有了这些数据，我们可以把精力全部投入在网络优化上。CIFAR数据集的部分内容如图8-33所示。

图8-33　CIFAR数据集的部分内容

2. 获取CIFAR数据集

CIFAR数据集是已经打包好的文件，分为Python、二进制bin文件包，方便不同的程序读取。

本例使用的数据集是CIFAR-10版本中的Python文件包，对应的文件名称为“cifar-10-python.tar.gz”。该文件可以在官网上手动下载，也可以使用与获取Fashion-MNIST类似的方法，通过PyTorch的内嵌代码进行下载。

3. 加载并显示CIFAR数据集

导入PyTorch库，通过接口模式下载数据集，并显示部分数据样本。具体代码如下。

代码文件：code_26_DIM.py

```
01 import torch
02 from torch import nn
03 import torch.nn.functional as F
04 import torchvision
05 from torchvision.transforms import ToTensor
06 from torch.utils.data import DataLoader
07 from torchvision.datasets.cifar import CIFAR10
08 from torch.optim import Adam
09 from matplotlib import pyplot as plt
10 import numpy as np
11 from tqdm import tqdm
12 from pathlib import Path
13 from torchvision.transforms import ToPILImage
14 #指定运算设备
```

```
15 device = torch.device('cuda' if torch.cuda.is_available() else 'cpu')
16 print(device)
17 #加载数据集
18 batch_size = 512
19 data_dir = r'./cifar10/'
20 train_dataset = CIFAR10(data_dir,  download=True, transform=ToTensor())
21 train_loader = DataLoader(train_dataset, batch_size=batch_size,
22                           shuffle=True, drop_last=True,
23                           pin_memory=torch.cuda.is_available())
24 print("训练样本个数:",len(train_dataset))
25 #定义函数用于显示图片
26 def imshowrow(imgs,nrow):
27     plt.figure(dpi=200)   #figsize=(9, 4),
28     _img=ToPILImage()(torchvision.utils.make_grid(imgs,nrow=nrow ))
29     plt.axis('off')
30     plt.imshow(_img)
31     plt.show()
32 #定义标签索引对应的字符
33 classes = ('airplane', 'automobile', 'bird', 'cat',
34            'deer', 'dog', 'frog', 'horse', 'ship', 'truck')
35 #获取一部分样本用于显示
36 sample = iter(train_loader)
37 images, labels = sample.next()
38 print('样本形状:',np.shape(images))
39 print('样本标签:',','.join('%2d:%-5s' % (labels[j],
40                 classes[labels[j]]) for j in range(len(images[:10]))))
41 imshowrow(images[:10],nrow=10)
```

上述代码的第 20 行调用了数据集 CIFAR-10 的下载接口。该行代码执行后，系统会自动下载数据集文件“cifar-10-python.tar.gz”到本地的指定路径“cifar10”下，并进行解压缩。这句代码执行后，会在本地的“cifar10/cifar-10-batches-py”目录下找到数据集文件，如图 8-34 所示。

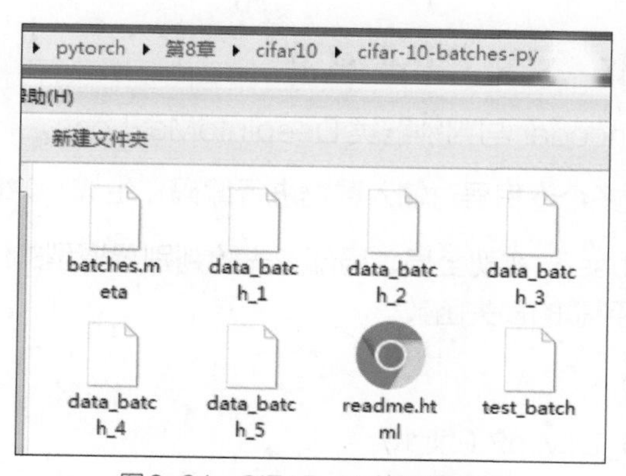

图8-34　CIFAR-10数据集文件

图 8-34 中主要有 3 种类型文件，具体说明如下。

- batches.meta：标签说明文件。

- data_batch_x：训练样本集，一共有 5 个，每个文件包含 10000 条训练样本。
- test.batch：10000 条测试样本。

提示　如果使用代码的方式下载数据集不顺畅，那么也可以手动在官网下载数据集，然后将其放到本地目录的“cifar10”下。

上述代码的第 28 行调用 PyTorch 的内部转换接口，实现张量到 PILImage 类型图片的转换。该接口主要实现了如下几步操作。

（1）将张量的每个元素乘以 255。

（2）将张量的数据类型由 FloatTensor 转化成 uint8。

（3）将张量转化成 NumPy 的 ndarray 类型。

（4）对 ndarray 对象执行 transpose(1, 2, 0) 的操作。

（5）利用 Image 下的 fromarray() 函数，将 ndarray 对象转化成 PILImage 形式。

（6）输出 PILImage。

代码中，传入 PILImage 接口的是由 torchvision.utils.make_grid 接口返回的张量对象。在第 6 章介绍过，make_grid 接口会将多个张量图片拼接在一起。

上述代码运行后，生成如下结果：

```
训练样本个数: 50000
样本形状: torch.Size([512, 3, 32, 32])
样本标签: 9:truck, 8:ship , 1:automobile, 1:automobile, 3:cat , 4:deer, 2:bird,
0:airplane,5:dog, 5:dog
```

最后一行的标签对应的样本图片如图 8-35 所示。

图8-35　CIFAR-10样本

8.11.4　代码实现：定义 DIM 模型

定义编码器模型类 Encoder 与判别器类 DeepInfoMaxLoss。

- Encoder：通过多个卷积层对输入数据进行编码，生成 64 维特征向量。
- DeepInfoMaxLoss：实现全局、局部、先验判别器模型的结构，并合并每个判别器的损失函数，得到总的损失函数。

具体代码如下。

代码文件：code_26_DIM.py（续 1）

```
42 class Encoder(nn.Module):
43     def __init__(self):
44         super().__init__()
45         self.c0 = nn.Conv2d(3, 64, kernel_size=4, stride=1)        #输出尺寸29
```

```
46          self.c1 = nn.Conv2d(64, 128, kernel_size=4, stride=1)           #输出尺寸26
47          self.c2 = nn.Conv2d(128, 256, kernel_size=4, stride=1)          #输出尺寸23
48          self.c3 = nn.Conv2d(256, 512, kernel_size=4, stride=1)          #输出尺寸20
49          self.l1 = nn.Linear(512*20*20, 64)
50          #定义BN层
51          self.b1 = nn.BatchNorm2d(128)
52          self.b2 = nn.BatchNorm2d(256)
53          self.b3 = nn.BatchNorm2d(512)
54
55      def forward(self, x):
56          h = F.relu(self.c0(x))
57          features = F.relu(self.b1(self.c1(h)))      #输出形状[b 128 26 26]
58          h = F.relu(self.b2(self.c2(features)))
59          h = F.relu(self.b3(self.c3(h)))
60          encoded = self.l1(h.view(x.shape[0], -1))  #输出形状[b 64]
61          return encoded, features
62
63  class DeepInfoMaxLoss(nn.Module):       #定义判别器类
64      def __init__(self, alpha=0.5, beta=1.0, gamma=0.1):
65          super().__init__()
66          #初始化损失函数的加权参数
67          self.alpha = alpha
68          self.beta = beta
69          self.gamma = gamma
70          #定义局部判别器模型
71          self.local_d = nn.Sequential(
72              nn.Conv2d(192, 512, kernel_size=1),
73              nn.ReLU(True),
74              nn.Conv2d(512, 512, kernel_size=1),
75              nn.ReLU(True),
76              nn.Conv2d(512, 1, kernel_size=1))
77          #定义先验判别器模型
78          self.prior_d = nn.Sequential(
79              nn.Linear(64, 1000),
80              nn.ReLU(True),
81              nn.Linear(1000, 200),
82              nn.ReLU(True),
83              nn.Linear(200, 1),
84              nn.Sigmoid() )
85          #定义全局判别器模型
86          self.global_d_M = nn.Sequential(      #特征图处理模型
87              nn.Conv2d(128, 64, kernel_size=3),    #输出形状[b 64 24 24]
88              nn.ReLU(True),
89              nn.Conv2d(64, 32, kernel_size=3),     #输出形状[b 32 22 22]
90              nn.Flatten(),)
91          self.global_d_fc = nn.Sequential(     #全局特征处理模型
92              nn.Linear(32 * 22 * 22 + 64, 512),
93              nn.ReLU(True),
```

```
94              nn.Linear(512, 512),
95              nn.ReLU(True),
96              nn.Linear(512, 1) )
97
98      def GlobalD(self, y, M):                        #定义全局判别器模型的正向传播
99          h = self.global_d_M(M)                       #对特征图进行处理
100         h = torch.cat((y, h), dim=1)                #连接全局特征
101         return self.global_d_fc(h)
102
103     def forward(self, y, M, M_prime):
104         #复制特征向量
105         y_exp = y.unsqueeze(-1).unsqueeze(-1)
106         y_exp = y_exp.expand(-1, -1, 26, 26)              #输出形状[b 64 26 26]
107         #按照特征图像素连接特征向量
108         y_M = torch.cat((M, y_exp), dim=1)                #输出形状[b 192 26 26]
109         y_M_prime = torch.cat((M_prime, y_exp), dim=1)  #输出形状[b 192 26 26]
110         #计算局部互信息
111         Ej = -F.softplus(-self.local_d(y_M)).mean()        #联合分布
112         Em = F.softplus(self.local_d(y_M_prime)).mean()   #边缘分布
113         LOCAL = (Em - Ej) * self.beta                      #最大化互信息取反
114         #计算全局互信息
115         Ej = -F.softplus(-self.GlobalD(y, M)).mean()       #联合分布
116         Em = F.softplus(self.GlobalD(y, M_prime)).mean() #边缘分布
117         GLOBAL = (Em - Ej) * self.alpha                    #最大化互信息
118         #计算先验损失
119         prior = torch.rand_like(y)                          #获得随机数
120         term_a = torch.log(self.prior_d(prior)).mean()    #GAN损失
121         term_b = torch.log(1.0 - self.prior_d(y)).mean()
122         PRIOR = - (term_a + term_b) * self.gamma           #最大化目标分布
123         return LOCAL + GLOBAL + PRIOR
```

上述代码的第 84 行在定义先验判别器模型的结构时，最后一层的激活函数需要用 Sigmoid 函数。这是原始 GAN 模型的标准用法（可以控制输出值的范围为 0~1），是与损失函数配套使用的。

上述代码的第 111 行 ~ 第 113 行和第 115 行 ~ 第 117 行是互信息的计算。它与式（8-46）基本一致，只不过在代码的第 113 行、第 117 行对互信息执行了取反操作。将最大化问题变为最小化问题，在训练过程中，可以使用最小化损失的方法进行处理。

上述代码的第 122 行实现了判别器的损失函数。判别器的目标是将真实数据和生成数据的分布最大化，因此，也需要取反，通过最小化损失的方法来实现。

在训练过程中，梯度可以通过损失函数直接传播到编码器模型，进行联合优化，因此，不需要对编码器额外进行损失函数的定义。

8.11.5 代码实现：实例化 DIM 模型并进行训练

实例化模型，并按照指定次数迭代训练。在制作边缘分布样本时，将批次特征图的第 1 条放到最后以使特征图与特征向量无法一一对应，实现与按批次打乱顺序等同的效果。具体代码如下。

代码文件：code_26_DIM.py（续2）

```
124 totalepoch = 100                        #指定训练的迭代次数
125 if __name__ == '__main__':
126     encoder = Encoder().to(device)
127     loss_fn = DeepInfoMaxLoss().to(device)
128     optim = Adam(encoder.parameters(), lr=1e-4)
129     loss_optim = Adam(loss_fn.parameters(), lr=1e-4)
130
131     epoch_loss = []
132     for epoch in range(totalepoch+1):
133         batch = tqdm(train_loader, total=len(train_dataset) // batch_size)
134         train_loss = []
135         for x, target in batch: #遍历数据集
136             x = x.to(device)
137             optim.zero_grad()
138             loss_optim.zero_grad()
139             y, M = encoder(x)           #调用编码器生成特征图和特征向量
140             #制作边缘分布样本
141             M_prime = torch.cat((M[1:], M[0].unsqueeze(0)), dim=0)
142             loss = loss_fn(y, M, M_prime)   #计算损失
143             train_loss.append(loss.item())
144             batch.set_description(
145                 str(epoch) + ' Loss:%.4f'% np.mean(train_loss[-20:]))
146             loss.backward()
147             optim.step()                            #调用编码器优化器
148             loss_optim.step()                       #调用判别器优化器
149
150         if epoch % 10 == 0:                         #保存模型
151             root = Path(r'./DIMmodel/')
152             enc_file = root / Path('encoder' + str(epoch) + '.pth')
153             loss_file = root / Path('loss' + str(epoch) + '.pth')
154             enc_file.parent.mkdir(parents=True, exist_ok=True)
155             torch.save(encoder.state_dict(), str(enc_file))
156             torch.save(loss_fn.state_dict(), str(loss_file))
157         epoch_loss.append( np.mean(train_loss[-20:]) )   #收集训练损失
158     #可视化训练损失
159     plt.plot(np.arange(len(epoch_loss)), epoch_loss, 'r')
160     plt.show()
```

上述代码运行后，可以在本地路径“DIMmodel”下找到生成的模型文件：encoder100.pth与loss100.pth。同时，也输出了如下的训练结果。

```
0 Loss:1.3836: 100%|██████████████████████████| 97/97 [04:17<00:00,  2.65s/it]
1 Loss:1.1618: 100%|██████████████████████████| 97/97 [04:16<00:00,  2.65s/it]
2 Loss:1.0565: 100%|██████████████████████████| 97/97 [04:18<00:00,  2.67s/it]
3 Loss:1.0401: 100%|██████████████████████████| 97/97 [04:18<00:00,  2.67s/it]
4 Loss:0.9228: 100%|██████████████████████████| 97/97 [04:18<00:00,  2.67s/it]
...
```

```
96 Loss:0.3070: 100%|██████████| 97/97 [04:19<00:00,  2.67s/it]
97 Loss:0.3075: 100%|██████████| 97/97 [04:19<00:00,  2.67s/it]
98 Loss:0.3061: 100%|██████████| 97/97 [04:19<00:00,  2.68s/it]
99 Loss:0.3014: 100%|██████████| 97/97 [04:19<00:00,  2.67s/it]
100 Loss:0.3010: 100%|██████████| 97/97 [04:19<00:00,  2.67s/it]
```

模型训练的可视化结果如图 8-36 所示。

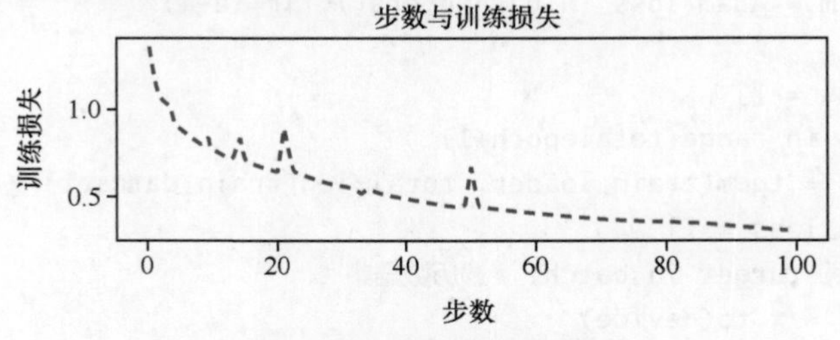

图8-36　模型训练的可视化结果

8.11.6　代码实现：加载模型搜索图片

编写代码，载入编码器模型，对样本集中所有图片进行编码。随机选取 1 张图片，找出与该图片最相近的 10 张图片和最不相近的 10 张图片。具体代码如下。

代码文件：code_27_DIMCluster.py

```
01 import torch
02 import torch.nn.functional as F
03 from tqdm import tqdm
04 import random
05 #引入本地代码库
06 from code_26_DIM import ( train_loader,train_dataset,totalepoch,
07                           device,batch_size,imshowrow, Encoder)
08
09 #加载模型
10 model_path = r'./DIMmodel/encoder%d.pth'% (totalepoch)
11 encoder = Encoder().to(device)
12 encoder.load_state_dict(torch.load(model_path,map_location=device))
13
14 #加载样本，并调用编码器生成特征向量
15 Batchesimg, batchesenc = [],[]
16 batch = tqdm(train_loader, total=len(train_dataset) // batch_size)
17 for images, target in batch:        #遍历所有样本
18     images = images.to(device)
19     with torch.no_grad():
20         encoded, features = encoder(images)    #调用编码器生成特征向量
21     batchesimg.append(images)
22     batchesenc.append(encoded)
23 #将样本中的图片和生成的向量沿着第一维度展开
24 batchesenc = torch.cat(batchesenc,axis = 0)
25 batchesimg = torch.cat(batchesimg,axis = 0)
26
```

```
27 #验证向量的搜索功能
28 index = random.randrange(0, len(batchesenc)) #随机获取一个索引，作为目标图片
29 batchesenc[index].repeat(len(batchesenc),1)  #将目标图片的特征向量复制多份
30 l2_dis =F.mse_loss(batchesenc[index].repeat(len(batchesenc),1),
31                      batchesenc,
32                      reduction = 'none').sum(1)  #计算目标图片与每个图片的L2距离
33
34 findnum = 10 #设置查找图片的个数
35 _,indices = l2_dis.topk(findnum,largest=False)   #查找10个最相近的图片
36 _,indices_far = l2_dis.topk(findnum,)            #查找10个最不相近的图片
37 #将结果显示出来
38 indices = torch.cat([torch.tensor([index]).to(device),indices])
39 indices_far = torch.cat([torch.tensor([index]).to(device),indices_far])
40 rel = torch.cat([batchesimg[indices],batchesimg[indices_far]],axis = 0)
41 imshowrow(rel.cpu() ,nrow=len(indices))
```

上述代码的第29行使用张量的repeat()方法将目标图片的向量复制多份。该代码还可以使用expand()方法来实现，二者的区别如下。

```
torch.tensor([1, 2, 3]).repeat(2,1)   #沿着第1维度重复2次，第2维度重复1次
torch.tensor([1, 2, 3]).expand(2,3)   #扩展成形状为[2,3]的张量
#输出：tensor([[1, 2, 3], [1, 2, 3]])
```

上面两行代码输出的结果是一样的，但用法却不同：方法repeat()侧重于按照哪些维度进行重复；方法expand()侧重于最终的输出形状。

上述代码的第30行～第32行使用了F.mse_loss()函数进行特征向量间的L2计算，在下面调用时传入了参数reduction ='none'，这表明不对计算后的结果执行任何操作。如果不传入该参数，那么函数默认会对所有结果取平均值（常用在训练模型场景中）。

上述代码的第29行～第32行也可以用如下代码代替：

```
list(map(lambda x:((batchesenc[index] - x)** 2).sum(), batchesenc ))
```

该代码使用循环一条条地进行特征向量间的L2计算。该方法占用内存较小，但运行效率会很低。而上述代码的第29行～第32行虽然比较浪费内存，但是运行效率会高很多，是服务器端程序常用的一种方法。

上述代码的第35行和第36行使用了topk()方法获取L2距离最近、最远的图片。该方法会返回两个值，第一个是真实的比较值，第二个是该值对应的索引。

上述代码运行后，图片搜索结果如图8-37所示。

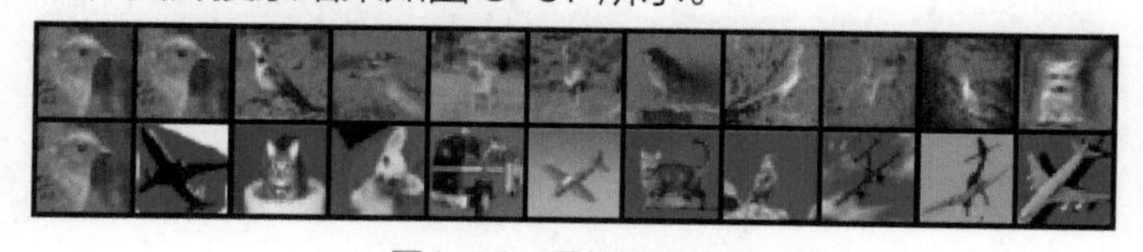

图8-37　图片搜索结果

从图8-37中可以看出，结果有两行，每行的第一列是目标图片，第一行是与目标图片距离最近的搜索结果，第二行是与目标图片距离最远的搜索结果。

第三篇　提高——图神经网络

有了前面的铺垫之后，本篇介绍图神经网络。首先，通过一个基础的图卷积神经网络例子来介绍与图相关的基础知识和图神经网络的基本原理。接着，对图卷积模型从理论到实现进行全方位的深入剖析，从谱域和空间域两个角度阐述各自的实现原理，以及它们之间的内在联系。最后，介绍图神经网络中各种主流模型在 DGL 库中的具体实现。这些模型是构成图神经网络模型的主要部分，其中包括 GCN、GAT、SGC、DfNN 和 DGL 等。

第9章

快速了解图神经网络——少量样本也可以训练模型

深度学习主要擅长处理结构规则的多维数据（欧氏空间中的数据）。

现实生活中，还会有很多不规则的数据，例如，在社交、电商、交通等领域的数据，大多是实体之间的关系数据。它们彼此之间以庞大的节点基础与复杂的交互关系形成了特有的图结构（或称拓扑结构数据）。这些数据称为非欧氏空间数据，并不适合用深度学习的模型去分析。

图神经网络是为了处理结构不规则数据而产生的。它的主要作用就是利用图结构的数据，通过机器学习的方法进行拟合、预测。

9.1　图神经网络的相关基础知识

图神经网络（Graph Neural Network, GNN）是一类能够从图结构数据中学习特征规律的神经网络，是解决图结构数据（非欧氏空间数据）机器学习问题的最重要的技术之一。

前面章节中主要介绍了神经网络的相关知识。接下来，让我们了解一下图神经网络相关的基础知识。

9.1.1　欧氏空间与非欧氏空间

欧氏空间是欧几里得空间（Euclidean space）的简称。这是一个特别的度量空间。例如，音频、图像和视频等都是定义在欧氏空间下的欧几里得结构化数据。这些数据结构能够用一维、二维或更高维的矩阵表示，其最显著的特征就是有规则的空间结构。

而非欧氏空间并不是平坦的规则空间，是曲面空间，即规则矩阵空间以外的结构。非欧氏空间下最有代表的结构就是图（graph）结构，它常用来表示社交网络等关系数据。

9.1.2　图

在计算机科学中，图是由顶点（也称节点）和顶点之间的边组成的一种数据结构。它通常表示为 $G(V,E)$ 的形式，其中 G 表示一个图，V 是图 G 中顶点的集合，E 是图 G 中边的集合。图结构的一个例子如图 9-1 所示。

图结构研究的是数据元素之间的多对多关系。在这种结构中，任意两个元素之间都可能存在关系，即顶点之间的关系可以是任意的，图中任意元素之间都可能相关。

在图结构中，不允许没有顶点。任意两个顶点之间都可能有关系，顶点之间的逻辑关系用边来表示。边可以是有向的或无向的，边集合可以是空的。

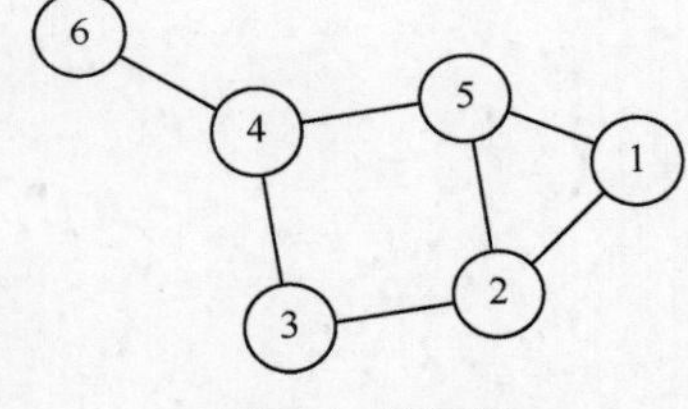

图9-1　图结构

图结构中的每个顶点都有自己的特征信息。顶点间的关系可以反映出图结构的特征信息。在实际的应用中，可以根据图顶点特征或图结构特征进行分类。

9.1.3　图相关的术语和度量

使用图结构表示关系数据时，仅仅用边和顶点是不够的，还需要使用更多的术语来对图结构进行精确的定量描述。下面列出了一些常用的术语。

- 无向图和有向图：根据图顶点之间的边是否带有方向来确定。
- 权：图中的边或弧上附加的数量信息，这种可反映边或弧的某种特征的数据称为权。
- 网：图上的边或弧带权则称为网，可分为有向网和无向网。
- 度：在无向图中，与顶点 v 关联的边的条数称为顶点 v 的度。在有向图中，则以顶点 v 为弧尾的弧的数量称为顶点 v 的出度，以顶点 v 为弧头的弧的数量称为顶点 v 的入度，而顶点 v 的度即其出度与入度之和。图中各顶点度数之和是边（或弧）的数量的 2 倍。

在基于图的计算中，常用的度量与解释如下。

- 顶点数（node）：节点的数量。
- 边数（edge）：边或连接的数量。
- 平均度（average degree）：表示每个顶点连接边的平均数，如果图是无向图，那么平均度的计算为 2×edge÷node。
- 平均路径长度（average network distance）：任意两个顶点之间距离的平均值。它反映网络中各个顶点间的分离程度。值越小代表网络中顶点的连接度越大。
- 模块化指数（modularity index）：衡量网络图结构的模块化程度。一般地，该值大于 0.44 就说明网络图达到了一定的模块化程度。
- 聚类系数（clustering coefficient）：和平均路径长度一起能够展示所谓的“小世界”效应，从而给出一些节点聚类或“抱团”的总体迹象。网络的“小世界”特性是指网络节点的平均路径小。
- 网络直径（diameter）：网络图直径的最大测量长度，即任意两点间的最短距离构成的集合之中的最大值。

9.1.4 图神经网络

图神经网络（GNN）是一种直接在图结构上运行的神经网络，可以对图结构数据进行基于节点特征或结构特征的处理。

与神经网络中的卷积层和池化层概念类似，图神经网络也包含多种网络模型，通过顶点间的信息传递、变换和聚合来（层级化地）提取或处理特征。近年来，利用图神经网络来解决问题成为在图、点云和流形上进行表征学习的主流方法。

- 在结构化场景中，GNN 被广泛应用在社交网络、推荐系统、物理系统、化学分子预测、知识图谱等领域。
- 在非结构化领域，GNN 可以用在图像和文本等领域。
- 在其他领域，还有图生成模型和使用 GNN 来解决组合优化问题的场景。

提示

结构化数据是指由二维表结构来进行逻辑表达和实现的数据，严格地遵循数据格式与长度规范，主要通过关系型数据库进行存储和管理。

非结构化数据是数据结构不规则或不完整、没有预定义的数据模型，不方便用数据库二维逻辑表来表现的数据。它包括所有格式的办公文档、文本、图片、HTML、各类报表、图像、音频或视频信息等。

9.1.5 GNN的动机

GNN 的第一个动机源于卷积神经网络（CNN），最基础的 CNN 便是图卷积网络（Graph Convolutional Network，GCN）。GNN 的广泛应用带来了机器学习领域的突破并开启了深度学习的新时代。 CNN 只能在规则的欧氏空间数据上运行，GCN 是将卷积神经网络应用在图（非欧氏空间）数据上的一种图神经网络模型。

GNN 的另一个动机来自图嵌入（graph embedding），它学习图中节点、边或子图的低维向量空间表示。DeepWalk、LINE、SDNE 等方法在网络表示学习领域取得了很大的成功，然而这些方法在计算上较为复杂并且在大规模的图上并不是最优的。GNN 却可以解决这些问题。

GNN 不但可以对单个顶点和整个结构进行特征处理，而且可以对图中由一小部分顶点所组成的结构（子图）进行特征处理。如果把图数据当作一个网络，那么 GNN 可以分别对网络的整体、部分和个体进行特征处理。

GNN 将深度学习技术应用到由符号表示的图数据上，充分融合了符号表示和低维向量表示，并发挥出两者的优势。

9.2　矩阵的基础

在图神经网络中，常会把图结构用矩阵来表示。这一转化过程需要很多与矩阵操作相关的知识。这里就从矩阵的基础知识开始介绍。

9.2.1　转置矩阵

将矩阵的行列互换得到的新矩阵称为原矩阵的转置矩阵，如图 9-2 所示。

$$\begin{bmatrix} 6 & 4 & 24 \\ 1 & -9 & 8 \end{bmatrix}^{\mathrm{T}} = \begin{bmatrix} 6 & 1 \\ 4 & -9 \\ 24 & 8 \end{bmatrix}$$

图 9-2　转置矩阵

如图 9-2 所示，等式左边的矩阵假设为 $\boldsymbol{A}$，则等式右边的转置矩阵可以记作 $\boldsymbol{A}^{\mathrm{T}}$。

9.2.2　对称矩阵及其特性

沿着对角线（矩阵的“对角线”仅指从左上角到右下角连线上的数据）分割的上下三角数据呈对称关系的矩阵称为对称矩阵，如图 9-3 所示。

图 9-3 所示为一个对称矩阵。它又是一个方形矩阵（即行列数相等的矩阵）。这种矩阵的转置矩阵与本身相等，即 $\boldsymbol{A}=\boldsymbol{A}^{\mathrm{T}}$。

9.2.3　对角矩阵与单位矩阵

对角矩阵是除对角线以外，其他项都为 0 的矩阵，如图 9-4 所示。

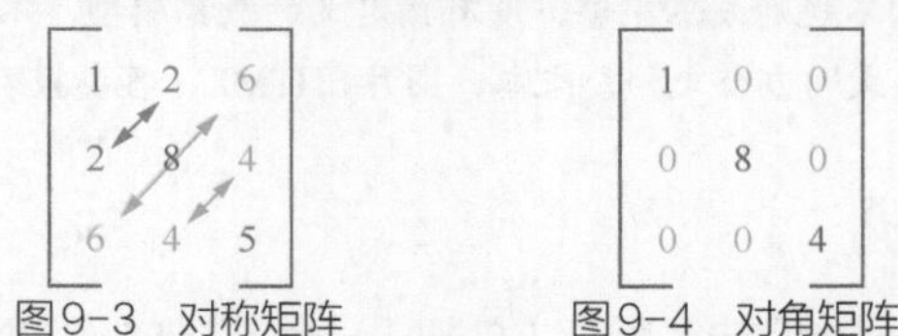

图9-3　对称矩阵

$$\begin{bmatrix} 1 & 0 & 0 \\ 0 & 8 & 0 \\ 0 & 0 & 4 \end{bmatrix}$$

图9-4　对角矩阵

对角矩阵可以由对角线上的向量生成，代码如下：

```
v = np.array([1, 8, 4])
print( np.diag(v) )
```

该代码执行后，会生成图 9-4 所示的对角矩阵。

单位矩阵就是对角线都为 1，且其他项都为 0 的矩阵，例如：

```
np.eye(3)
```

该代码运行后，会生成一个 3 行 3 列的单位矩阵，如图 9-5 所示。

$$\begin{bmatrix} 1 & 0 & 0 \\ 0 & 1 & 0 \\ 0 & 0 & 1 \end{bmatrix}$$

图9-5 单位矩阵

9.2.4 哈达马积

哈达马积（Hadamard product）是指两个矩阵对应位置上的元素进行相乘的结果。具体例子如下：

```
a= np.array(range(4)).reshape(2,2)              # array([[0, 1], [2, 3]])
b = np.array(range(4,8)).reshape(2,2)           # array([[4, 5], [6, 7]])
print(a*b)                                      #输出 [[ 0   5] [12 21]]
```

9.2.5 点积

点积（dot product）是指两个矩阵相乘的结果。矩阵相乘的标准方法不是将一个矩阵中的每个元素与另一个矩阵中的每个元素相乘（这是逐个元素的乘积），而是计算行与列之间的乘积之和，如图 9-6 所示。

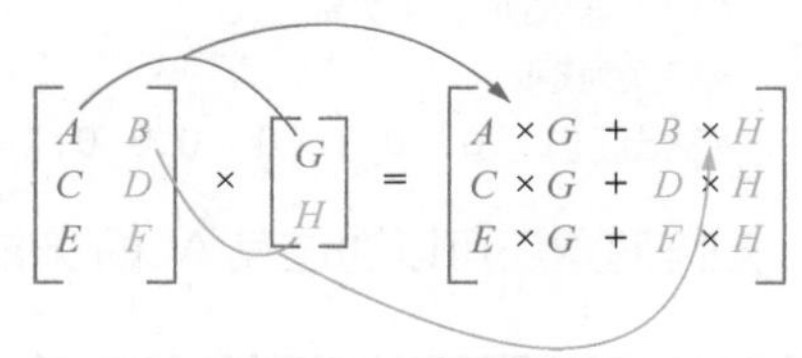

图 9-6 矩阵点积

计算矩阵的点积时，第一个矩阵的列数必须等于第二个矩阵的行数。如果第一个矩阵的尺寸或形状为 $[m \times n]$，那么第二个矩阵的形状必须是 $[n \times x]$，所得矩阵的形状为 $[m \times x]$。

例如，上接 9.2.4 节中的代码。

```
C=a@b   #实现a与b的点积，C的结果为array([[ 6,  7], [26, 31]])
```

提示

还可以用如下代码实现矩阵相乘：

```
C = np.dot(a, b)        #也可以写成 C = a.dot(b)
```

也可以转为矩阵类型，再进行相乘，代码如下：

```
ma = np.asmatrix(a)     #将数组转为矩阵类型
mb = np.asmatrix(b)     #将数组转为矩阵类型
print(ma*mb)            #两个矩阵相乘，即执行点积操作
```

9.2.6 对角矩阵的特性与操作方法

由于对角矩阵具有只有对角线有值的特殊性，因此在运算过程中，可以利用其自身的特性

实现一些特殊功能。

1. 对角矩阵与向量的互转

由于对角矩阵只有对角线上有值，因此可以像 9.2.3 节中的代码一样由向量生成对角矩阵。当然，也可以将对角矩阵的向量提取出来，如下列代码：

```
import numpy as np
a=np.diag([1,2,3])                  #定义一个对角矩阵
print(a)                            #输出对角矩阵[[1 0 0] [0 2 0] [0 0 3]]
v,e = np.linalg.eig(a)              #向量和对角矩阵
print(v)                            #输出向量 [1. 2. 3.]
```

2. 对角矩阵幂运算等于对角线上各个值的幂运算

下列代码使用 4 种方法计算了对角矩阵的 3 次方：

```
print(a*a*a)        #输出:[[ 1  0  0]  [ 0  8  0]  [ 0  0 27]]
print(a**3)         #输出:[[ 1  0  0]  [ 0  8  0]  [ 0  0 27]]
print((a**2)*a)     #输出:[[ 1  0  0]  [ 0  8  0]  [ 0  0 27]]
print(a@a@a)        #输出:[[ 1  0  0]  [ 0  8  0]  [ 0  0 27]]
```

可以看到，对角矩阵的哈达马积和点积的结果都是一样的。

当指数为 -1（看起来像在取倒数）时，计算结果又称为矩阵的逆。求对角矩阵的逆不能直接使用 a**(-1) 这种形式，需要使用特定的函数。代码如下：

```
print(np.linalg.inv(a))      #对矩阵求逆（-1次幂）
A = np.matrix(a)             #转换为矩阵
print(A.I)                   #输出[[1. 0. 0.] [0. 0.5 0.] [0. 0. 0.33333333]]
```

从程序最后一行可以看出，矩阵对象还可以通过其 A .I() 方法更方便地求逆。

3. 将一个对角矩阵与其倒数相乘便可以得到单位矩阵

一个数与自身的倒数相乘结果为 1，在对角矩阵中也有类似的规律。代码如下：

```
print(np.linalg.inv(a)@a)        #输出[[1. 0. 0.] [0. 1. 0.] [0. 0. 1.]]
```

4. 对角矩阵左乘其他矩阵，相当于其对角元素分别乘以其他矩阵对应的各行

代码如下：

```
a=np.diag([1,2,3])       #定义一个对角矩阵
b=np.ones([3,3])         #定义一个3行3列的矩阵
print(a@b)               #对角矩阵左乘一个矩阵
```

该代码运行后，输出如下结果：

```
[[1., 1., 1.],
 [2., 2., 2.],
 [3., 3., 3.]]
```

可以看到，对角矩阵的对角元素分别乘以这个矩阵对应的各行。

5. 对角矩阵右乘其他矩阵，相当于其对角元素分别乘以其他矩阵对应的各列

代码如下：

```
a=np.diag([1,2,3])        #定义一个对角矩阵
b=np.ones([3,3])          #定义一个3行3列的矩阵
print(b@a)                #对角矩阵右乘一个矩阵
```

该代码运行后，输出如下结果：

```
[[1. 2. 3.]
 [1. 2. 3.]
 [1. 2. 3.]]
```

9.2.7 度矩阵与邻接矩阵

图神经网络常用度矩阵（degree matrix）和邻接矩阵来描述图的结构，其中：

- 图的度矩阵用来描述图中每个节点所连接的边数。
- 图的邻接矩阵用来描述图中每个节点之间的相邻关系。

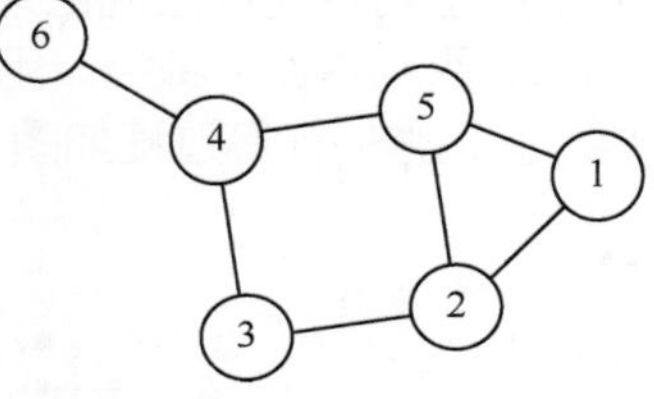

图9-7 无向图结构

在图 9-7 所示的图结构中，一共有 6 个点。该图的度矩阵是一个 6 行 6 列的矩阵，矩阵对角线上的数值代表该点所连接的边数。例如，1 号点有两个边，2 号点有 3 个边。得到的矩阵如下：

$$\begin{bmatrix} 2 & 0 & 0 & 0 & 0 & 0 \\ 0 & 3 & 0 & 0 & 0 & 0 \\ 0 & 0 & 2 & 0 & 0 & 0 \\ 0 & 0 & 0 & 3 & 0 & 0 \\ 0 & 0 & 0 & 0 & 3 & 0 \\ 0 & 0 & 0 & 0 & 0 & 1 \end{bmatrix}$$

在公式推导中，一般习惯用符号 $\boldsymbol{D}$ 来表示图的度矩阵。

图 9-7 的邻接矩阵是一个 6 行 6 列的矩阵。矩阵的行和列都代表 1 ～ 6 这 6 个点，其中第 i 行第 j 列的元素代表第 i 号点和第 j 号点之间的边。例如，第 1 行第 2 列的元素为 1，代表 1 号点和 2 号点之间有一条边。

$$\begin{bmatrix} 0 & 1 & 0 & 0 & 1 & 0 \\ 1 & 0 & 1 & 0 & 1 & 0 \\ 0 & 1 & 0 & 1 & 0 & 0 \\ 0 & 0 & 1 & 0 & 1 & 1 \\ 1 & 1 & 0 & 1 & 0 & 0 \\ 0 & 0 & 0 & 1 & 0 & 0 \end{bmatrix}$$

在公式推导中，一般习惯用符号 $\boldsymbol{A}$ 来表示图的邻接矩阵。

9.3 邻接矩阵的几种操作

邻接矩阵的行数和列数一定是相等的（即为方形矩阵）。无向图的邻接矩阵一定是对称的，

而有向图的邻接矩阵不一定对称。

一般地，通过矩阵运算对图中的节点信息进行处理。常用的处理操作如下。

9.3.1　获取有向图的短边和长边

在有向图中，两个节点之间的边数最大为2。在计算过程中，常会遇到对图中最大或最小边进行筛选的需求，可以使用如下方式进行操作。

1. 获取有向图的短边

假设图的邻接矩阵为 $\boldsymbol{W}$，则获取有向图的短边的公式为：

$$\boldsymbol{E}_{\text{short}} = \boldsymbol{W} \circ (\boldsymbol{W} < \boldsymbol{W}^{\text{T}}) \tag{9-1}$$

其中“∘”代表哈达马积。公式中 $\boldsymbol{W} < \boldsymbol{W}^{\text{T}}$ 的部分用于计算掩码，矩阵 $\boldsymbol{W}^{\text{T}}$ 可以理解为矩阵 $\boldsymbol{W}$ 中任意两点间反方向的边。若 $\boldsymbol{W} < \boldsymbol{W}^{\text{T}}$ 的意思是当前方向的边小于反方向的边，那么返回True，否则返回False。用该掩码对邻接矩阵 $\boldsymbol{W}$ 执行哈达马积的运算，即可得到所有短边的矩阵。完整的计算过程如图9-8所示。

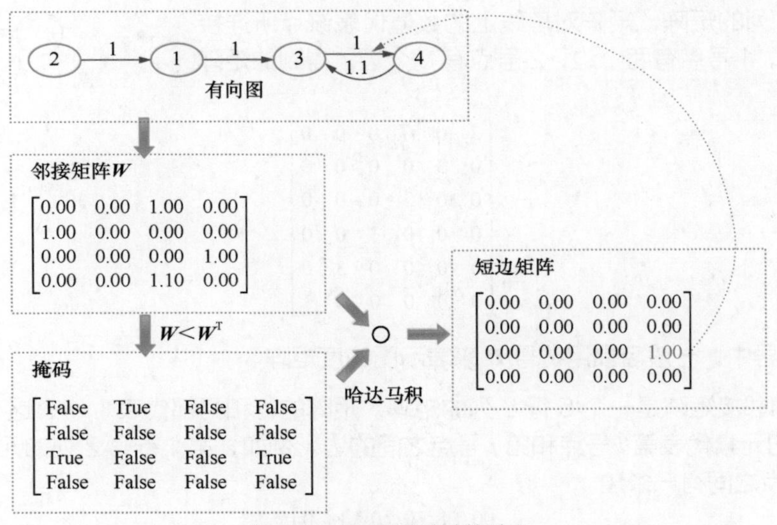

图9-8　短边矩阵的计算过程

2. 获取有向图的长边

获取有向图的长边矩阵，只需要将短边的掩码按规则取反。假设图的邻接矩阵为 $\boldsymbol{W}$，则获取有向图长边的公式为：

$$\boldsymbol{E}_{\text{long}} = \boldsymbol{W} \circ (\boldsymbol{W} > \boldsymbol{W}^{\text{T}}) \tag{9-2}$$

还可以用邻接矩阵直接减去短边矩阵，即

$$\boldsymbol{E}_{\text{long}} = \boldsymbol{W} - \boldsymbol{E}_{\text{short}} \tag{9-3}$$

式（9-3）的过程如图9-9所示。

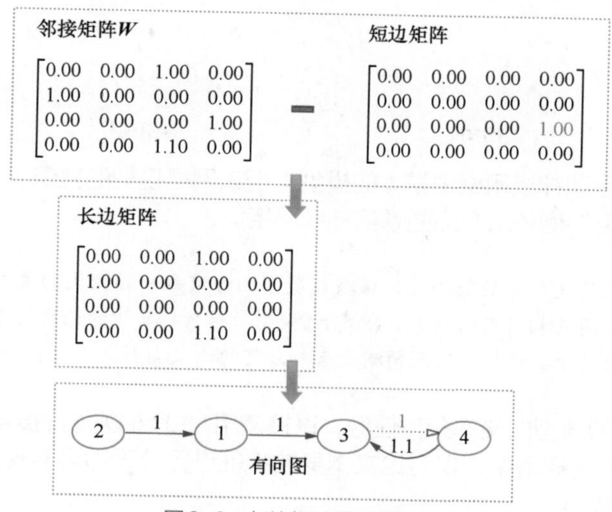

图9-9 长边矩阵的计算过程

9.3.2 将有向图的邻接矩阵转成无向图的邻接矩阵

在图计算过程中，常会将有向图的邻接矩阵转成无向图的邻接矩阵，即保留图中的长边矩阵，并将其中的连接变成双向连接。

无向图的邻接矩阵属于对称矩阵，在图关系顶点的分析中，它可以更加灵活地参与运算。

实现有向图的邻接矩阵向无向图的邻接矩阵转化的方法是将长边矩阵加上长边矩阵的转置：

$$\boldsymbol{W}_{\text{symmetric}} = \boldsymbol{E}_{\text{long}} + \boldsymbol{E}_{\text{long}}^{\mathrm{T}} \tag{9-4}$$

式（9-4）的计算过程如图 9-10 所示。

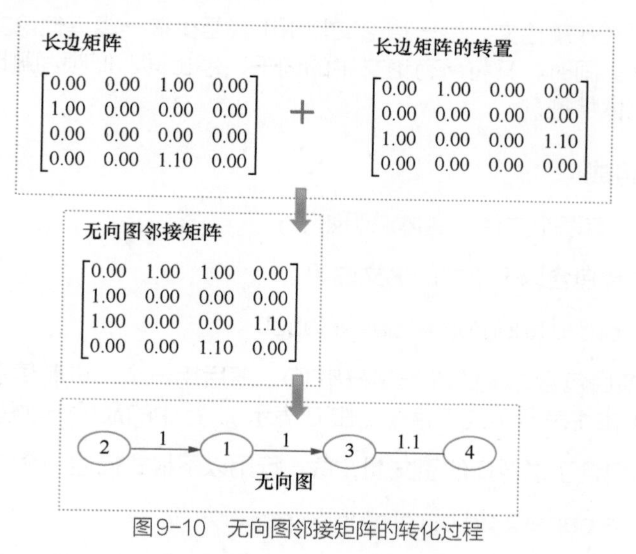

图9-10 无向图邻接矩阵的转化过程

式（9-4）中的$\boldsymbol{E}_{\text{long}}^{\mathrm{T}}$也可以用掩码的方式求出：

$$\boldsymbol{E}_{\text{long}}^{\mathrm{T}} = \boldsymbol{W}^{\mathrm{T}} \circ (\boldsymbol{W} < \boldsymbol{W}^{\mathrm{T}}) \tag{9-5}$$

9.4 实例26：用图卷积神经网络为论文分类

图卷积神经网络是图神经网络中基本的模型，但该网络模型的复杂公式往往让读者难以理解。下面通过论文分类的例子来介绍图卷积神经网络。

实例描述	有一个记录论文信息的数据集，该数据集里面含有每一篇论文的关键词以及分类信息，同时还有论文间互相引用的信息。搭建AI模型，对数据集中的论文信息进行分析，使模型学习已有论文的分类特征，从而预测出未知分类的论文类别。

论文分类是一个很典型的文本分类任务，直接使用NLP相关的深度学习模型也可以完成。在NLP相关的深度学习模型中，仅对论文本身的特征进行处理即可实现分类，但需要有充足的样本来支撑模型训练。

本例使用图神经网络来实现分类。与深度学习模型的不同之处在于，图神经网络会利用论文本身特征和论文间的关系特征进行处理。这种模型仅需要少量样本即可达到很好的效果。

9.4.1 CORA数据集

CORA数据集是由机器学习的论文整理而来的。在该数据集中，记录了每篇论文用到的关键词，以及论文之间互相引用的关系。

1. 数据集内容

CORA数据集中的论文共分为7类：基于案例、遗传算法、神经网络、概率方法、强化学习、规则学习、理论。

数据集中共有2708篇论文，每一篇论文都引用或至少被一篇其他论文所引用。整个语料库共有2708篇论文。同时，又将所有论文中的词干、停止词、低频词删除，留下1433个关键词，作为论文的个体特征。

2. 数据集的组成

CORA数据集中有两个文件，具体说明如下。

（1）content文件包含以下格式的论文说明：

<paper-id><word-attributes><class-label>

每行的第一个条目包含论文的唯一字符串ID，随后用一个二进制值指示词汇表中的每个单词在纸张中存在（由1表示）或不存在（由0表示）。行中的最后一项包含纸张的类标签。

（2）cites文件包含了语料库的引文图，每一行用以下格式描述一个链接：

<id of reference paper><id of reference paper>

每行包含两个纸张ID。第一个条目是被引用论文的ID，第二个ID代表包含引用的论文。链接的方向是从右向左的。如果一行用“paper1 paper2”表示，那么其中的链接为“paper2 → paper1”。

9.4.2 代码实现：引入基础模块并设置运行环境

引入基础模块，并将当前的运算硬件、样本路径输出，以确保环境正确。具体代码如下。

代码文件：code_28_GCN.py

```
01 from pathlib import Path                #提升路径的兼容性
02 #引入矩阵运算相关库
03 import numpy as np
04 import pandas as pd                     #安装命令 conda install pandas
05 from scipy.sparse import coo_matrix,csr_matrix,diags,eye
06 #引入深度学习框架库
07 import torch
08 from torch import nn
09 import torch.nn.functional as F
10 #引入绘图库
11 import matplotlib.pyplot as plt
12
13 #输出运算资源情况
14 device = torch.device('cuda') if torch.cuda.is_available() else torch.device('cpu')
15 print(device)
16
17 #输出样本路径
18 path = Path('data/cora')
19 print(path)
```

运行代码，输出如下结果。

```
cuda
data\cora
```

结果中的第 1 行表明使用 GPU 进行运算，第 2 行是样本路径（当前文件夹下的 data\cora 目录）。

9.4.3 代码实现：读取并解析论文数据

载入论文数据，并将其按照论文 ID、关键字标签、分类标签 3 段进行拆分，如图 9-11 所示。

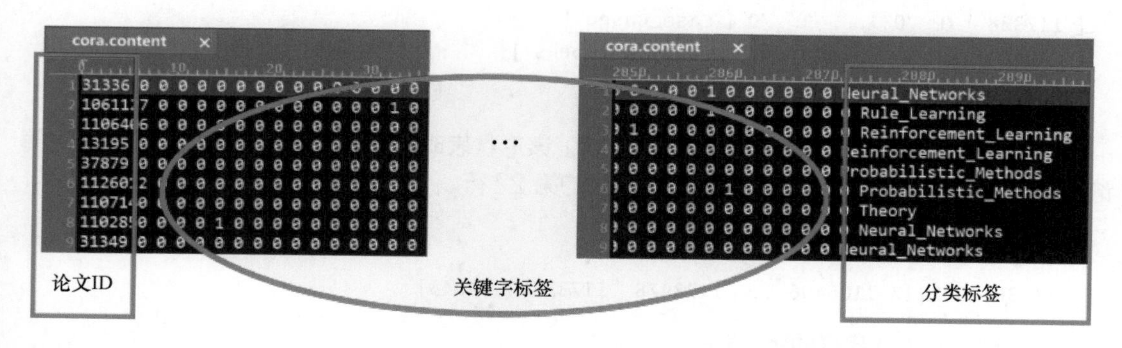

图9-11 样本拆分

具体代码如下。

代码文件：code_28_GCN.py（续1）

```
20 #读取论文内容数据，并将其转化为数组
21 paper_features_label = np.genfromtxt(path/'cora.content', dtype=np.str)
22 print(paper_features_label,np.shape(paper_features_label))
23
24 #取出数据的第一列：论文的ID
25 papers = paper_features_label[:,0].astype(np.int32)
26 print(papers)
27 #为论文重新编号，格式为{31336: 0, 1061127: 1,…}
28 paper2idx = {k:v for v,k in enumerate(papers)}
29
30 #将数据中间部分的字标签取出，转化成矩阵
31 features = csr_matrix(paper_features_label[:, 1:-1], dtype=np.float32)
32 print(np.shape(features))
33
34 #将最后一项的论文分类属性取出，并转化为分类索引
35 labels = paper_features_label[:, -1]
36 lbl2idx = {k:v for v,k in enumerate(sorted(np.unique(labels)))}
37 labels = [lbl2idx[e] for e in labels]
38 print(lbl2idx,labels[:5])
```

上述代码的第21行使用了Path对象的路径构造方法。path是Path类的实例化对象，内容为'data/cora'。path/'cora.content'表示路径为'data/cora/cora.content'的字符串。

上述代码的第28行对论文重新编号，并将其映射到数据的论文ID中。这种做法可以方便对论文进行统一管理。

运行代码，输出的结果解读如下。

（1）将数据集cora.content文件中的内容转为数组并显示。

```
[['31336' '0' '0' ... '0' '0' 'Neural_Networks']
 ['1061127' '0' '0' ... '0' '0' 'Rule_Learning']
 ['1106406' '0' '0' ... '0' '0' 'Reinforcement_Learning']
 ...
 ['1128978' '0' '0' ... '0' '0' 'Genetic_Algorithms']
 ['117328' '0' '0' ... '0' '0' 'Case_Based']
 ['24043' '0' '0' ... '0' '0' 'Neural_Networks']]
 (2708, 1435)
```

在输出的结果中，最后1行是数组的形状。该形状表明数据集中共有2708篇论文，每篇论文共有1435个属性。该结果对应上述代码的第22行。

（2）显示论文属性的第1列——论文ID。

```
[  31336 1061127 1106406 ... 1128978  117328   24043]
```

该结果对应上述代码的第26行。

（3）读取论文的关键字标签列，并显示其形状。

```
(2708, 1433)
```

输出结果是一个 2708 行、1433 列的矩阵。结果中的 2708 代表论文数量，1433 代表 1433 个关键字在每篇论文中的出现情况（出现为 1，否则为 0）。该结果对应上述代码的第 32 行。张量 features 是个稀疏矩阵。

提示

在矩阵中，若数值为 0 的元素数目远远多于非零元素的数目，并且非零元素的分布没有规律，那么称该矩阵为稀疏矩阵。与之相反，若非零元素数目占大多数，那么称该矩阵为稠密矩阵。

为了节省内存，在 SciPy 库中，会单独使用一种数据格式来存储稀疏矩阵。使用后，可以再使用该对象的 todense( ) 方法将其转换回稠密矩阵。

除使用 SciPy 以外，在 PyTorch 中也有稀疏矩阵的支持，可以使用 (torch.sparse.FloatTensor) 来定义浮点型稀疏矩阵。

（4）读取论文分类标签，并将其转化为分类索引。

```
{'Case_Based': 0, 'Genetic_Algorithms': 1, 'Neural_Networks': 2, 'Probabilistic_Methods': 3, 'Reinforcement_Learning': 4, 'Rule_Learning': 5, 'Theory': 6}
 [2, 5, 4, 4, 3]
```

输出结果中的前两行为分类的类别与类别索引，最后 1 行为前 5 个样本的标签内容。

9.4.4 代码实现：读取并解析论文关系数据

载入论文的关系数据，将数据中用论文 ID 表示的关系转化成重新编号后的关系。

将每篇论文当作一个顶点，论文间的引用关系作为边，这样论文的关系数据就可以用一个图结构来表示，CORA 数据集的图结构如图 9-12 所示。

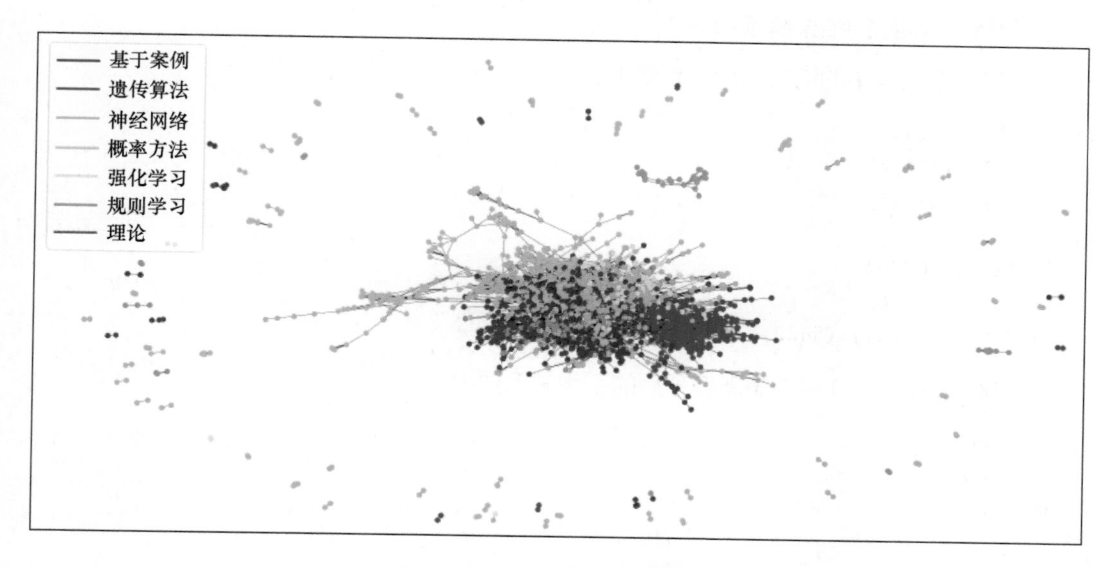

图9-12 CORA数据集的图结构

计算该图结构的邻接矩阵，并将其转为无向图邻接矩阵。具体代码如下。

代码文件：code_28_GCN.py（续 2）

```
39  #读取论文关系数据，并将其转化为数组
40  edges = np.genfromtxt(path/'cora.cites', dtype=np.int32)
41  print(edges,np.shape(edges))
42
43  #转化为新编号节点间的关系
44  edges = np.asarray([paper2idx[e] for e in edges.flatten()],
45                     np.int32).reshape(edges.shape)
46  print(edges,edges.shape)
47
48  #计算邻接矩阵，行和列都是论文个数
49  adj = coo_matrix((np.ones(edges.shape[0]), (edges[:, 0], edges[:, 1])),
50                   shape=(len(labels), len(labels)), dtype=np.float32)
51
52  #生成无向图对称矩阵
53  adj_long = adj.multiply(adj.T < adj)
54  adj = adj_long+adj_long.T
```

上述代码的第 40 行将数据集中论文的引用关系以数组的形式读入。

上述代码的第 44 行 ~ 第 45 行将数据集中用论文 ID 表示的关系转化成重新编号后的关系。

上述代码的第 49 行 ~ 第 50 行针对由论文引用关系所表示的图结构生成邻接矩阵。

上述代码的第 53 行和第 54 行将有向图的邻接矩阵转为无向图的邻接矩阵（细节见 9.3.2 节）。

本例的任务是对论文进行分类。论文间的引用关系（图结构信息）为模型提供了单个论文特征之间的关联（有引用关系的论文，有很大可能是同一类别的）。因为在模型处理过程中，更看重的是论文之间有没有联系，所以要用无向图表示。

运行代码，输出的结果解读如下。

（1）输出数据集中的论文引用关系数组。

```
[[     35    1033]
 [     35  103482]
 [     35  103515]
 ...
 [ 853118 1140289]
 [ 853155  853118]
 [ 954315 1155073]] (5429, 2)
```

（2）输出将论文 ID 换为重新编号后的引用关系数组。

```
[[ 163  402]
 [ 163  659]
 [ 163 1696]
 ...
 [1887 2258]
 [1902 1887]
 [ 837 1686]] (5429, 2)
```

9.4.5　代码实现：加工图结构的矩阵数据

对图结构的矩阵数据进行加工，使其更好地表现出图结构特征，并参与神经网络的模型计算。具体操作的步骤如下。

（1）对每个节点的特征数据进行归一化处理。

（2）为邻接矩阵的对角线补 1。

（3）对补 1 后的邻接矩阵进行归一化处理。

第（2）步的操作非常重要，因为在分类任务中，邻接矩阵主要作用是通过论文间的关联来帮助节点分类。对于对角线上的节点，表示的意义是自己与自己的关联。将对角线节点设为 1（自环图），表明节点本身的类别信息也会帮助到分类任务。第（2）步和第（3）步的过程如图 9-13 所示。

$$
\begin{bmatrix}
0 & 1 & 0 & 0 & 1 & 0 \\
1 & 0 & 1 & 0 & 1 & 0 \\
0 & 1 & 0 & 1 & 0 & 0 \\
0 & 0 & 1 & 0 & 1 & 1 \\
1 & 1 & 0 & 1 & 0 & 0 \\
0 & 0 & 0 & 1 & 0 & 0
\end{bmatrix}
\Rightarrow
\begin{bmatrix}
1/3 & 1/3 & 0 & 0 & 1/3 & 0 \\
1/4 & 1/4 & 1/4 & 0 & 1/4 & 0 \\
0 & 1/3 & 1/3 & 1/3 & 0 & 0 \\
0 & 0 & 1/4 & 1/4 & 1/4 & 1/4 \\
1/4 & 1/4 & 0 & 1/4 & 1/4 & 0 \\
0 & 0 & 0 & 1/2 & 0 & 1/2
\end{bmatrix}
$$

图9-13　邻接矩阵的处理

具体代码如下。

代码文件：code_28_GCN.py（续 3）

```
55 def normalize(mx):                          #定义函数，对矩阵数据进行归一化处理
56     rowsum = np.array(mx.sum(1))            #计算每一篇论文的字数
57     r_inv = (rowsum ** -1).flatten()        #取总字数的倒数
58     r_inv[np.isinf(r_inv)] = 0.             #将NaN值设为0
59     r_mat_inv = diags(r_inv)                #将总字数的倒数变成对角矩阵
60     mx = r_mat_inv.dot(mx)                  #左乘一个矩阵，相当于每个元素除以总数
61     return mx
62
63 #对features矩阵进行归一化处理（每行的总和为1）
64 features = normalize(features)
65
66 #对邻接矩阵的对角线添加1，将其变为自循环图，同时再对其进行归一化处理
67 adj = normalize(adj + eye(adj.shape[0]))
```

上述代码的第 67 行先将邻接矩阵的对角线补 1，再调用函数 normalize() 将其进行归一化处理。

在函数 normalize() 中，分为两步对邻接矩阵进行处理。

（1）将每篇论文总字数的倒数变成对角矩阵（见上述代码的第 59 行）。该操作相当于对图结构的度矩阵求逆。

（2）用度矩阵的逆左乘邻接矩阵，相当于对图中每个论文顶点的边进行归一化处理。

9.4.6 代码实现：将数据转为张量，并分配运算资源

将加工好的图结构矩阵数据转为 PyTorch 支持的张量类型，并将其分成 3 份，分别用来进行训练、测试和验证。具体代码如下。

代码文件：code_28_GCN.py（续 4）

```
68 adj = torch.FloatTensor(adj.todense())                      #节点间的关系
69 features = torch.FloatTensor(features.todense())  #节点自身的特征
70 labels = torch.LongTensor(labels)                               #每个节点的分类标签
71
72 #划分数据集
73 n_train = 200
74 n_val = 300
75 n_test = len(features) - n_train - n_val
76 np.random.seed(34)
77 idxs = np.random.permutation(len(features))          #将原有索引打乱顺序
78
79 #计算每个数据集的索引
80 idx_train = torch.LongTensor(idxs[:n_train])
81 idx_val   = torch.LongTensor(idxs[n_train:n_train+n_val])
82 idx_test  = torch.LongTensor(idxs[n_train+n_val:])
83
84 #分配运算资源
85 adj = adj.to(device)
86 features = features.to(device)
87 labels = labels.to(device)
88 idx_train = idx_train.to(device)
89 idx_val = idx_val.to(device)
90 idx_test = idx_test.to(device)
```

上述代码的第 73 行 ~ 第 75 行分别定义了训练数据集、验证数据集和测试数据集的大小。

上述代码的第 80 行 ~ 第 82 行根据指定的训练数据集、验证数据集和测试数据集的大小划分出对应的索引。

9.4.7 代码实现：定义Mish激活函数与图卷积操作类

图卷积的本质是维度变换，即将每个含有 *in* 维的节点特征数据变换成含有 *out* 维的节点特征数据。

图卷积的操作与注意力机制的做法非常相似，是将输入的节点特征、权重参数、加工后的邻接矩阵三者放在一起执行点积运算。

权重参数是个 $in \times out$ 大小的矩阵，其中 *in* 代表输入节点的特征维度、*out* 代表最终要输出的特征维度。读者可以将权重参数在维度变换中的功能当作一个全连接网络的权重来理解，只不过在图卷积中，它会比全连接网络多了执行节点关系信息的点积运算。

图 9-14 列出了全连接网络和图卷积网络在忽略偏置后的关系。从中可以很清晰地看出，

图卷积网络其实就是在全连接网络基础之上增加了节点关系信息。

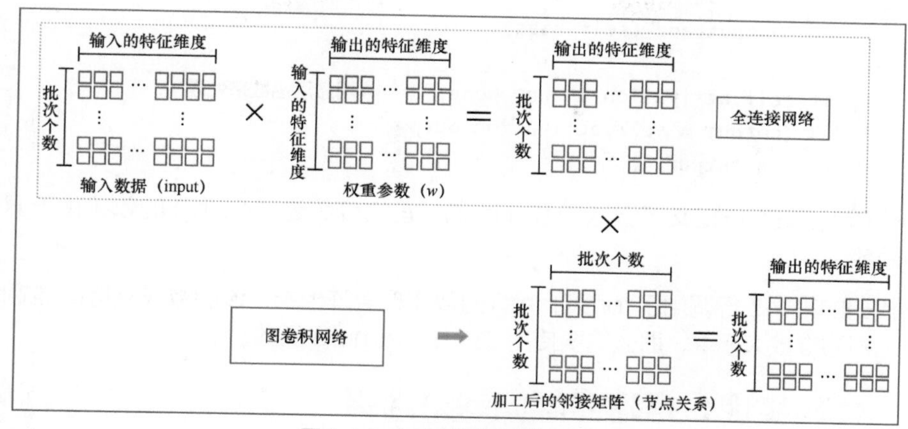

图9-14　忽略偏置的图卷积网络

定义类 GraphConvolution 完成图卷积操作，在图 9-14 所示的算法基础上，加入偏置。具体代码如下。

代码文件：code_28_GCN.py（续 5）

```
91 def mish(x):                                          #Mish激活函数
92     return x *( torch.tanh(F.softplus(x)))
93
94 class GraphConvolution(nn.Module):                    #图卷积类
95     def __init__(self, f_in, f_out, use_bias=True, activation= mish):
96         super().__init__()
97         self.f_in = f_in
98         self.f_out = f_out
99         self.use_bias = use_bias
100        self.activation = activation
101        self.weight = nn.Parameter(torch.FloatTensor(f_in, f_out))
102        self.bias = nn.Parameter(torch.FloatTensor(f_out)) if use_bias else
               None
103        self.initialize_weights()
104
105    def initialize_weights(self):                      #对参数进行初始化
106        if self.activation is None:                    #初始化权重
107            nn.init.xavier_uniform_(self.weight)
108        else:
109            nn.init.kaiming_uniform_(self.weight,
110                                     nonlinearity='leaky_relu')
111        if self.use_bias:                              #初始化偏置
112            nn.init.zeros_(self.bias)
113
114    def forward(self, input, adj):                     #实现模型的正向处理流程
115        support = torch.mm(input, self.weight) #节点特征与权重点积
```

```
116         output = torch.mm(adj, support)          #将加工后的邻接矩阵放入点积运算
117         if self.use_bias:                        #加入偏置
118             output.add_(self.bias)
119
120         if self.activation is not None:          #用激活函数来处理
121             output = self.activation(output)
122         return output
```

上述代码的第91行定义了激活函数mish()。前文介绍过，mish()的效果优于ReLU等其他激活函数。

上述代码的第115行调用了torch.mm()函数实现矩阵相乘。该函数只支持二维矩阵相乘，如果相乘矩阵的维数大于2，那么需要使用torch.matmul()函数。

9.4.8 代码实现：搭建多层图卷积网络

定义类GCN将GraphConvolution类完成的图卷积层叠加起来，形成多层图卷积网络。同时，为该网络模型实现训练和评估函数。具体代码如下。

代码文件: code_28_GCN.py（续6）

```
123 class GCN(nn.Module):                        #定义多层图卷积网络
124     def __init__(self, f_in, n_classes, hidden=[16], dropout_p=0.5):
125         super().__init__()
126         layers = []
127                                              #根据参数构建多层网络
128         for f_in,f_out in zip([f_in]+hidden[:-1], hidden):
129             layers += [GraphConvolution(f_in, f_out)]
130
131         self.layers = nn.Sequential(*layers)
132         self.dropout_p = dropout_p
133                                              #构建输出层
134         self.out_layer = GraphConvolution(f_out, n_classes,
135                                           activation=None)
136
137     def forward(self, x, adj):               #实现前向处理过程
138         for layer in self.layers:
139             x = layer(x, adj)
140                                              #函数方式调用dropout()
141         F.dropout(x, self.dropout_p, training=self.training, inplace=True)
142         return self.out_layer(x, adj)
143
144 n_labels = labels.max().item() + 1           #获取分类个数7
145 n_features = features.shape[1]               #获取节点特征维度1433
146 print(n_labels, n_features)                  #输出7和1433
147
148 def accuracy(output,y):                      #定义函数来计算准确率
149     return (output.argmax(1) == y).type(torch.float32).mean().item()
150
```

```
151 def step():                                    #定义函数来训练模型
152     model.train()
153     optimizer.zero_grad()
154     output = model(features, adj)              #将全部数据输入模型
155                                                #只用训练数据计算损失
156     loss = F.cross_entropy(output[idx_train], labels[idx_train])
157     acc = accuracy(output[idx_train], labels[idx_train]) #计算准确率
158     loss.backward()
159     optimizer.step()
160     return loss.item(), acc
161
162 def evaluate(idx):                             #定义函数来评估模型
163     model.eval()
164     output = model(features, adj)              #将全部数据输入模型
165                                                #用指定索引评估模型效果
166     loss = F.cross_entropy(output[idx], labels[idx]).item()
167     return loss, accuracy(output[idx], labels[idx])
```

上述代码的第 124 行～第 142 行实现了一个多层图卷积网络。该网络的搭建方法与全连接网络的搭建方法完全一致，只是将全连接层换成了 GraphConvolution 类实现的图卷积层。

注意 上述代码的第 141 行以函数的方式使用了 dropout() 方法。在以函数的方式使用 dropout() 时，必须要指定模型的运行状态，即 training 标志，这样可以减少很多麻烦。

上述代码的第 151 行开始，定义了函数来实现模型的训练过程。与深度学习任务不同，图卷积在训练时需要传入样本间的关系数据。因为该关系数据是与节点数相等的方阵，所以传入的样本数也要与节点数相同。在计算 loss 值时，可以通过索引从总的运算结果中取出训练集的结果。

注意 在图卷积任务中，无论是用模型进行预测还是训练，都需要将全部的图结构方阵输入，见上述代码的第 154 行和第 164 行。

9.4.9 代码实现：用 Ranger 优化器训练模型并可视化结果

经过实验发现，图卷积神经网络的层数不宜过多，一般在 3 层左右即可。本例将实现一个 3 层的图卷积神经网络，每层的维度变化如图 9-15 所示。

图 9-15 图卷积网络的维度变化

将代码文件“ranger.py”放到本地代码的同级目录下，并用 import 语句将其载入，实现 Ranger 优化器的加载。

使用循环语句训练模型，并将模型结果可视化。具体代码如下。

代码文件: code_28_GCN.py（续7）

```
168 #生成模型
169 model = GCN(n_features, n_labels, hidden=[16, 32, 16]).to(device)
170
171 from tqdm import tqdm                    #需要用pip install tqdm命令来安装
172 from ranger import *
173 optimizer = Ranger(model.parameters())   #使用Ranger优化器
174
175 #训练模型
176 epochs = 1000
177 print_steps = 50
178 train_loss, train_acc = [], []
179 val_loss, val_acc = [], []
180 for i in tqdm(range(epochs)):
181     tl, ta = step()
182     train_loss += [tl]
183     train_acc += [ta]
184     if (i+1)%print_steps == 0 or i == 0:
185         tl, ta = evaluate(idx_train)
186         vl, va = evaluate(idx_val)
187         val_loss += [vl]
188         val_acc += [va]
189         print(f'{i+1:6d}/{epochs}: train_loss={tl:.4f},
190                train_acc={ta:.4f}'+f', val_loss={vl:.4f},
191                val_acc={va:.4f}')
192
193 #输出最终结果
194 final_train, final_val, final_test = evaluate(idx_train),
195                                 evaluate(idx_val), evaluate(idx_test)
196 print(f'Train     : loss={final_train[0]:.4f},
197                    accuracy={final_train[1]:.4f}')
198 print(f'Validation: loss={final_val[0]:.4f},
199                    accuracy={final_val[1]:.4f}')
200 print(f'Test      : loss={final_test[0]:.4f},
201                    accuracy={final_test[1]:.4f}')
202
203 #可视化训练过程
204 fig, axes = plt.subplots(1, 2, figsize=(15,5))
205 ax = axes[0]
206 axes[0].plot(train_loss[::print_steps] + [train_loss[-1]], label='Train')
207 axes[0].plot(val_loss, label='Validation')
208 axes[1].plot(train_acc[::print_steps] + [train_acc[-1]], label='Train')
209 axes[1].plot(val_acc, label='Validation')
210 for ax,t in zip(axes, ['Loss', 'Accuracy']): ax.legend(), ax.set_title(t, size=15)
211
212 #输出模型预测结果
213 output = model(features, adj)
214
215 samples = 10                     #取10个样本
```

```
216 idx_sample = idx_test[torch.randperm(len(idx_test))[:samples]]
217 #将样本标签和预测结果放在一起进行比较
218 idx2lbl = {v:k for k,v in lbl2idx.items()}
219 df = pd.DataFrame({'Real':
220                 [idx2lbl[e] for e in labels[idx_sample].tolist()],
221                     'Pred':
222                 [idx2lbl[e] for e in output[idx_sample].argmax(1).tolist()]})
223 print(df)
```

代码运行后，输出结果如下。

（1）训练过程。

```
...
train_loss=0.4246, train_acc=0.9550, val_loss=0.7746, val_acc=0.7867
 99%|██████████| 990/1000 [00:13<00:00, 97.03it/s]  1000/1000: train_loss=0.3258,
train_acc=0.9650, val_loss=0.7346, val_acc=0.7933
100%|██████████| 1000/1000 [00:13<00:00, 75.65it/s]
Train      : loss=0.3258, accuracy=0.9650
Validation: loss=0.7346, accuracy=0.7933
Test       : loss=0.8095, accuracy=0.7708
```

（2）验证结果。

```
                      Real                     Pred
00  Probabilistic_Methods    Probabilistic_Methods
01  Probabilistic_Methods    Probabilistic_Methods
02        Neural_Networks    Probabilistic_Methods
03                 Theory                   Theory
04     Genetic_Algorithms       Genetic_Algorithms
05  Probabilistic_Methods    Probabilistic_Methods
06        Neural_Networks          Neural_Networks
07        Neural_Networks          Neural_Networks
08  Probabilistic_Methods    Probabilistic_Methods
09                 Theory                   Theory
```

上述代码同时也生成了训练过程中的 loss 值曲线图，如图 9-16 所示。

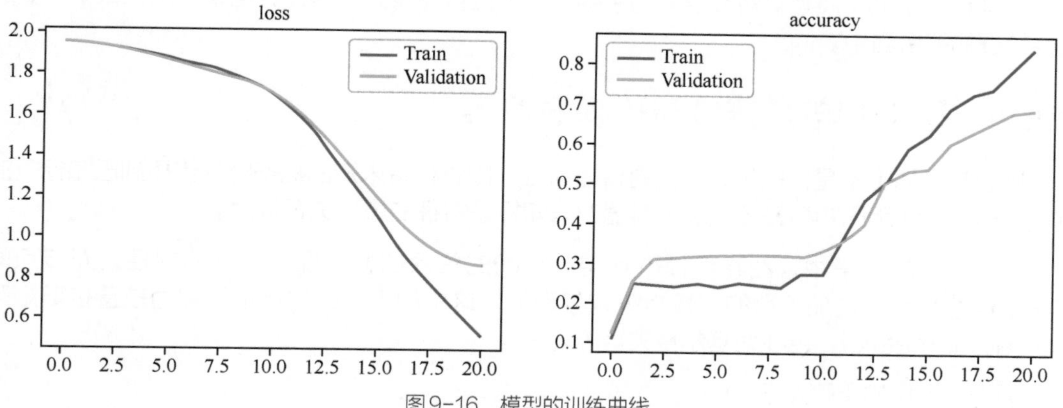

图9-16 模型的训练曲线

从训练结果中可以看出，该模型具有很好的拟合能力。值得一提的是，图卷积模型所使用的训练样本非常少，只使用了 2708 个样本中的 200 个进行训练。因为加入了样本间的关系信息，所以模型对样本量的依赖大幅下降。这也正是图神经网络模型的优势。

9.5 图卷积神经网络

9.4 节中的实例简单介绍了图卷积神经网络的计算方式（点积计算）和使用方法（加入样本间的关系信息），其整体结构如图 9-17 所示。

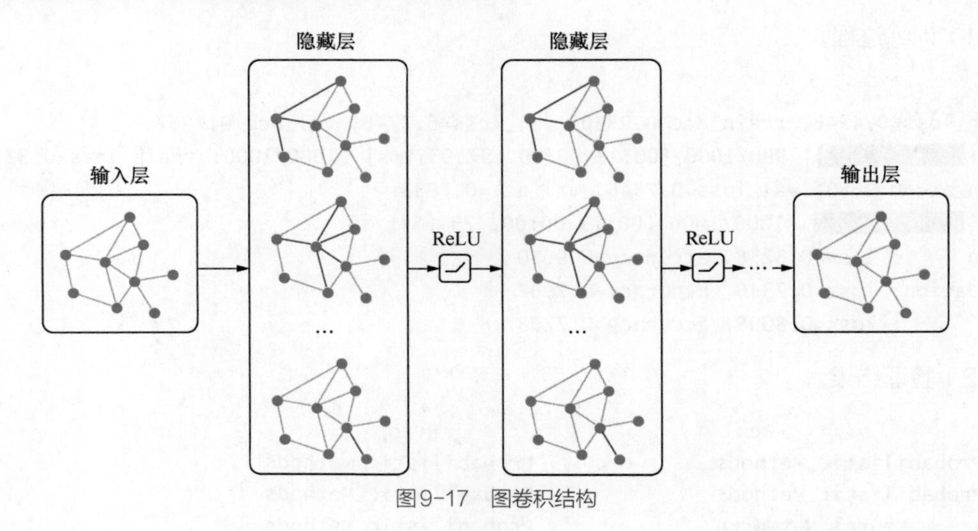

图9-17 图卷积结构

在图 9-17 中可以看到，图卷积神经网络的输入是一个图，经过一层层的计算变换后输出的还是一个图。

如果从卷积的角度来理解，那么可以将处理后的邻接矩阵当作一个卷积核，用这个卷积核在每一个隐藏层的特征结果上进行全尺度卷积。由于该卷积核的内容是图中归一化后的边关系，因此用这种卷积核进行卷积处理可使隐藏层的特征按照节点间的远近关系信息进行转化，即对隐藏层的特征进行了去噪处理。去噪后的特征含有同类样本间的更多信息，从而使神经网络在没有大量样本的训练条件下，也可以训练出性能很好的模型。

图神经网络的实质是：对节点间的图结构关系进行计算，并将计算结果作用在每个节点的属性特征的拟合当中。

9.5.1 图结构与拉普拉斯矩阵的关系

图卷积本质上不是传播标签，而是传播特征。图卷积将未知的标签特征传播到已知标签的特征节点上，利用已知标签节点的分类器对未知标签特征的属性进行推理。

在 9.4 节的例子中，图卷积模型利用节点间的关系信息实现了特征的传播。而节点间的关系信息又是通过加工后的邻接矩阵来表现的。这个加工后的邻接矩阵称为拉普拉斯矩阵（Laplacian matrix），也称为基尔霍夫矩阵。

图卷积操作的步骤如下。

（1）先将图结构的特征用拉普拉斯矩阵表示。

（2）将拉普拉斯矩阵作用在节点特征的计算模型中，完成节点特征的拟合。

拉普拉斯矩阵的主要用途是表述图结构的特征（对矩阵的特征进行分解），是图卷积操作的必要步骤。

9.5.2 拉普拉斯矩阵的3种形式

在实际应用中，拉普拉斯矩阵有 3 种计算形式，它们都可以用来表示图的特征。给定一个有 n 个顶点的图 $\boldsymbol{G}=(\boldsymbol{V},\boldsymbol{E})$，如果用 $\boldsymbol{D}$ 代表图的度矩阵，用 $\boldsymbol{A}$ 代表图的邻接矩阵，那么拉普拉斯矩阵的 3 种计算方法具体如下。

- 组合拉普拉斯矩阵（combinatorial Laplacian）：$\boldsymbol{L}=\boldsymbol{D}-\boldsymbol{A}$，这种换算方式更关注图结构中相邻节点的差分。
- 对称归一化拉普拉斯矩阵（symmetric normalized Laplacian）：$\boldsymbol{L}^{\text{sym}}=\hat{\boldsymbol{D}}^{-1/2}\hat{\boldsymbol{A}}\hat{\boldsymbol{D}}^{-1/2}$，这在图卷积网络中经常使用。
- 随机归一化拉普拉斯矩阵（random walk normalized Laplacian）：$\boldsymbol{L}^{\text{rw}}=\hat{\boldsymbol{D}}^{-1}\hat{\boldsymbol{A}}$，这在差分卷积（diffusion convolution）网络中经常使用。

其中 $\hat{\boldsymbol{A}}$ 代表加入自环（对角线为 1）的邻接矩阵，$\hat{\boldsymbol{D}}$ 代表 $\hat{\boldsymbol{A}}$ 的度矩阵。

以组合拉普拉斯矩阵举例的方式来进行说明。

按照公式 $\boldsymbol{L}=\boldsymbol{D}-\boldsymbol{A}$，对图 9-7 中的无向图结构求其拉普拉斯矩阵。可以用该图的度矩阵 $\boldsymbol{D}$ 减去邻接矩阵 $\boldsymbol{A}$，最终得到结果，如图 9-18 所示。

$$\begin{bmatrix} 2 & -1 & 0 & 0 & -1 & 0 \\ -1 & 3 & -1 & 0 & -1 & 0 \\ 0 & -1 & 2 & -1 & 0 & 0 \\ 0 & 0 & -1 & 3 & -1 & -1 \\ -1 & -1 & 0 & -1 & 3 & 0 \\ 0 & 0 & 0 & -1 & 0 & 1 \end{bmatrix}$$

图9-18 矩阵结果

9.4 节所示例子中的拉普拉斯矩阵就是随机归一化拉普拉斯矩阵。在图卷积中，对称归一化拉普拉斯矩阵也比较常用（详见 10.2 节）。

> **提示**
>
> 9.4 节所示例子中的代码与随机归一化拉普拉斯矩阵的对应关系解读如下。
>
> （1）9.4.5 节所示代码的第 67 行：adj + eye(adj.shape[0]) 实现了加入自环的邻接矩阵 $\boldsymbol{A}$。
>
> （2）9.4.5 节所示代码的第 56 行：对 $\boldsymbol{A}$ 中的边数求和，计算出度矩阵 $\hat{\boldsymbol{D}}$ 的特征向量。
>
> （3）9.4.5 节所示代码的第 57 行：对度矩阵 $\hat{\boldsymbol{D}}$ 的特征向量求倒数，得到 $\hat{\boldsymbol{D}}^{-1}$ 的特征向量。
>
> （4）9.4.5 节所示代码的第 59 行：将 $\hat{\boldsymbol{D}}^{-1}$ 的特征向量转化为对角矩阵，得到 $\hat{\boldsymbol{D}}^{-1}$。
>
> （5）9.4.5 节所示代码的第 60 行：计算 $\hat{\boldsymbol{D}}^{-1}$ 与 $\hat{\boldsymbol{A}}$ 的点积，得到拉普拉斯矩阵。
>
> 而对于对称归一化拉普拉斯矩阵，则可以理解为将 $\hat{\boldsymbol{D}}^{-1}$ 分解为两个 $\hat{\boldsymbol{D}}^{-1/2}$ 相乘。

9.6 扩展实例：用Multi-sample Dropout优化模型的训练速度

Multi-sample Dropout 是 Dropout 的一个变种方法，该方法比普通 Dropout 的泛化能力更好，同时又可以缩短模型的训练时间。本例就使用 Multi-sample Dropout 方法为图卷积模型缩短训练时间。

9.6.1　Multi-sample Dropout方法

Multi-sample Dropout 方法又称为多样本联合 Dropout 方法，同样是在 Dropout 随机选取节点丢弃的部分进行优化。

将 Dropout 随机选取的一组节点变成随机选取多组节点，并计算每组节点的结果和反向传播的损失值。最终，将计算多组的损失值进行平均，得到最终的损失值，并用其更新网络，如图 9-19 所示。

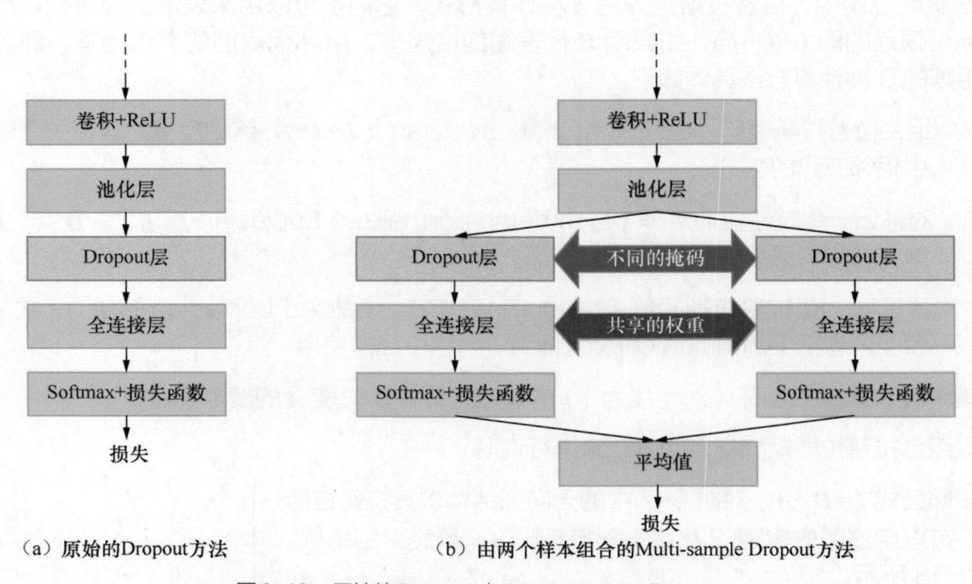

图9-19　原始的Dropout与Multi-sample Dropout

如图 9-19 所示，左侧是原始的 Dropout 方法，右侧为使用两个样本组合的 Multi-sample Dropout 方法。Multi-sample Dropout 在 Dropout 层使用两套不同的掩码选取出两组节点进行训练。这种做法相当于网络层只运行了一次样本，却输出了多个结果，进行了多次训练。因此，它可以大大减少训练的迭代次数。

在深层神经网络中，大部分运算发生在 Dropout 层之前的卷积层中，Multi-sample Dropout 并不会重复这些计算，所以 Multi-sample Dropout 对每次迭代的计算成本影响不大。它可以大幅加快训练速度。实验表明，Multi-sample Dropout 还可以降低训练集和验证集的错误率和损失。（参见的论文编号为 arXiv: 1905.09788,2019。）

9.6.2　代码实现：为图卷积模型添加Multi-sample Dropout方法

仿照 9.4.8 节代码中的 GCN 类定义，重新定义一个带有 Multi-sample Dropout 方法的多层图卷积类。具体代码如下。

代码文件：code_28_GCN.py（续 8）

```
224 class GCNTD(nn.Module):
225     def __init__(self, f_in, n_classes, hidden=[16],
226                                 dropout_num=8,          #默认使用8组Dropout
227                                 dropout_p=0.5):         #每组丢弃率为50%
```

```
228            super().__init__()
229            layers = []
230            for f_in,f_out in zip([f_in]+hidden[:-1], hidden):
231                layers += [GraphConvolution(f_in, f_out)]
232
233            self.layers = nn.Sequential(*layers)
234            #默认使用8个Dropout分支
235            self.dropouts = nn.ModuleList([nn.Dropout(dropout_p, inplace=False)
    for _ in range(dropout_num)])
236            self.out_layer = GraphConvolution(f_out, n_classes, activation=None)
237
238        def forward(self, x, adj):
239            for layer,d in zip(self.layers, self.dropouts):
240                x = layer(x, adj)
241
242            if len(self.dropouts) == 0:
243                return self.out_layer(x, adj)
244            else:
245                for i,dropout in enumerate(self.dropouts):    #把每组的输出加起来
246                    if i== 0:
247                        out = dropout(x)
248                        out = self.out_layer(out, adj)
249                    else:
250                        temp_out = dropout(x)
251                        out =out+ self.out_layer(temp_out, adj)
252                return out                                      #返回结果
```

以上代码实现了 9.6.1 节描述的 Multi-sample Dropout 结构。该结构默认使用了 8 个 Dropout 分支。在前向传播过程中，具体步骤如下。

（1）输入样本统一经过多层图卷积神经网络来到 Dropout 层。

（2）由每个分支的 Dropout 按照指定的丢弃率对多层图卷积的结果进行 Dropout 处理。

（3）将每个分支的 Dropout 数据传入到输出层，分别得到结果。

（4）将所有结果加起来，生成最终结果。

9.6.3 代码实现：使用带有Multi-sample Dropout方法的图卷积模型

GCNTD 是带有 Multi-sample Dropout 方法的图卷积模型，它的用法与 GCN 类似，直接修改 9.4.9 节中的代码的第 169 行。具体代码如下。

代码文件：code_28_GCN.py（续 9）

```
253 model = GCNTD(n_features, n_labels, hidden=[16, 32, 16]).to(device)
254 from ranger import *
255
256 from functools import partial  #引入偏函数对Ranger设置参数
257 opt_func = partial(Ranger,  betas=(.9,0.99), eps=1e-6)
258 optimizer = opt_func(model.parameters())
259
260 from tqdm import tqdm  #pip install tqdm
261 #训练模型
262 epochs = 400
```

为了提升模型精度，重新为优化器 Ranger 设置参数（见上述代码的第 257 行），同时将训练的迭代次数由 1000 改为 400。

运行代码后，输出如下结果：

```
...
val_loss=0.8175, val_acc=0.7867
 99%|██████████| 397/400 [00:16<00:00, 26.00it/s]   400/400: train_loss=0.2278,
train_acc=0.9650, val_loss=0.8036, val_acc=0.7867
100%|██████████| 400/400 [00:16<00:00, 24.38it/s]
Train     : loss=0.2278, accuracy=0.9650
validation: loss=0.8036, accuracy=0.7867
Test      : loss=0.8874, accuracy=0.7572
```

从结果中可以看出，模型只迭代训练了 400 次，即可实现很好的效果。其训练过程的可视化结果如图 9-20 所示。

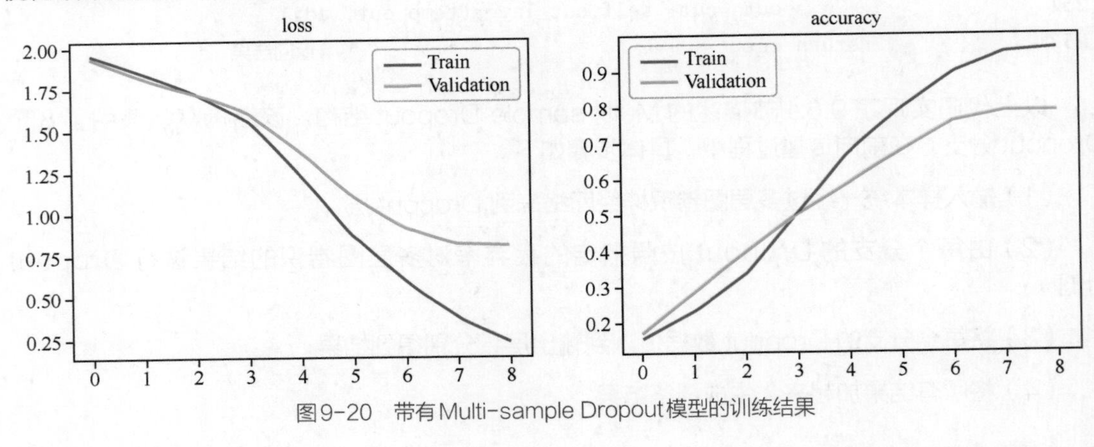

图9-20　带有 Multi-sample Dropout 模型的训练结果

9.7　从图神经网络的视角看待深度学习

深度学习的神经网络擅长处理欧氏空间中的数据，而图神经网络擅长处理非欧氏空间中的数据。但在图神经网络的实际处理过程中，还是将非欧氏空间的结构转化成矩阵来实现。用矩阵作为桥梁，就可以找到神经网络与图神经网络之间的联系。

下面以神经网络中常见的图像处理任务为例进行说明。

图像通常被理解为矩阵，矩阵中的每个元素是像素，像素是由 RGB 通道的 3 个数值组成的向量。

换个角度想想，矩阵也可以理解为图谱，图谱由点和边组成。相邻的点之间用边相连。而矩阵是一种特殊的图谱，特殊性表现在以下两个方面。

（1）矩阵中的每个点有固定个数的邻点。从图谱的角度来看，图像中的像素就是图谱中的点。图像中的每个像素，也就是图谱中的每个点，周边总共有 8 个邻点。

（2）矩阵中每条边的权重是常数。从图谱的角度来看，图像中的每一个像素只与周边 8 个邻点之间有边，其中边的长短权重是常数。

图像作为一种特殊的图谱，其特殊性体现在这两个限制上面。如果放松了这两个限制，问题就更复杂了。这是深度学习算法向图神经网络衍化的必经之路。

9.8 图神经网络使用拉普拉斯矩阵的原因

图卷积的计算过程是将拉普拉斯矩阵与图节点特征进行点积运算，实现图结构特征向单个节点特征的融合。这样做的意义是什么？为什么要用拉普拉斯矩阵？为什么要用点积的方式来融合？本节主要从图节点之间的传播关系方面阐释这个问题。

9.8.1 节点与邻接矩阵的点积作用

为了更深入地说明图卷积的原理，先从点积的作用开始分析。

1. 重现点积计算

（1）以一个简单的图为例，其结构如图 9-21 所示。

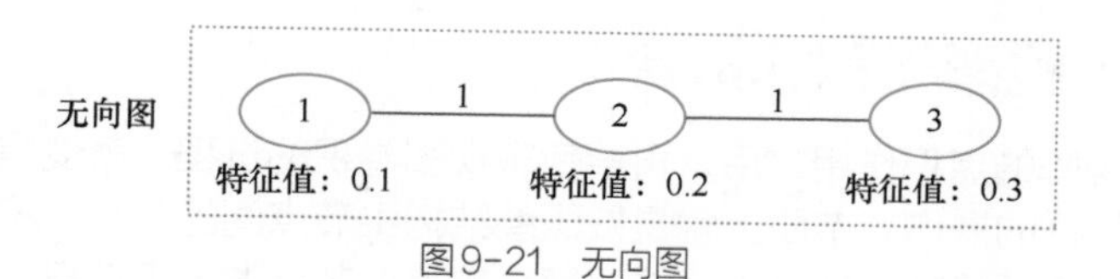

图9-21 无向图

在图 9-21 中，一共有 3 个节点，每个节点都有一个属性值。在该图中，由节点组成的特征矩阵为 [0.1 0.2 0.3]。

（2）将节点特征与加入自环后的邻接矩阵进行矩阵相乘，生成新的节点特征，如图 9-22 所示。

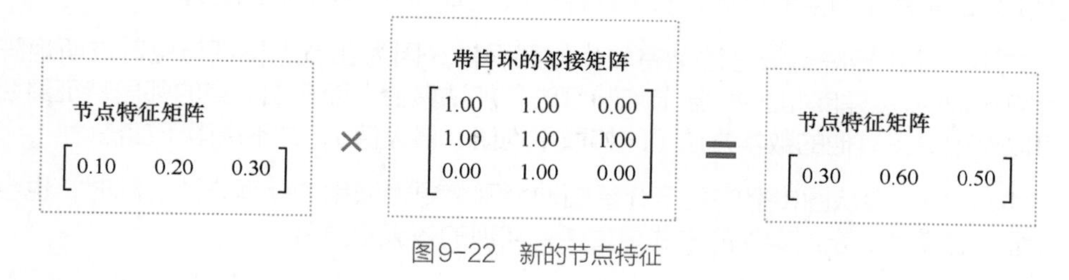

图9-22 新的节点特征

2. 分析邻居节点的聚合特征

按照图 9-21 所示的图结构，将每个节点与其邻居节点相加，完成对邻居节点的聚合过程，如图 9-23 所示。

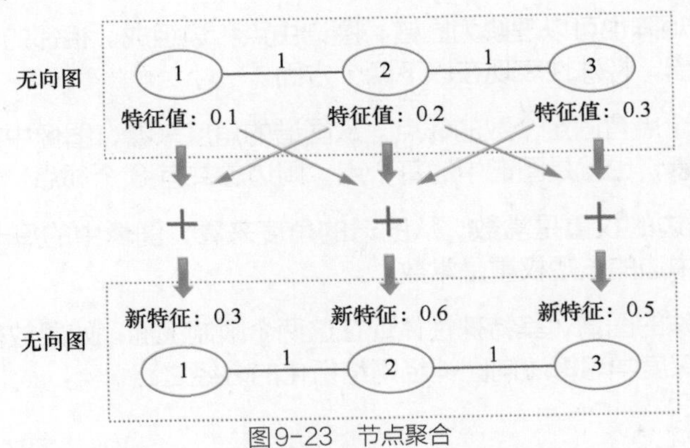

图9-23　节点聚合

从图 9-23 中可以看出，邻居节点经过聚合后，所得到的新节点特征与图 9-22 所示的点积结果一样。

3. 结论：点积操作邻居节点的加法聚合

由图 9-22 和图 9-23 可以得出结论，将节点特征与带自环的邻接矩阵执行点积运算，本质上就是将每个节点特征与自己的邻居节点特征相加，即对图中邻居节点特征进行加法聚合。

9.8.2　拉普拉斯矩阵的点积作用

在 9.8.1 节的基础上，再来理解拉普拉斯矩阵的点积作用就变得更加容易。拉普拉斯矩阵本质上是邻接矩阵的归一化。同理，拉普拉斯矩阵的点积作用本质上也是图中邻居节点特征的加法聚合，只不过在加法聚合过程中加入了归一化计算。

9.8.3　重新审视图卷积的拟合本质

理解拉普拉斯矩阵的点积作用之后，再重新审视图卷积的过程，就变得更加容易了。将图结构信息融入节点特征的操作，本质上就是按照图结构中节点间的关系，将周围邻居的节点特征加起来。这样，在相邻的节点特征中，彼此都会有其他节点的特征信息，实现了标签节点的特征传播。

9.8.4　点积计算并不是唯一方法

本章的图卷积例子从矩阵的操作入手，逐步引导读者向图结构方面去考虑。在图分析过程中，应用更多的是基于节点的传播方法，这种方法更适合图结构数据的处理。

相比之下，使用矩阵运算方法会有较大的局限性，因为在节点特征与拉普拉斯矩阵执行点积的计算过程中，只能对图中邻居节点特征进行加法聚合。而在图节点的邻居特征聚合过程中，还可以使用更多其他的数学方法（比如取平均值、最大值），并不局限于加法。

在第 10 章中，会从图传播的角度介绍图神经网络更为通用的处理方法，同时，也会介绍多种图神经网络模型。它们实现的方式更灵活，实现的效果更显著。

第10章 基于空间域的图神经网络实现

第 9 章的 GCN 实例完成了图神经网络中的顶点分类任务，即把样本个体看成图中的一个顶点（节点），并根据顶点自身的属性特征以及顶点间的关系对顶点进行分类。这种模型在训练时不再需要太多有标注的样本，单纯使用半监督方式即可完成训练。

本章将继续介绍更多有关图神经网络的模型和处理图数据的方法。

10.1 重新认识图卷积神经网络

图结构数据是具有无限维的一种不规则数据，每一个顶点周围的结构可能都是独一无二的，没有平移不变性。这种结构的数据使得传统的 CNN、RNN 无法在上面工作。

为了使模型能够适应图结构数据，人们研究出了很多方法，例如 GNN、DeepWalk、node2vec 等，GCN 只是其中一种。

图卷积网络（Graph Convolutional Network，GCN）是一种能对图数据进行深度学习的方法。图卷积中的"图"是指数学（图论）中用顶点和边建立的有相关联系的拓扑图，而"卷积"指的是"离散卷积"，其本质就是一种加权求和，加权系数就是卷积核的权重系数。

如果说 CNN 是图像的特征提取器，那么 GCN 便是图数据的特征提取器。在实现时，CNN 可以直接对矩阵数据进行操作，而 GCN 的操作方式有两种：谱域和顶点域（空间域）。

10.1.1 基于谱域的图处理

谱域是谱图论（spectral graph theory）中的术语。谱图论源于天文学，在天体观测中，可通过观察光谱的方式来观察距离遥远的天体。同样，图谱也是描述图的重要工具。

谱图论研究如何通过几个容易计算的定量来描述图的性质。通常的方法是将图结构数据编码成一个矩阵，然后计算矩阵的特征值。这个特征值也称为图的谱（spectrum）。被编码后的矩阵可以理解成图的谱域。

谱是方阵特有的性质，对于任意非欧氏空间数据，必须先通过计算其定量的描述生成方阵，然后才能进一步求得谱。

第 9 章介绍的 GCN 例子就是基于谱域实现的，即使用图结构中的度矩阵和邻接矩阵来表示图的谱域。而对矩阵的拉普拉斯变换，则是对图结构提取特征（谱）的一种方法。

10.1.2 基于顶点域的图处理

顶点域（vertex domain）也称空间域（spatial domain）是指由图的本身结构所形成的空间。图结构基于顶点域的处理是一种非常直观的方式。它直接按照图的结构，根据相邻顶点间的关系以及每个顶点自己的属性，逐个顶点地进行计算。

10.1.3 基于顶点域的图卷积

基于顶点域的图卷积处理会比谱域的方式更加直观，也容易理解。

1. 图卷积公式

图卷积的核心是定义一个函数，该函数作用在中心顶点的邻居集上，并且保留权重共享的属性。对第 l 层的第 i 个顶点进行的图卷积操作，可以定义为：

$$h_i^{l+1}=\sigma\left(\sum_{j\in N_i}\frac{1}{c_{ij}}h_j^l w_{R_j}^l\right) \tag{10-1}$$

其中，h_i^{l+1}代表顶点 i 在第 l 层的特征表达；c_{ij} 代表归一化因子，比如取顶点度的倒数；N_i

代表顶点 i 的邻居，包含自身；R_j 代表顶点 j 的类型；$w^l_{R_j}$ 代表第 l 层顶点 j 类型的变换参数。

式（10-1）描述的操作如图 10-1 所示。

2. 图卷积的操作步骤

图卷积的操作就是在整个图上对每个顶点都按照式（10-1）的描述执行一遍。从顶点的角度来看，主要可以分成以下 3 个步骤。

（1）发射（send）：每一个顶点将自身的特征信息经过变换后发送给邻居顶点。这一步是对顶点的特征信息进行抽取变换，如图 10-2 所示。

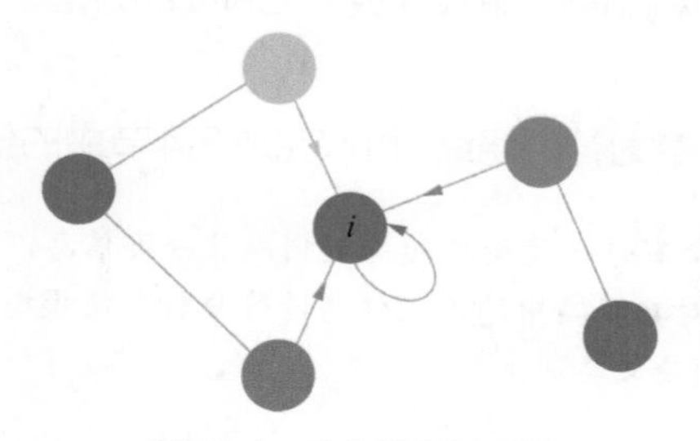

图10-1　单个顶点的图卷积

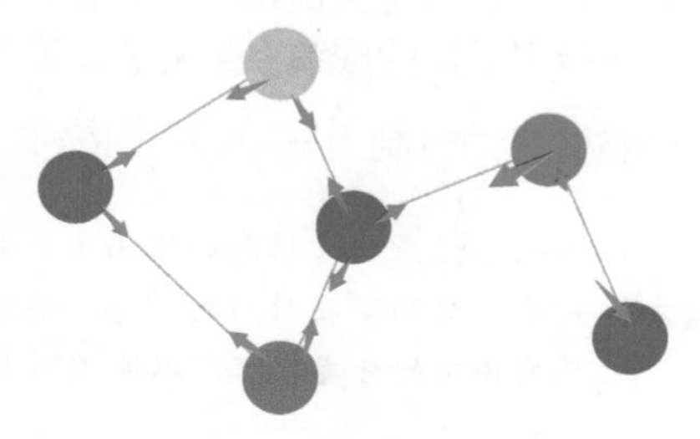

图10-2　顶点的发射

（2）接收（receive）：每个顶点将邻居顶点的特征信息聚合。这一步是对顶点的局部结构信息进行融合，如图 10-3 所示。

（3）变换（transform）：把前面的信息聚合之后进行非线性变换，增加模型的表达能力，如图 10-4 所示。

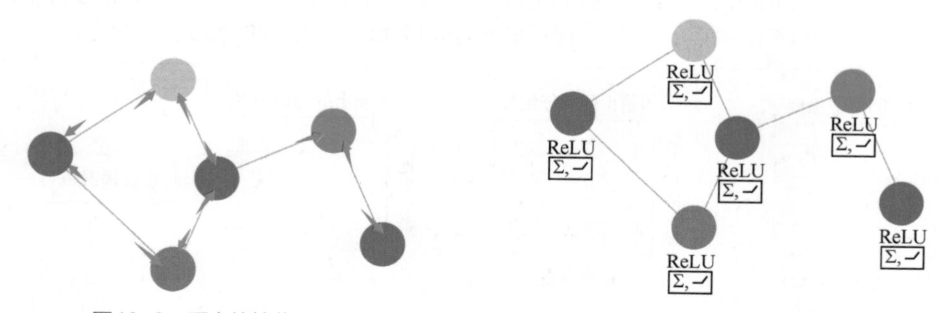

图10-3　顶点的接收

图10-4　顶点的变换

使用 GCN 从图数据中提取的特征可以用于对图数据执行多种任务，如顶点分类、图分类（graph classification）和边预测（link prediction），还可以顺便得到图的嵌入表示。

10.1.4　图卷积的特性

图卷积神经网络具有卷积神经网络的以下性质。

- 局部参数共享：算子是适用于每个顶点（圆圈代表算子）的，处处共享。
- 感受域与层数成正比：最开始的时候，每个顶点包含了直接邻居的信息，在计算第二层时，就能把邻居顶点的信息包含进来，这样参与运算的信息就更多、更充分。层数越多，感受域就更广，参与运算的信息就更多（特征一层层地抽取，每多一层就会更抽象、更高级）。

- 端对端训练：不需要再去定义任何规则，只要给图中的顶点一个标记，让模型自己学习，就可以融合特征信息和结构信息。

10.2　实例 27：用图注意力神经网络为论文分类

注意力机制多用于基于序列的任务中。注意力机制的特点是，它的输入向量长度可变，通过将注意力集中在最相关的部分来做出决定。注意力机制结合 RNN 或者 CNN 的方法，在许多任务上取得了不错的成绩（详见 7.9 节）。

本例将注意力机制用在图神经网络中，实现图注意力神经网络，再次完成 9.4 节中的任务。

实例描述	有一个记录论文信息的数据集，数据集里面含有每一篇论文的关键词以及分类信息，同时还有论文间互相引用的信息。搭建 AI 模型，对数据集中的论文信息进行分析，使模型学习已有论文的分类特征，以便预测出未知分类的论文类别。

本例的主要目的为完成图注意力神经网络的结构和搭建，部分实例和代码与 9.4 节中的一致。

10.2.1　图注意力网络

图注意力网络（Graph Attention Network，GAT）在 GCN 的基础上添加了一个隐藏的自注意力（self-attention）层。通过叠加 self-attention 层，在卷积过程中可将不同的重要性分配给邻域内的不同顶点，同时处理不同大小的邻域。其结构如图 10-5 所示。

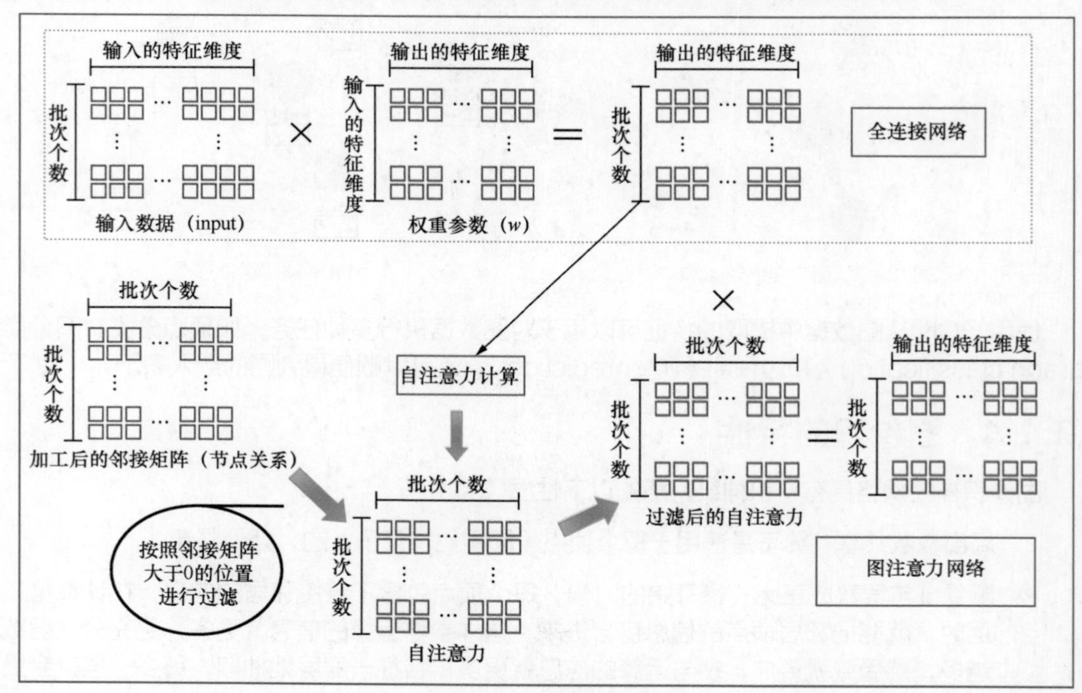

图 10-5　图注意力卷积

在实际计算时，自注意力机制可以使用多套权重同时进行计算，并且彼此之间不共享权重。堆叠这样的一些层，能够使顶点注意其邻近顶点的特征，确定哪些知识是相关的，哪些知识可以忽略。

10.2.2 工程部署

参考 9.4 节的实例，将 CORA 数据集、Ranger 优化器代码文件复制到本地。本例只对代码文件“code_28_GCN.py”中的图卷积模型进行替换，文件的其他部分全部复用。

10.2.3 代码实现：对邻接矩阵进行对称归一化拉普拉斯矩阵转化

在代码文件“code_28_GCN.py”中，定义 normalize_adj() 函数，实现对邻接矩阵进行对称归一化拉普拉斯矩阵的转化。具体代码如下。

代码文件: code_29_GAT.py（片段 1）

```
65 def normalize_adj(mx):
66     rowsum = np.array(mx.sum(1))
67     r_inv = np.power(rowsum, -0.5).flatten()
68     r_inv[np.isinf(r_inv)] = 0.
69     r_mat_inv = diags(r_inv)
70     return mx.dot(r_mat_inv).transpose().dot(r_mat_inv)
71 # 对邻接矩阵对角线添加1，将其变为自循环图，同时再对其进行归一化处理
72 adj = normalize_adj(adj + eye(adj.shape[0]))
```

上述代码的第 70 行按照 9.5.2 节中的对称归一化拉普拉斯矩阵公式实现了邻接矩阵的转化。

上述代码的第 72 行调用定义好的函数 normalize_adj() 对邻接矩阵进行转化。

注意 9.4 节对邻接矩阵进行了随机归一化拉普拉斯矩阵转化，而本例则对邻接矩阵进行对称归一化拉普拉斯矩阵转化。二者本无太大差别，这里使用对称归一化拉普拉斯矩阵只是为了向读者介绍其实现方法。

10.2.4 代码实现：搭建图注意力神经网络层

将代码文件“code_28_GCN.py”中的图卷积类 Graph Convolution 替换为图注意力类。具体代码如下。

代码文件: code_29_GAT.py（片段 2）

```
94 class GraphAttentionLayer(nn.Module):          #定义图注意力层
95     #初始化
96     def __init__(self, in_features, out_features, dropout=0.6):
97         super(GraphAttentionLayer, self).__init__()
98         self.dropout = dropout
99         self.in_features = in_features      #定义输入特征维度
100        self.out_features = out_features   #定义输出特征维度
```

```
101         self.W = nn.Parameter(torch.zeros(size=(in_features,
102                                             out_features)))
103         nn.init.xavier_uniform_(self.W)                          #初始化全连接权重
104         self.a = nn.Parameter(torch.zeros(size=(2*out_features, 1)))
105         nn.init.xavier_uniform_(self.a)                          #初始化注意力权重
106
107     def forward(self, input, adj):                               #定义正向传播过程
108         h = torch.mm(input, self.W)                              #全连接处理
109         N = h.size()[0]
110         #将顶点特征两两搭配，并连接到一起，生成数据的形状[N,N,2 self.out_features]
111         a_input = torch.cat([h.repeat(1, N).view(N * N, -1), h.repeat(N, 1)],
112                         dim=1).view(N, -1, 2 * self.out_features)
113         e = mish(torch.matmul(a_input, self.a).squeeze(2))  #计算注意力
114
115         zero_vec = -9e15*torch.ones_like(e)                      #初始化最小值
116         attention = torch.where(adj > 0, e, zero_vec)            #过滤注意力
117         attention = F.softmax(attention, dim=1)                  #对注意力分数进行归一化
118         attention = F.dropout(attention, self.dropout,
119                             training=self.training)
120         h_prime = torch.matmul(attention, h)                     #用注意力处理特征
121         return mish(h_prime)
```

上述代码的第 111 行 ~ 第 112 行对全连接后的特征数据分别进行基于批次维度和特征维度的复制，并将复制结果连接在一起。这种操作使得顶点中的特征数据进行了充分的排列组合，结果中的每行信息都包含两个顶点特征。接下来的注意力机制便是基于每对顶点特征进行计算的。

上述代码的第 116 行按照邻接矩阵中大于 0 的边对注意力结果进行过滤，使注意力按照图中的顶点配对范围进行计算。

> **注意**　上述代码的第 115 行定义了最小值 -9e15，该值用于填充被过滤掉的特征对象 attention。如果在过滤时，直接对过滤掉的特征赋值为 0，那么模型会无法收敛。

上述代码的第 117 行使用 F.softmax() 函数对最终的注意力机制进行归一化，得到注意力分数（总和为 1）。

上述代码的第 120 行将最终的注意力作用到全连接后的结果上以完成计算。

读者还可以参考图 10-5 来理解本小节的代码实现过程。

10.2.5　代码实现：搭建图注意力模型类

将代码文件“code_28_GCN.py”中的图卷积模型类 GCN 替换为图注意力模型类。具体代码如下。

代码文件：code_29_GAT.py（片段 3）

```
122 class GAT(nn.Module): #定义图注意力模型类
123     def __init__(self, nfeat,  nclass,nhid, dropout,  nheads):
124         super(GAT, self).__init__()
125         #注意力层
```

```
126         self.attentions = [GraphAttentionLayer(nfeat, nhid,dropout) for in range(nheads)]
127         for i, attention in enumerate(self.attentions): #添加到模型中
128             self.add_module('attention_{}'.format(i), attention)
129                                                          #输出层
130         self.out_att = GraphAttentionLayer(nhid * nheads, nclass, dropout)
131
132     def forward(self, x, adj):                           #定义正向传播方法
133                                                          #依次调用注意力层，将结果连接起来
134         x = torch.cat([att(x, adj) for att in self.attentions], dim=1)
135         return self.out_att(x, adj)
```

上述代码的第 123 行是图注意力模型类的初始化方法。该方法支持多套注意力机制同时运算，其参数 nheads 用于指定注意力的计算套数。

上述代码的第 126 行按照指定的注意力套数生成多套注意力层。

上述代码的第 127 行将注意力层添加到模型。

10.2.6 代码实现：实例化图注意力模型，并进行训练与评估

将代码文件“code_28_GCN.py”中实例化 GCN 的代码改成实例化 GAT 的代码，即可实现图注意力模型的训练与评估。具体代码如下。

代码文件：code_29_GAT.py（片段 4）

```
169 #生成模型
170 model = GAT(n_features, n_labels, 16,0.1,8).to(device)
```

在上述代码的第 170 行中，向 GAT 传入的后 3 个参数分别代表输出维度（16）、Dropout 的丢弃率（0.1）、注意力的计算套数（8）。最终形成的 GAT 结构如图 10-6 所示。

将迭代次数设为 3000，代码运行后，输出如下结果：

```
98%|██████████████████████████████████████████ | 2949/3000 [1:13:46<01:16,  1.50s/
it] 2950/3000: train_loss=0.0070, train_acc=1.0000, val_loss=0.7167, val_acc=0.7767
100%|██████████████████████████████████████████| 2999/3000 [1:15:00<00:01,  1.43s/
it] 3000/3000: train_loss=0.0066, train_acc=1.0000, val_loss=0.7173, val_acc=0.7800
100%|██████████████████████████████████████████| 3000/3000 [1:15:02<00:00, 1.50s/it]
Train     : loss=0.0066, accuracy=1.0000
Validation: loss=0.7173, accuracy=0.7800
Test      : loss=0.8035, accuracy=0.7754
```

```
                    Real                  Pred
00            Case_Based                Theory
01        Neural_Networks               Theory
02     Genetic_Algorithms   Genetic_Algorithms
03        Neural_Networks      Neural_Networks
04     Genetic_Algorithms   Genetic_Algorithms
05  Probabilistic_Methods      Neural_Networks
06     Genetic_Algorithms   Genetic_Algorithms
07        Neural_Networks      Neural_Networks
```

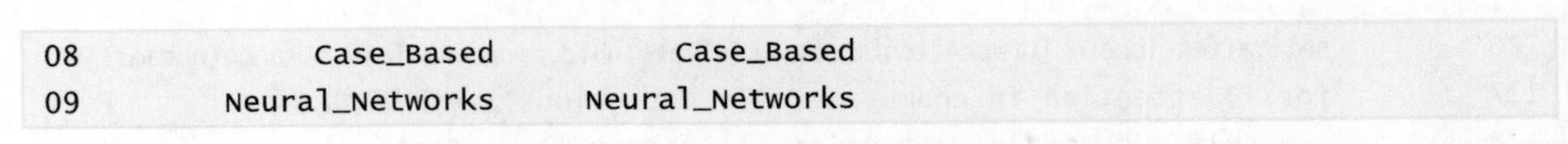

```
08         Case_Based        Case_Based
09     Neural_Networks   Neural_Networks
```

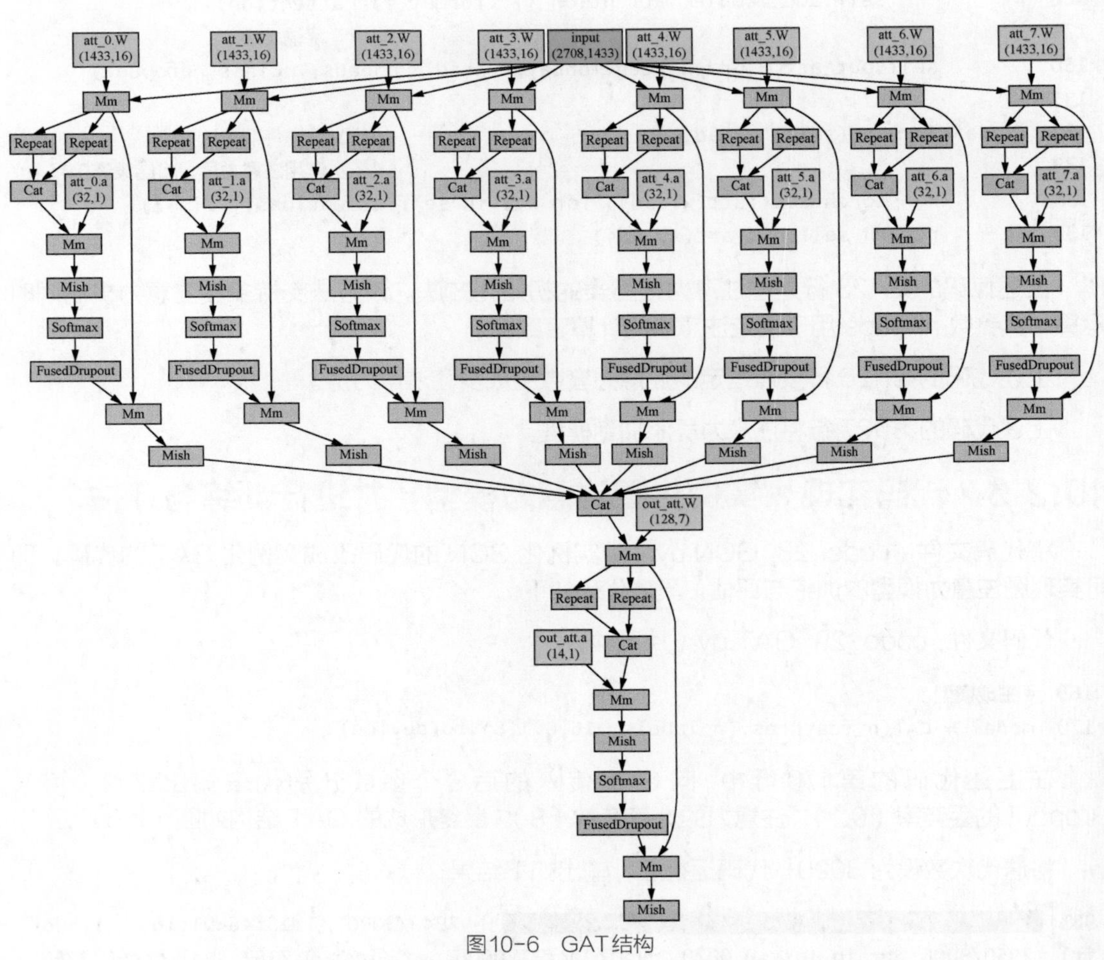

图10-6　GAT结构

从结果中可以看出，该GAT模型同样可以达到很好的效果。

> **注意**　由于上述代码在构建注意力机制时，对张量进行了复制，因此整个模型占用的显存比较多。如果读者的计算机难以运行上述代码，那么可以减小输出维度和注意力运行的套数。例如，上述代码的第170行可以写成：
>
> ```
> model = GAT(n_features, n_labels, 8,0.1,4).to(device)
> ```
>
> 该代码表明输出维度为8，只运行4套注意力机制。

10.2.7　常用的图神经网络库

本例只是从原理角度向读者介绍了GAT的模型结构。在实际应用，一般会使用第三方图计算库来实现。常用的图计算库有DGL、PyG、Spektral、StellarGraph等，其中DGL与PyG支持PyTorch框架，Spektral和StellarGraph支持Keras语法，可以在TensorFlow框架上使用。DGL既支持PyTorch框架又支持TensorFlow框架。

本书主要介绍DGL库的具体使用方法。

10.3 图神经网络常用库——DGL 库

DGL 库是由纽约大学和亚马逊联手推出的图神经网络框架。它不但支持对异构图的处理，而且开源了相关异构图神经网络的代码，在 GCMC、RGCN 等业内知名的模型实现上也取得了很好的效果。

10.3.1 DGL 库的实现与性能

实现 GNN 并不容易，因为它需要在不规则数据上实现较高的 GPU 吞吐量。

DGL 库的逻辑层使用了顶点域的处理方式，使代码更容易理解。同时，又在底层的内存和运行效率方面做了大量的工作，使得框架可以发挥出更好的性能。具体特点如下。

- GCMC：DGL 的内存优化支持在一个 GPU 上对 MovieLens10M 数据集进行训练（原实现需要从 CPU 中动态加载数据），从而将原本需要 24 小时的训练时间缩短到了 1 个多小时。
- RGCN：使用全新的异构图接口重新实现了 RGCN。减少了内存开销。
- HAN：提供的灵活接口可以将一个异构图通过元路径（metapath）转变成同构图。
- Metapath2vec：新的元路径采样实现比原实现快 2 倍。

另外，DGL 也发布了针对分子化学的模型库 DGL-Chem，提供了包括分子性质预测和分子结构生成等预训练模型，以及训练知识图谱嵌入（knowledge graph embedding）专用包 DGL-KE。其中 DGL-KE 的性能更是出色。

- 在单 GPU 上，DGL-KE 能在 7 分钟内使用经典的 TransE 模型训练出 FB15K 的图嵌入。而 GraphVite（v0.1.0）在 4 个 GPU 上运算需要 14 分钟。
- DGL-KE 的首个版本发布了 TransE、ComplEx 和 Distmult 模型，支持 CPU 训练、GPU 训练、CPU 和 GPU 混合训练，以及单机多进程训练。

有关 DGL 的更多内容可参考官方帮助文档。

10.3.2 安装 DGL 库的方法及注意事项

安装 DGL 的命令非常简单，具体如下：

```
conda install -c dglteam dgl                # 安装CPU版本
conda install -c dglteam dgl-cuda9.0        # 安装CUDA 9.0版本
conda install -c dglteam dgl-cuda9.2        # 安装CUDA 9.2版本
conda install -c dglteam dgl-cuda10.0       # 安装CUDA 10.0版本
conda install -c dglteam dgl-cuda10.1       # 安装CUDA 10.1版本
```

上面分别列出了几种安装 DGL 的命令，读者可以根据需要运行。如果由于网络环境导致下载很慢，也可以在 Anaconda 官网搜索 dgl，查找对应的安装包，进行下载并手动安装。

注意

在选择DGL的CUDA版本时，尽量要与本地PyTorch的CUDA版本对应。否则运行时有可能出现错误。例如，当运行含有DGL的程序时，如果遇到如下信息：

```
OSError: libcudart.so.10.0: cannot open shared object file: No such file or directory
```

则表明当前版本的DGL找不到对应的CUDA库，从错误中可以看到该DGL所需要的库名称为libcudart.so.10.0。该信息表明当前装的DGL是CUDA10.0版本。遇到这种问题，首先要检查本地的CUDA版本。

可以从当前的虚拟环境中，查看本地的CUDA版本，以Linux为例（作者本地的路径为：~/anaconda3/envs/pt15/lib），假如在虚拟环境下找到了libcudart.so.10.1库，则表明本地的CUDA版本是10.1。可以先卸载对应CUDA10.0的DGL，再重新安装对应CUDA10.1的DGL。

卸载对应CUDA10.0的DGL命令如下：

```
conda uninstall -c dglteam dgl-cuda10.0
```

10.3.3　DGL库中的数据集

DGL库提供了15个内置数据集，可以非常方便地用来测试图神经网络。下面列出一些常用的数据集，并进行具体介绍。

- Sst（即Stanford sentiment treebank，斯坦福情感树库）数据集：每个样本都是一个树结构的句子，叶顶点表示单词；每个顶点还具有情感注释，共分为5类（非常消极、消极、中立、积极、非常积极）。
- KarateClub数据集：数据集中只有一个图，图中的顶点描述了社交网络中的用户是否是一家空手道俱乐部中的成员。
- CitationGraph数据集：顶点表示作者，边表示引用关系。
- CORA数据集：顶点表示作者，边表示引用关系，详见9.4.1节。
- CoraFull数据集：CORA数据集的扩展，顶点表示论文，边表示论文间的引用关系。
- AmazonCoBuy数据集：顶点表示商品，边表示经常一起购买的两种商品。顶点特征表示产品的评论，顶点的类别标签表示产品的类别。
- Coauthor数据集：顶点表示作者，边表示共同撰写过论文的关系。顶点特征表示作者论文中的关键词，顶点类别标签表示作者的研究领域。
- QM7b数据集：该数据集由7211个分子组成，所有的分子可以回归到14个分类目标。顶点表示原子，边表示键。
- MiniGCDataset（即mini graph classification dataset，小型图分类数据集）：数据集包含8种不同类型的图形，包括循环图、星形图、车轮图、棒棒糖图、超立方体图、网格图、集团图和圆形梯形图。
- TUDataset：图形分类中的图形内核数据集。
- GINDataset（即graph Lsomorphism network dataset，图同构网络数据集）：图内核数据集的紧凑子集。数据集包含流行的图形内核数据集的紧凑格式，其中包括4个生物信息学数据集（MUTAG、NCI1、PROTEINS、PTC）和5个社交网络数据集（COLLAB、IMDBBINARY、IMDBMULTI、REDDITBINARY、REDDITMULTI5K）。

- PPIDataset（即 protein-protein interaction dataset，蛋白质 - 蛋白质相互作用数据集）：数据集包含 24 个图，每个图的平均顶点数为 2372，每个顶点具有 50 个要素和 121 个标签。

在使用时，可以通过 dgl.data 库中的数据集类直接进行实例化。实例化的参数要根据每个数据集类的构造函数的定义进行配置。代码如下：

```
dataset = GINDataset('MUTAG', self_loop=True) #子数据集为MUTAG，使用自环图
```

该代码的作用是创建并加载一个同构图数据集。该代码运行后，会自动从网络上下载指定的数据集并解压缩，然后载入到内存，并返回数据集对象 dataset。该数据集类与 PyTorch 的 Dataset 类兼容。

提示

dgl.data 库中的数据集类规划得并不是太好，有的类直接裸露在数据下面，有的类则被额外封装了一层。例如，CoraDataset 类就被封装在 citation_graph.py 文件中，载入时需要编写如下代码：

```
from dgl.data import citation_graph
data = citation_graph.CoraDataset()
```

该代码在执行时会读取指定的数据集，并生成邻接矩阵，然后调用 NetWorkx 模块根据该邻接矩阵生成图以及训练数据集、测试数据集。

因此，在使用 DGL 的数据集时，还需要在 dgl/data 路径下单独查找，以库中实际的代码为准。

10.3.4 DGL 库中的图

DGL 库中有个 DGLGraph 类，该类封装了一个特有的图结构。DGLGraph 类可以理解为 DGL 库的核心，DGL 库中的大部分图神经网络是基于 DGLGraph 类实现的。

10.3.5 DGL 库中的内联函数

DGL 库提供了大量的内联（built-in）函数，这些函数主要用于对边和顶点进行运算处理（例如 u_add_v：实现两个顶点相加），它们的效率要比普通的图处理函数高很多。

DGL 库中的内联函数都放在 dgl.function 模块下。在使用时，要配合 DGLGraph 图的消息传播机制进行运算。

读者对这部分知识先有个概念即可，消息传播机制会在 10.4.10 节介绍。消息传播机制属于 DGL 库的底层功能，常会在构建图神经网络模型中使用。如果只使用 DGL 库中封装好的图神经网络模型，那么无须深入了解。

10.3.6 扩展：了解 PyG 库

在图神经网络领域，除 DGL 库以外，还有另一个比较常用的库——PyTorch Geometric（PyG）库。

PyG 库是基于 PyTorch 构建的几何深度学习扩展库，可以利用专门的 CUDA 内核实现高性能。在简单的消息传递 API 之后，它将大多数近期提出的卷积层和池化层捆绑成一个统一的框架。所有的实现方法都支持 CPU 和 GPU 计算，并遵循不变的数据流范式，这种范式可以随着时间的推移动态改变图结构。PyG 已在 MIT 许可证下开源，具有完备的文档、教程

和示例。

10.4　DGLGraph图的基本操作

本节主要介绍DGLGraph图的基本操作。

10.4.1　DGLGraph图的创建与维护

使用DGLGraph可以非常方便地创建图结构数据，以及在图中对顶点和边进行管理。

1. 生成DGLGraph图

直接调用DGLGraph的构造函数可以生成一个DGLGraph类型的图。具体代码如下。

```
import dgl                                              #引入DGL库
import networkx as nx                                   #引入Networkx库

import matplotlib.pyplot as plt                         #用于显示
import matplotlib as mpl
mpl.rcParams['font.sans-serif']=['SimHei']              #显示中文字符
mpl.rcParams['font.family'] = 'STSong'
mpl.rcParams['font.size'] = 40

g_dgl = dgl.DGLGraph()                                  #生成一个空图
g_dgl.local_var()                                       #查看图内容
```

上述代码的最后1行调用DGLGraph图对象的local_var()方法查看DGLGraph图的内容。输出结果如下：

```
DGLGraph(num_nodes=0, num_edges=0,
         ndata_schemes={}
         edata_schemes={})
```

结果显示DGLGraph图有4个属性：顶点数、边数、顶点属性值、边属性值。

2. 为DGLGraph图添加顶点和边

调用DGLGraph图对象的add_nodes()方法可以添加顶点，调用DGLGraph图对象的add_edges()方法可以添加边。具体代码如下：

```
g_dgl.add_nodes(4)                                     #添加4个顶点
g_dgl.add_nodes(4)
g_dgl.add_edges(list(range(4)),  [0]*4)                #添加4条边
print('变量：',g_dgl.local_var())                       #输出图内部变量
```

在调用add_edges()方法添加边时，需要指定源顶点和目的顶点。代码中将全部的4个顶点与第0个顶点相连。代码运行后输出如下内容：

```
变量：DGLGraph(num_nodes=4, num_edges=4, ndata_schemes={}, edata_schemes={})
```

从输出结果可以看出，DGLGraph图中有4个变量：顶点数和边数是4，顶点属性和边

属性是空。

> **提示** add_nodes()与add_edges()方法是为图添加多个顶点和多条边。还可以使用add_node()方法为图添加一个顶点，使用add_edge()方法为图添加一条边。

3. 获得DGLGraph图中的顶点和边

使用 DGLGraph 图对象的 nodes() 和 edges() 方法可以查看所有的顶点和边。对于顶点和边，都可以直接利用索引值进行单独提取。

另外，边还可以用指定源顶点和目的顶点的方式进行提取，具体做法如下。

（1）指定源顶点和目的顶点获得对应边的索引。

（2）根据边索引进行边提取。

具体代码如下：

```
print('顶点：',g_dgl.nodes())                          #输出图的顶点
print('边：',g_dgl.edges())                            #输出图的边
print('边索引：', g_dgl.edge_id(1,0) )                 #输出图的边索引
print('边属性：',g_dgl.edges[g_dgl.edge_id(1,0)])      #根据索引获得属性
```

代码运行后输出如下结果：

```
边：(tensor([0, 1, 2, 3]), tensor([0, 0, 0, 0]))
顶点：tensor([0, 1, 2, 3])
边索引： 1
边属性： EdgeSpace(data={})
```

因为只向图中添加了顶点和边，并没有添加属性，所以输出结果的最后一行中的边属性为空。

4. 删除DGLGraph图中的顶点和边

使用 DGLGraph 图对象的 remove_nodes() 方法可以对指定顶点进行删除，使用 DGLGraph 图对象的 remove_edges() 方法可以对指定边进行删除。

在使用时，直接传入指定索引即可。以边为例，接着上面的代码继续编写相关代码：

```
g_dgl.remove_edges(i)                  #删除索引值为i的边
print(g_dgl.number_of_edges())         #输出图的边数：3
```

5. DGLGraph图的清空操作

还可以使用 DGLGraph 图对象的 clear() 方法对图进行清空。具体代码如下：

```
g_dgl.clear()                          #清空图内容
```

该语句执行完后，图的顶点数和边数又变成 0，可以使用 local_var() 方法来查看。

10.4.2 查看DGLGraph图中的度

DGLGraph 图按照边的方向将度分为两种：连接其他顶点的度（out）和被其他顶点连接的度（in）。在查询时，可以使用如下几种方法。

- in_degree：查询指定顶点被连接的边数。
- in_degrees：查询多个顶点被连接的边数，默认查询图中的全部顶点。
- out_degree：查询指定顶点连接其他顶点的边数。
- out_degrees：查询多个顶点连接其他顶点的边数，默认查询图中的全部顶点。

具体代码如下：

```
g_dgl = dgl.DGLGraph()                              #创建图
g_dgl.add_nodes(4)                                  #添加顶点和边
g_dgl.add_edges(list(range(4)),  [0]*4)             #添加边，所有顶点都与第0个顶点相连

print(g_dgl.in_degree(0))                #查询连接0顶点的度，输出：4
print(g_dgl.in_degrees([0, 1]))          #查询连接0、1顶点的度，输出：tensor([4, 0])
print(g_dgl.in_degrees())                #查询全部顶点被连接的度，输出：tensor([4, 0, 0, 0])
print(g_dgl.out_degrees())               #查询全部顶点向外连接的度，输出：tensor([1, 1, 1, 1])
```

上述代码中的图结构如图 10-7 所示，读者可以参考该图中的结构来理解度的查询结果。

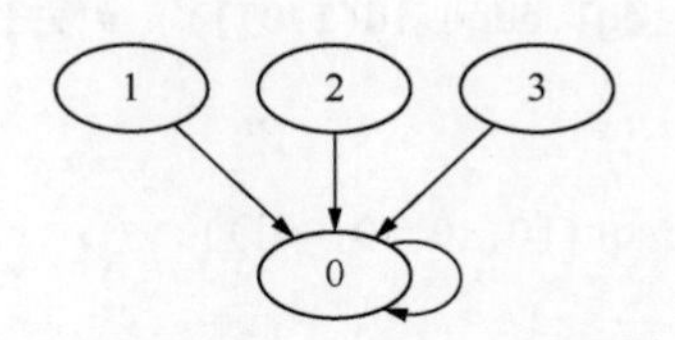

图10-7　DGLGraph图结构

10.4.3　DGLGraph图与NetWorkx图的相互转化

DGLGraph 类深度绑定了 NetWorkx 模块，并在其基础之上进行了扩展，可以更方便地应用在图计算领域。

1. 将DGLGraph图转成NetWorkx图并显示

将 DGLGraph 图转成 NetWorkx 图后便可以借助 NetWorkx 图的显示功能来可视化其内部结构。接 10.4.2 节中的代码，在为 DGLGraph 图添加完顶点和边之后，可以使用如下代码进行可视化。

```
nx.draw(g_dgl.to_networkx(), with_labels=True)
```

该代码先调用 to_networkx() 方法，将 DGLGraph 图转成 NetWorkx 图，再调用 NetWorkx 的 draw() 方法进行显示。代码运行后输出的可视化结果如图 10-8 所示。

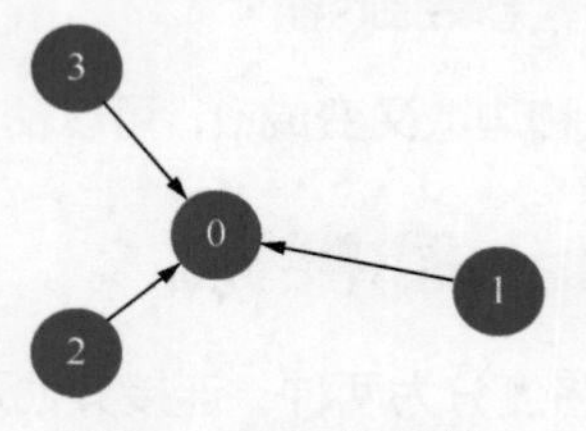

图10-8　可视化图结构

注意 比较图 10-7 与图 10-8 可以看出，NetWorkx 库在对图进行可视化时，没有自环图功能。

2. 利用NetWorkx图创建DGLGraph图

DGLGraph 图还可以从 NetWorkx 图中转化而来，具体代码如下：

```
g_nx = nx.petersen_graph()                        #创建一个NetWorkx类型的无向图petersen
g_dgl = dgl.DGLGraph(g_nx)                        #将NetWorkx类型的图转化为DGLGraph
plt.figure(figsize=(20, 6))
plt.subplot(121)
plt.title('NetWorkx无向图',fontsize=20)
nx.draw(g_nx, with_labels=True)
plt.subplot(122)
plt.title('DGL有向图', fontsize=20)
nx.draw(g_dgl.to_networkx(), with_labels=True)   #将DGLGraph转化为NetWorkx类型的图
```

在上面代码中，调用 dgl.DGLGraph() 将 NetWorkx 图转化为 DGLGraph 图，接着又调用了 DGLGraph 图对象的 to_networkx() 方法，将 DGLGraph 图转换为 NetWorkx 图并显示。

该代码运行后，输出结果如图 10-9 所示。

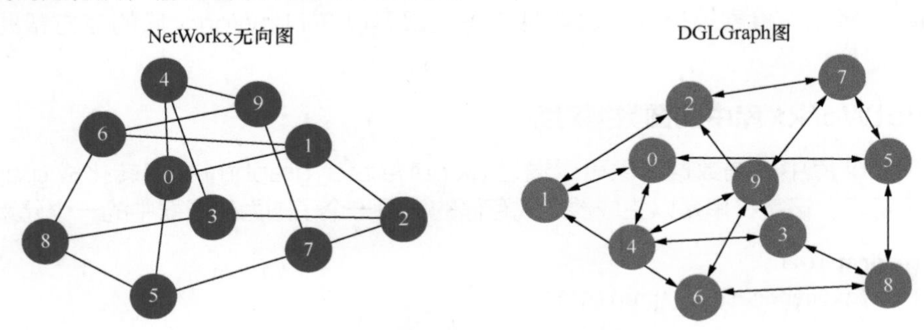

图10-9 NetWorkx图与DGLGraph图

在图 10-9 中，图顶点和边的结构在代码中是通过调用 nx.petersen_graph() 生成的。该函数在没有参数的情况下，会生成 10 个顶点，并且每个顶点与周围 3 个顶点相连，共形成 30 条边。

使用 DGLGraph 对象的 local_var() 方法，可以看到图中的结构，具体如下。

```
g_dgL.local_var()
```

代码运行后，输出如下结果：

```
DGLGraph(num_nodes=10, num_edges=30,
         ndata_schemes={},
         edata_schemes={})
```

10.4.4 NetWorkx库

NetWorkx 是一个用 Python 语言开发的图论与复杂网络建模工具，内置了常用的图与复杂网络分析算法，可以方便地执行分析复杂网络数据、仿真建模等任务。

利用 NetWorkx 可以以标准化和非标准化数据格式存储网络，生成多种随机网络和经典网络，分析网络结构，建立网络模型，设计新的网络算法，进行网络绘制等。

1. NetWorkx库的安装和使用

由于 NetWorkx 库默认集成在 Anaconda 软件中，因此，如果已经安装了 Anaconda，那么可以直接使用 NetWorkx 库。

在使用之前，可以使用如下代码查看当前 NetWorkx 库的版本。

```
import networkx
print(networkx.__version__)
```

NetWorkx 库支持 4 种图结构，具体如下。

- Graph：无多重边无向图。
- DiGraph：无多重边有向图。
- MultiGraph：有多重边无向图。
- MultiDiGraph：有多重边有向图。

针对每种图结构都有一套对应的操作接口，这些接口可以对图、边、顶点执行创建、增加、删除、修改、检索等操作。这些基本操作都可以在 NetWorkx 库的官方帮助文档中找到。

2. NetWorkx库中的图数据对象

NetWorkx 库中的图数据对象可以通过 nx.generate_graphml 接口转化成 graphml 文件格式的字符串。该字符串是以生成器形式存储的，每一个子图为生成器中的一个元素。

```
G=nx.path_graph(4)
print( list(nx.generate_graphml(G)))
```

在该代码执行后，会输出 graphml 文件格式的图数据对象，具体如下：

```
......
'  <graph edgedefault="undirected">',
'    <node id="0" />',
'    <node id="1" />',
'    <node id="2" />',
'    <node id="3" />',
'    <edge source="0" target="1" />',
'    <edge source="1" target="2" />',
'    <edge source="2" target="3" />',
'  </graph>',
'</graphml>']
```

通过 graphml 文件格式的描述，可以将图数据以文本形式体现出来。用户通过直接修改 graphml 文件格式的内容，也能完成对图数据的维护。它比使用接口函数的方式更直接，也更灵活。

NetWorkx 库还可以通过读写 graphml 文件的方式完成图数据的持久化。使用 nx.write_

graphml 接口可输出内存中的图对象。待编辑好之后，使用 nx.read_graphml 接口将文件加载到内存中。

扩展名为 graphml 的文件使用的是 XML 格式，它还可以用 yEd Graph Editor 软件打开。

10.4.5 DGLGraph 图中顶点属性的操作

在图神经网络中，每个顶点都有自己的属性信息（如果忽略顶点与顶点之间的关系，那么顶点的属性便与深度学习中的样本特征一致）。DGLGraph 图中的顶点属性都放在成员变量 ndata 中，可以直接对其进行操作。

1. 添加顶点属性

添加顶点属性的示例代码如下：

```
import torch
import dgl
g_dgl=dgl.DGLGraph()
g_dgl.add_nodes(4)                                                    #添加4个顶点
g_dgl.add_edges(torch.tensor(list(range(4))),  [0]*4)                 #添加4条边
g_dgl.ndata['feature'] = torch.zeros((g_dgl.number_of_nodes(), 2))    #添加顶点属性
print(g_dgl.local_var())
print(g_dgl.ndata['feature'])
```

DGLGraph 图对象的 ndata 成员变量是字典类型，在使用时可以任意指定键（key）并为其添加值（value）。代码运行后，输出如下结果：

```
DGLGraph(num_nodes=4, num_edges=4,
         ndata_schemes={'feature': Scheme(shape=(2,), dtype=torch.float32)}
         edata_schemes={})
tensor([[0., 0.], [0., 0.], [0., 0.], [0., 0.]])
```

从输出结果的第 2 行可以看出，DGLGraph 图中有了顶点属性信息。结果最后一行显示了 DGLGraph 图中顶点属性的值（每个顶点的属性都由两个 0 组成）。

> 提示 DGL 库不但支持 Python 数值类型，而且支持 PyTorch 类型。在开发时，可以任意使用。例如，在使用 add_edges() 方法添加边时，使用了 PyTorch 张量类型的方式来指定源顶点。

2. 修改顶点属性

可以根据顶点索引来对指定顶点的属性进行修改，具体代码如下：

```
g_dgl.nodes[[0, 1]].data['feature'] = torch.ones(2, 2)      #将前两个顶点属性改成1
print(g_dgl.ndata['feature'])
print(g_dgl.node_attr_schemes())                            #单独查看顶点属性
```

代码运行后输出如下结果：

```
tensor([[1., 1.], [1., 1.], [0., 0.], [0., 0.]])
{'feature': Scheme(shape=(2,), dtype=torch.float32)}
```

> 提示　DGLGraph图对象的ndata成员本质上就是一个字典对象，也可以使用与字典相关的操作来修改值，例如，使用update()方法：
> g_dgl.ndata.update({'feature':torch.zeros((g_dgl.number_of_nodes(), 2))})

3. 删除顶点属性

可以使用 ndata 的 pop() 方法将顶点属性删除，该方法会返回所删除的属性值。具体代码如下：

```
g_dgl.ndata.pop('feature')                                    #删除顶点属性
print(g_dgl.node_attr_schemes())                              #单独查看顶点属性，输出：{}
```

10.4.6 DGLGraph图中边属性的操作

DGLGraph 图中边属性的操作与 10.4.5 节中顶点属性的操作类似。在 10.4.5 节的基础上，将顶点属性 ndata 换成边属性 edata 即可，具体代码如下：

```
#添加边属性
g_dgl.edata['feature'] = torch.zeros((g_dgl.number_of_edges(), 2))
print(g_dgl.edata['feature'])     #输出：tensor([[0., 0.], [0., 0.], [0., 0.], [0.,
#0.]])

#修改边属性
g_dgl.edges[[0, 1]].data['feature'] = torch.ones(2, 2)
g_dgl.edges[[0, 1]].data['feature'] = torch.ones(2, 2)
print(g_dgl.edata['feature']) #输出：tensor([[1., 1.], [1., 1.], [0., 0.], [0.,
#0.]])

#删除边属性
g_dgl.edata.pop('feature')
print(g_dgl.edge_attr_schemes())    #单独查看边属性，输出：{}
```

10.4.7 DGLGraph图属性操作中的注意事项

在函数调用过程中，如果在函数内部使用了 local_var() 方法对图进行复制，那么对复制后的图属性的修改将不会在原始图中生效。这是读者需要注意的地方。

以改变图顶点的属性为例，具体代码如下：

```
def foo(g):                                      #定义函数以改变图顶点属性
    g = g.local_var()                            #复制图
    g.nodes[[0, 1]].data['feature'] = torch.ones(2, 2)
    print(g.ndata['feature']) #输出修改的值：tensor([[1., 1.], [1., 1.], [0., 0.], [0., 0.]])

g_dgl.ndata['feature'] =torch.zeros((g_dgl.number_of_nodes(), 2)) #初始化顶点属性
print(g_dgl.ndata['feature']) #输出原始的值：tensor([[0., 0.], [0., 0.], [0., 0.], [0., 0.]])
foo(g_dgl)                                          #调用函数，修改顶点属性
print(g_dgl.ndata['feature']) #发现属性没变，输出：tensor([[0., 0.], [0., 0.], [0., 0.], [0., 0.]])
```

local_var() 方法本质上是返回一个本地作用域的图对象。利用该方法可以在函数内部对 DGLGraph 图进行各种变换，然后直接返回变换后所计算的值。只要在函数内部使用了 local_var() 方法对原始图对象进行复制，后续的操作就不会对原始图对象造成影响。

提示

还可以使用 local_scope() 方法创建本地作用域，修改作用域内的图对象不会影响外部的图对象。例如，函数 foo() 也可以写成函数 foo2()，具体代码如下：

```
def foo2(g):
    with g.local_scope():
        g.nodes[[0, 1]].data['feature'] = torch.ones(2, 2)
        print(g.ndata['feature'])
```

10.4.8 使用函数对图的顶点和边进行计算

Python 中的 map() 函数可以对列表中的元素按照指定的函数逐个进行计算，在 DGLGraph 图中也有类似的函数。

- apply_nodes()：可以对每个顶点按照指定的函数进行计算。
- apply_edges()：可以对每个边按照指定的函数进行计算。

具体代码如下：

```
g_dgl.clear()                                       #清空图
g_dgl.add_nodes(3)                                  #添加3个顶点
g_dgl.add_edges([0, 1], [1, 2])                     #添加2条边 0 -> 1, 1 -> 2

def feature_fun(g):                                 #定义计算函数
    return {'feature2': g.data['feature'] +2}       #额外添加一个属性

g_dgl.ndata['feature'] = torch.ones(3, 1)           #添加顶点属性feature，所有顶点的值都为1
g_dgl.apply_nodes(func=feature_fun, v=0)            #对索引为0的顶点属性进行计算
print(g_dgl.ndata)                         #输出：{'feature': tensor([[1.], [1.], [1.]]),
                                           # 'feature2': tensor([[3.], [0.], [0.]])}

g_dgl.edata['feature'] = torch.ones(2, 1)          #添加边属性feature，所有边的值都为1
g_dgl.apply_edges(func=feature_fun, edges=0)       #对索引为0的边属性进行计算
print(g_dgl.edata)                         #输出：{'feature': tensor([[1.], [1.]]),
                                           # 'feature2': tensor([[3.], [0.]])}
```

上述代码中分别对索引值为 0 的顶点和边进行计算。如果要对全部顶点和边进行计算，那么直接在参数中用列表指定即可。

10.4.9 使用函数对图的顶点和边进行过滤

类似 Python 中的 filter() 函数，DGLGraph 图中也可以对边和顶点进行过滤。接 10.4.8 节的代码，具体如下：

```
def filter_fun(g):                                  #定义过滤函数
    return (g.data['feature2'] > 1).squeeze(1)      #对feature2进行过滤，找出大于1的索引
```

```
print(g_dgl.ndata['feature2']) #输出顶点的feature2特征，输出：tensor([[3.], [0.], [0.]])
g_dgl.filter_nodes(filter_fun)  #对顶点进行过滤，输出：tensor([0])

print(g_dgl.edata['feature2']) #输出边的feature2特征，输出：tensor([[3.], [0.]])
g_dgl.filter_edges(filter_fun)   #对边进行过滤，输出：tensor([0])
```

10.4.10　DGLGraph图的消息传播

在 DGLGraph 图中，可以进行顶点与顶点间的传播计算，传播是以消息传递的方式实现的。假设顶点 1 与顶点 2 相连，则可以定义一个处理函数当作顶点 1 和顶点 2 之间的边，将顶点 1 作为输入，结果传给顶点 2；顶点 2 使用接收函数对传来的消息进行处理，然后更新到自身顶点中。

在具体实现时，基于边的处理函数要通过 DGLGraph 图的 register_message_func() 方法进行注册，接收消息的处理函数要通过 DGLGraph 图的 register_reduce_func() 方法进行注册。接收的消息可以通过目的顶点的 mailbox 属性进行获取。

1. 建立DGLGraph图

```
import torch as th
import networkx as nx
g = dgl.DGLGraph()
g.add_nodes(4)                                                    #添加4个顶点
g.ndata['x'] = th.tensor([[1.], [2.], [3.], [4.]])                #为每个顶点添加x属性
g.add_edges([0, 1, 1, 2], [1, 2, 3, 3])                           #为图添加4条边
```

该代码建立的图结构如图 10-10 所示。

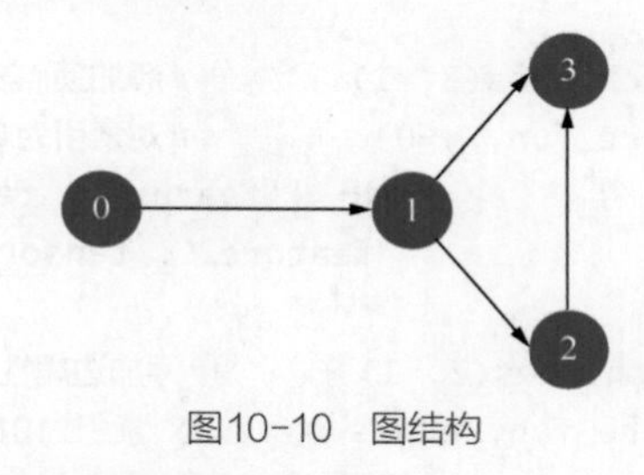

图10-10　图结构

2. 边处理函数与接收消息处理函数的实现

```
def send_source(edges): return {'m': edges.src['x']}      #定义边处理函数
g.register_message_func(send_source)                      #注册边处理函数
def simple_reduce(nodes): return {'x': nodes.mailbox['m'].sum(1)} #定义接收消息处理函数
g.register_reduce_func(simple_reduce)                     #注册接收消息处理函数
```

3. 按顺序进行消息传播

接上面的代码，直接使用图的 prop_nodes() 方法可以完成消息传播，具体代码如下。

```
g.prop_nodes([[1, 2], [3]])       #传播顶点
print(g.ndata['x'])               #显示结果，输出：tensor([[1.], [1.], [2.], [3.]])
```

在上述代码中，调用了 prop_nodes() 方法完成图传播。该方法的参数是一个列表，在执行时会按照列表中元素的顺序依次进行 send_source() 和 simple_reduce() 的调用。具体步骤如下。

（1）对顶点 1 进行传播计算。将顶点 0 传入 send_source() 函数中，send_source() 函数将消息 m 发送给顶点 1，顶点 1 在自己的 mailbox 字典中找到消息 m，并将消息 m 的值更新到自己的 x 属性里。此时，顶点 1 的 x 属性由 2 变成 1。

（2）对顶点 2 进行传播计算。由于顶点 1 和顶点 2 都是参数列表中的第一个元素，因此这是与第（1）步同时进行的，即顶点 2 将顶点 1 的值更新到自身的 x 中，其 x 值由 3 变成 2。

（3）对参数列表中的第二个元素——顶点 3 进行传播计算。将第（1）步与第（2）步计算后的顶点 1、顶点 2 的 x 值传入 send_source() 函数中，发送消息给顶点 3。顶点 3 接收到两个值 1 和 2，并调用 simple_reduce() 中的 sum() 函数，将这两个值相加并更新到自身的 x 属性中，得到 3。到此为止，完成全部传播过程。此时，图对象 g 中所有顶点的 x 属性为: [[1.], [1.], [2.], [3.]]。

4. 对所有顶点进行消息传播

利用 DGLGraph 图的消息传播机制可以很方便地对所有顶点进行运算。使用图的 update_all() 方法可以对图中所有的相邻顶点进行一次消息传播。具体代码如下:

```
g.ndata['x'] = th.tensor([[1.], [2.], [3.], [4.]])
g.update_all()
print(g.ndata['x'])        #输出: tensor([[0.], [1.], [2.], [5.]])
```

对 update_all() 方法的计算步骤解读如下。

（1）第一个顶点由 1 变成 0：在 update_all() 方法中，是从第一个顶点开始进行消息传播的，因为该顶点前面没有其他顶点发送消息，所以调用接收消息时没有收到任何值，其属性由 1 变成 0。

（2）第二个顶点由 2 变成 1：在 update_all() 方法中，所有顶点都是同时进行消息传播的。因为第二个顶点被更新为第一个顶点的值，所以变成了 1。

（3）第三个顶点由 3 变成 2：与（2）中说明的道理一样。

（4）第四个顶点由 4 变成 5：第四个顶点是由第二个顶点、第三个顶点传播来的值相加而成的，即 2+3=5。

提示 update_all() 方法支持 3 个参数，分别为 message_func、reduce_func 和 apply_node_func。其中 message_func 和 reduce_func 为发送消息和接收消息函数，apply_node_func 为应用在每个顶点上的函数。

10.4.11 DGL 库中的多图处理

DGL 库支持多图处理。多图是指一个 DGLGraph 类对象中含有多个图结构，常用来在图中表示顶点间的不同关系。例如，在地图应用中，两个地点之间可能会有不同的路径。又如，在社交关系中，两个人之间可能有不同的关系（从亲缘、工作、兴趣等角度来考虑）。

1. 多图的创建

在实现时，只需要将 DGLGraph 的实例化参数 multigraph 设为 True，具体代码如下：

```
g_multi = dgl.DGLGraph(multigraph=True)      #创建一个多图
g_multi.add_nodes(4)                         #添加4个顶点
g_multi.add_edges(list(range(2)), 0)         #添加边（顶点0指向顶点0，顶点1指向顶点0）
g_multi.add_edge(1, 0)                       #添加重复边（顶点1指向顶点0）
print(g_multi.edges())                       #输出边
eid_10 = g_multi.edge_id(1,0)                #计算顶点1指向顶点0的边
print(eid_10)                                #输出计算顶点1指向顶点0的边
```

为了演示多图的特征，在代码中创建了一个含有两个重复边的多图。运行后输出如下结果：

```
(tensor([0, 1, 1]), tensor([0, 0, 0]))
tensor([1, 2])
```

输出结果的第 1 行是图中所有的边，输出结果的第 2 行是顶点 1 指向顶点 0 的边。在 DGLGraph 对象中，有两个图，每个图中都存在一条由顶点 1 指向顶点 0 的边。

2. 按边索引指定属性

多图中所有的边也是有统一的索引编号的，这与单图一致。直接通过索引即可指定其属性。具体代码如下：

```
g_multi.edata['w'] = torch.randn(3, 2)              #用随机值为边添加属性
g_multi.edges[1].data['w'] = torch.zeros(1, 2)      #修改索引值为1的边属性
print(g_multi.edata['w'] )                          #显示所有的边属性
```

代码运行后，输出如下结果：

```
tensor([[ 0.9831, -1.3319],  [ 0.0000,  0.0000],  [-1.0640, -0.4091]])
```

3. 按源到目的顶点的索引指定属性

在多图中，可以按照源到目的顶点的方式找到所有子图的边，然后进行统一的属性修改。具体代码如下：

```
eid_10 = g_multi.edge_id(1,0)                                         #计算顶点1指向顶点0的边
g_multi.edges[eid_10].data['w'] = torch.ones(len(eid_10), 2) #统一修改符合条件的边属性
print(g_multi.edata['w'])                                             #显示所有的边属性
```

代码运行后，输出如下结果：

```
tensor([[ 0.9831, -1.3319],   [ 1.0000,  1.0000],  [ 1.0000,  1.0000]])
```

10.5 实例 28：用带有残差结构的多层 GAT 模型实现论文分类

从本节开始，将使用 DGL 库实现各种图神经网络。使用 DGL 库进行图计算会比直接使

用原生的PyTorch API更容易、效率更高，而且也节省了大量的开发时间。

实例描述 有一个记录论文信息的数据集，数据集里面含有每一篇论文的关键词和分类信息，同时还有论文间互相引用的信息。搭建AI模型，对数据集中的论文信息进行分析，使模型学习已有论文的分类特征，以便预测出未知分类的论文类别。

本例是10.2节的扩展，通过使用DGL库实现一个带有残差结构的多层GAT模型，从而在论文分类任务上达到更好的效果和性能。

10.5.1 代码实现：使用DGL数据集加载CORA样本

本例使用的样本与9.4节中的一致。在实现时，使用DGL库的数据集模块可以更方便地实现CORA数据集中样本的获取和加载。

1. 下载数据集

直接使用dgl.data库中的citation_graph模块即可实现CORA数据集的下载，具体代码如下。

代码文件：code_30_dglGAT.py

```
01  import dgl
02  import torch
03  from torch import nn
04  from dgl.data import citation_graph
05  from dgl.nn.pytorch import  GATConv
06  data = citation_graph.CoraDataset()      #下载并加载数据集
```

上述代码的第6行会自动在后台对CORA数据集进行下载。待数据集下载完成之后，对其进行加载并返回data对象。

代码运行后输出如下内容：

```
......
#Extracting file to C:\Users\ljh\.dgl/cora
```

系统默认的下载路径为当前用户的.dgl文件夹。以作者的计算机为例，下载路径为C:\Users\ljh\.dgl/cora.zip。

2. 查看数据集对象

上述代码的第6行返回的data对象中含有数据集的样本（feature）、标签（label），论文中引用关系的邻接矩阵，以及拆分好的训练、验证、测试数据集掩码。

其中，数据集的样本已经被归一化处理，与9.4.5节中代码的第64行的features对象完全一致。邻接矩阵是以NetWorkx图的形式存在的，将9.4.4节中代码的第54行的无向图邻接矩阵转成了NetWorkx图对象，并放到data对象中进行返回。

提示 将adj转换成NetWorkx图的代码如下：

```
graph = nx.from_scipy_sparse_matrix(adj, create_using=nx.DiGraph())
```

编写代码查看 data 对象中的样本数据，具体代码如下。

代码文件：code_30_dglGAT.py（续1）

```
07 #输出运算资源情况
08 device = torch.device('cuda') if torch.cuda.is_available() else torch.device('cpu')
09 print(device)
10
11 features = torch.FloatTensor(data.features).to(device)                #获得样本特征
12 labels = torch.LongTensor(data.labels).to(device)                     #获得标签
13
14 train_mask = torch.BoolTensor(data.train_mask).to(device)             #获得训练集掩码
15 val_mask = torch.BoolTensor(data.val_mask).to(device)                 #获得验证集掩码
16 test_mask = torch.BoolTensor(data.test_mask).to(device)               #获得测试集掩码
17
18 feats_dim = features.shape[1]                                         #获得特征维度
19 n_classes = data.num_labels                                           #获得类别个数
20 n_edges = data.graph.number_of_edges()                                #获得邻接矩阵边数
21 print("""----数据统计------
22   #边数 %d
23   #样本特征维度 %d
24   #类别数 %d
25   #训练样本 %d
26   #验证样本 %d
27   #测试样本 %d""" % (n_edges, feats_dim,n_classes,
28         train_mask.int().sum().item(),val_mask.int().sum().item(),
29         test_mask.int().sum().item()))                          #输出结果
30
31 g = dgl.DGLGraph(data.graph)                                    #将NetWorkx图转成DGL图
32 g.add_edges(g.nodes(), g.nodes())                               #添加自环
33 n_edges = g.number_of_edges()
```

上述代码的第31行～33行对邻接矩阵进行了加工。

上述代码运行后，输出如下内容：

```
----数据统计------
  #边数 10556
  #样本特征维度 1433
  #类别数 7
  #训练样本 140
  #验证样本 300
  #测试样本 1000
```

从训练样本所占的比例可以看出，图神经网络使用的训练样本不需要太多（仅使用了总样本的10%左右）。

10.5.2 用邻居聚合策略实现GATConv

直接使用 DGL 库中的注意力图卷积层 GATConv 可以很方便地搭建出多层 GAT 模型。在DGL库中，注意力图卷积层GATConv的输入参数为样本特征和加入自环后的邻接矩阵图。

1. DGL库中GATConv的处理过程

GATConv 类的内部实现步骤如下。

（1）对输入的样本特征进行全连接处理。

（2）采用左右注意力的方式对全连接处理后的样本特征进行计算，即再并行地执行两次全连接，将结果当作注意力的特征。

（3）按照邻接矩阵图的顶点关系，实现左右注意力的相加。

（4）对邻接矩阵图中加和后的边执行基于边的 Softmax 计算，得到注意力分数。

（5）对每个顶点全连接后的特征与注意力分数相乘得到最终的图特征。

（6）将（1）的结果与（5）的结果合并形成残差层。该层为可选项，可以通过参数来控制。

GATConv 中的注意力部分如图 10-11 所示。

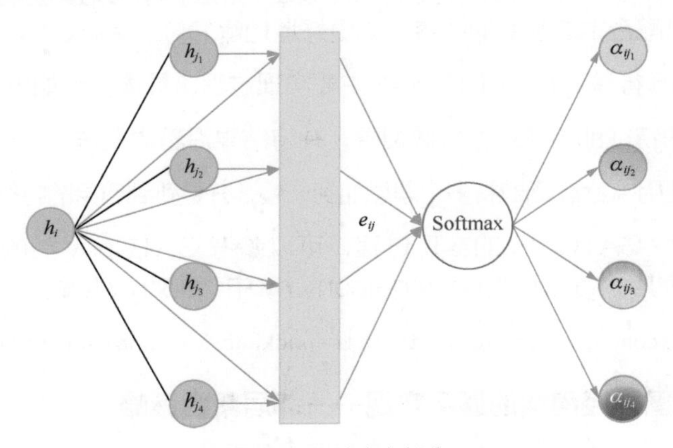

图10-11 注意力部分

DGL 库中的注意力图卷积层 GATConv 借助邻接矩阵的图结构，巧妙地实现了左右注意力按边进行融合的方式。

2. DGL库中GATConv的代码实现

实现 GATConv 类的主要代码如下。

代码文件：gatconv.py（片段）

```
01 def forward(self, graph, feat):  #GATConv的处理部分，需要输入邻接矩阵和顶点特征
02     graph = graph.local_var()     #在局部作用域下复制图
03     h = self.feat_drop(feat)      #进行一次Dropout处理
04     feat = self.fc(h).view(-1, self._num_heads, self._out_feats)  #全连接
05     el = (feat * self.attn_l).sum(dim=-1).unsqueeze(-1)  #全连接，计算左注意力
```

```
06      er = (feat * self.attn_r).sum(dim=-1).unsqueeze(-1)  #全连接，计算右注意力
07      #将全连接特征和左右注意力特征放到每个顶点的属性中
08      graph.ndata.update({'ft': feat, 'el': el, 'er': er})
09      #用图中消息传播的方式，对每个顶点的左右注意力按照边结构进行相加，并更新到顶点特征中
10      graph.apply_edges(fn.u_add_v('el', 'er', 'e'))
11      e = self.leaky_relu(graph.edata.pop('e'))  #对顶点特征的注意力执行非线性变换
12      #对最终的注意力特征执行Softmax变换，生成注意力分数
13      graph.edata['a'] = self.attn_drop(edge_softmax(graph, e))
14      #将注意力分数与全连接特征相乘，并进行全图顶点的更新
15      graph.update_all(fn.u_mul_e('ft', 'a', 'm'), fn.sum('m', 'ft'))
16      rst = graph.ndata['ft']          #从图中提取出计算结果
17      #添加残差结构
18      if self.res_fc is not None:
19          resval = self.res_fc(h).view(h.shape[0], -1, self._out_feats)
20          rst = rst + resval
21      #对结果执行非线性变换
22      if self.activation:
23          rst = self.activation(rst)
24      return rst
```

该代码是 DGL 库中 GATConv() 类的 forward() 方法，本书对其进行了详细解释。读者可以参考该代码，再配合本节前面的内容，来更好地理解 DGL 库中 GATConv 的实现。

上述代码的第 15 行是 forward() 方法的主要实现过程，具体步骤如下。

（1）每个顶点的特征都与注意力分数相乘，并将结果沿着边发送到下一个顶点。

（2）接收顶点使用 sum() 函数将多个消息加到一起，并更新到自身的特征中，替换原有特征。

想要详细地了解 GATConv 的实现过程，可以参考 GATConv 类的源码，具体位置在 DGL 库安装路径下的 \nn\pytorch\conv\gatconv.py 中。例如，作者的计算机中的路径为：

```
D:\ProgramData\Anaconda3\envs\pt15\Lib\site-packages\dgl\nn\pytorch\conv\gatconv.py
```

3. DGL 库中图神经网络的通用实现——邻居聚合策略

在 DGL 库中，GATConv 的实现方式并不是个例，几乎所有的图神经网络是借助图中的关系按照边进行传播计算的。它们都遵循邻居聚合的策略，即通过聚合邻居的特征迭代地更新自己的特征。在 k 次迭代聚合后，就可以捕获到在 k-hop 邻居内的结构信息。这个聚合后的特征信息可以用于分类。

邻居聚合策略对于图卷积网络的实现也是如此。了解了这个思想之后，再来看 DGL 库中图卷积的实现便会更容易理解。具体代码在 DGL 库安装路径下的 \nn\pytorch\conv\graphconv.py 文件中。该代码所实现的聚合方式是沿着边的方向将邻居顶点与自身相加（sum）。

邻居聚合策略并不是只有相加（sum）这一种，还可以取平均值（mean）或取最大值（max）。经过实验，三者的比较如下。

- sum：可以学习全部的标签及数量，可以学习精确的结构信息。
- mean：只能学习标签的比例（比如两个图标签的比例相同，但是顶点数有成倍关系），偏向学习分布信息。

- max：只能学习最大标签，忽略顶点的多样性，偏向学习有代表性的元素信息。

10.5.3　代码实现：用DGL库中的GATConv搭建多层GAT模型

在使用DGL库中的GATConv层时，可以将GATConv层直接当作深度学习中的卷积层，然后搭建多层图卷积网络。具体代码如下。

代码文件：code_30_dglGAT.py（续2）

```
34 class GAT(nn.Module):              #定义多层GAT模型
35     def __init__(self,
36                 num_layers,   #层数
37                 in_dim,       #输入维度
38                 num_hidden,   #隐藏层维度
39                 num_classes,  #类别个数
40                 heads,        #多头注意力的计算次数
41                 activation,   #激活函数
42                 feat_drop,    #特征层的丢弃率
43                 attn_drop,    #注意力分数的丢弃率
44                 negative_slope, #LeakyReLU激活函数的负向参数
45                 residual):      #是否使用残差网络结构
46         super(GAT, self).__init__()
47         self.num_layers = num_layers
48         self.gat_layers = nn.ModuleList()
49         self.activation = activation
50         self.gat_layers.append(GATConv(in_dim, num_hidden, heads[0],
51             feat_drop, attn_drop, negative_slope, False, self.activation))
52         #定义隐藏层
53         for l in range(1, num_layers):
54             #多头注意力 输出维度为  num_hidden 与 num_heads的乘积
55             self.gat_layers.append(GATConv(
56                 num_hidden * heads[l-1], num_hidden, heads[l],
57                 feat_drop, attn_drop, negative_slope, residual, self.activation))
58         #输出层
59         self.gat_layers.append(GATConv(
60             num_hidden * heads[-2], num_classes, heads[-1],
61             feat_drop, attn_drop, negative_slope, residual, None))
62
63     def forward(self, g,inputs):
64         h = inputs
65         for l in range(self.num_layers): #隐藏层
66             h = self.gat_layers[l](g, h).flatten(1)
67         #输出层
68         logits = self.gat_layers[-1](g, h).mean(1)
69         return logits
70 def getmodel( GAT ): #定义函数以实例化模型
71     #定义模型参数
72     num_heads = 8
73     num_layers = 1
```

```
74    num_out_heads =1
75    heads = ([num_heads] * num_layers) + [num_out_heads]
76    #实例化模型
77    model = GAT( num_layers, num_feats, num_hidden= 8,
78       num_classes = n_classes,
79       heads = ([num_heads] * num_layers) + [num_out_heads], #总的注意力头数
80       activation = F.elu, feat_drop=0.6, attn_drop=0.6,
81       negative_slope = 0.2, residual = True) #使用残差结构
82    return model
```

上述代码的第 44 行设置了激活函数 leaky_relu() 的负向参数。该激活函数在 DGL 库的 GATConv 类中，在计算注意力的非线性变换时使用。

本节代码实现的多层 GAT 网络模型的主要结构分为两部分，即隐藏层和输出层。

- 隐藏层：根据设置的层数进行多层图注意力网络的叠加。
- 输出层：在隐藏层之后，再叠加一个单层图注意力网络，输出的特征维度与类别数相同。

通过如下两行代码即可将模型结构打印出来：

```
model = getmodel(GAT)
print(model)                    #输出模型
```

代码运行后输出如下结果：

```
GAT(
  (gat_layers): ModuleList(
    (0): GATConv(
      (fc): Linear(in_features=1433, out_features=64, bias=False)
      (feat_drop): Dropout(p=0.6, inplace=False)
      (attn_drop): Dropout(p=0.6, inplace=False)
      (leaky_relu): LeakyReLU(negative_slope=0.2)
    )
    (1): GATConv(
      (fc): Linear(in_features=64, out_features=7, bias=False)
      (feat_drop): Dropout(p=0.6, inplace=False)
      (attn_drop): Dropout(p=0.6, inplace=False)
      (leaky_relu): LeakyReLU(negative_slope=0.2)
      (res_fc): Linear(in_features=64, out_features=7, bias=False)
    )
  )
)
```

结果中的“(0): GATConv”是隐藏层部分；“(1): GATConv”是输出层部分。

10.5.4　代码实现：使用早停方式训练模型并输出评估结果

本节编写模型的评估函数和训练模型的早停类，训练模型并输出评估结果。具体代码如下。

代码文件：code_30_dglGAT.py（续 3）

```
83  def accuracy(logits, labels):                          #定义函数，计算准确率
84      _, indices = torch.max(logits, dim=1)
85      correct = torch.sum(indices == labels)
86      return correct.item() * 1.0 / len(labels)
87
88  def evaluate(model, labels, mask ,*modelinput): #定义函数，评估模型
89      model.to(device)
90      with torch.no_grad():
91          logits = model(*modelinput)
92          logits = logits[mask]
93          labels = labels[mask]
94          return accuracy(logits, labels)
95
96  class EarlyStopping:                                   #定义类，实现早停功能
97      def __init__(self, patience=10,modelname='checkpoint.pt'):
98          self.patience = patience
99          self.counter = 0
100         self.best_score = None
101         self.early_stop = False
102         self.modelname = modelname
103
104     def step(self, score, model):
105         if self.best_score is None:
106             self.best_score = score
107             torch.save(model.state_dict(), self.modelname)
108         elif score < self.best_score:
109             self.counter += 1
110             print(
111                 f'EarlyStopping counter: {self.counter} out of {self.patience}')
112             if self.counter >= self.patience:
113                 self.early_stop = True
114         else:
115             self.best_score = score
116             torch.save(model.state_dict(), self.modelname)
117             self.counter = 0
118         return self.early_stop
119
120 def trainmodel(model, modelname, *modelinput, lr=0.005,
121     weight_decay=5e-4,loss_fcn = torch.nn.CrossEntropyLoss()):
122                                                 #实例化早停类
123     stopper = EarlyStopping(patience=100,modelname=modelname)
124     model.cuda()
125
126     optimizer = torch.optim.Adam(               #定义优化器
127         model.parameters(), lr=lr, weight_decay=weight_decay)
128     import time
```

```
129     import numpy as np
130     model.train()
131     dur = []
132     for epoch in range(200):                          #按照迭代次数训练模型
133
134         if epoch >= 3:
135             t0 = time.time()
136
137         logits = model(*modelinput)                   #将样本输入模型以进行预测
138         loss = loss_fcn(logits[train_mask], labels[train_mask])
139
140         optimizer.zero_grad()                         #反向传播
141         loss.backward()
142         optimizer.step()
143
144         if epoch >= 3:
145             dur.append(time.time() - t0)
146                                                       #计算准确率
147         train_acc = accuracy(logits[train_mask], labels[train_mask])
148         val_acc = accuracy(logits[val_mask], labels[val_mask])
149         if stopper.step(val_acc, model):  #早停处理
150             break
151                                                       #输出训练中间过程
152         print("Epoch {:05d} | Time(s) {:.4f} | Loss {:.4f} | TrainAcc {:.4f} |"
153               " ValAcc {:.4f} | ETputs(KTEPS) {:.2f}".
154               format(epoch, np.mean(dur), loss.item(), train_acc,
155                      val_acc, n_edges / np.mean(dur) / 1000))
156                                                       #载入模型进行评估
157     model.load_state_dict(torch.load(modelname))
158     acc = evaluate(model, labels, test_mask,*modelinput)
159     print("\nTest Accuracy {:.4f}".format(acc))
160
161 if __name__ == '__main__':
162     model = getmodel(GAT)
163     print(model)
164     trainmodel(model,'code_30_dglGAT_checkpoint.pt',g,features)
```

上述代码的第120行在定义训练函数trainmodel()时，使用了带星号的形参*modelinput。

代码运行后，输出如下结果：

```
Epoch 00000 | Time(s) nan | Loss 1.9382 | TrainAcc 0.1643 | ValAcc 0.1967 | ET-
puts(KTEPS) nan
Epoch 00001 | Time(s) nan | Loss 1.9359 | TrainAcc 0.2143 | ValAcc 0.2300 | ET-
puts(KTEPS) nan
Epoch 00002 | Time(s) nan | Loss 1.9063 | TrainAcc 0.3214 | ValAcc 0.3033 | ET-
```

```
puts(KTEPS) nan
…
Epoch 00198 | Time(s) 0.0268 | Loss 0.2543 | TrainAcc 0.9643 | ValAcc 0.7700 | ET-
puts(KTEPS) 495.68
EarlyStopping counter: 71 out of 100
Epoch 00199 | Time(s) 0.0268 | Loss 0.2421 | TrainAcc 0.9714 | ValAcc 0.7633 | ET-
puts(KTEPS) 495.76

Test Accuracy 0.8350
```

可以看出，使用 DGL 库搭建的多层 GAT 模型的训练速度更快，占用的内存更小。

10.6 图卷积模型的缺陷

图卷积模型在每个全连接网络层的结果中加入了样本间的特征计算。其本质是依赖深度学习中的全连接网络来实现的。因此，在阐述图卷积模型的缺陷之前，先复习一下全连接网络的特征与缺陷。

10.6.1 全连接网络的特征与缺陷

深度学习中的多层全连接神经网络被称为“万能”的拟合神经网络。它先在单个网络层中用多个神经元节点实现低维的数据拟合，再通过多层叠加的方式对低维拟合能力进行综合，从而在理论上实现对任意数据的特征拟合。简单的示例如图 10-12 所示。

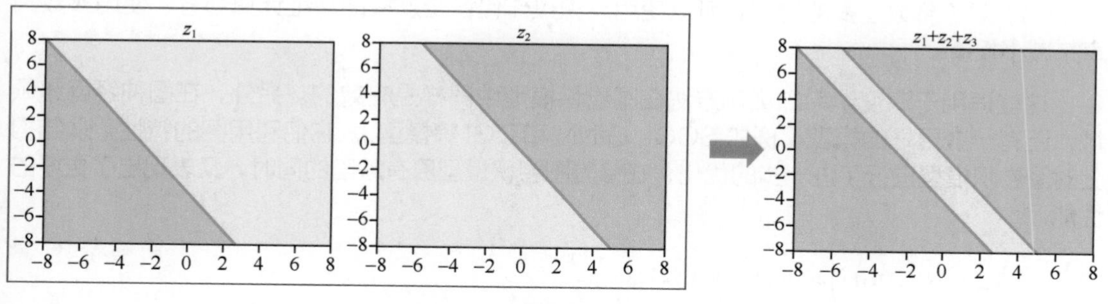

图10-12 全连接网络的几何意义

图 10-12 左侧的两幅图表示前一层的两个神经元节点将数据在各自的直角坐标系中分成了两类。图 10-12 中右侧的图表示后一层神经元将前一层的两个神经元结果融合到一起，实现最终的分类结果。

然而，这种神经网络却存在着两个缺陷。

（1）容易过拟合：从理论上来讲，如果全连接神经网络的层数和节点足够多，那么可以对任意数据进行拟合。然而，这一问题又会带来模型的过拟合问题。全连接神经网络不但会对正常的数据进行拟合，而且会对训练中的批次、样本中的噪声、样本中的非主要特征属性等进行拟合。这会使模型仅能使用在训练数据集上，无法用在类似于训练数据集的其他数据集上。

（2）模型过大且不容易训练：目前，训练模型的主要方法都是反向链式求导，这使得全连接神经网络一旦拥有过多层数，就很难训练出来（一般只能支持 6 层以内）。即使使用 BN、分布式逐层训练等方式保证了多层训练的可行性，也无法承受模型中过多的参数带来的计算压力和对模型运行时的算力需求。

10.6.2　图卷积模型的缺陷

在第 9 章介绍过图卷积的结构，图卷积只是按照具有顶点关系信息的卷积核在每层的全连接网络上额外做一次过滤而已。当然，该模型也继承了全连接神经网络的特征与缺陷。

因为在图卷积模型中，也使用了反向链式求导的方式进行训练，所以对图卷积模型深度的支持一般也只能到 6 层。

图卷积模型在层数受限的同时，也会存在参数过多且容易过拟合的问题。该问题也存在于 GAT 模型中。（依赖于全连接网络的图模型都会有这个问题。）

10.6.3　弥补图卷积模型缺陷的方法

既然图卷积模型继承了全连接网络的缺陷，那么用于弥补全连接网络缺陷的方法一样也适用于图卷积网络，具体如下。

（1）对于图卷积模型的层数受限情况，可以使用与全连接网络同样的方法来避免，即使用 BN、分布式逐层训练等方法。

（2）对于图卷积模型容易出现过拟合的问题，可以使用 Dropout、正则化等方法，当然，BN 也有提高泛化能力的功能。

（3）对于参数过多的情况，可以使用卷积操作代替全连接的特征计算部分，使用参数共享来减小权重。

这些适用于深度学习的优化方法在图卷积模型中同样是有效的。另外，在图神经网络领域，还有一些更好的模型（例如 SGC、GfNN 和 DGI 等模型）。它们利用图的特性，从结构上对图卷积模型进行了进一步的优化，在修复图卷积模型原有缺陷的同时，又表现出了更好的性能。

提示　SGC、GfNN、DGI 等模型会在下文依次介绍。

10.6.4　从图结构角度理解图卷积原理及缺陷

10.6.2 节介绍和分析了图卷积模型的缺陷。其思路是将图结构数据当作矩阵数据，在规整的矩阵数据基础之上融合深度学习的计算方法。

而在 DGL 库中实现的图卷积方法是基于图结构（空间域）的方式进行处理的。从效率角度来看，这样做有更大的优势，也更符合图计算的特点。

从基于图顶点传播的角度来看，图神经网络的过程可以理解为：基于顶点的局部邻居信息对顶点进行特征聚合，即将每个顶点及其周围顶点的信息聚合到一起以覆盖原顶点，如图 10-13 所示。

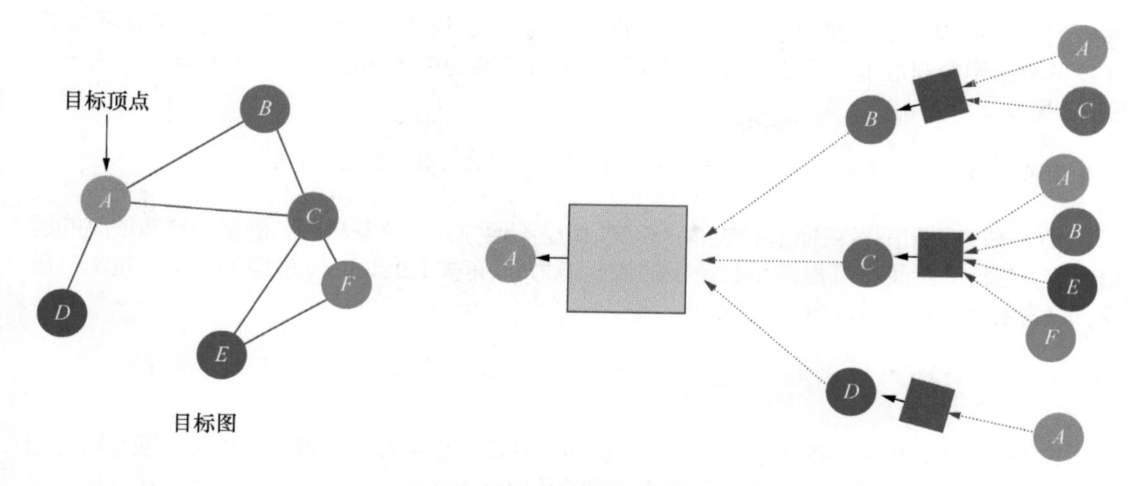

图10-13 图神经网络的计算过程

图 10-13 中描述了目标顶点 A 在图神经网络中的计算过程。可以看到，对于每一次计算，目标顶点 A 都对周围顶点特征执行一次聚合操作，而且这种聚合可以实现任意深度。

图卷积神经网络可以理解为每次执行聚合操作时都要对特征进行一次全连接的变换，并对聚合后的结果取平均值。层数过深会导致每个顶点对周围邻居的聚合次数过多。这种做法会导致所有顶点的值越来越相似，最终会收敛到同一个值，无法区分每个顶点的个性特征。这也是图卷积神经网络无法搭建过多层的原因。

图注意力机制中也同样存在这个问题。它与图卷积的结构几乎一致，只不过是在顶点聚合的过程中对邻居顶点加入了一个权重比例而已，如图 10-14 所示。

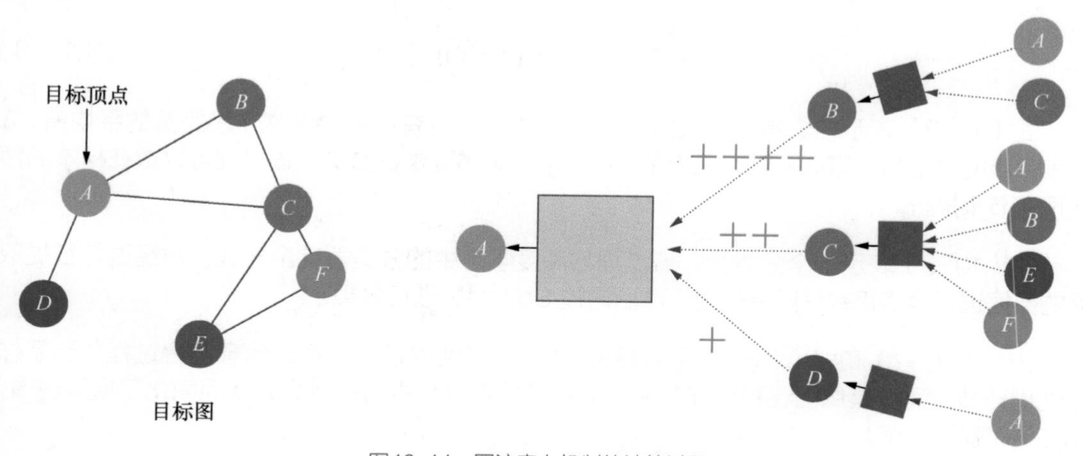

图10-14 图注意力机制的计算过程

10.7 实例29：用简化图卷积模型实现论文分类

简化图卷积（Simple Graph Convolution，SGC）模型通过依次消除非线性并折叠连续层之间的权重矩阵来减少复杂性，消除了图卷积运算中的冗余计算。这些简化不会在许多下游应用中对准确性产生负面影响，同样可以扩展到更大的数据集。本节就来介绍一下 SGC 模型。

实例描述　搭建SGC模型，完成与10.5节同样的任务——对论文数据集进行分类。

10.6 节介绍了图卷积模型的缺陷。SGC 模型不但弥补了这些缺陷，而且也具有很高的运算速度。它比 FastGCN 高两个数量级的加速能力。（有关 FastGCN 模型的介绍不是本书重点。读者若有兴趣，可以自行研究。）

10.7.1　SGC的网络结构

在 GCN 中，抛开全连接部分的计算，就可以在每一层中都将拉普拉斯矩阵与顶点特征相乘。可以将该过程理解为对该层各顶点的邻居特征执行一次平均值计算，每执行一次计算代表对邻居顶点进行 1 跳距离的信息聚合。

这种多层叠加的图卷积操作可以起到类似深度学习中卷积的作用——通过多次卷积的叠加操作增大模型的感受视野，实现高维特征的拟合，从而实现最终的特征分类。

SGC 模型突破了 GCN 的层数限制，将 GCN 中每层的激活函数去掉（不需要非线性变换）。它利用图中的顶点关系，可以直接计算图中顶点间局部邻居的平均值。通过多次计算顶点间 1 跳距离的平均值可以实现卷积叠加的效果。

这种简化版本的图卷积模型称为简化图卷积模型。该模型主要由以下两部分组成：

$$\bar{X} = S^K X \tag{10-2}$$

$$\hat{y} = \mathrm{Soft\,max}(f_C(\bar{X})) \tag{10-3}$$

式（10-2）表示一个特征提取器。S^K 表示对图中所有顶点求 K 次 1 跳距离的平均值，X 代表顶点的特征值。可以看到，在求$\bar{X}$的过程中，不需要参数参与。该过程可以放在样本的预处理环节来执行。

式（10-3）表示一个分类器，该过程与深度学习中的分类器完全一致。对经过特征提取后的数据进行全连接神经网络处理，然后通过 Softmax 进行分类。

由式（10-2）和式（10-3）可以看出，SGC 将图中顶点关系的信息融合过程放到了样本处理环节，而不是像图卷积那样在模型的特征拟合过程中再去融合，从而简化了模型逻辑，也方便了模型训练。

GCN 与 SGC 的结构如图 10-15 所示。

SGC 的结构主要源于其固定的卷积核（图中顶点间的关系）。在神经网络中，卷积核的权重是需要通过训练得到的。而在图神经网络中，卷积核的权重则是样本中自带的。这是二者最大的差异，即 SGC 使用了固定的低通滤波器，然后是线性分类器。这种结构大大简化了原有 GCN 的训练过程。两者完整的网络结构如图 10-16 所示。

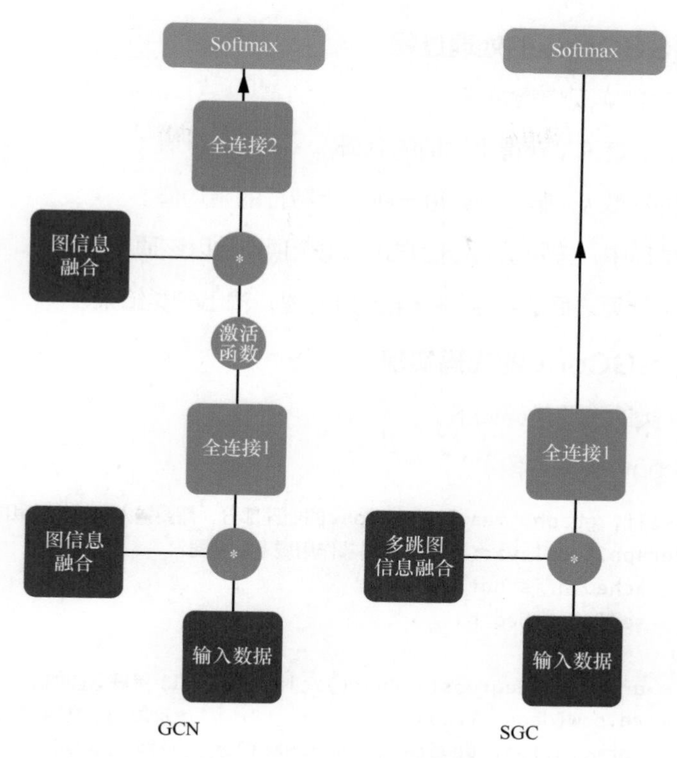

图10-15 GCN与SGC的结构

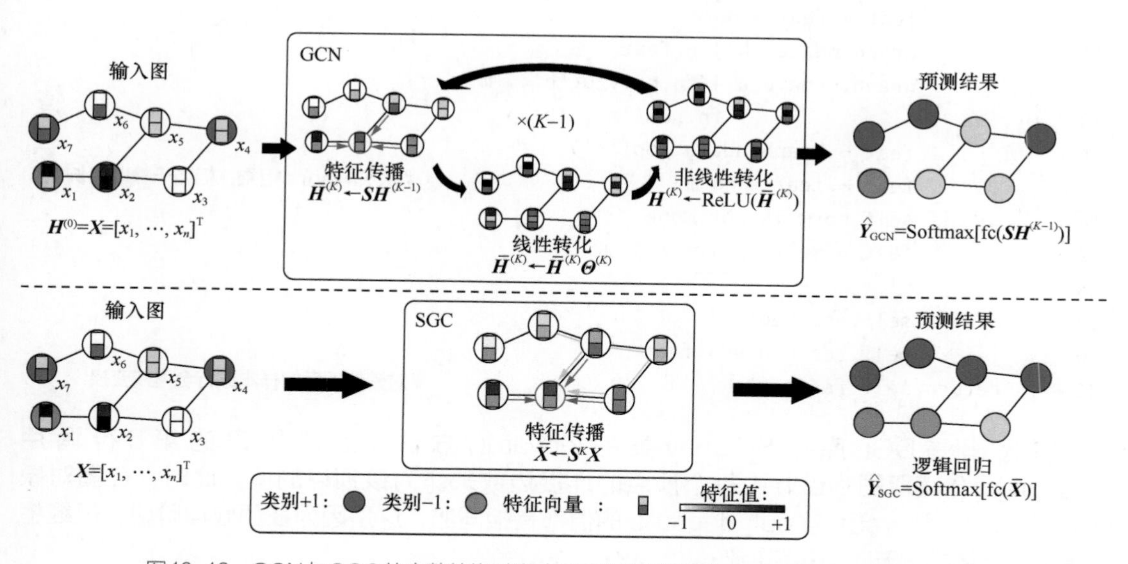

图10-16 GCN与SGC的完整结构对比（参见的论文编号为arXiv: 1902.07153,2019）

10.7.2 DGL库中SGC模型的实现方式

直接使用 DGL 库中的简化图卷积层 SGConv 可以很方便地搭建 SGC 模型。在 DGL 库中，SGC 的使用方法与注意力图卷积层 GATConv 的相似，输入参数同样是样本特征和加入自环后的邻接矩阵图。

1. DGL库中SGConv的处理过程

SGConv 类的内部实现步骤如下。

（1）计算图中的度矩阵（获得平均值的分母）。

（2）按照指定的次数 k，循环计算每一跳顶点特征的平均值。

（3）在每一次循环中，按照图的传播方式将每个顶点除以该顶点的边数，得到特征平均值。

（4）对 k 次特征计算之后的结果进行全连接处理，输出分类结果。

2. DGL库中SGConv的代码实现

实现 SGConv 类的主要代码如下。

代码文件: sgconv.py（片段）

```
01 def forward(self, graph, feat): #SGConv的处理部分，需要输入邻接矩阵和顶点特征
02     graph = graph.local_var()   #在局部作用域下复制图
03     if self._cached_h is not None:
04         feat = self._cached_h
05     else:
06         degs = graph.in_degrees().float().clamp(min=1) #获取图的度
07         norm = th.pow(degs, -0.5)                     #计算图中度的-0.5次幂
08         norm = norm.to(feat.device).unsqueeze(1)      #指派运算硬件
09         for _ in range(self._k):                      #按照指定跳数计算特征平均值
10             feat = feat * norm
11             graph.ndata['h'] = feat
12             graph.update_all(fn.copy_u('h', 'm'),
13                              fn.sum('m', 'h'))
14             feat = graph.ndata.pop('h')
15             feat = feat * norm                        #两次与norm相乘，相当于除以边长
16         if self.norm is not None:
17             feat = self.norm(feat)
18
19         if self._cached:
20             self._cached_h = feat
21     return self.fc(feat)                              #对预处理后的样本进行全连接变换
```

该代码是DGL库中SGConv类的forward()方法。上述代码的第6行调用in_degrees()获取图graph中每个顶点的连接边数来作为该顶点的度。此时，在图对象graph中，in_degrees与out_degrees的值都是相同的，这是因为在预处理阶段，已经将邻接矩阵转化成了无向图对称矩阵。

> 提示　上述代码的第6行中的clamp()函数的作用是对张量值按照指定的大小区间进行截断。代码clamp(min=1)的含义是将度矩阵中边长小于1的值都变为1。利用这种方法可以很方便地为图中顶点加入自环。clamp()函数还可以用作梯度截断，通过对其参数min与max进行指定，可将梯度限定在指定范围之内。

上述代码的第19行对参数_cached进行判断，并根据该参数是否为True来决定是否

保存特征抽取器的处理结果。如果 _cached 为 True，那么在多层 SGConv 中，只对初始的特征进行一次基于图顶点关系的特征抽取，剩下的计算与深度学习中全连接网络的计算一致。

想要更详细地了解 SGConv 的实现过程，可以参考 SGConv 类的源码，具体位置在 DGL 库安装路径下的 \nn\pytorch\conv\sgconv.py 中。例如，作者的计算机中的路径为：

```
D:\ProgramData\Anaconda3\envs\pt15\Lib\site-packages\dgl\nn\pytorch\conv\sgconv.py
```

10.7.3 代码实现：搭建SGC模型并进行训练

使用 DGL 库搭建 SGC 模型非常方便，在 10.5 节代码的基础上，仅需额外几行代码即可完成。具体代码如下。

代码文件：code_31_dglSGC.py

```
01 from code_30_dglGAT import features,g,n_classes,feats_dim,trainmodel
02 from dgl.nn.pytorch.conv import SGConv
03
04 model = SGConv(feats_dim,                    #实例化SGC模型
05                n_classes,                    #类别个数
06                k=2,                          #要计算的跳数
07                cached=True,                  #是否使用缓存
08                bias=False)                   #在全连接层是否使用偏置
09
10 print(model)                                 #输出模型
11 trainmodel(model,'code_31_dglSGC_checkpoint.pt',g,features,
12            lr=0.2, weight_decay=5e-06)       #训练模型
```

以上代码实现了一个单层的 SGC 模型。代码运行后，输出的结果如下：

```
cuda
----数据统计------
  #边数 10556
  #样本特征维度 1433
  #类别数 7
  #训练样本 140
  #验证样本 300
  #测试样本 1000
SGConv(
  (fc): Linear(in_features=1433, out_features=7, bias=False)
)
Epoch 00000 | Time(s) nan | Loss 1.9458 | TrainAcc 0.1429 | ValAcc 0.1367 | ET-
puts(KTEPS) nan
Epoch 00001 | Time(s) nan | Loss 1.7936 | TrainAcc 0.6143 | ValAcc 0.4667 | ET-
puts(KTEPS) nan
Epoch 00002 | Time(s) nan | Loss 1.6539 | TrainAcc 0.6429 | ValAcc 0.4867 | ET-
puts(KTEPS) nan
Epoch 00003 | Time(s) 0.0029 | Loss 1.5262 | TrainAcc 0.6500 | ValAcc 0.5133 | ET-
puts(KTEPS) 4531.13
…
```

```
Epoch 00171 | Time(s) 0.0036 | Loss 0.1827 | TrainAcc 0.9929 | ValAcc 0.8133 | ET-
puts(KTEPS) 3730.27
EarlyStopping counter: 99 out of 100
Epoch 00172 | Time(s) 0.0036 | Loss 0.1826 | TrainAcc 0.9929 | ValAcc 0.8133 | ET-
puts(KTEPS) 3728.13
EarlyStopping counter: 100 out of 100
Test Accuracy 0.8120
```

结果中输出了模型迭代训练 200 次的日志。相比 10.5.4 节中 GAT 模型的训练时间（单次迭代耗时 0.0268 秒），SGC 每次的迭代时间只有 0.0036 秒。在保证精度的同时，SGC 大大提升了运算速度。

注意　本例在训练模型时，使用的学习率是0.2，这是一个很大的值。若将该值设置成与10.5节GAT模型中的学习率一致（0.005），则无法得到很好的效果。这是在训练模型时需要注意的地方。

10.7.4　扩展：SGC 模型的不足

SGC 模型虽然在基准数据集上计算速度快、精度高，但需建立在顶点特征本身是线性可分的基础之上。如果原始的顶点特征不是线性可分的，那么每个顶点经过 k 次 1 跳传播之后的特征也不是线性可分的（因为中间没有非线性变换）。

SGC 只是在图结构信息与顶点特征的融合部分对图卷积进行了优化，而对于图卷积的非线性学习部分没有任何贡献。

为了弥补 SGC 模型无法拟合非线性数据的不足，可以在网络中加入更多深度学习中的非线性拟合神经元，即使用多层 SGC，并在层与层之间加入非线性激活函数，或使用 GfNN 模型。

10.8　实例 30：用图滤波神经网络模型实现论文分类

图滤波神经网络 (Graph filter Neural Network, GfNN) 模型的主要思想就是为 SGC 模型加入深度学习中的非线性拟合功能。通过这种方式，可以弥补 SGC 网络无法拟合非线性数据的不足。下面通过实例进行实现。

实例描述　搭建GfNN模型，完成与10.5节同样的任务——对论文数据集进行分类。

本实例先从 GfNN 结构出发，再通过代码来实现。

10.8.1　GfNN 的结构

在掌握了 SGC 和深度神经网络的基础上，很容易理解 GfNN 的结构。GfNN 的结构只是在 SGC 后面加了一层全连接网络而已，如图 10-17 所示。

从图 10-17 中可以看出，GfNN 和 GCN 具有相似的高性能。由于 GfNN 在学习阶段不需要邻接矩阵的乘法，因此比 GCN 要快得多。此外，GfNN 对噪声的容忍度也更高。

GfNN 模型更像是一个框架，框架中包含了两部分。

（1）通过多跳的方式，可将图信息融合到图顶点特征中。

（2）使用深度学习的方法，对融合后的图顶点特征进行拟合。

基于这个框架，可以不仅局限于图 10-17 所示的全连接神经网络结构。在实际应用中，可以像普通的深度学习任务一样，根据数据的特征和任务的特点，选用适合的神经网络来搭建模型。

有关 GfNN 的更多详细信息，可以参考的论文的编号为 arXiv: 1905.09550,2019。

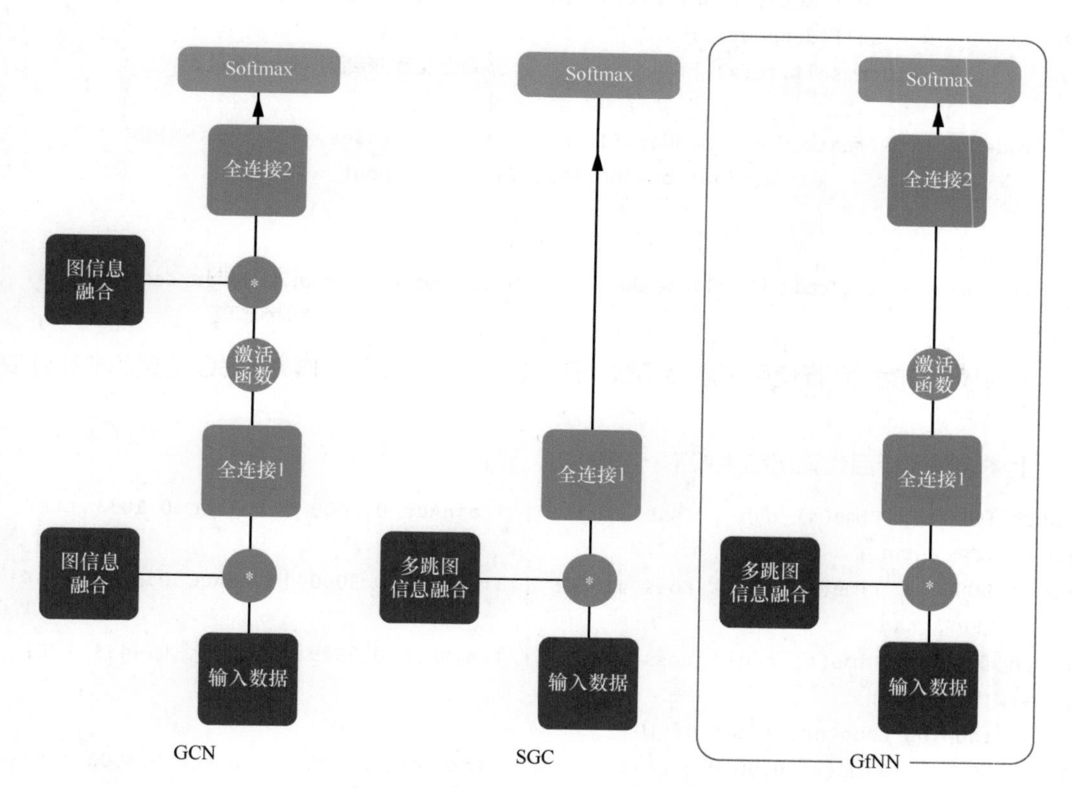

图10-17　GfNN与SGC和GCN结构的比较

10.8.2　代码实现：搭建GfNN模型并进行训练

在 10.5 节代码的基础上实现一个带有全连接的 GfNN 模型。具体代码如下。

代码文件：code_32_dglGfNN.py

```
01  import torch.nn as nn
02  from code_30_dglGAT import features,g,n_classes,feats_dim,trainmodel
03  from dgl.nn.pytorch.conv import SGConv
04
```

```
05 class GfNN(nn.Module):                                    #定义GfNN类
06
07     def __init__(self,in_feats, n_hidden, n_classes,
08                  k, activation, dropout, cached=True,bias=False):
09         super(GfNN, self).__init__()
10         self.activation = activation                     #激活函数
11         self.sgc = SGConv(in_feats, n_hidden, k,cached, bias)
12         self.fc = nn.Linear(n_hidden, n_classes)
13         self.dropout = nn.Dropout(p=dropout)
14     def forward(self, g,features):
15         x = self.activation(self.sgc(g,features))  #对SGC结果进行非线性变换
16         x = self.dropout(x)
17         return self.fc(x)                          #对变换后的特征进行全连接处理
18
19 model = GfNN(feats_dim,n_hidden=512,n_classes=n_classes, #实例化GfNN模型
20                 k=2,activation= nn.PReLU(512) ,dropout = 0.2)
21
22 print(model)
23 trainmodel(model,'code_32_dglGfNN_checkpoint.pt',g,features, lr=0.2, weight_decay=5e-06)
                                                                  #训练模型
```

上述代码的第20行使用了激活函数PReLU（见5.4.3节）作为SGC结果的非线性变换方法。

上述代码运行后，输出结果如下：

```
Epoch 00000 | Time(s) nan | Loss 1.9510 | TrainAcc 0.1000 | ValAcc 0.1033 | ET-
puts(KTEPS) nan
Epoch 00001 | Time(s) nan | Loss 1.8608 | TrainAcc 0.3000 | ValAcc 0.3533 | ET-
puts(KTEPS) nan
Epoch 00002 | Time(s) nan | Loss 4.6083 | TrainAcc 0.5929 | ValAcc 0.4433 | ET-
puts(KTEPS) nan
EarlyStopping counter: 1 out of 100
Epoch 00003 | Time(s) 0.0070 | Loss 3.2884 | TrainAcc 0.5214 | ValAcc 0.3600 | ET-
puts(KTEPS) 1899.91
…
Epoch 00134 | Time(s) 0.0069 | Loss 0.0018 | TrainAcc 1.0000 | ValAcc 0.7700 | ET-
puts(KTEPS) 1919.94
EarlyStopping counter: 99 out of 100
Epoch 00135 | Time(s) 0.0069 | Loss 0.0006 | TrainAcc 1.0000 | ValAcc 0.7700 | ET-
puts(KTEPS) 1919.79
EarlyStopping counter: 100 out of 100
Test Accuracy 0.7720
```

GfNN模型的思想比模型本身的意义更大。该模型提供了一个非常好的思路，可以使非欧氏数据与深度学习技术更好地结合到一起。

10.9 实例31：用深度图互信息模型实现论文分类

深度图互信息（Deep Graph Infomax，DGI）模型主要使用无监督训练的方式去学习图中顶点的嵌入向量，其做法借鉴了神经网络中的 DIM 模型（见 8.11 节），即将目标函数设成最大化互信息。可以将该方法理解为神经网络中的 DIM 在图神经网络上的“迁移”。有关 DGI 的更多详细信息可以参考 arXiv 编号为 1809.10341，2018 的论文。

实例描述	使用无监督的方法从论文数据集中提取每篇论文的特征，并利用提取后的特征，对论文数据集中的论文样本进行分类。

利用深度图互信息的方法可以更好地对图中的顶点特征进行提取。提取出来的顶点可以用于分类、回归、特征转换等。下面就来使用深度图互信息的方法对论文数据集提取特征，并使用提取后的特征进行论文分类。

10.9.1 DGI模型的原理与READOUT函数

在第 8 章已经阐述过，好的编码器应该能够提取出样本中最独特、具体的信息，而不是单纯地追求过小的重构误差。而样本的独特信息可以使用“互信息”(MI) 来衡量。因此，在 DIM 模型中，编码器的目标函数不是最小化输入与输出的 MSE，而是最大化输入与输出的互信息。

DGI 模型的主要作用是用编码器来学习图中顶点的高阶特征，该编码器输出的结果是一个带有高阶特征的图。其中，单个顶点的特征 $\boldsymbol{H}$ 可以表示该顶点的局部特征，而全部顶点的特征组合到一起，则可以表示整个图的全局特征（summary vector），用 $\boldsymbol{S}$ 表示。

1. READOUT函数

在图神经网络中，主要有两种分类：基于顶点的分类和基于整个图的分类。

（1）基于顶点的分类一般会先对图中邻居顶点进行聚合，并更新到自身顶点中，再对自身的顶点特征进行分类。

（2）基于整个图的分类同样也是先对图中的邻居顶点进行聚合，并更新到自身顶点中。不同的是，它需要对所有顶点执行聚合操作来生成一个全局特征，最后再对这个全局特征进行分类。其中的聚合操作过程便称为 READOUT 函数。

DGI 模型实现使用具有求和功能的 sum() 函数作为 READOUT 函数，即将所有顶点特征加和在一起，将所生成的新向量当作整个图的全局特征。

2. DGI模型结构

在使用对抗神经网络训练编码器时，判别器的作用主要是令编码器输出的单个顶点特征与整个图特征的互信息最大，同时令其他图中的顶点特征与该图的整体特征互信息最小，如图 10-18 所示。

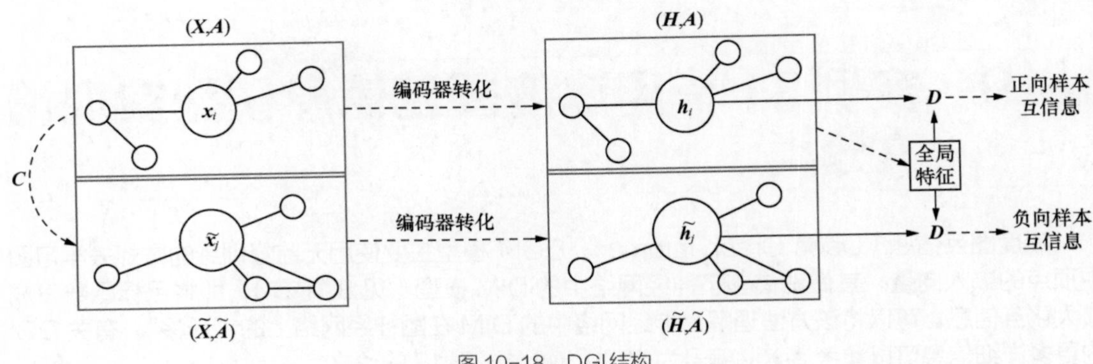

图10-18　DGI结构

图10-18中各个符号所代表的意义如下。

- $\boldsymbol{X}$和$\tilde{\boldsymbol{X}}$分别代表输入图和其他图中的顶点，其中其他图用于判别计算负向样本的互信息。
- $\boldsymbol{A}$和$\tilde{\boldsymbol{A}}$分别代表输入图和其他图的邻接矩阵。
- $\boldsymbol{C}$代表将输入图转化成其他图。在实现时，可以通过一个采样函数从原始图中采样顶点，并构建一张新图。
- $\boldsymbol{H}$和$\tilde{\boldsymbol{H}}$分别代表输入图和其他图经过编码器转化成高阶特征后的结果。
- $\boldsymbol{D}$代表判别器，计算输入顶点的特征和全局特征的互信息。使输入图顶点的特征与全局特征的互信息接近1，其他图顶点的特征与全局特征的互信息接近0。

10.9.2　代码实现：搭建多层SGC网络

定义MSGC类，搭建一个多层的SGC网络。该网络中包括输入层、隐藏层和输出层，具体代码如下。

代码文件：code_33_dglDGI.py

```
01 import math
02 import time
03 import numpy as np                                    #载入基础库
04
05 import torch
06 import torch.nn as nn
07 import torch.nn.functional as F                       #载入PyTorch库
08
09 from dgl.nn.pytorch.conv import SGConv                #载入DGL库
10
11 from code_30_dglGAT import features,                  #载入本工程代码
12                     g,n_classes,feats_dim,n_edges,trainmodel
13
14 class MSGC(nn.Module):                                #定义多层SGC网络
15     def __init__(self, in_feats,                      #输入特征的维度
16                  n_hidden,                            #隐藏层的顶点数
17                  n_classes,                           #输出层的维度
```

```
18                  k,                              #每层SGC要计算的跳数
19                  n_layers,                       #隐藏层数
20                  activation,                     #隐藏层的激活函数
21                  dropout):                       #丢弃率
22          super(MSGC, self).__init__()
23          self.layers = nn.ModuleList()   #定义列表
24          self.activation = activation
25          self.layers.append(SGConv(in_feats, n_hidden, k,           #构建输入层
26                                  cached=False, bias=False))
27          for i in range(n_layers - 1):                            #构建隐藏层
28              self.layers.append(SGConv(n_hidden, n_hidden, k,
29                                  cached=False, bias=False))
30          self.layers.append(SGConv(n_hidden, n_classes, k,         #构建输出层
31                                  cached=False, bias=False))
32          self.dropout = nn.Dropout(p=dropout)
33
34      def forward(self, g,features):                               #定义正向传播方法
35          h = features
36          for i, layer in enumerate(self.layers):                  #按照层列表依次处理
37              if i != 0:
38                  h = self.dropout(h)          #除输入层以外，其余使用Dropout处理
39              h = layer(g,h)
40              if i != len(self.layers)-1:
41                  h = self.activation(h)      #除输出层以外，其余使用激活函数处理
42          return h
```

上述代码在调用 SGConv 构建 SGC 层时，将参数 cached 都设置成 False，表明不缓存输入顶点特征经过邻接矩阵转换后的多跳数据。因为在多层 SGC 中，输入的顶点特征不再来源于数据集，而是来源于上层的输出，这就意味着，每次的输入都会发生变化。因此，每次调用 SGConv 时，都需要重新对输入顶点进行多跳计算。

10.9.3 代码实现：搭建编码器和判别器

定义 Encoder 类用于实现 DGI 模型中的编码器。在对抗神经网络中，该 Encoder 类相当于生成器的角色，主要实现两部分功能。

（1）在原始的图顶点中随机采样，生成新的图。

（2）计算输入图顶点的高阶特征。

定义 Discriminator 类用于实现对抗神经网络的判别器。判别器的输入包括图顶点特征和图的整体摘要特征。其计算步骤如下。

（1）用全连接网络对图的整体摘要特征进行一次特征变换。

（2）将变换后的特征与输入的图顶点特征相乘，计算二者的相似度。

具体代码如下。

代码文件: code_33_dglDGI.py（续1）

```
43 class Encoder(nn.Module):                                    #定义编码器类
44     def __init__(self, in_feats, n_hidden,k, n_layers, activation, dropout):
45         super(Encoder, self).__init__()
46         self.conv = MSGC( in_feats, n_hidden, n_hidden, k,   #定义多层SGC
47                     n_layers, activation, dropout)
48
49     def forward(self,g, features, corrupt=False):             #正向传播
50         if corrupt:                      #对图顶点随机采样，生成新的图
51             perm = torch.randperm(g.number_of_nodes())
52             features = features[perm]
53         features = self.conv(g,features)                  #用MSGC计算图顶点的高阶特征
54         return features
55
56 class Discriminator(nn.Module):                          #定义判别器类
57     def __init__(self, n_hidden):
58         super(Discriminator, self).__init__()
59         self.FC = nn.Linear(n_hidden,n_hidden)            #定义全连接层
60     def forward(self, features, summary):                #定义正向传播方法
61         features = torch.matmul(features, self.FC(summary) )  #计算相似度
62         return features
```

上述代码的第51行调用torch.randperm()函数得到一个索引序列。torch.randperm()函数的作用是，根据输入值n，生成一组由0至n-1的所有整数组成的、元素不重复的、随机顺序的数组。

上述代码的第52行根据索引序列在原有的图顶点中取值，生成一个新图。原图与新图相比，只有顶点的特征发生了变化，顶点间的关系（邻接矩阵）并没有变化。

> **注意** 本例在编码器中使用的多层SGC网络的方法并不是唯一的。DGI模型的主要思想是在对抗神经网络中将图顶点的局部特征与图整体特征的互信息作为判别器。计算图顶点局部特征的方法可以使用任意的图神经网络模型，如GCN或GAT。

10.9.4 代码实现：搭建DGI模型并进行训练

定义DGI类将编码器与判别器联合起来，并构建损失函数，实现DGI模型的搭建。具体步骤如下。

（1）使用编码器分别对原图和新图的顶点特征进行计算，生成正负样本特征。

（2）根据计算后的原图顶点特征（正样本特征），生成图的整体摘要特征。

（3）分别将正负样本特征与图的整体摘要特征输入判别器，生成相似度特征。

（4）使用BCEWithLogitsLoss()函数计算交叉熵损失。

> **提示** BCEWithLogitsLoss()函数会对判别器返回的相似度结果用Sigmoid函数进行非线性变换，使其值域转化为0～1，并让正向样本的相似度更接近最大值1，负向样本的相似度更接近最小值0。

复用10.5节代码中的样本处理部分，对DGI模型进行训练。具体代码如下。

代码文件：code_33_dglDGI.py（续2）

```
63  class DGI(nn.Module):                                    #定义DGI模型类
64      def __init__(self,  in_feats, n_hidden,k, n_layers,
65                  activation, dropout):
66          super(DGI, self).__init__()
67          self.encoder = Encoder( in_feats, n_hidden, k,n_layers,
68                      activation, dropout)
69          self.discriminator = Discriminator(n_hidden)
70          self.loss = nn.BCEWithLogitsLoss()  #带有Sigmoid激活函数的交叉熵损失
71
72      def forward(self, g,features):                      #正向传播
73          positive = self.encoder(g,features, corrupt=False)  #计算原图的顶点特征
74          negative = self.encoder(g,features, corrupt=True)   #计算新图的顶点特征
75          summary = torch.sigmoid(positive.mean(dim=0))       #计算图的整体特征
76          #计算相似度
77          positive = self.discriminator(positive, summary)
78          negative = self.discriminator(negative, summary)
79          #分别对正负样本特征与图整体特征的相似度的损失进行计算
80          l1 = self.loss(positive, torch.ones_like(positive))
81          l2 = self.loss(negative, torch.zeros_like(negative))
82          return l1 + l2
83
84  dgi = DGI(feats_dim, n_hidden=512, k=2,n_layers=1,            #实例化DGI模型
85            activation =nn.PReLU(512), dropout=0.1)
86  dgi.cuda()
87  #定义优化器
88  dgi_optimizer = torch.optim.Adam(dgi.parameters(),
89                                          lr=1e-3, weight_decay=5e-06)
90  #定义训练参数
91  cnt_wait = 0
92  best = 1e9
93  best_t = 0
94  dur = []
95  patience = 20
96  for epoch in range(300):  #迭代训练300次
97      dgi.train()
98      if epoch >= 3:
99          t0 = time.time()
100     #反向传播
101     dgi_optimizer.zero_grad()
102     loss = dgi(g,features)
103     loss.backward()
104     dgi_optimizer.step()
105     #保存最优模型
106     if loss < best:
107         best = loss
108         best_t = epoch
```

```
109            cnt_wait = 0
110            torch.save(dgi.state_dict(), 'code_41_dglGDI_best_dgi.pt')
111        else:
112            cnt_wait += 1
113        #是否早停
114        if cnt_wait == patience:
115            print('Early stopping!')
116            break
117
118        if epoch >= 3:  #计算迭代训练的时间
119            dur.append(time.time() - t0)
120        #输出训练结果
121        print("Epoch {:05d} | Time(s) {:.4f} | Loss {:.4f} | "
122              "ETputs(KTEPS) {:.2f}".format(epoch, np.mean(dur), loss.item(),
123                                            n_edges / np.mean(dur) / 1000))
```

上述代码运行后，输出结果如下：

```
Epoch 00000 | Time(s) nan | Loss 1.3862 | ETputs(KTEPS) nan
Epoch 00001 | Time(s) nan | Loss 1.3753 | ETputs(KTEPS) nan
Epoch 00002 | Time(s) nan | Loss 1.3583 | ETputs(KTEPS) nan
Epoch 00003 | Time(s) 0.0409 | Loss 1.3379 | ETputs(KTEPS) 324.62
…
Epoch 00160 | Time(s) 0.0316 | Loss 0.0168 | ETputs(KTEPS) 419.72
Epoch 00161 | Time(s) 0.0316 | Loss 0.0139 | ETputs(KTEPS) 420.11
Epoch 00162 | Time(s) 0.0315 | Loss 0.0171 | ETputs(KTEPS) 420.49
Epoch 00163 | Time(s) 0.0315 | Loss 0.0092 | ETputs(KTEPS) 420.79
Epoch 00164 | Time(s) 0.0315 | Loss 0.0255 | ETputs(KTEPS) 420.93
Early stopping!
```

训练结束之后，会在本地路径下生成一个名为“code_33_dglGDI_best_dgi.pt”的模型文件。使用该模型文件可以实现对图顶点的特征提取。

10.9.5　代码实现：利用DGI模型提取特征并进行分类

DGI 中的编码器只有特征提取功能。如果要用提取出的特征进行分类，那么还需要额外定义一个分类模型。

定义分类模型类 Classifier，完成根据顶点特征进行分类的功能。由于 DGI 中的编码器已经能够从顶点中提取到有用特征，因此分类模型 Classifier 类的结构不需要太复杂。直接使用一个全连接网络即可。

在训练分类模型时，同样可以重用 10.5 节的训练函数 trainmodel()，具体代码如下。

代码文件：code_33_dglDGI.py（续 3）

```
124 class Classifier(nn.Module):                                  #定义分类模型
125     def __init__(self, n_hidden, n_classes):
126         super(Classifier, self).__init__()
127         self.fc = nn.Linear(n_hidden, n_classes)              #定义全连接网络
```

```
128
129     def forward(self, features):
130         features = self.fc(features)
131         return torch.log_softmax(features, dim=-1)     #对全连接结果进行softmax计算
132
133 classifier = Classifier(n_hidden=512, n_classes=n_classes)  #实例化分类模型
134 #载入DGI模型
135 dgi.load_state_dict(torch.load('code_33_dglGDI_best_dgi.pt'))
136 embeds = dgi.encoder(g,features, corrupt=False)       #调用DGI的解码器
137 embeds = embeds.detach()                              #分离解码器，使其不参与训练
138 #训练分类模型
139 trainmodel(classifier,'code_33_dglGDI_checkpoint.pt',embeds,
140            lr=1e-2, weight_decay=5e-06, loss_fcn = F.nll_loss)
```

上述代码的第 140 行使用了 F.nll_loss 损失函数，该损失函数与第 131 行的 torch.log_softmax() 结合一起相当于一个 F.cross_entropy 损失函数（torch.nn.CrossEntropyLoss 的实例化对象）。

上述代码运行后，输出如下结果：

```
Epoch 00000 | Time(s) nan | Loss 1.9475 | TrainAcc 0.0786 | ValAcc 0.0833 | ET-
puts(KTEPS) nan
Epoch 00001 | Time(s) nan | Loss 1.9334 | TrainAcc 0.4000 | ValAcc 0.4167 | ET-
puts(KTEPS) nan
Epoch 00002 | Time(s) nan | Loss 1.9196 | TrainAcc 0.4286 | ValAcc 0.4400 | ET-
puts(KTEPS) nan
Epoch 00003 | Time(s) 0.0040 | Loss 1.9061 | TrainAcc 0.4214 | ValAcc 0.4400 | ET-
puts(KTEPS) 3325.36
…
Epoch 00195 | Time(s) 0.0044 | Loss 1.0076 | TrainAcc 0.7643 | ValAcc 0.7567 | ET-
puts(KTEPS) 2995.28
Epoch 00196 | Time(s) 0.0044 | Loss 1.0053 | TrainAcc 0.7643 | ValAcc 0.7567 | ET-
puts(KTEPS) 2996.82
Epoch 00197 | Time(s) 0.0044 | Loss 1.0030 | TrainAcc 0.7643 | ValAcc 0.7600 | ET-
puts(KTEPS) 2998.33
Epoch 00198 | Time(s) 0.0044 | Loss 1.0007 | TrainAcc 0.7643 | ValAcc 0.7600 | ET-
puts(KTEPS) 2996.39
Epoch 00199 | Time(s) 0.0044 | Loss 0.9985 | TrainAcc 0.7643 | ValAcc 0.7600 | ET-
puts(KTEPS) 2997.89

Test Accuracy 0.7390
```

最终输出的测试结果为 0.7390。该结果表明，直接使用 DGI 输出的顶点特征是可以实现分类的。

提示　本实例使用简单的分类器对DGI的解码特征进行拟合，仅验证了DGI解码器的特征提取能力。如果想提升最终的分类结果（0.7390），那么可以对分类器做进一步的优化。

10.10　实例 32：用图同构网络模型实现论文分类

图同构网络（Graph Isomorphism Network，GIN）模型源于一篇论文“How Powerful are Graph Neural Networks?”（论文编号为 arXiv:1810.00826,2018）。该论文分析一些图神经网络领域主流做法的原理，并在此基础上推出了一个可以更好地表达图特征的结构——GIN。

实例描述　搭建 GIN 模型，完成与 10.5 节同样的任务——对论文数据集进行分类。

在 DGL 库中，无论是图卷积模型还是图注意力模型，都使用递归迭代的方式对图中的顶点特征按照边的结构进行聚合来计算。GIN 模型在此基础之上，对图神经网络提出了一个更高的合理性要求——同构性，即经过同构图处理后的图特征应该相同，未经过同构图处理后的图特征应该不同。

10.10.1　多重集与单射

在深入了解图神经网络对图的表征能力之前，需要先了解两个概念：多重集与单射。

1. 多重集

多重集（multiset）是一个广义的集合概念。它允许有重复的元素，即将总的集合划分为多个含有不同元素的子集，它们在图神经网络中表示顶点邻居的特征向量集。

2. 单射

单射（injective）是指每个输出只对应一个输入的映射。如果经过一个单射函数的两个输出相等，那么它们对应的输入必定相等。

3. 图神经网络的评判标准

图神经网络工作时会对图中的顶点特征按照边的结构进行聚合。如果将顶点邻居的特征向量集看作一个多重集，那么整个图神经网络可以理解为多重集的聚合函数。

好的图神经网络应当具有单射函数的特性，即图神经网络必须能够将不同的多重集聚合到不同的表示中。

10.10.2　GIN 模型的原理与实现

GIN 模型是根据图神经网络的单射函数特性设计出来的。

1. GIN 模型的原理

GIN 模型在图顶点邻居特征的每一跳执行聚合操作之后，又与图顶点自身的原始特征混合起来，并在最后使用可以拟合任意规则的全连接网络进行处理，使其具有单射的特性。

在特征混合的过程中，引入了可学习参数以对自身特征进行调节，并将调节后的特征与聚合后的邻居特征进行相加。

2. GIN模型的实现

在DGL库中，GIN模型是通过GINConv类来实现的。该类将GIN模型中的全连接网络以参数调用的形式实现。可以在使用时将该参数传入任意神经网络。这样可使模型具有更加灵活的扩展性。

具体代码在DGL库安装路径下的\nn\pytorch\conv\ginconv.py中。例如，作者的计算机中的路径为：

```
D:\ProgramData\Anaconda3\envs\pt15\Lib\site-packages\dgl\nn\pytorch\conv\ginconv.py
```

GINConv类的实现代码如下。

代码文件：ginconv.py（片段）

```
01 class GINConv(nn.Module):                              #定义GINConv类
02     def __init__(self, apply_func,                     #自定义模型参数
03                  aggregator_type,                      #聚合类型
04                  init_eps=0,                           #可学习变量的初始值
05                  learn_eps=False):                     #是否使用可学习变量
06         super(GINConv, self).__init__()
07         self.apply_func = apply_func
08         if aggregator_type == 'sum':
09             self._reducer = fn.sum
10         elif aggregator_type == 'max':
11             self._reducer = fn.max
12         elif aggregator_type == 'mean':
13             self._reducer = fn.mean
14         else:
15             raise KeyError(
16             'Aggregator type {} not recognized.'.format(aggregator_type))
17 
18         if learn_eps:                                  #是否使用可学习变量
19             self.eps = th.nn.Parameter(th.FloatTensor([init_eps]))
20         else:
21             self.register_buffer('eps', th.FloatTensor([init_eps]))
22 
23     def forward(self, graph, feat):                    #正向传播
24         graph = graph.local_var()
25         graph.ndata['h'] = feat
26         #聚合邻居顶点特征
27         graph.update_all(fn.copy_u('h', 'm'), self._reducer('m', 'neigh'))
28         rst = (1 + self.eps) * feat + graph.ndata['neigh']  #将自身特征混合
29         if self.apply_func is not None:    #使用神经网络进行单射拟合处理
30             rst = self.apply_func(rst)
31         return rst
```

在上述代码的第28行中，在聚合了邻居顶点特征之后，又将其与自身特征进行混合。这种操作是GIN模型有别于其他模型的主要地方。由于模型中的图顶点带有自身特征的加和操作，因此在聚合邻居顶点特征步骤中，聚合函数有更多的选择（可以使用sum、max或

mean 函数）。

提示　上述代码的第28行中的特征混合过程至关重要。它为顶点特征默认加入了一个自身的特征信息。如果去掉了特征混合过程，并且在聚合特征中使用了max或mean函数，那么无法捕获到图的不同结构。因为计算max或mean函数时，会损失单个顶点特征。

10.10.3 代码实现：搭建多层GIN模型并进行训练

在10.5节代码的基础上实现一个多层GIN模型，具体代码如下。

代码文件：code_34_dglGIN.py

```
01 import torch.nn as nn
02 from code_30_dglGAT import features,g,n_classes,feats_dim,trainmodel
03 from dgl.nn.pytorch.conv import GINConv
04
05 class GIN(nn.Module):                                          #定义多层GIN模型
06     def __init__(self,  in_feats,  n_classes, n_hidden,
07                  n_layers,  init_eps,  learn_eps):
08
09         super(GIN, self).__init__()
10         self.layers = nn.ModuleList()                          #定义网络层列表
11                                                                #添加输入层
12         self.layers.append( GINConv(  nn.Sequential(
13                                 nn.Dropout(0.6),
14                                 nn.Linear(in_feats, n_hidden),
15                                 nn.ReLU() ),
16                         'max', init_eps, learn_eps )   )
17                                                                #添加隐藏层
18         for i in range(n_layers - 1):
19             self.layers.append( GINConv(nn.Sequential(
20                                     nn.Dropout(0.6),
21                                     nn.Linear(n_hidden, n_hidden),
22                                     nn.ReLU() ),
23                                 'sum',    init_eps,  learn_eps ) )
24                                                                #添加输出层
25         self.layers.append(  GINConv( nn.Sequential(
26                                     nn.Dropout(0.6),
27                                     nn.Linear(n_hidden, n_classes) ),
28                                 'mean',  init_eps, learn_eps )  )
29
30     def forward(self, g,features):                             #正向传播方法
31         h = features
32         for layer in self.layers:
33             h = layer(g, h)
34         return h
35
36                                                                #实例化模型
37 model = GIN(feats_dim, n_classes,  n_hidden=16, n_layers=1, init_eps=0,
38             learn_eps=True)
```

```
39 print(model)
40 trainmodel(model,'code_34_dglGIN_checkpoint.pt',g,features,
41             lr=1e-2, weight_decay=5e-6) #训练模型
```

为了演示方便，在模型GIN类的输入层、隐藏层和输出层调用GINConv时，分别使用了max、sum、mean函数作为聚合函数（分别见代码的第16行、第22行、第28行）。

上述代码运行后，输出结果如下：

```
Epoch 00000 | Time(s) nan | Loss 1.9790 | TrainAcc 0.1071 | ValAcc 0.1000 | ET-
puts(KTEPS) nan
Epoch 00001 | Time(s) nan | Loss 1.9507 | TrainAcc 0.1857 | ValAcc 0.1733 | ET-
puts(KTEPS) nan
Epoch 00002 | Time(s) nan | Loss 1.9008 | TrainAcc 0.2571 | ValAcc 0.2200 | ET-
puts(KTEPS) nan
EarlyStopping counter: 1 out of 100
Epoch 00003 | Time(s) 0.0159 | Loss 1.8369 | TrainAcc 0.2929 | ValAcc 0.2000 | ET-
puts(KTEPS) 832.04
…
EarlyStopping counter: 52 out of 100
Epoch 00199 | Time(s) 0.0138 | Loss 0.2851 | TrainAcc 0.8500 | ValAcc 0.5967 | ET-
puts(KTEPS) 958.19
Test Accuracy 0.7840
```

本例使用GIN模型在图顶点上进行分类应用。在基于图结构分类的任务中，GIN模型会有更好的表现。

10.11 实例33：用APPNP模型实现论文分类

APPNP模型是针对图卷积应用在网络排名算法方向上的一个优化模型。网络排名，又称网页排名、谷歌左侧排名，是一种由搜索引擎根据网页之间的超链接进行计算的技术。

10.6节提到的图卷积模型的缺陷在网络排名的应用过程中也会出现。APPNP模型针对自身的业务需要，对图卷积模型进行了优化，同时该模型也成为一个改善图卷积模型缺陷的通用模型。

实例描述 搭建APPNP模型，完成与10.5节同样的任务——对论文数据集进行分类。

APPNP模型使用GCN与网络排名之间的关系来推导基于个性化网络排名的改进传播方案，从个性化网络排名的角度设计了一个新颖的聚合方式来解决过平滑问题。

10.11.1 APPNP模型的原理与实现

APPNP模型的出发点是为了弥补GCN的以下两个缺陷。

- 出现过平滑现象，即最后所有顶点趋向同一个值。

- 随着层数的加深，参数量也呈指数级增长，同时所利用的邻域大小难以扩展。

其解决方法的核心思路与GIN类似，在每个顶点的特征聚合之后，加入该顶点的原始特征。所实现的效果也几乎一致，只不过在处理细节上略有不同。

- APPNP模型在计算聚合特征时使用了与传统GCN更相近的方式，而GIN更多地使用了简化方式，并可以任意选择这些方式。
- 在加入原始特征环节，APPNP模型通过外部传入的参数来调节原始特征和聚合特征的比例，而GIN的比例调节参数还支持自学习功能，可以由训练得到。

1. APPNP模型的实现步骤

实现APPNP模型的具体步骤如下。

（1）先将原始的特征feat_0保存，作为根顶点特征。

（2）为图的度矩阵加入自环，并计算其对称归一化拉普拉斯矩阵中的$\hat{\boldsymbol{D}}^{-1/2}$部分。

（3）将第（2）步的结果与原始特征相乘，并在所有顶点中执行邻居顶点的聚合操作。

（4）将聚合后的特征再与第（2）步的结果相乘，完成基本的GCN操作。

（5）将第（4）步的结果与第（1）步的原始特征feat_0按照设置的参数进行加权求和，得到最终的图顶点特征。

这里增加了传回根顶点的机会，从而确保网络排名分数对每个根顶点的局部邻域都进行了编码，减少了参数和训练时间。其计算复杂度与边数量呈线性关系。

2. APPNP模型的实现

在DGL库中，APPNP模型是通过APPNPConv类来实现的。该类可以通过参数k来实现基于APPNP方式的多跳传播。APPNPConv类中不会对顶点特征进行任何变换。在使用时，可以先用任意的神经网络对单个顶点进行特征提取，再将提取后的特征结果输入APPNPConv类，将其当作APPNP的原始特征使用。

具体代码在DGL库安装路径下的\nn\pytorch\conv\appnpconv.py中。例如，作者的计算机中的路径为：

```
D:\ProgramData\Anaconda3\envs\pt15\Lib\site-packages\dgl\nn\pytorch\conv\appnpconv.py
```

APPNPConv类的具体实现如下。

代码文件：appnpconv.py（片段）

```
01 class APPNPConv(nn.Module):                        #定义APPNPConv类
02     def __init__(self, k,                          #定义传播的跳数
03                  alpha,                            #定义原始特征的加权和参数
04                  edge_drop=0.):                    #基于边的Dropout丢弃率
05         super(APPNPConv, self).__init__()
06         self._k = k
07         self._alpha = alpha
08         self.edge_drop = nn.Dropout(edge_drop)
09     def forward(self, graph, feat):
```

```
10          graph = graph.local_var()
11          #计算D^-1/2
12          norm = th.pow(graph.in_degrees().float().clamp(min=1), -0.5)
13          shp = norm.shape + (1,) * (feat.dim() - 1)
14          norm = th.reshape(norm, shp).to(feat.device)
15          feat_0 = feat                                   #保存原始特征
16          for _ in range(self._k):                        #根据参数k实现多跳传播
17
18              feat = feat * norm
19              graph.ndata['h'] = feat
20              graph.edata['w'] = self.edge_drop(
21                  th.ones(graph.number_of_edges(), 1).to(feat.device))
22              graph.update_all(fn.u_mul_e('h', 'w', 'm'),
23                                fn.sum('m', 'h'))
24              feat = graph.ndata.pop('h')                 #聚合传播特征
25              feat = feat * norm                          #将顶点特征右乘D^-1/2
26              #将原始特征和聚合特征加权求和
27              feat = (1 - self._alpha) * feat + self._alpha * feat_0
28          return feat
```

上述代码的第 8 行加入了基于边的 Dropout 层，目的是改善聚合过程中的过拟合情况。

上述代码的第 27 行实现了原始特征和聚合特征加权求和操作，其中 self._alpha 参数是一个范围为 0~1 的小数，代表在顶点特征中原始特征所占的比例。

10.11.2 代码实现：搭建APPNP模型并进行训练

在 10.5 节代码的基础上实现一个 APPNP 模型。在 APPNP 模型中，将数据处理过程划分为两个明显的步骤。

（1）使用神经网络对每个顶点单独进行特征处理。

（2）将处理后的特征作为图顶点的原始特征，传入 APPNP 进行多跳传播。

具体代码如下。

代码文件：code_35_dglAPPNP.py

```
01 import torch.nn as nn
02 from code_30_dglGAT import features,g,n_classes,feats_dim,trainmodel
03 from dgl.nn.pytorch.conv import APPNPConv
04 import torch.nn.functional as F
05
06 class APPNP(nn.Module):                              #定义APPNP模型
07     def __init__(self,in_feats,n_classes,n_hidden, n_layers,
08                  activation, feat_drop, edge_drop, alpha,  k):
09         super(APPNP, self).__init__()
10         self.g = g
11         self.layers = nn.ModuleList()   #定义网络层列表
12         #神经网络的输入层
```

```
13          self.layers.append(nn.Linear(in_feats, n_hidden))
14          #神经网络的隐藏层
15          for i in range(1, n_layers):
16              self.layers.append(nn.Linear(n_hidden, n_hidden))
17          #神经网络的输出层
18          self.layers.append(nn.Linear(n_hidden, n_classes))
19          self.activation = activation
20          if feat_drop:
21              self.feat_drop = nn.Dropout(feat_drop)
22          else:
23              self.feat_drop = lambda x: x
24          #多跳APPNP传播
25          self.propagationconv = APPNPConv(k, alpha, edge_drop)
26
27      def forward(self, g,features):                                #正向传播
28          h = features
29          h = self.feat_drop(h)
30          h = self.activation(self.layers[0](h))
31          for layer in self.layers[1:-1]:
32              h = self.activation(layer(h))
33          h = self.layers[-1](self.feat_drop(h))               #神经网络层的处理特征
34          h = self.propagationconv(g, h)                       #图神经网络层的处理特征
35          return h
36  #实例化模型
37  model = APPNP(feats_dim, n_classes,  n_hidden=54, n_layers=1,
38          activation=F.relu, feat_drop=0.5, edge_drop=0.5,  alpha=0.1,  k=10)
39
40  print(model)
41  trainmodel(model,'code_35_dglAPPNP_checkpoint.pt',g,features,
42          lr=1e-2, weight_decay=5e-6)  #训练模型
```

上述代码的第38行设置了APPNP的传播跳数为10。每次传播时，顶点的聚合特征和原始特征的加权参数分别为0.9和0.1。

上述代码运行后，输出结果如下：

```
…
EarlyStopping counter: 95 out of 100
Epoch 00176 | Time(s) 0.5543 | Loss 0.2380 | TrainAcc 0.9643 | ValAcc 0.7800 | ET-
puts(KTEPS) 23.93
EarlyStopping counter: 96 out of 100
Epoch 00177 | Time(s) 0.5554 | Loss 0.1911 | TrainAcc 0.9786 | ValAcc 0.7700 | ET-
puts(KTEPS) 23.88
EarlyStopping counter: 97 out of 100
Epoch 00178 | Time(s) 0.5538 | Loss 0.1712 | TrainAcc 0.9929 | ValAcc 0.7367 | ET-
puts(KTEPS) 23.95
EarlyStopping counter: 98 out of 100
Epoch 00179 | Time(s) 0.5534 | Loss 0.1874 | TrainAcc 0.9714 | ValAcc 0.7700 | ET-
```

```
puts(KTEPS) 23.97
EarlyStopping counter: 99 out of 100
Epoch 00180 | Time(s) 0.5557 | Loss 0.1673 | TrainAcc 0.9643 | ValAcc 0.7833 | ET-
puts(KTEPS) 23.87
EarlyStopping counter: 100 out of 100

Test Accuracy 0.8370
```

本例的代码将神经网络和 GNN 串联使用以进行数据处理。这并不是 APPNP 的唯一使用方式。也可以用一层神经网络、一层 GNN 的方式堆叠使用 APPNP，同时在 GNN 中还可以实现多跳传播。APPNP 可以将 GNN 堆叠至几十层而不出现过平滑现象。随着层数的增加，APPNP 的效果持续提升，并会超过经典的 GCN 和 GAT。

10.12 实例34：用JKNet模型实现论文分类

在图结构数据上应用的表示学习方法一般使用邻居聚合的方式。这种方式会使顶点的表示过度依赖于邻居顶点的范围，导致顶点特征与图的结构强相关，并弱化了顶点自带的特征。JKNet 是一种架构——跳跃知识（Jumping Knowledge，JK）网络。它可以灵活地为每个顶点应用不同的邻域范围以实现更好的结构感知表示，更适应于本地邻域属性和任务。

实例描述 搭建JKNet模型，完成与10.5节同样的任务——对论文数据集进行分类。

JKNet 模型在内部实现时，对自身顶点特征和邻域特征分开处理，在邻域特征传播的同时，更好地保留自身顶点的个性化特性。该模型直接使用原始的图结构作为输入，不需要对邻接矩阵进行对称转化和为其添加自环图。

10.12.1 JKNet模型结构

JKNet 模型由两部分结构组成：单层 JK 图卷积、多层 JK 图卷积。

1. 单层JK图卷积

在 JKNet 模型中，第一步操作并不是对顶点特征进行处理，而是直接将顶点的邻居特征进行聚合。这是 JKNet 模型与其他 GNN 模型最大的不同点。

JKNet 模型与 GNN 模型的相似之处是，二者都会将聚合后的特征和自身的特征进行融合。JKNet 模型的融合过程没有使用加权参数，而是直接使用两个全连接神经网络对聚合后的特征和自身特征进行变换，即将加权部分和特征变换部分直接用全连接神经网络一步完成。

由于 JKNet 模型对聚合后的特征和自身特征区别对待，因此需要为输入的图保持原始结构，不需要对图的邻接矩阵进行额外的变换，也不需要为顶点加入自环。

2. 多层JK图卷积

JKNet 模型中的另一个部分是将多层 JK 图卷积结果进行残差融合。融合过程有多种可选方式：连接、最大化、RNN 等。最终，将融合结果通过全连接网络完成分类预测，如图 10-19 所示。

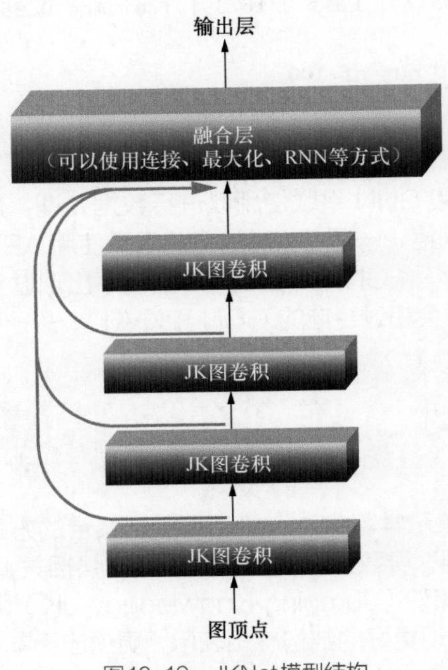

图10-19 JKNet模型结构

10.12.2 代码实现：修改图数据的预处理部分

本例代码也是在 10.5 节代码的基础上实现的。在 10.5 节代码中，使用了系统自带的数据集预处理接口，该接口默认对 CORA 数据集的邻接矩阵进行转化。

因为本例需要使用原始的图结构作为输入，所以需要将转化部分去掉。具体做法如下：

（1）找到处理数据集的代码文件 dgl\data\citation_graph.py。例如，作者的计算机中的本地代码路径如下：

```
C:\ProgramData\Anaconda3\lib\site-packages\dgl\data\citation_graph.py
```

（2）将 citation_graph.py 中 CoraDataset 类的 _load() 方法中的如下代码改为注释。

```
adj = adj + adj.T.multiply(adj.T > adj) - adj.multiply(adj.T > adj)
```

该代码的作用是将图的邻接矩阵变为无向图的对称矩阵。

10.12.3 代码实现：搭建 JKNet 模型并进行训练

定义 JKGraphConvLayer 类完成单层 JK 图卷积层。然后，将多个 JK 图卷积组合起来并封装成 JKNet 类，实现 JKNet 模型的搭建。

在 JKNet 模型中，实现了对多层 JK 图卷积层的连接、最大化两种融合过程。

具体代码如下。

代码文件：code_36_dglJknet.py

```
01 import torch.nn as nn
02 import torch.nn.functional as F
03 import dgl.function as fn
04 import torch
05 from code_30_dglGAT import features,g,n_classes,feats_dim,trainmodel
06 AGGREGATIONS = {'sum': torch.sum, 'mean': torch.mean, 'max': torch.max}
07 class JKGraphConvLayer(torch.nn.Module): #定义JK图卷积层
08     def __init__(self, in_features, out_features, aggregation='sum'):
09         super(JKGraphConvLayer, self).__init__()
10         if aggregation not in AGGREGATIONS.keys():
11             raise ValueError("'aggregation' argument has to be one of "
12                              "'sum', 'mean' or 'max'.")
13         self.aggregate = lambda nodes: AGGREGATIONS[aggregation](nodes,
14                                                                  dim=1)
15         self.linear = nn.Linear(in_features, out_features)
16         self.self_loop_w = nn.Linear(in_features, out_features)
17         self.bias = nn.Parameter(torch.zeros(out_features))
18
19     def forward(self, graph, x):  #正向过程，先传播，再融合
20         graph = graph.local_var()
21         graph.ndata['h'] = x
22         graph.update_all(
23             fn.copy_src(src='h', out='msg'),
24             lambda nodes: {'h': self.aggregate(nodes.mailbox['msg'])})
25         h = graph.ndata.pop('h')
26         h = self.linear(h)                                  #处理聚合特征
27         return h + self.self_loop_w(x) + self.bias          #融合特征
28
29 class JKNet(torch.nn.Module):                               #定义JKNet模型
30     def __init__(self, in_features, out_features, n_layers=6, n_units=16,
31                  aggregation='sum',mode = 'Max'):
32         super(JKNet, self).__init__()
33         self.mode = mode
34         self.dropout = nn.Dropout(p=0.5)
35         self.layers = nn.ModuleList()
36         self.layers.append(JKGraphConvLayer(in_features, n_units, aggregation))
37         #定义隐藏层
38         for i in range(n_layers - 1):
39             self.layers.append( JKGraphConvLayer(n_units, n_units, aggregation) )
40         #定义输出层
41         if mode == 'Cat':
42             self.last_linear = torch.nn.Linear(
43                                       n_layers * n_units, out_features)
44         elif mode == 'Max':
45             self.last_linear = torch.nn.Linear( n_units, out_features)
46         else:
```

```
47            raise ValueError("'mode' argument has to be one of 'Cat'or'Max' .")
48
49     def forward(self, graph, x):
50         layer_outputs = []
51         for i, layer in enumerate(self.layers):
52            x = self.dropout(F.relu(layer(graph, x)))
53            layer_outputs.append(x)
54         if self.mode == 'Cat':
55            h = torch.cat(layer_outputs, dim=1)
56         else:
57            h = torch.stack(layer_outputs, dim=0)
58            h = torch.max(h, dim=0)[0]
59         return self.last_linear(h)
60
61 model = JKNet(feats_dim, n_classes )  #实例化模型
62 print(model)
63 trainmodel(model,'code_36_dglJknet_checkpoint.pt',
64                  g,features, lr=0.005, weight_decay=0.0005)
```

上述代码运行后，输出如下结果：

```
…
Epoch 00194 | Time(s) 0.3270 | Loss 0.4355 | TrainAcc 0.8571 | ValAcc 0.6433 | ET-
puts(KTEPS) 24.88
EarlyStopping counter: 2 out of 100
Epoch 00195 | Time(s) 0.3276 | Loss 0.4255 | TrainAcc 0.8643 | ValAcc 0.6133 | ET-
puts(KTEPS) 24.84
EarlyStopping counter: 3 out of 100
Epoch 00196 | Time(s) 0.3280 | Loss 0.4360 | TrainAcc 0.8357 | ValAcc 0.6267 | ET-
puts(KTEPS) 24.80
EarlyStopping counter: 4 out of 100
Epoch 00197 | Time(s) 0.3281 | Loss 0.3858 | TrainAcc 0.8571 | ValAcc 0.6400 | ET-
puts(KTEPS) 24.80
EarlyStopping counter: 5 out of 100
Epoch 00198 | Time(s) 0.3279 | Loss 0.4808 | TrainAcc 0.8571 | ValAcc 0.6200 | ET-
puts(KTEPS) 24.82
EarlyStopping counter: 6 out of 100
Epoch 00199 | Time(s) 0.3283 | Loss 0.4526 | TrainAcc 0.8286 | ValAcc 0.6200 | ET-
puts(KTEPS) 24.79
Test Accuracy 0.6620
```

本例中只实现了 JKNet 模型的两种多层融合操作。在实际应用时，还可以在融合部分使用 RNN、注意力等其他方法来实现更好的拟合效果。

提示 本例在运行时，修改了DGL库中数据集处理接口，为了不影响其他程序的使用，在运行完之后，还需要将10.12.2节的操作还原，即还原citation_graph.py中被注释掉的代码。

10.13 总结

到此，本书关于图神经网络的基础内容就结束了，这也是本书的最后一部分内容。基于图神经网络的模型和知识还有很多，本章并未完全覆盖。本章的大量篇幅还是侧重于讲述图神经网络的原理和思路。读者只有将这些知识理解透彻，才会在未来的学习路上走得更远。

本书着眼于图神经网络相关的系统知识和基础原理，并使用目前应用广泛的 PyTorch 框架实现了不同的实例，可以在入门阶段加快读者学习的步伐，帮助读者顺利跨过图神经网络的入门门槛。但这只是开始，建议读者在掌握本书的内容之后，还要继续跟进前沿技术，多阅读相关的论文。